中国地质调查成果 CGS 2022-050
"粤桂湘鄂1∶25万土地质量地球化学调查"项目资助（DD20160327）

西江流域
桂中段土壤地球化学特征研究

XI JIANG LIUYU GUIZHONGDUAN TURANG DIQIU HUAXUE TEZHENG YANJIU

雷天赐　李　杰　钟晓宇　岳国辉　欧阳鑫东
王　磊　王金龙　王新宁　著

中国地质大学出版社
ZHONGGUO DIZHI DAXUE CHUBANSHE

图书在版编目(CIP)数据

西江流域桂中段土壤地球化学特征研究/雷天赐等著. —武汉:中国地质大学出版社,2022.12
ISBN 978-7-5625-5478-3

Ⅰ.①西… Ⅱ.①雷… Ⅲ.①土壤地球化学-地球化学标志-研究-广西 Ⅳ.①S153

中国版本图书馆 CIP 数据核字(2023)第 018470 号

西江流域桂中段土壤地球化学特征研究

雷天赐 等著

责任编辑:唐然坤	选题策划:唐然坤	责任校对:何澍语

出版发行:中国地质大学出版社(武汉市洪山区鲁磨路388号) 邮编:430074
电　　话:(027)67883511　　传　　真:(027)67883580　　E-mail:cbb@cug.edu.cn
经　　销:全国新华书店　　　　　　　　　　　　　　　　　　http://cugp.cug.edu.cn

开本:880 毫米×1230 毫米　1/16　　　　　　　　　　字数:436 千字　印张:13.75
版次:2022 年 12 月第 1 版　　　　　　　　　　　　　印次:2022 年 12 月第 1 次印刷
印刷:湖北睿智印务有限公司

ISBN 978-7-5625-5478-3　　　　　　　　　　　　　　　　　　　　　定价:158.00 元

如有印装质量问题请与印刷厂联系调换

前言
PREFACE

  推动绿色发展，促进人与自然和谐共生是我国现代化建设的重要组成部分。党的二十大报告指出，大自然是人类赖以生存发展的基本条件；尊重自然、顺应自然、保护自然，是全面建设社会主义现代化国家的内在要求；必须牢固树立和践行绿水青山就是金山银山的理念，坚持山水林田湖草沙一体化保护和系统治理，推进生态优先、节约集约、绿色低碳发展。这就要求做到加快发展方式绿色转型，深入推进环境污染防治，特别是加强土壤污染源头防控，开展污染治理。同时，要全面推进乡村振兴，坚持农业农村优先发展，加快建设农业强国，确保中国人的饭碗牢牢端在自己手中。因此，新时期新使命对土壤地球化学调查工作提出了新要求。

  土地质量地球化学调查是一项以土壤地球化学测量为主，对元素和化合物含量、组合、空间分配特征及生态效应等进行调查评价的基础性地质工作，可广泛服务于国土资源规划与利用、土地质量与生态科学管护、农业经济区划和种植结构调整、生态环境保护与修复等方面，从而全面支撑生态文明建设与自然资源管理。

  西江流域跨云、黔、湘、桂、粤5个省（自治区），面积约35.31万km^2，其桂中段位于广西壮族自治区境内，是广西的重要农业种植区和喀斯特分布区，主要水系包括西江上游的红水河、柳江、融江，西江中游的黔江与浔江。近年来，广西以推进实施《全面对接粤港澳大湾区粤桂联动加快珠江-西江经济带建设三年行动计划（2019—2021年）》为重要抓手，全面贯彻落实习近平总书记对广西工作的重要指示精神，坚持新发展理念，深入实施开放带动战略，加快"东融"步伐，全面对接粤港澳大湾区，提升做实珠江-西江经济带，因此土地资源综合利用与土壤污染防治工作被逐渐重视起来。自2008年以来，中国地质调查局先后部署和下达了"广西壮族自治区多目标区域地球化学调查（贵港地区）""广西玉林地区多目标区域地球化学调查""广西桂中—桂东北重要农业区土地质量地球化学调查""广西崇左东部及桂东南重要农业区土地质量地球化学调查"4个项目。通过项目的实施，查明了工作区的土壤元素地球化学分布和分配特征，计算了工作区区域的元素地球化学基准值和背景值，评价了典型重金属高背景区的生态风险，探索了有益有害元素的成因来源、迁移转化及富集规律。笔者集合了4个项目的成果，将10余年的工作进行了归纳总结，并经多次修改，编写完成《西江流域桂中段土壤地球化学特征研究》一书。

  《西江流域桂中段土壤地球化学特征研究》以西江流域桂中段涉及的项目研究成果为基础，通过广泛集成与凝练而成，是多方协作的产物，是集体劳动和智慧的结晶。本书分8章，重点阐述了工作区的区域概况、土地质量地球化学调查工作方法及质量评述、区域土壤地球化学基准值与背景值研究、区域地球化学特征及土壤碳库研究、典型生态环境区地球化学行为研究等，主要由雷天赐、李杰、钟晓宇、岳国辉、欧阳鑫东、王磊、王金龙、王新宇执笔完成，最终由雷天赐、李杰统稿和审定。

  本书的出版得到项目组成员的大力支持。同时，中国地质调查局武汉地质调查中心有关部门领导、广西壮族自治区地质调查院的领导和科研人员在出版过程中给予了大力支持，在此一并表示感谢！

  由于项目涉及范围广、时间跨度大、地质问题复杂、内容多，加之作者的知识积累和认知水平有限，难免存在一些错误和不足之处，恳请读者惠以指正。

笔　者
2022年12月7日

目 录
CONTENTS

1 绪 论 …………………………………………………………………………………………………… (1)
　1.1 土壤地球化学研究现状 …………………………………………………………………………… (1)
　1.2 西江流域桂中段土壤地球化学 …………………………………………………………………… (1)
　　1.2.1 基本情况 …………………………………………………………………………………… (1)
　　1.2.2 技术路线 …………………………………………………………………………………… (2)
2 区域概况 ……………………………………………………………………………………………… (3)
　2.1 自然地理 …………………………………………………………………………………………… (3)
　　2.1.1 地理位置与行政区划 ……………………………………………………………………… (3)
　　2.1.2 社会经济与人类活动 ……………………………………………………………………… (4)
　　2.1.3 自然资源 …………………………………………………………………………………… (4)
　　2.1.4 气候与水文 ………………………………………………………………………………… (5)
　2.2 地质背景 …………………………………………………………………………………………… (5)
　　2.2.1 地层 ………………………………………………………………………………………… (5)
　　2.2.2 岩浆岩 ……………………………………………………………………………………… (10)
　　2.2.3 构造 ………………………………………………………………………………………… (11)
　　2.2.4 矿产 ………………………………………………………………………………………… (12)
　2.3 土地利用及土壤 …………………………………………………………………………………… (14)
　　2.3.1 土壤类型及分布 …………………………………………………………………………… (14)
　　2.3.2 土地利用现状 ……………………………………………………………………………… (15)
3 工作方法及质量评述 ………………………………………………………………………………… (16)
　3.1 土壤样品采集及加工 ……………………………………………………………………………… (16)
　　3.1.1 样品布设 …………………………………………………………………………………… (16)
　　3.1.2 样品采集 …………………………………………………………………………………… (16)
　　3.1.3 样品加工 …………………………………………………………………………………… (18)
　　3.1.4 野外工作质量 ……………………………………………………………………………… (19)
　3.2 样品分析与质量评述 ……………………………………………………………………………… (20)
　　3.2.1 样品分析 …………………………………………………………………………………… (20)
　　3.2.2 质量监控 …………………………………………………………………………………… (22)
　　3.2.3 质量评述 …………………………………………………………………………………… (23)
4 土壤地球化学基准值 ………………………………………………………………………………… (24)
　4.1 基本概念和统计方法 ……………………………………………………………………………… (24)
　　4.1.1 基准值概念与意义 ………………………………………………………………………… (24)
　　4.1.2 基准值统计方法 …………………………………………………………………………… (24)
　　4.1.3 基准值统计单元的划分 …………………………………………………………………… (24)
　4.2 研究区土壤地球化学基准值 ……………………………………………………………………… (24)

  4.3 不同成土母质土壤地球化学基准值 ……………………………………………………………… (25)
  4.4 主要地质单元地球化学基准值 …………………………………………………………………… (38)
  4.5 不同土壤类型地球化学基准值 …………………………………………………………………… (52)
  4.6 不同流域地球化学基准值 ………………………………………………………………………… (52)
  4.7 县域行政单元地球化学基准值 …………………………………………………………………… (68)
5 土壤地球化学背景值 ………………………………………………………………………………… (89)
  5.1 基本概念和统计方法 ……………………………………………………………………………… (89)
  5.2 研究区土壤地球化学背景值 ……………………………………………………………………… (89)
  5.3 不同成土母质土壤地球化学背景值 ……………………………………………………………… (91)
  5.4 主要地质单元地球化学背景值 …………………………………………………………………… (91)
  5.5 不同土壤类型地球化学背景值 …………………………………………………………………… (122)
  5.6 不同流域地球化学背景值 ………………………………………………………………………… (131)
  5.7 县域行政单元地球化学背景值 …………………………………………………………………… (131)
6 区域地球化学特征 …………………………………………………………………………………… (161)
  6.1 元素地球化学组合特征及其意义 ………………………………………………………………… (161)
    6.1.1 元素地球化学组合特征 …………………………………………………………………… (161)
    6.1.2 典型元素组合的地质意义 ………………………………………………………………… (164)
  6.2 元素地球化学分区 ………………………………………………………………………………… (166)
    6.2.1 分区依据与方法 …………………………………………………………………………… (166)
    6.2.2 地球化学分区及特征 ……………………………………………………………………… (167)
  6.3 土壤地球化学基准值与背景值对比 ……………………………………………………………… (169)
    6.3.1 基准值与背景值对比 ……………………………………………………………………… (169)
    6.3.2 变异、富集系数比较 ……………………………………………………………………… (171)
7 土壤碳库研究 ………………………………………………………………………………………… (172)
  7.1 土壤碳储量数据来源及计算方法 ………………………………………………………………… (172)
  7.2 土壤碳密度及碳储量 ……………………………………………………………………………… (173)
    7.2.1 不同深度土壤碳密度及碳储量 …………………………………………………………… (173)
    7.2.2 统计单元土壤碳密度 ……………………………………………………………………… (174)
    7.2.3 土壤有机碳密度空间分布 ………………………………………………………………… (175)
  7.3 土壤碳储量影响因素 ……………………………………………………………………………… (176)
    7.3.1 土壤养分含量对土壤碳储量的影响 ……………………………………………………… (177)
    7.3.2 土壤 pH 对土壤碳储量的影响 …………………………………………………………… (178)
8 典型生态区地质地球化学环境研究 ………………………………………………………………… (180)
  8.1 西江平南—苍梧段沿江高 Cd 成因来源同位素示踪研究 ……………………………………… (180)
    8.1.1 主要水系土壤(底积物)重金属元素地球化学特征 …………………………………… (180)
    8.1.2 沿岸土壤和底积物 Cd 同位素组成及指示意义 ………………………………………… (184)
    8.1.3 西江流域平南—苍梧段高 Cd 背景成因解析 …………………………………………… (185)
  8.2 武宣 Pb、Zn 等多金属矿化区表生地球化学行为研究 ………………………………………… (186)
    8.2.1 不同介质重金属元素含量特征 …………………………………………………………… (186)
    8.2.2 自然介质中 Pb、Zn 元素迁移规律及影响因素 ………………………………………… (190)
  8.3 合山黑色岩系硒富集机制研究 …………………………………………………………………… (198)
    8.3.1 土壤 Se 元素的地球化学及空间分布特征 ……………………………………………… (198)
    8.3.2 土壤 Se 含量的影响因素 ………………………………………………………………… (201)
    8.3.3 外源输入土壤 Se 含量的影响 …………………………………………………………… (205)
    8.3.4 富硒农作物与土壤的相关性 ……………………………………………………………… (205)
    8.3.5 富硒土壤资源开发建议 …………………………………………………………………… (208)
参考文献 ………………………………………………………………………………………………… (210)

1 绪 论

1.1 土壤地球化学研究现状

土壤地球化学是土壤学与地球化学相结合的一门边缘学科,与环境地球化学、景观地球化学特别是与生物地球化学有着密切的联系。它主要研究土壤中元素的地球化学性质、分布、迁移、累积及时空演化规律,其中包含污染物(元素及其化合物)在土壤中的降解、转化、生物效能(力)的研究。土壤地球化学通过对成土因素、土壤与母岩化学成分继承关系及土壤环境中各种地球化学作用过程的研究,揭示土壤的发生、演变规律。土壤地球化学研究直接服务于农业种植及环境治理,在矿产资源勘查领域形成了"土壤地球化学测量"这样一种有效的勘查方法(朱立新和马生明,2005)。

多目标区域地球化学调查是主要针对第四系发育区开展的基础地质调查工作,它以土壤地球化学测量为主,湖底沉积物测量为辅,对元素及化合物的空间分布规律进行系统调查,开展基础地质、国土资源、生态环境等方面的应用研究。多目标区域地球化学调查采用《多目标区域地球化学调查规范(1∶250 000)》(DZ/T 0258—2014)和其他有关规范进行样品的采集、测试以及最终成果的综合。一般是按照一定的网度采取第一环境、第二环境的样品。第一环境调查一般是按照一定的网度,利用洛阳铲或特制的取样工具,采取150~200cm的土壤样品进行多元素包括全量、有效态含量的测试分析,以评价未受人类活动影响的环境质量。第二环境调查一般是利用开挖探坑、开挖土壤剖面(地质剖面)采取地表以下0~20cm的土壤样品,进行多元素包括全量、有效态含量的测试分析,以综合评价环境质量。在生态环境方面,截至目前,全国累计完成266万km^2。各省(自治区、直辖市)总体进度趋缓,不同区域间完成调查的面积差距较大,其中东部与中部地区较快于西部地区,华北、华东及中南地区较快于其他地区。调查进度不均衡与启动这项工作时不同地区的经济发展水平不均衡有关。近年来,各区域更加注重全面评价和开发优质土地资源,由于包括西部在内的广大贫困地区富含有益组分的土地资源较为丰富,调查工作应逐步向这些地区倾斜。在全国多目标区域地球化学调查的基础上,各省(自治区、直辖市)为促进地区经济社会发展,进一步开展了土地质量地球化学普查与详查工作。在多目标区域地球化学调查的基础上,我国建立了全国土壤第一环境与第二环境地球化学背景值和基准值系列参数,建立了全国土壤碳密度系列参数,促进了土壤碳密度、碳储量、碳循环与全球变化研究,推进了全球、区域与局部生态地球化学理论研究与应用评价的全面深入开展;同时为基础科学研究积累了大量精密数据资料,深化了土壤学、环境学、生态学、生物学、地质学等领域科学研究与应用实践(奚小环和李敏,2017)。

1.2 西江流域桂中段土壤地球化学

1.2.1 基本情况

"西江流域桂中段多目标区域地球化学调查"项目始于2008年,包括不同阶段的多个项目,具体为:①中国地质调查局于2008年《关于下达2007年全国土壤现状调查及污染防治专项任务书的函》(中地调函〔2008〕38号)中下达的工作项目"广西壮族自治区多目标区域地球化学调查(贵港地区)",评价区涉及面积2869km^2;②2013年下达的"广西玉林地区多目标区域地球化学调查"项目,所属计划为"国土资源开发与保护基础地质支撑计划",所属工程为"土地地球化学调查工程",评价区涉及面积3462km^2;

③2016—2018年,中国地质调查局分别下达"广西桂中—桂东北重要农业区土地质量地球化学调查"和"广西崇左东部及桂东南重要农业区土地质量地球化学调查",隶属"粤桂湘鄂1∶25万土地质量地球化学调查"二级项目(图1-2-1)。

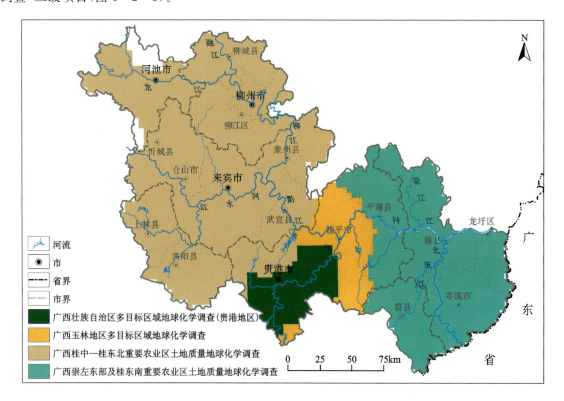

图1-2-1 西江流域桂中段土壤地球化学工作程度图

项目主要目的是:通过实施西江流域桂中段多目标区域地球化学调查,查明表层土壤、深层土壤等介质中多元素/指标的含量水平及空间分布特征,摸清土地质量"家底",为土地利用规划、农业结构调整、生态环境保护、地方病防治及矿产资源勘查等领域提供基础数据,为广西壮族自治区社会经济可持续发展提供科学依据,同时为经济结构战略调整提供全新的地球化学支撑。

1.2.2 技术路线

本次以土壤地球化学调查取得的海量实测数据为资料,在科学统计的基础上,确立西江流域桂中段土壤、土壤元素有效态背景值等基础性地球化学参数,查清土壤中元素/指标的地球化学丰度,以及元素/指标在不同统计单元中的分配特征以及区域分布规律,并对有害元素的积累过程、影响途径、危害程度、来源进行生态地球化学研究。工作过程中严格按《多目标区域地球化学调查规范(1∶250 000)》(DZ/T 0258—2014)、《生态地球化学评价样品分析技术要求(试行)》(DD 2005-03)等规范标准执行。

2 区域概况

2.1 自然地理

2.1.1 地理位置与行政区划

研究区位于广西壮族自治区西江流域桂中段,北纬 22°27′—24°5′25″,东经 108°4′11″—111°25′之间,总面积约 4.5 万 km²,约占广西陆地面积的 19%。研究区涵盖南宁市上林县、宾阳县,柳州市城中区、鱼峰区、柳南区、柳北区、柳江区、柳城县,梧州市龙圩区、岑溪市、藤县,来宾市兴宾区、合山市、忻城县、象州县、武宣县,玉林市容县,河池市金城江区及贵港市所有县区,共计 23 个行政区(图 2-1-1)。研究区交通便利,有南广高铁、南昆铁路、洛湛铁路、湘桂铁路、黔桂铁路、焦柳铁路等铁路干线贯通。地级市之间高速公路、一级及二级公路网发达,乡镇、村庄之间公路畅通。航运业西江航道交汇且贯通全境,是连接中国东南沿海地区与中西部地区的桥梁和纽带,百吨船舶可由西江水系直航广州、香港、澳门,柳州港、贵港为地方性内河主要港口。航空运输以支线为主,主要机场包括柳州白莲机场、梧州西江机场、河池金城江机场。

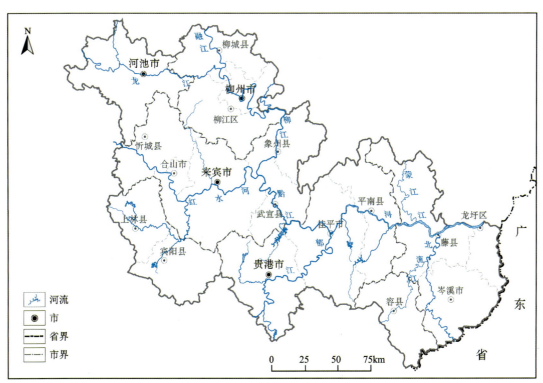

图 2-1-1 研究区行政区划图

研究区位于桂中至桂东低山丘陵区,地势总体呈西北高、东南低,地形类型以山地丘陵为主。北部为黔中高原南部边缘的斜坡地带的一部分,四周山岭绵延,碳酸盐岩分布广泛,以喀斯特地貌为主;中部为丘陵区,从西北向东南呈缓缓倾斜的湖盆状;南部地面为开阔平坦的浔郁平原,分布面积超 600km²,为广西最大的平原;西南地区则多为由碎屑岩及岩浆岩组成的丘陵地貌。

2.1.2 社会经济与人类活动

研究区为广西的主要工业区,坐落有最大的重工业基地,人类活动频繁,经济较发达。以2021年全年经济统计数据结果分析,研究区内主要地市经济运行稳健,改革发展稳定,经济社会取得较快发展。

柳州全市地区生产总值为3 057.24亿元,按常住人口计算,全年人均生产总值73 328元。农业(广义农业,下同)增加值257.85亿元,比2020年增长7.0%。肉类总产量22.4万t。工业和建筑业增加值1 277.50亿元,比2020年增长6.1%,其中规模以上工业总产值增长6.0%。全社会消费品零售总额1 332.3亿元,比2020年增长4.9%。按经营地统计,城镇消费品零售额1 224.2亿元,比2020年增长5.0%;乡村消费品零售额108.0亿元,比2020年增长4.1%。

梧州市生产总值为1 369.37亿元,比2020年增长10.0%,两年平均增长9.1%。其中,农业增加值196.09亿元,增长8.5%;工业和建筑业增加值589.39亿元,增长12.0%;消费服务业增加值583.89亿元,增长9.1%。全市财政收入134.84亿元,比2020年增长9.4%。全市居民人均可支配收入27 338元,比2020年增长8.7%。

来宾市生产总值832.88亿元,比2020年增长10.5%,两年平均增长8.4%。从产业看,农业产业增加值195.61亿元,比2020年增长6.2%,全年粮食总产量72.36万t,蔬菜及食用菌产量173.46万t,猪肉产量10.7万t。工业和建筑业增加值238.85亿元,增长6.2%,规模以上工业增加值比2020年增长12.5%。消费服务业增加值398.42亿元,比2020年增长15.2%,其中服务业,交通运输、仓储和邮政业,住宿和餐饮业,金融业增加值比2020年分别增长22.7%、19.8%、15.5%、9.9%。

河池市宜州区生产总值145.34亿元,比2020年增长8.5%。农业总产值110.02亿元,比2020年增长11.6%。规模以上工业总产值比2020年增长17.1%,比2019年增长10.0%,两年平均增长4.9%。社会消费品零售总额52.55亿元,比2020年增长11.2%,比2019年增长2.1%,两年平均增长1.0%。

贵港市生产总值为1 501.64亿元,比2020年增长6.5%。从产业看,农业增加值259.52亿元,比2020年增长3.3%。工业和建筑业增加值544.92亿元,比2020年增长3.8%。社会消费品零售总额697.19亿元。

2.1.3 自然资源

研究区水电资源丰富,从不同行政区域上看,柳州市地表水资源量234.9亿m^3,折合径流深1 263.6mm,径流系数为0.7,汛期径流量占年径流量的77.3%,浅层地下水资源量25亿m^3。梧州市全市多年平均地表水资源总量95.59亿m^3,多年平均地下水资源量28.7亿m^3,地表水平均年资源量2.6亿m^3,地下水年平均资源总量5900万m^3,过境水量2083亿m^3。来宾市多年平均地表水资源总量114.05亿m^3,地下水资源总量53.66亿m^3,水能资源蕴藏量34.17万kW,可开发量14.86万kW,已开发量3.44万kW。贵港市水能资源蕴藏量达210万kW以上,西江航运枢纽一、二期年发电量超过$1.1×10^9$kW·h。河池市年均水资源总量250亿m^3,占广西水资源总量的13.3%,河网密度为0.153km/km^2。

在生物资源方面,柳州盛产大米、玉米、甘蔗、花生、木薯、油桐、麻类等粮食和经济作物,且盛产果类柑、橙、柚、龙眼、梨、桃、柿、板栗、番石榴等20多种,经济林木主要为杉、松、樟、枫、荷木、香椿等。梧州市的珍贵动物有猕猴、短尾猴、小灵猫、鬣(苏门羚)、麝、水獭、穿山甲、大壁虎(蛤蚧)、山瑞鳖、鹦鹉、鸳鸯、大鲵、文昌鱼、白鹇、原鸡(金鸡)等17种,其中小灵猫、麝为国家一级保护动物,其他均为国家二级保护动物。来宾市鱼类资源较丰富,鱼类区系成分基本上由南方热带和江河平原两个区系复合体构成,其中经济价值较高的鱼类有赤眼鳟、黄颡鱼、倒刺鲃、光倒刺鲃、斑鳠、长臀鮠、大眼卷口鱼、花虾、青鱼、草鱼等。水生植物资源主要有马来眼子菜、轮叶黑藻、金鱼藻、喜旱莲子草、菹草、芜萍、苦草、水浮莲、水花生、水葫芦等。陆生植物资源有禾本科植物、豆科植物、青菜类、象草、黑麦草等。河池森林面积101.7万hm^2,其中用材林59.3万hm^2,活立木总蓄积2616万m^3。林木树种资源丰富,共有84科250属532种,其中乔木241种,常绿树种143种,落叶树种98种。

2.1.4 气候与水文

研究区属亚热带季风气候,北回归线从研究区中部穿过,大气环流以季风环流为主,光、热、水资源较丰富,日照充足。夏半年盛行偏南风,高温、高湿、多雨;冬半年盛行偏北风,寒冷,干燥,少雨。夏长冬短,雨热同季,气温自北向南渐增,不同地区差异较大。

全区年最冷月1月平均气温7.2~10.4℃,历史上极端最低温度为-5.8~-2.5℃,高寒山区可达-8℃以下,最热月7月平均气温27.2~28.9℃,历史上极端最高气温为38.6~39.5℃。雨季一般始于4月下旬,终于9月上旬初,这期间降水量占全年降水量的70%以上。北部贺州市、柳州市等地年平均气温16.9~21.5℃,其中7—8月气温最高,1—2月最低,年平均降雨量为1200~1600mm,年平均日照时数平均1250~1600h。中部来宾市年平均气温20.30℃,极端最高气温38.9℃,极端最低气温-5.6℃,年平均日照时数1582h,年平均降雨量1360mm,降雨主要集中在4—8月,占全年的70%左右。南部梧州市等地多年平均气温21.2℃,7月最热,月平均气温28.2℃,1月最冷,月平均气温12.2℃,年平均相对湿度79%,年平均日照时数1 725.4h。主要气象灾害包括春季的低温阴雨和干旱、夏季的暴雨洪涝和雷雨大风,局部地方有春夏季节之交的冰雹、秋季的寒露风和秋旱以及冬季的寒潮霜冻害。

研究区属珠江水系西江流域,主要河流包括红水河、柳江、黔江、浔江,以及龙江、融江、郁江、蒙江、北流江等支流。西江流域总面积为30.49万hm²,其中广西境内集水面积共计20.24万hm²,占全流域集水面积的85.7%,水资源总量约占广西水资源总量的85.5%。

2.2 地质背景

研究区位于扬子板块和华夏古陆接合部位,又位于特提斯构造域和环太平洋构造域的交会处,大部分属羌塘-扬子-华南地层大区中的扬子地层区,梧州一带为华南地层区。

2.2.1 地层

研究区出露基岩类型齐全,构造演化复杂,地层分布广泛,从元古宇至第四系均发育,详见图2-2-1。

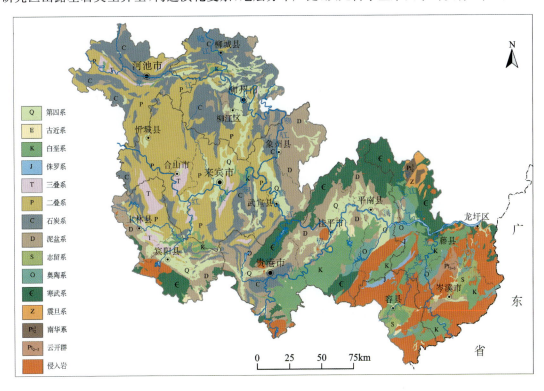

图2-2-1 研究区地质图

2.2.1.1 前寒武系(南华系+云开群)

区内前寒武系包括南华系(Pt_2^3)和云开群(Pt_{2-3}),分布于岑溪市及藤县北部地区,面积约 406km²,岩性为云开群千枚岩、片岩、石英岩及南华系变质砂岩、砂岩、泥岩。

2.2.1.2 震旦系

震旦系主要分布于藤县北部,面积约 269km²,为槽盆相复理石建造。岩性主要为长石石英砂岩、细砂岩、粉砂岩、粉砂质页岩、页岩夹碳质页岩。

2.2.1.3 寒武系

寒武系分布于评价区中部,为一套浅变质的砂、泥岩组合,未见顶、底,下泥盆统莲花山组角度不整合于其上。依据岩性组合特征及与相邻地区对比,寒武系分小内冲组和黄洞口组,面积约 4134km²。

(1)小内冲组:主要分布于镇龙山南,呈小面积出露,不足 1km²,为一套灰绿色、深灰色不等粒杂砂岩、粉砂岩、粉砂质泥岩、泥页岩及含碳泥岩组合。底以硅质岩的消失与培地组分界(区内未见底),顶以泥页岩、含碳泥岩的消失或含砾不等粒杂砂岩和细砾岩的出现与黄洞口组分界,厚 319~1780m。

(2)黄洞口组:分布于莲花山一带或毗邻小内冲组分布,为一套深水海盆碎屑岩建造,具典型的浊流特征。岩性为砾岩、含砾不等粒杂砂岩、不等粒杂砂岩、粉砂岩、粉砂质泥岩、泥页岩及含碳质泥岩等,呈旋回性组合。黄洞口组与下伏小内冲组的主要区别是:该组岩石颜色普遍较浅(以灰绿色为主),下部砂岩中含有石英砾石,颗粒普遍较粗,局部见砾岩等,厚 453~3654m。

2.2.1.4 奥陶系

奥陶系分布于桂平市、平南县、梧州市等地,面积约 1105km²,下部以页岩为主,上部为碎屑岩夹灰岩。分布于桂平市麻垌镇、平南县、藤县天平镇、梧州市等地的六陈组岩性为砂页岩互层,局部夹长石石英砂岩、粉砂岩、泥质细砂岩、碳质页岩。石圭组、东冲组皆分布于容县。石圭组岩性为深灰色厚层大理岩化灰岩与钙质泥岩互层或互为夹层。东冲组岩性为绢云石英千枚岩、石英绢云千枚岩夹变质细砂岩、千枚状粉砂岩,在岑溪市安平油茶林场夹一层阳起石化基性熔岩。兰瓮组分布于苍梧县新地镇,岑溪市三堡镇、安平镇、筋竹镇、马路镇,容县灵山镇等地,岩性为灰白色、浅肉红色石英砂岩、含砾石英砂岩、细砂岩夹粉砂岩、泥质粉砂岩、页岩及砂质页岩。

2.2.1.5 志留系

志留系分布于容县及岑溪市附近,面积较小,约 432km²,包括大岗顶组、连滩组。大岗顶组为一套灰绿色厚层块状砾岩、砂砾岩、含砾砂岩夹砂岩、页岩,在东兴—钦州一带夹透镜状菱铁矿。连滩组岩性为细砂岩、岩屑砂岩、粉砂岩与页岩互层,顶部夹泥灰岩,在岑溪安平镇白板—大爽一带夹一层细碧角斑岩。

2.2.1.6 泥盆系

泥盆系在柳州市、来宾市、贵港市等地广泛分布,面积约 6890km²,沉积环境复杂,出现台沟相间的古地理景观,形成了不同类型的地层序列。

(1)莲花山组:分布于调查区中部及南部,为一套由紫红色、暗紫色坚硬砂岩与质地较软的含泥或泥质砂岩、杂砂岩、粉砂岩或泥岩组成的韵律状互层或夹层地层,与下伏寒武系呈角度不整合接触,厚13~1296m。

(2)那高岭组:毗邻莲花山组分布于调查区中部,为一套潮下带泥质岩沉积,下部以灰绿色泥岩出现或紫红色细砂岩的消失与莲花山组分界,上部以泥岩消失和灰色—灰黄色中厚层石英砂岩出现与郁江组呈整合接触,厚 89~132m。

(3)郁江组:毗邻莲花山组或那高岭组分布,下部以灰黄色、灰色中厚层石英砂岩与下伏莲花山组紫红色中层粉砂质泥岩、砂岩或那高岭组灰绿色泥岩、粉砂质泥岩整合接触,上部以生物屑泥灰岩、泥质灰岩与上覆上伦白云岩或二塘组分界,厚171~304m。

(4)上伦白云岩:毗邻郁江组,主要分布于黎塘镇、东龙镇及象州县东一带,以白云岩与下伏郁江组和上覆二塘组呈整合接触,厚139~180m。岩性为深灰色中—厚层(含)生物屑粉晶—细晶白云岩、泥晶白云岩,上部夹介壳灰岩,局部地段夹生物屑粉晶—泥晶灰岩、疙瘩状泥灰岩。上伦白云岩具正粒序层理、水平纹层理,偶见交错层理,窗孔、鸟眼及溶蚀孔构造发育,偶见垂直钻孔。

(5)二塘组:该组毗邻下伏上伦白云岩或郁江组分布,下部为深灰色中—厚层(含)生物屑粉晶—泥晶灰岩夹灰色—黄绿色泥页岩,局部夹白云岩、白云质灰岩;上部为灰色、灰绿色薄—中层泥页岩、钙质泥岩、泥灰岩夹生物屑粉晶—泥晶灰岩,厚219~487m。

(6)官桥白云岩:分布于桐木镇、象州县一带,为二塘组之上的一个岩组,以白云岩的出现或结束与下伏二塘组(局部地段郁江组)和上覆大乐组或唐家湾组呈整合接触,厚320~716m。岩性为深灰色中—厚层夹薄层粉晶白云岩、泥晶白云岩和细晶白云岩,局部地段夹砂屑白云岩、白云质灰岩、灰岩和泥岩。

(7)塘丁组:广泛分布于贵港市、桂平市及上林县一带,岩性以灰黑色泥岩、页岩为主,夹碳质泥岩、粉砂质泥岩及少量细砂岩、泥灰岩、硅质岩。该组为含矾矿层位,厚175~403m。

(8)大乐组:一般毗邻官桥白云岩,分布于桐木镇、象州县一带,为一套深灰色、灰色生物屑灰岩、泥质灰岩夹泥页岩的岩石组合,厚31~753m。

(9)四排组:分布于柳州市鱼峰区及象州县东,为一套灰色、深灰色、灰绿色、黄绿色泥(页)岩、砂质泥岩夹薄—中层泥灰岩、灰岩组合,厚40~418m。

(10)唐家湾组:分布于贵港市一带,岩性为灰色—深灰色厚—中层状白云岩、白云质灰岩及层孔虫灰岩,厚227~337m。

(11)东岗岭组:分布于研究区中部,为灰色、深灰色中层泥晶生物屑灰岩、(含)生物屑泥晶岩、含藻团粒泥晶灰岩、泥质灰岩夹泥岩、云灰岩。部分地段含球—块状层孔虫、珊瑚,局部富集形成生物礁砾块灰岩、倒骨岩,顶部一般均有厚度不等的深灰色薄—中层含硅质团块(条带)生物屑灰岩、生物屑微晶灰岩。

(12)罗富组:在上林县、宾阳县一带出露,岩性为灰黑色含碳泥岩、钙质泥岩夹生物屑泥灰岩透镜体,局部夹沉凝灰岩、含磷凝灰质含砾泥岩、硅质页岩、粉砂岩、石英细砂岩,大厂龙头山一带发育珊瑚、层孔虫礁,厚18~382m。

(13)巴漆组:极少量出露于象州县东北,以深灰色薄层灰岩夹燧石条带为特征,厚22~242m。岩性以深灰色薄—中层状灰岩、粉晶灰岩、泥晶灰岩夹燧石条带为特征,部分地区含生物屑、砂屑、砾屑灰岩,薄层竹节石泥质硅质岩、生物碎屑泥质灰岩等。该组岩石具水平层理、纹层理、滑塌、条带状等构造。

(14)桂林组:分布于贵港市及宾阳县等地,岩性主要为生物屑微晶藻砂屑灰岩、层孔虫生物灰岩、生物微晶灰岩、微晶生物屑灰岩夹白云岩、白云质灰岩。该组水平纹层理发育,白云岩窗孔构造、鸟眼构造发育,厚150~731m。

(15)东村组:岩性为浅灰色中—厚层细晶—粉晶灰岩、微晶灰岩、藻砂屑灰岩、窗孔鸟眼微晶砂屑-球粒灰岩夹生物屑微晶灰岩、白云质灰岩、粉晶白云岩。该组窗孔-鸟眼构造、水平纹层构造发育,厚337~551m。

(16)额头村组:岩性为含砂屑生物屑微晶灰岩、微晶藻砂屑生物灰岩、微晶生物屑藻砂屑灰岩夹灰质白云岩或白云岩,偶夹介形虫生物泥灰岩及碳质页岩。颜色以灰色—深灰色为主,浅灰色次之,岩石水平纹层理、鸟眼构造、压溶缝合线构造发育,厚度大于52m。

(17)融县组:主要分布于柳州市一带,厚256~1866m。岩性为浅灰色、浅肉红色中厚层状(砂屑)微晶灰岩、(白云质)砂屑灰岩、砂屑鲕粒灰岩、藻砾屑藻砂屑灰岩、钙球藻砂屑灰岩、窗孔鸟眼砂屑灰岩夹少量白云质灰岩,发育水平纹层理、粒序层理、底冲刷构造、压溶缝合线构造发育。

(18)榴江组:分布于贵港市及象州县一带,下部与东岗岭组、上部与五指山组均呈整合接触,厚161～340m。岩性为深灰色、灰黑色薄—中层硅质岩、含生物屑硅质岩、含泥硅质岩、硅质泥岩夹泥岩,局部夹薄—中层粉晶含硅质灰岩、含锰质灰岩层或透镜体,水平微细层理、水平层理发育,局部为正粒序层理。

(19)五指山组:岩性为灰色、浅灰色、浅肉红色薄—中层扁豆状粉晶—泥晶灰岩、条带状灰岩、钙藻屑灰岩夹少量砾屑或砂屑灰岩,局部含藻团和少量生物屑等,厚209～245m。

2.2.1.7 石炭系

石炭系主要分布于柳州市、来宾市、河池市及贵港市南部,面积约6890km^2。石炭系继承了中上泥盆统的沉积格局,沉积类型多样。

(1)尧云岭组:分布于贵港市南部及黎塘镇—东龙镇一带,整合于下伏的额头村组和上覆的英塘组之间,厚度大于166m。岩性为深灰色薄—中厚层藻砂屑微晶灰岩、微晶藻砂屑灰岩、粉晶灰岩夹灰云岩及细晶白云岩。底部层理以薄—中层为主,层间夹有泥质条带或泥皮及介壳灰岩。该组发育波状层理、水平纹层理和缝合线构造。

(2)英塘组:岩性主要为灰色—深灰色中—厚层微晶藻砂屑灰岩、微晶藻砂屑含云灰岩、微晶生物屑藻砂屑灰岩夹白云岩等,底夹硅质岩。灰岩局部含燧石团块或条带,水平层理(或纹层)发育。

(3)鹿寨组:主要分布于柳州市,整合于下伏五指山组之上,岩性为灰色—深灰色薄—中层状(含)生物屑硅质岩、硅质岩夹硅质页岩、泥岩,发育水平层理、微纹层理及正粒序层理。

(4)巴平组:分布于上林县一带,岩性下部为灰色、深灰色薄—中层夹厚层(含)生物碎屑粉—泥晶灰岩夹生物碎屑砂屑粉晶灰岩、生物碎屑藻凝块灰岩、灰质生物屑硅质岩以及骨针粉—泥晶含硅质灰岩、骨针含泥泥晶灰岩、砂屑灰岩、含砾屑含生物碎屑粉—泥晶灰岩、泥质硅质岩、含硅质泥岩,局部夹深灰色薄—中层含骨针粉晶白云岩、硅质岩和薄层泥岩。

(5)都安组:主要分布于贵港市、宾阳县及柳江区一带,厚72～346m。岩性为浅灰色—灰色微晶含藻砂屑生物屑灰岩、微晶生物屑含砂屑灰岩夹中—细晶白云岩,局部夹假鲕粒灰岩及含燧石团块或条带灰岩。该组具平行层理、正粒序层理、水平层理,以及底冲刷构造、纹层构造、压溶缝合构造。

(6)黄金组:分布于柳城县周边,岩性主要为灰色泥质灰岩、页岩、粉砂质页岩、石英细砂岩,灰岩中偶具燧石条带,厚140～1103m。

(7)寺门组:毗邻黄金组分布,整合于黄金组之上,岩性以灰黑色薄层页岩、碳质页岩为主,夹薄层粉砂质页岩和石英砂岩,普遍夹煤层,厚38～460m。

(8)罗城组:毗邻寺门组分布,主要岩性为灰色、深灰色、灰黑色中—厚层灰岩、生物屑灰岩、泥质灰岩、泥灰岩,少量硅质灰岩及页岩,局部夹白云岩,厚85～394m。

(9)大埔组:整合于寺门组、都安组或巴平组之上,为浅灰色、灰白色厚层块状中—细晶白云岩,部分为细—中晶白云岩,少量不等晶或粗晶白云岩,厚29～804m。

(10)黄龙组:毗邻大埔组分布,界面凹凸不平,厚112～790m。岩性主要为浅灰色—灰色中—厚层状含砂屑微晶灰岩、微晶藻砂屑灰岩、亮晶砂屑灰岩、微晶含砂屑生物屑灰岩夹微晶生物屑白云质灰岩、细晶白云质灰岩及中细晶白云岩,局部含燧石团块。

(11)马平组:主要岩性为灰白色厚层状微晶灰岩、生物碎屑灰岩、生物碎屑泥晶灰岩,局部夹白云质灰岩、核形石灰岩、棘屑有孔虫灰岩,局部含燧石团块,厚282～920m。

(12)南丹组:分布于研究区中部,为灰色—深灰色,部分浅灰色薄—中层夹厚层—块状的泥晶灰岩、(含)生物碎屑粉—泥晶灰岩、粉晶含藻砂屑—藻屑生物碎屑灰岩、含藻团粒泥晶灰岩、含骨针泥晶灰岩。岩石普遍夹硅质条带(或结核),具缝合线构造、滑塌构造、重荷构造、包卷层理,部分岩石重结晶或白云岩化强烈。

2.2.1.8 二叠系

二叠系大面积分布于研究区西部,为区内分布最广泛的地层,面积约9600km^2。二叠系主要毗邻石炭系分布，为浅海相碳酸盐岩-海陆交互相碎屑岩沉积。

（1）栖霞组：岩性为深灰色—灰黑色厚层微晶生物屑灰岩、藻砂屑灰岩夹钙质泥岩、泥灰岩、（含）硅质团块（条带）微晶生物屑灰岩，厚178～404m。该组水平纹层理、平行层理、透镜状层理发育，具似层状、藕节状、瘤状、条带状构造及塑性流动构造、压溶缝合线构造。

（2）茅口组：整合于栖霞组之上，平行不整合于合山组之下，为一套深灰色、灰色、浅灰色白云质斑块状灰岩、灰岩及深灰色含燧石结核灰岩，夹少量白云岩。

（3）孤峰组：主要分布于柳州市洛埠镇、来宾市凤凰镇及武宣县黄茆镇一带，主要由灰色—灰黑色薄层硅质岩、硅质灰岩、粉砂质页岩组成，夹凝灰岩、泥灰岩，含锰及磷结核，经风化淋滤后可形成锰帽型或堆积型锰矿床，厚54～214m。

（4）合山组：平行不整合于茅口组之上，整合于大隆组之下，为一套以泥质灰岩、泥灰岩为主夹数层煤层及少量硅质条带的岩性组合，厚约109m。

（5）龙潭组：出露在上林县一带，由碳质页岩、黑色页岩、不等粒砂岩、钙质粉砂岩组成，中部夹煤层、泥质硅质岩或透镜状泥灰岩，发育水平层理、斜层理，厚275～400m。

（6）大隆组：整合于合山组、马脚岭组或孤峰组之上，马脚岭组、陈刘组或石炮组之下的一套以泥岩、生物屑泥岩、硅质泥岩、凝灰质碎屑岩为主夹凝灰岩、沉凝灰岩、晶屑凝灰岩及少量硅质岩、细砂岩、灰岩、锰质灰岩组合，厚10～1173m。

（7）领好组：分布于上林县一带，为一套褐黄色、灰绿色、深灰色泥岩、砂岩夹硅质岩、凝灰岩及灰岩，厚20～717m。

2.2.1.9 三叠系

三叠系岩性复杂，分布面积小，约990km^2，零星分布于研究区中部。三叠系沉积相类型多样，有滨岸碎屑岩相的南洪组，局限—开阔台地相的马脚岭组、北泗组，台地前缘斜坡相的罗楼组，浅海陆棚相的板纳组，并有中基性、中酸性火山活动。

（1）南洪组：分布于河池市、合山市、来宾市等地，为一套灰绿色、黄绿色页岩。

（2）马脚岭组：分布于合山市，岩性为浅灰色薄板状灰岩、泥质条带灰岩夹泥岩，局部夹鲕粒灰岩、竹叶状灰岩、凝灰岩。

（3）北泗组：分布范围与马脚岭组大致相同，岩性为浅灰色厚层块状夹中薄层状白云岩、白云质灰岩、鲕状灰岩、核形石-豆粒灰岩、泥质灰岩。

（4）罗楼组：分布于来宾市迁江镇附近，岩性为灰黄色—深灰色生物屑灰岩、泥质条带灰岩、砾状灰岩、泥质灰岩夹钙质泥岩及凝灰岩，局部夹扁豆状灰岩、白云质灰岩或白云岩，厚40～538m。

（5）石炮组：主要分布于上林县及宾阳县附近，下部为层凝灰岩、凝灰质砂岩夹泥岩，上部为粉砂质泥岩、泥岩夹薄层泥质灰岩。

（6）板纳组：毗邻北泗组分布，岩性为灰绿色—灰黄色薄层泥岩、粉砂岩夹细砂岩，局部地区夹凝灰岩、层间砾岩，上部夹灰岩透镜体和钙质含砾泥岩，厚度一般为300～800m。

2.2.1.10 侏罗系

侏罗系零星分布于容县及藤县，面积182km^2，分天堂组及大岭组。天堂组底部为角砾岩、砂质角砾岩或花岗质砂砾岩，上部为紫红色泥岩、泥质粉砂岩。大岭组岩性为页岩夹煤层，局部夹粗粒长石砂岩、砂砾岩、烟灰色泥灰岩。

2.2.1.11 白垩系

白垩系主要分布于研究区东南部，面积约4770km^2。

（1）新隆组：分布于宾阳县洋桥镇一带，底部为紫红色、浅灰色厚层块状砾岩、含砾砂岩夹泥岩，往上为紫灰色砾状砂岩、不等粒砂岩和暗红色钙质粉砂岩夹泥岩。

(2)永福群：分布于来宾县，底部为紫红色砾岩，不整合于前白垩纪地层之上，中上部为紫红色粉砂岩、细砂岩夹泥岩，局部夹砾岩及泥灰岩。

(3)西垌组：分布于岑溪市水汶镇和周公顶、容县自良镇、藤县金鸡镇、宾阳县邹圩镇等地。岩性为灰绿色凝灰砾岩、凝灰质角砾岩、凝灰岩、凝灰熔岩、石英斑岩、霏细斑岩等。

(4)罗文组：分布于容县自良镇、藤县太平镇、岑溪市大业镇等地。岩性为紫红色砾岩、砾状砂岩、长石石英砂岩、粉砂岩、泥岩互层。

2.2.1.12 古近系

古近系零星分布于研究区东南，仅出露邕宁群，底部为厚度不等的紫红色厚层块状砾岩、砂质砾岩、含砾砂岩、含铁砂岩，上部为灰白色—浅黄色强砂岩、粉砂岩、钙质泥岩夹碳质泥岩、褐煤层及膨润土，夹泥灰岩、含磷泥岩及菱铁矿矿层。

2.2.1.13 第四系

第四系分布广泛而零散，按成因可分陆相和海相，包括望高组、桂平组、临桂组，陆相又可进一步分河流冲积、洞穴堆积、残坡积、洪积、溶余堆积。

(1)望高组：广泛分布于河流两岸，下部为砾石层或砂砾层，上部为砂土层或砂质黏土层，下部夹0.2~0.6m厚的泥炭层，局部含砂锡矿。

(2)桂平组：分布于大小河流谷地下部为砂砾层，阶地上部为砂土、亚黏土层，常夹泥炭层，局部产砂金、砂锡矿。

(3)临桂组：广泛分布于喀斯特地区内的峰林平原、峰丛凹地和溶蚀残丘中，主要由棕红色、红黄斑杂色黏土层组成，富含铁锰质结核、三水铝团块等。

2.2.2 岩浆岩

区内岩浆活动以酸性侵入岩为主，广泛分布于岑溪市、容县，在贵港市、桂平市、平南县、宾阳县等地亦有少量出露，面积约 $5000km^2$。

2.2.2.1 志留纪酸性侵入岩

研究区东部加里东期岩浆活动剧烈。岩性以片麻眼球状黑云二长花岗岩和片麻状堇青黑云二长花岗岩为主，交代作用普遍，发育钾长石化、钠长石化及石英交代长石和云母等现象。岩体侵入下古生界，围岩多具角岩化，局部为矽卡岩化。

2.2.2.2 泥盆纪花岗岩

泥盆纪花岗岩于岑溪市附近出露。岩体主要为片麻状、片麻状细粒黑云二长花岗岩，其次为细粒黑云花岗闪长岩，岩体中包体较多，有斜长角闪片麻岩、矽线石英岩、变粒岩、片麻状石英闪长岩等。岩体与奥陶系接触的边缘有冷凝边，围岩强烈角岩化，生成宽达 $300m$ 的斑点状黑云堇青长英角岩带。

2.2.2.3 二叠纪花岗岩

二叠纪花岗岩出露于平南县周边。岩体侵入的最新地层为上泥盆统，被下侏罗统沉积覆盖。岩体主要为肉红色中粗粒斑状含褐帘角闪黑云钾长（二长）花岗岩，其次为中粒文象含褐帘黑云角闪二长花岗岩和花岗斑岩，并组成连续结构演化序列。

2.2.2.4 三叠纪花岗岩

三叠纪花岗岩分布于大容山东南部，是出露最广泛的一期花岗岩，形成广西最大的花岗岩基。岩体主要为斑状黑云堇青二长花岗岩，个别为堇青黑云二长花岗斑岩，以普遍含堇青石和红棕色黑云母为特征。

岩石中沉积变质岩包体较多,有变粒岩、片岩、堇青角岩、堇青黑云斜长角岩等,有的占寄主岩的2%。

2.2.2.5 侏罗纪酸性侵入岩

侏罗纪酸性侵入岩出露较广,大部分呈岩基产出外,少数呈岩株或岩株群出现,与有色、稀有、稀土等金属矿产有关。侵入岩类型复杂,岩体呈岩基、岩株侵入于古生界。按成因、岩性、岩石化学特征,侏罗纪酸性侵入岩可分为黑云母花岗岩、细粒花岗闪长岩及杂岩体。

2.2.2.6 白垩纪侵入岩

白垩纪侵入岩分布于研究区东南,为晚白垩世酸性侵入岩。岩体侵入于古生界和下白垩统、早白垩世花岗岩,与围岩多呈突变接触,具微弱角岩化、硅化,蚀变带宽数米,最宽约30m。岩性较复杂,主要为中细粒黑云二长花岗岩、黑云紫苏石英闪长岩、花岗斑岩、石英闪长斑岩、长石石英斑岩等,副矿物为磁铁矿、锆石、磷灰岩、榍石、褐帘石、金红石组合。

2.2.3 构造

2.2.3.1 构造活动及构造单元

研究区地处桂中-桂东褶皱系,属于南华活动带湘桂褶皱系中湘中南褶皱带的一部分。寒武系、奥陶系为复理石碎屑岩及浊积岩建造,海洋山一带夹多层碳酸盐岩。广西运动使研究区褶皱隆起,形成近东西向和北北东向的紧密线状褶皱,伴随酸性岩浆侵入,形成海洋山及大瑶山一带的花岗岩体。广西运动之后,区内转化为较稳定的泥盆纪—中三叠世盖层沉积,为晚古生代的强烈拗陷区。泥盆系普遍呈角度不整合于前泥盆系之上,由南向北超覆现象明显,以浅海台地相碳酸盐岩为主,次为台沟相的硅泥质及碎屑岩沉积。印支运动使沉积盖层褶皱隆起,形成开阔的以北东向和近南北向为主的褶皱,海水从此全面退出。燕山运动以块断形成为主,形成若干断陷盆地。

基本构造单元主要包括来宾凹陷及大瑶山隆起。来宾凹陷是晚古生代凹陷最深的地区,基底未露,东部边缘除下泥盆统滨岸相碎屑岩外,广泛分布碳酸盐岩,以平缓开阔褶皱为主,构造线方向为北东向和北西向,或南北向和东西向,几乎无岩浆活动。大瑶山隆起是隆升最强区,加里东褶皱带广泛出露,构成本区主体,由南华系—寒武系组成,其褶皱为紧密线状复式褶皱,近东西向,局部为北东向,郁南运动导致区域开始抬升,广西运动褶皱造山遭受剥蚀,其后下沉,接受晚古生代盖层沉积,下泥盆统滨岸相碎屑岩沿隆起周边分布。印支期—喜马拉雅期,区内均处于隆起状态,边缘有燕山期和喜马拉雅期的断陷盆地分布,岩浆活动虽不强烈,但很频繁;从加里东期至喜马拉雅期,区内均有活动,以燕山期较剧烈,形成花山、姑婆山一带的复式花岗岩体;加里东期形成岭祖及大宁花岗岩体,平南县马练一带分布喜马拉雅期超基性岩筒群。

2.2.3.2 主要断裂构造

研究区分布有多条深度、规模、方向和性质不同的断裂带,对沉积岩相、岩浆活动及成矿作用起着明显的控制作用,往往切割硅铝层或硅镁层,且多为复活断裂或地体拼接带,其中规模较大的区域性大断裂具体特征如下。

(1)来宾断裂:西南起自来宾,往北东经柳州,走向北东,倾向西,倾角30°~60°,以逆断层性质为主,局部表现为正断层性质。该断裂切割寒武系—白垩系,角砾岩、硅化、片理及劈理等断裂现象发育,往往可见若干平行断裂分布,组成数千米宽的断裂带。

(2)岑溪-梧州断裂:呈北北东向波状展布,断面倾向北西,倾角40°~50°,具逆断层性质,切割古生代地层,沿断裂带分布小的串珠状燕山期花岗闪长岩体。该断裂控制着岩体的分布,又遭后期断裂破坏,是复合断裂。断裂带中岩石破碎硅化特征明显,旁侧形成的裂隙往往被后期的岩脉和矿脉充填。

(3)藤县断裂:总体北东向,断面以倾向南东为主,倾角40°~70°,局部亦有北西倾向,断层性质早期为逆冲断层,晚期则为正断层。断裂切割古生界,具明显的控相特征,断裂南东侧晚古生代为一套深水相含锰硅泥质沉积,北西侧为台地相沉积。断裂北东段控制中生代盆地沉积并被破坏。断裂南东侧,在钦州大峒、容县水口等地断续分布深变质混合岩夹混合质变粒岩、混合质片岩等岩块,分布于大容山岩体中或其边缘,显示出它具有古老的结晶基底性质,而断裂北西侧则未见其踪迹。沿断裂带岩浆活动强烈,印支期酸性岩浆岩呈狭长带状分布,其控相亦很明显,超浅成酸性岩浆岩仅分布于断裂北西侧,而深成的酸性岩浆岩大面积分布于断裂南东侧。

2.2.4 矿产

研究区发现锰、铁、铜、金、银、铅、锌、钨、锑、煤、铝土矿、毒砂、重晶石、石灰岩等矿产。其中,锰、煤、铝土矿、铅锌、金为本区优势矿产,矿产资源分布与地质环境密切相关(图2-2-2)。

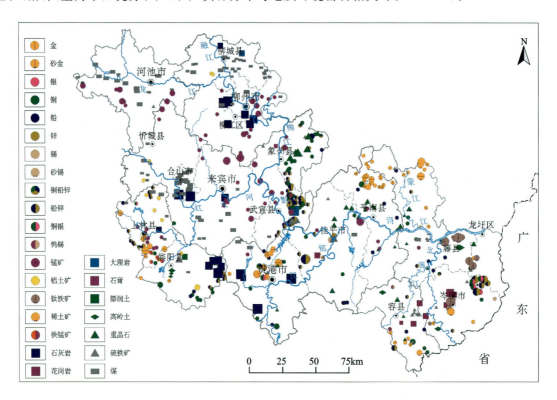

图2-2-2 研究区矿产分布图

1. 锰矿

研究区内锰矿主要分布于来宾凹陷东部至东北部,成矿地质条件优越,资源丰富,主要为风化淋滤残积-堆积型锰矿。含锰层位包括上泥盆统榴江组含锰层、下石炭统含锰层、下二叠统孤峰组含锰层,以下石炭统含锰层和下二叠统孤峰组意义较大,形成很多工业矿体。矿体多为似层状、囊状、透镜状,产于含锰层附近侵蚀平缓的丘陵地区。矿石以硬锰矿、软锰矿为主,少量偏锰酸矿。矿石中Mn品位一般为20%~30%。典型的矿床有柳江区思荣锰矿(中型)、兴宾区凤凰八一锰矿(中型),以及数十个小型矿床(点)等。

2. 煤

区内含煤地层为上二叠统合山组。合山组主要由灰岩、燧石灰岩、生物碎屑灰岩、煤层、碳质页岩和少量铝土岩组成,与下二叠统茅口组呈平行不整合接触,与上覆大隆组呈整合接触,主要矿产地为合山煤矿。合山煤矿位于桂中凹陷南部,分布面积300多平方千米,占合山市总面积的73%,已探明地质储量达7亿t以上,属小型煤田中型煤矿区,是广西的主要煤产地。矿区煤矿开采历史悠久,经多年开采合山煤矿资源已近枯竭,大批矿井报废或关闭。

3. 铝土矿

区内铝土矿主要有沉积型铝土矿和红土型铝土矿两种，分布于柳州、来宾、贵港、宾阳等市（县）境内。

红土型铝土矿分布于桂中的来宾、贵港、宾阳等市（县）范围，是研究区颇具潜力的三水铝石型铝土矿成矿远景区。红土型三水铝土矿形成于第四纪，矿床赋存于溶蚀平原或准平原内的第四系更新统中，矿石具有低铝、高铁的特点。成矿物质来源于泥盆系及石炭系碳酸盐岩。区内平缓的矮丘地形为矿石堆积和保存提供了有利场所。分布于岭丘、台地顶和坡部位或呈正地形处的矿层相对厚度较大，品位高；坡脚、低洼地带或为负地形处的矿层相对厚度变薄，品位差。该类型铝土矿目前没有开发，勘查工作程度相对较低。主要矿床为宾阳县稔竹-王灵矿床（大型）、来宾市石牙矿床（大型），以及宾阳县王灵、贵港市大圩、覃塘西山等数十个中小型矿床（点）。

沉积型铝土矿主要赋存于上二叠统合山组底部铁铝质岩，沿走向局部地段矿化富集成矿，形成时代为晚二叠世吴家坪期早期，含矿岩系厚1～20m，矿体厚0.5～11.05m，矿石Al_2O_3品位40%～52.60%，矿体延深最大达197m。此类铝土矿品位一般偏低，目前基本没有开发利用。典型矿床有来宾市大罗铝土矿（大型）、上林石门乔贤万福三里铝土矿（中型）。

4. 铅锌矿

铅锌矿主要集中分布在大瑶山西侧象州县—武宣县、镇龙山隆起带等地以及桂东岑溪佛子冲地区。

武宣县盘龙铅锌矿位于来宾凹陷带与大瑶山隆起的交接部位，是大瑶山西侧铅锌多金属成矿带的南段，是广西近年来初步探明的重要铅锌矿床之一。矿体产于下泥盆统上伦白云岩和中泥盆统东岗岭组碳酸盐岩建造的白云岩中。铅锌矿的产出受近南北向永福耀桐木断裂及北东向凭祥耀大黎断裂两条区域性复合断裂旁侧伴生次级断裂的影响与控制。矿床类型为沉积热卤水改造型，本区具有有利的岩性、地质构造成矿条件，已见矿化带数量多，延伸较长，延深较深，并有工业矿体存在，资源潜力大，探明资源/储量已达大型矿床规模，具有良好的铅锌多金属矿找矿前景。矿区已设立广西武宣县盘龙铅锌矿重晶石矿区采矿权，工程投产后年处理矿石量为80万t，重晶石为12万t。

佛子冲铅锌矿区位于桂东岑溪佛子冲地区，面积166km²。矿区主要矿产为铅锌矿，矿床类型为岩浆热液型。受地层层位及岩性、构造（断裂、裂隙）、岩浆岩等因素控制，矿床总体沿陆川-岑溪大断裂呈带状分布，产于岩体与围岩的外接触带。赋矿层位以奥陶系为主，次为志留系，含矿岩系为矽卡岩层或碳酸盐岩层。矿体呈层状、似层状或透镜状产出，具有层控矿床的特征。矿集区内已发现矿床11个，其中大型1个，小型10个。累计查明资源储量为：铅120.0万t，锌140.2万t。

5. 金矿

金矿区主要分布于贵港市龙头山及藤县一带，贵港市龙头山矿床类型有陆相次火山岩型金矿，矽卡岩型银、铅、锌、铜矿，岩浆热液型铁矿、铋矿、硫铁矿，浅成中—低温热液金矿。矿体呈脉状、似层状、透镜状产出，受地层层位及岩性、构造（断裂、裂隙）、岩浆岩等因素控制，赋矿层位以寒武系（小内冲组、黄洞口组）为主，次为下泥盆统莲花山组。其中，含钙岩层有利于形成矽卡岩型矿床，寒武系中的次级断裂、层间破碎带以及龙头山岩体与围岩的接触带、外接触带是矿体主要赋存空间。矿集区内已发现矿床12个，其中大型1个，中型1个，小型10个。主要矿产查明资源储量为：金45.74 t，银229.58 t。

藤县金矿区构造位置为大瑶山陆缘沉降带中部，矿床类型为岩浆热液型（石英脉型、破碎带蚀变岩型）、少量砂矿型。矿体呈脉状、透镜状产出，受地层、构造（断裂、裂隙）、岩浆岩等因素控制，赋矿层位以寒武系（小内冲组、黄洞口组）为主，次为南华系（正圆岭组）、震旦系（培地组）。深大断裂旁侧次级断裂破碎带、岩体与围岩的接触带是矿体主要赋存空间，不同方向断裂的交会部位有利于成矿，易形成富大矿体。矿集区内已发现金矿床21个，其中中型2个，小型19个。累计查明金矿资源储量50.55 t。

2.3 土地利用及土壤

2.3.1 土壤类型及分布

研究区土壤类型包括赤红壤、红壤、黄壤、紫色土、石灰岩土、硅质土、新积土和水稻土等,共18个土类。其中,赤红壤、石灰岩土分布面积最广,约占总面积的70%。各类型土壤分布特征见图2-3-1。

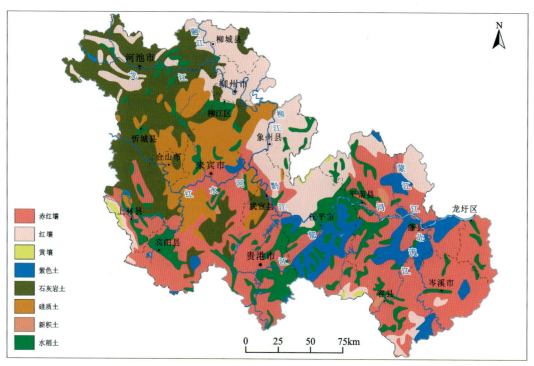

图2-3-1 研究区不同土壤分布图

(1)赤红壤:于研究区中部、东部平原、丘陵、台地大面积分布,为主要的地带性土壤之一。赤红壤胶体淋溶发育,并在一定的深度凝聚,因而土壤普遍具有明显的淀积层。该层孔壁及结构面均有明显的红棕色胶膜淀积,表现出铁铝氧化物和黏粒含量明显高于表土层(A层)及母质层(C层)。赤红壤的黏粒矿物组成比较简单,主要是高岭石,且多数结晶良好,伴生黏粒矿物有针铁矿和少量水云母。

(2)红壤:主要分布于柳州市周边及藤县北部,地貌类型以平原、丘陵和低山地为主。红壤富含褐铁矿与赤铁矿,发育构造良好。红壤是我国中亚热带湿润地区分布的地带性红壤,属中度脱硅富铝化的铁铝土,通常具深厚红色土层,网纹层发育明显,黏土矿物以高岭石为主,酸性,盐基饱和度低。

(3)黄壤:主要在山地区,面积较小,多见于原生植被保存较少且次生栎类灌丛和稀疏马尾松、杉木混交林较多的山地,有机质含量随自然植被的不同而有很大差异。成土过程是脱硅富铝化作用及铁、铝氧化物水合化,在特殊条件下还可伴生表潜和灰化。黏土矿物以蛭石为主,高岭石、水云母次之,表明富铝化强度较砖红壤及红壤弱。由于常湿润引起的强度淋溶,交换性盐基量仅20%,呈盐基极不饱和状态。

(4)紫色土:主要分布于桂平市、藤县周边,成土母质为侏罗系、白垩系紫色砂岩、泥岩或紫红色砂岩、页岩,富含碳酸钙、磷和钾等营养成分。紫色土水土流失作用强烈,一般土层浅薄,通常不到50cm。

(5)石灰岩土:在研究区中部及北部大面积分布,为碳酸盐岩类风化物上发育的土壤,成土母岩以富含方解石、文石的石灰岩以及白云岩为主。土壤交换量和盐基饱和度均高,土体与基岩面过渡清晰,质地都比较黏重,剖面上或多或少都有石灰泡沫反应。

(6)硅质土:主要分布于山丘地区,地形起伏,地面坡度大,切割深,上体浅薄,加之风蚀、水蚀大多较重,细粒物质易被淋失,土体中残留粗骨碎屑物增多,因而具显著的粗骨性特征。

(7)新积土:一般发育在丘陵低地、河滩、低阶地,成土时间较短,发育层次不明显,土壤肥力较高。

(8)水稻土:主要分布于贵港平原,其次为柳州市和上林县地势较低且水源较好的平原、盆地、沿河阶地及宽谷。水稻土形成过程中受到周期性的氧化还原交替作用,土壤中的氧化铁被还原成易溶于水的氧化亚铁,并随水在土壤中移动,当土壤排水后或受稻根的影响,又被氧化成氧化铁沉淀,形成锈斑、锈线,因此水稻土下层土壤较为黏重。

2.3.2 土地利用现状

研究区土地利用类型分为水田、旱地、果园、茶园、其他园地、有林地、灌木林地、其他林地、其他草地、裸地、城市、建制镇、村庄、采矿用地、河流水面、水库水面、风景名胜及特殊用地、机场用地、坑塘水面,共计19种类型,详见表2-3-1。农业用地包括水田、旱地、果园、茶园、其他园地、有林地、灌木林地、其他林地、其他草地,面积合计为40 004.81km²,占研究区土地面积的88.49%,其中有林地面积最大,为15 445.38km²,占比34.17%;其次为旱地及水田,面积分别为9 838.83km²、7 314.31km²,占比分别为21.76%、16.18%。城市、建制镇、村庄、采矿用地建设用地面合计849.83km²,合计占比小于2%。

表2-3-1 土地利用现状统计

类型	面积/km²	占比/%	类型	面积/km²	占比/%
水田	7 314.31	16.18	城市	311.28	0.69
旱地	9 838.83	21.76	建制镇	404.38	0.90
果园	649.45	1.44	村庄	87.36	0.19
茶园	39.26	0.09	采矿用地	46.81	0.10
其他园地	538.31	1.19	河流水面	583.21	1.29
有林地	15 445.38	34.17	水库水面	272.41	0.60
灌木林地	3 088.89	6.83	风景名胜及特殊用地	13.90	0.03
其他林地	2 357.05	5.21	机场用地	3.03	0.01
其他草地	733.33	1.62	坑塘水面	9.80	0.02
裸地	3 473.19	7.68			

从土地利用类型分布上看,林地主要集中在研究区东部岑溪市、龙圩区、藤县、容县,上林县及宾阳县南部,以及贵港市、桂平市及平南县的北部及南部;水田、旱地主要分布桂中来宾市、宾阳县以及贵港市的;裸地以石灰岩山区为主,在研究区西部及北部呈片状分布。研究区土地利用分布见图2-3-2。

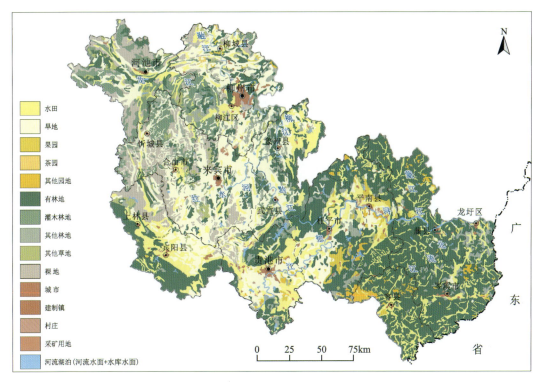

图2-3-2 研究区土地利用现状图

3 工作方法及质量评述

3.1 土壤样品采集及加工

1∶25万土地质量地球化学调查调查参照《多目标区域地球化学调查规范(1∶250 000)》(DZ/T 0258—2014)执行。土壤样品采集采用双层网格法进行布设,分别采集表层土壤和深层土壤。依据地理地貌景观特点确定合适的采样密度,一般地区采样密度较大,中低山丘陵等特殊景观区采样密度适当放稀。

3.1.1 样品布设

采样点位是在1∶5万地形图上按方里网进行布设。表层土壤采样以方里网格($1km^2$)为一个采样单元,布设采样点。以偶数的方里网为界($2km \times 2km = 4km^2$),划分组合样单元。深层土壤采样以4个方里网格($4km^2$)为一个采样单元(采样小格),布设采样点;以4的整数倍偶数方里网为界($4km \times 4km = 16km^2$),划分组合样单元。

采样点位布置符合代表性、合理性要求,布置在采样小格中最具代表性的土壤分布区,控制的土壤面积最大,能覆盖采样方格内的主要土壤类型及不同利用方式的土壤。在农业耕作区,采样点布设以农耕地为主;在喀斯特地区,采样点布设在格子内较大的洼地中间;丘陵山区地形条件较差时,采样点布设在土流汇聚的低洼处,若有多条水系穿越时,则布设在汇水面积最大的开阔处。当表层采样小格中水域面积超过2/3采样小格或有大的江河(如黔江等)穿越时,布设水底沉积物采样点。在城镇人口密集区(如玉林市、桂平市等),表层土壤样加密为2个样/km^2。

采样点位布设兼顾均匀性,尽可能地位于格子中心位置。表层土壤采样点位距离小格边界一般不小于100m,且与相邻小格的采样点位相距一般不小于500m;深层土壤采样点位距离小格边界原则规定不小于300m,且与相邻小格的深层土壤采样点位相距一般不小于1000m。

3.1.2 样品采集

3.1.2.1 表层土壤样采集

表层样在采样点周围100m范围内按沿路线、梅花状、多角形等方式于3~5个子样点采集合成该采样点的样品,每个子样点均匀采集地表0~20cm的土壤,且采样质量相同,以提高每个采样点上样品的代表性。采样工具使用铁铲。土壤样采集总质量大于1000g,水底沉积物采集质量大于3000g。不同土地利用类型或地貌区具体采样位置及方法有所不同。

1. 农田区

方格内有水田、甘蔗地、玉米地、瓜(果)菜地等分布,选择在农田区采集。采集时间主要为产品收割后至地块未翻动前,部分未能在此期间采集时则避开新近施肥施药期、灌溉期。采样点主要布置于采样方格内主要种植的作物的田块,布置2~4个子样点,同时兼顾种植其他作物的田块,布置1~2个子样点,提高了每个采样点上样品的代表性。田块选择距离主干公路、铁路、大桥100m以外,子样点布置于田块中间,田块不平整而有垄土和沟时在垄土上采集,避开肥料、垃圾堆放区及新砌田埂。农田区采集样品需除去植物根茎叶等残留体、石砾、未溶解转化的肥料团块等。

2. 山林区

采样方格无农耕田分布的山林区，当方格内地势低处存在平缓开阔区时，采样点布置于平缓开阔区，各子样点形成点距不小于30m的近等边多边形；当为山谷地形时，多个子样点沿谷底以点距不小于20m的路线布置。采样点距离主干公路、铁路、大桥100m以外，同时避开动物粪便及其残体残留位置。采集时选取土壤层较厚处，确保能采集0～20cm土壤的同时并采集不到残积层，剔除植物根茎叶等残留体、石砾和其他团块。

3. 城市人口密集区（城区）

在城市人口密集区进行加密采样，采样点主要布置于学校、机关单位、公园等大院之内，不布置在道路两旁绿化带，由多个位置多个子采样点组合而成。采样点布置于未开发利用的地块或人类活动干扰较少的草地和老树下，避开外来填土地带。要除去样品中的树叶、果皮纸屑及砖瓦石块等建筑垃圾，但不去除表层尘埃。

3.1.2.2 深层土壤样采集

深层样采集与表层样分开。采样点选择在无人为干扰、土层发育较厚的地段。在农（林）业区选择农田、菜地、林（果）地或其他没有明显污染的空旷地带，在城镇区采样位置与表层采样基本相同，严格避开外来填土，采样点同样距离主干公路、铁路、大桥100m以外。采样工具使用专门定制的洛阳铲。样品采集地表150cm以下50cm长的连续土柱，但不采集基岩风化层，同时严格防范带入表层土。在土层发育较薄且多次试探挖不到150cm厚的土层地区，采集地表120cm以下的土柱。样品采集总质量大于1000g。不同土地利用类型或地貌区具体采样位置及方法有所不同。

1. 城镇市区

在城镇市区重点避开人工填土区，确保土壤的原生性。采样点主要布置于采样期间的未开发成建设用地的菜园、果园或面积较大的学校、公园等。

2. 非城镇区

大部分低山丘陵区土壤厚度相对较薄。厚层土壤主要发育在沟谷的侧边坡或山麓上，因此采样点主要布置于沟谷的侧边坡或山麓上；岗地平原区地势最低处土壤层同样往往是较薄区，或含水较多难以采集，因此采样点也选取在角度较缓的斜坡上。在土壤厚度达到要求的情况下，采样点优先布置于水田、旱地，其次是林地、果园，最后才是荒草地。采样点布置于水田中时要避开灌溉期，避免样品难以采集或者易受污染，无法避开时采样点则布置在田埂上。

表（深）层土壤样品需使用专用布袋封装，防止样品玷污。新制作的布样袋使用前均需经过不加洗涤剂的清水洗涤干净。布样袋编号以深色水性笔书写，号码为实际样点号，在厚的牛皮纸上用中性水性笔写上采样点号，核对无误后放入样袋中。为避免运输过程样袋之间蹭压造成样品相互玷污，每个样袋外均套聚乙烯塑料袋以隔开。

3.1.2.3 大气干湿沉降物采集

选择特定工作区一定密度大致均匀布置。选择符合技术规范要求的正规厂家生产的大气干湿被动采样器或者60L聚乙烯塑料桶。仪器安装前，用盐酸试剂和纯净水进行彻底清洗。

采样点布置在四周（25m×25m）无遮挡雨、雪、风的高大树木或建筑物，并考虑风向（顺风、背风）、地形等因素，避开交通道路等点、线污染源。样品采集后，直接密封送至实验室。

3.1.2.4 灌溉水采集

根据野外实际水系、水网分布特征，均匀布设灌溉水采集点位。灌溉水采集点位于农田区主要灌溉水系的渠首、渠中和灌溉口处，于灌溉高峰期采集水样，每瓶水装水90%，留出一定的空间。采集前用此水洗涤样瓶和塞盖2～3次。在自然水流状态下进行采样，不扰动水流与底部沉积物。采样时，采样器口部面对水流方向。

用2个聚乙烯塑料瓶和1个玻璃瓶共采集2000mL水样，密封后送实验室进行Cr^{6+}、Se、Hg、Cd、As、Pb、Cu、Zn、B、pH等分析。对测定Se、B、Cd、As、Pb、Cu、Zn等元素的水样，先取澄清或过滤后的1000mL水样储存于干净的聚乙烯塑料瓶或玻璃瓶中，再加入10mL(1+1)HNO_3，摇匀，用石蜡封闭；对测试Hg的水样，先在聚乙烯塑料瓶中加入25mL浓HNO_3及5mL质量分数5% $K_2Cr_2O_7$溶液，再装入原水样，共500mL；对测定Cr^{6+}、pH的水样，取澄清或过滤后的500mL水样储存于干净的聚乙烯塑料瓶中，用石蜡封闭。

3.1.2.5 农作物与根系土样品采集

水稻样品及根系土，在采样单元内选取5～20个植株的稻穗等量混合成一个样品。采集完稻穗后采集相应根系土，并等份混合成一个样品。

玉米及根系土，在每个采样单元内，采集玉米棒5～6个，玉米采取第二穗（离地面最近的为第一穗），混合成样，并采集相应的根系土混合成样。

3.1.2.6 岩石样品采集

在采样点附近10～20m范围内采集3～5个新鲜岩块组合成一个样品。样品质量约1kg。采集样品时，避免在接触带、蚀变带、有矿化迹象和风化部位取样。样品采集后送室内碎样室进行处理。

部分样点上，同时采集成土母质样品。成土母质样品质量2～3kg。采集样品时，避免在人类活动频繁和有新近搬运土堆积的部位取样。

与成土母质样点同点位采集0～20cm连续土柱表层土壤样，样品质量1.5kg，样品采集、封装方法与表层土壤地球化学调查相同。

3.1.2.7 剖面样品采集

丘陵区土壤垂向剖面位置布置在坡中处；平原区土壤垂向剖面样品避开村庄、道路、工厂等明显的人为污染严重地区，采样点为农耕地或荒地。在垂向剖面，采集土壤样品要连续采0～200cm土柱，但不采集到基岩风化层。用采样工具按20cm等间距连续采样，每个样品原始质量大于1.0kg。

3.1.3 样品加工

样品晾晒场地要干净、开阔、通风、无污染。表层样、湖积物、深层样分开晾晒。在样品干燥过程中应经常揉搓样品，以免胶结，干燥后的样品经常用木槌轻轻敲打，使之逐渐恢复至土壤自然粒级状态以备加工，有结块或潮湿的样品不进入过筛工序。

干燥后的样品用尼龙筛过筛，截取小于0.8mm(20目)粒级的部分。使用聚酯薄膜作为托垫，在天平上称取略大于500g的样品装入贴有标签的样瓶。当样品质量很大时，使用对角线缩分法达到要求，再放入写有样品号的牛皮纸，再次核对样品编号无误后封好内盖和外盖，装入相应的样箱。样品加工过程中严防各种污染，样品加工场地需干净、开阔、通风、无污染；每加工完一个样品对加工工具进行全面清扫；表层样、湖积物、深层样分开场地且不同时段加工，不使用同一套加工工具，样品加工流程见图3-1-1。

根据设计要求中样品分析为组合样分析，将各采样大格内采样小格的样品组合成1个分析样品，样品组合工作需在大组长指导和质量检查员监督下在野外驻地进行。表层样按$4km^2$的采样大格、深层样

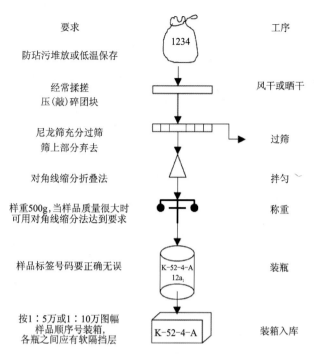

图 3-1-1 样品加工流程图

按 16km² 的采样大格进行组合。组合方法为各称取等重样品合成该采样大格的一个分析样品装入纸样袋中,组合样重 200g。纸样袋折口后再装入聚乙烯塑料袋中,并用橡皮筋扎牢,剩余样品作为副样入库保存。

3.1.4 野外工作质量

为保证多目标区域地球化学调查野外工作质量,依据《中国地质调查局地质调查项目管理制度》要求,严格执行野外工作三级质量检查制度和原始资料验收制度。

(1)采样大组日常自检、互检检查工作量为 100%。互检包括小组内和小组间互检,小组间互检人员由大组长指派。自检(互检)是采样小组的日常检查工作,在当天采样结束后进行。主要检查:①样点的代表性与合理性、采样位置的正确性、GPS 航迹图等;②采样深度、多点组合方法等;③样品编号、样点坐标、样品特征、柱状图、采样点环境描述的真实性、完整性等;④样品组分、样品质量、样袋编号、样品防玷污措施、样品与点位图、记录卡一致性等;⑤样品交接程序、交接填写是否规范、完整等。最后填写采样大组日常自(互)检登记表,发现问题及时更正。

(2)项目组设专职质量检查组。质量检查人员分阶段到各采样组和样品加工组进行方法技术检查和工作质量检查,包括跟班生产指导检查和随机抽样检查两种方式。野外检查工作量达到总工作量的 5%(含重复采样),室内原始资料、样品加工抽查工作量达到总工作量的 20%。主要检查布点合理性、样品代表性、记录内容真实性、正确性,GPS 定位坐标与地形图上样点是否一致,标记位置是否醒目、清晰等;检查深层样采样深度及柱状图描述内容等。对发现的问题在现场纠正,并及时通报其他各采样组。对问题较多的采样组进行重点抽查,发现问题较大者,上报承担单位技术管理部门,做出返工处理意见。在现场填写野外质量检查登记表。

(3)承担单位(由技术管理部门具体负责)定期组织质量检查组对野外和室内工作质量进行检查。野外采样质量检查、样品加工检查达到总工作量的 0.5%~1%,室内质量检查达到总工作量的 5%~10%,其中包括对项目组检查内容不少于 10% 的抽查。野外检查与项目大组检查内容相一致;室内检查记录卡填写内容是否完整、有无涂改;重复样采集是否符合要求;点位图、记录卡和样品是否一致。项目大组检查采样工作是否符合设计和规范要求,对发现的问题是否已纠正等,检查结果填写原始资料检查登记表。

承担单位技术管理部门质量检查组对野外工作质量按表层样采样组、深层样采样组分区块(或图幅)验收,并形成验收文件。野外施工专业组阶段性工作区块(或图幅)结束,通过承担单位技术管理部门质量检查组(验收)后才能撤离工区。实行重要质量问题汇报制度。各组质量检查者发现重要质量问题,应立即报告项目负责人,由项目负责人经核实后决定是否返工,并通报工作单位和中国地质调查局。项目调查成果均通过中国地质调查局组织的野外验收。

3.2 样品分析与质量评述

3.2.1 样品分析

3.2.1.1 土壤样品分析

表层和深层土壤全量样品分析方法以波长色散X射线荧光光谱法(XRF)、全谱直读等离子体光谱法(ICP-OES)、等离子体质谱法(ICP-MS)为主,以原子荧光法(AFS)、凯氏定氮法(KD-VM)以及离子选择性电极法(ISE)为辅的分析方法配套方案。54项指标分析方法与检出限见表3-2-1。

表3-2-1 土壤全量元素/指标分析配套方法

指标	单位	规范要求	基本方案		指标	单位	规范要求	基本方案	
			分析方法	检出限				分析方法	检出限
Ag	mg/kg	0.02	ES	0.019	Pb	mg/kg	2	XRF	1
As	mg/kg	1	AFS	0.15	Rb	mg/kg	10	XRF	1
Au	mg/kg	0.0003	ICP-MS	0.0003	S	mg/kg	30	XRF	20
B	mg/kg	1	ICP-MS	0.7	Sb	mg/kg	0.05	AFS	0.05
Ba	mg/kg	10	XRF	5	Sc	mg/kg	1	ICP-OES	0.44
Be	mg/kg	0.5	ICP-MS	0.025	Se	mg/kg	0.01	AFS	0.004
Bi	mg/kg	0.05	AFS	0.01	Sn	mg/kg	1	ICP-MS	0.2
Br	mg/kg	1	XRF	0.4	Sr	mg/kg	5	XRF	0.6
Cd	mg/kg	0.03	ICP-MS	0.008	Th	mg/kg	2	ICP-MS	0.11
Ce	mg/kg	1	ICP-MS	0.29	Ti	mg/kg	10	XRF	0.05
Cl	mg/kg	20	XRF	4	Tl	mg/kg	0.1	ICP-MS	0.034
Co	mg/kg	1	ICP-MS	0.092	U	mg/kg	0.1	ICP-MS	0.026
Cr	mg/kg	5	XRF	2	V	mg/kg	5	XRF	3
Cu	mg/kg	1	ICP-OES	0.13	W	mg/kg	0.4	ICP-MS	0.13
F	mg/kg	100	ISE	62	Y	mg/kg	1	XRF	0.7
Ga	mg/kg	2	XRF	1	Zn	mg/kg	4	XRF	1.1
Ge	mg/kg	0.1	ICP-MS	0.05	Zr	mg/kg	2	XRF	0.7
Hg	mg/kg	0.0005	AFS	0.0002	SiO_2	%	0.1	XRF	0.01
I	mg/kg	0.5	ICP-MS	0.07	Al_2O_3	%	0.05	XRF	0.01
La	mg/kg	5	ICP-MS	0.17	TFe_2O_3	%	0.05	XRF	0.01
Li	mg/kg	1	ICP-MS	0.27	CaO	%	0.05	XRF	0.03
Mn	mg/kg	10	ICP-OES	0.21	MgO	%	0.05	ICP-OES	0.003
Mo	mg/kg	0.3	ICP-MS	0.029	K_2O	%	0.05	XRF	0.01
N	mg/kg	20	KD-VM	20	Na_2O	%	0.1	ICP-OES	0.003
Nb	mg/kg	2	XRF	0.6	TC	%	0.1	高频感应炉燃烧红外法	0.02
Ni	mg/kg	2	ICP-MS	0.24	Corg	%	0.1	VOL	0.02
P	mg/kg	10	XRF	5	pH		0.1	ISE	0.1

注:ES为粉末发射光法,VOL为容量法,ISE为离子选择性电极法。

有效态分析包括碱解氮、速效钾、缓效钾、有效态磷、有效态硼和有效态钼,分析方法及检出限见表3-2-2。

表 3-2-2 土壤有效态分析配套方法　　　　　　　　　　　　　　　　　单位:mg/kg

指标	设计要求检出限	方法检出限	分析方法
碱解氮	1.25	1.25	VOL
速效钾	1.25	0.2	ICP-OES
缓效钾	1.25	1.25	ICP-OES
有效磷	0.25	0.2	ICP-OES
有效硼	0.3	0.02	ICP-MS
有效钼	0.005	0.005	ICP-MS

As、Cd、Hg、Pb、Cr 分析以水为提取剂提取水溶态,以氯化镁($MgCl_2$)为提取剂提取离子交换态,以醋酸-醋酸钠(HAc-NaAc)为提取剂提取碳酸盐结合态,以焦磷酸钠($Na_4P_2O_7$)为提取剂提取弱有机(腐殖酸)结合态,以盐酸羟胺($HONH_3Cl$)为提取剂提取铁锰结合态,以过氧化氢-硝酸(H_2O_2-HNO_3)为提取剂提取强有机结合态,以硝酸-高氯酸(HNO_3-$HClO_4$)提取残渣态。Se 分析水溶态、离子交换态。不同土壤形态分析配套方法和检出限见表 3-2-3 及表 3-2-4。

表 3-2-3 土壤元素形态分析方法配套方法

相态	提取方法	测定方法
水溶态	2.500 0g 样 25mL 水提取	AFS 法测定 Hg、Se
离子交换态	残渣用 25mL $MgCl_2$ 溶液提取	ICP-MS 法测定
碳酸盐结合态	残渣用 25mL HAc-NaAc 溶液提取	Pb、Cd、As、Cr
弱有机(腐殖酸)结合态	残渣用 50mL $Na_4P_2O_7$ 溶液提取	
铁锰氧化态	残渣用 25mL $HONH_3Cl$ 溶液提取	
强有机结合态	残渣用 8mL H_2O_2-HNO_3 溶液恒温水浴提取	
残渣态	0.200 0g 残渣用 HNO_3-$HClO_4$ 溶解	

表 3-2-4 土壤元素形态分析检出限　　　　　　　　　　　　　　　　　单位:mg/kg

指标	全量	水溶态	离子交换态	碳酸盐结合态	弱有机(腐殖酸)结合态	铁锰氧化态	强有机结合态	残渣态
Pb	0.2	0.05	0.1	0.1	0.1	0.1	0.1	0.2
Cd	0.008	0.001	0.002	0.002	0.002	0.002	0.002	0.001
Hg	0.000 2	0.001	0.002	0.002	0.002	0.01	0.005	0.001
As	0.15	0.01	0.1	0.2	0.2	0.2	0.2	2
Cr	2	0.1	0.5	0.5	1	0.5	0.5	2
Se	0.002	0.000 8	0.002	—	—	—	—	—

3.2.1.2　大气干湿样品分析

大气干湿沉降样品分析方法配套方案分析 As、Cd、Cu、Pb、Zn、Hg、Cr、Se,分析方法及检出限见表 3-2-5。

表 3-2-5 大气干湿沉降样品分析配套方法　　　　　　　　　　　　　　单位:mg/kg

指标		分析方法	检出限
Cd	镉	ICP-MS	0.008
Pb	铅	ICP-MS	0.4
Cr	铬	ICP-MS	0.4
Cu	铜	ICP-MS	0.13
Ni	镍	ICP-MS	0.24
Zn	锌	ICP-MS	0.15
As	砷	AFS	0.15
Hg	汞	AFS	0.000 2
Se	硒	AFS	0.004

3.2.1.3 灌溉水样品分析

采用等离子体质谱法(ICP-MS)、原子荧光法(AFS)、分光光度法(COL)、玻璃电极法(pH)为配套方案分析灌溉水中 pH、As、Mo、Se、Cr^{6+}、K、Na、Ba、Pb、Zn、Cu、Cd、Hg、Mn、Fe、PO_4^{3-}、CO_3^{2-}、HCO_3^-、氯化物、氟化物、硝酸盐、硫酸盐、高锰酸钾指数、总硬度和溶解性总固体(TDS)共25项指标。

3.2.1.4 农作物样品分析

农作物样品分析以 0.5g 的检出限报出,分析方法各元素检出限均达到或优于规范《生态地球化学评价样品分析技术要求(试行)》(DD 2005-03)的要求,农作物样品分析方法检出限见表3-2-6。

表 3-2-6 农作物样品分析检出限　　单位:mg/kg

指标	项目要求检出限	检出限
As	0.3	0.03
Hg	0.01	0.001
Cd	0.1	0.001
Se	—	0.005
Pb	0.1	0.005
Cr	0.5	0.02
Ni	0.1	0.005
Zn	1	0.05
Cu	1	0.04

3.2.1.5 岩石样品分析

采用全谱直读等离子体光谱法(ICP-OES)、等离子体质谱法(ICP-MS)、X射线荧光光谱法(XRF)、原子荧光法(AFS),分析岩石中 As、Cd、Cr、Cu、Hg、Ni、Pb、Zn 和 Se,分析方法检出限表3-2-7。

表 3-2-7 岩石样品分析检出限　　单位:mg/kg

指标		规范要求	分析方法	检出限
As	砷	1	AFS	0.01
Cd	镉	0.03	ICP-MS	0.008
Cr	铬	5	XRF	2
Cu	铜	1	ICP-OES	0.8
Hg	汞	0.0005	AFS	0.0001
Ni	镍	2	ICP-MS	0.14
Pb	铅	2	XRF	1
Se	硒	0.01	AFS	0.001
Zn	锌	4	XRF	1.1

3.2.2 质量监控

3.2.2.1 准确度、精密度的监控

土壤全量每批样品(50个号码)中密码插入4个国家一级标准物质(土壤),计算4个标准物质中每个待测元素单次测定值与标准值之间对数差 ΔlgC 以及对数差绝对值的平均值以衡量批与批间的分析偏倚,计算4个标准物质对数误差的标准偏差 λ 值以衡量同批样品的精密度,并按表3-2-2的要求控制质量、统计合格率。

完成500个基本样品测定后,计算插入的12个国家一级标准物质(土壤)的测定值与标准值之间的对数误差 ΔlgC 以控制分析的准确度,并按表3-2-8的要求控制质量、统计合格率。

pH的质量监控:每小批约50个样品中以密码方式插入4个国家级有效态标准物质(土壤)作为

pH 分析监控样,计算单个标准物质测定值与标准值之间的绝对误差,按控制限 $\Delta \mathrm{pH} \leqslant 0.1$ 统计合格率。

Au 元素的质量监控:每小批约 50 个样品中以密码方式插入 4 个国家级一级标准物质(土壤),计算单个标准物质测定值与标准值之间的相对偏差,以控制分析的准确度,统计合格率。

表 3-2-8 土壤样品日常分析准确度、精密度监控表

含量范围	准确度	精密度
	$\vert\Delta \lg C(\mathrm{GBW})\vert$	λ
检出限 3 倍以内	$\leqslant 0.12$	$\leqslant 0.17$
检出限 3 倍以上	$\leqslant 0.10$	$\leqslant 0.15$
1%～5%	$\leqslant 0.07$	$\leqslant 0.10$
>5%	$\leqslant 0.05$	$\leqslant 0.08$

3.2.2.2 重复性检验监控

抽取实际样品总数的 5% 试样,编制成密码交付熟练分析的技术人员,单独进行重复样分析,了解本批样品中元素的含量范围以便采取相应措施,并计算原始分析数据(A)与重复性检验数据(B)之间相对双差 RD,即 $RD = 2(A-B)/(A+B) \times 100\%$。分析数据相对双差允许限按 $RD \leqslant 25\%$ 控制,含量在 3 倍检出限内,按 $RD \leqslant 30\%$ 控制。

3.2.2.3 报出率监控

实验室报出元素含量不小于方法检出限的样品数(N)与样品总数(M)的百分比,即 $P=(N/M) \times 100\%$。而实际样品元素含量低于分析方法检出限的数据视为未报出,并将低于方法检出限的实测数据报出,供成图时参考,但不参加报出率的统计。

3.2.3 质量评述

分析测试单位根据规范、设计书及要求,选择了以 XRF 法、ICP-OES 法、ICP-MS 法为主,以 AFS 法、VOL 法等 10 种分析方法为辅的配套分析方案,分析土壤、根系土、剖面土样的元素全量分析;以《森林土壤分析方法》(LY/T 1210-1275)等分析土壤样品中元素的有效态;以《生态地球化学评价样品分析技术要求(试行)》(DD 2005-03)中所列分析方法分析元素的形态、生物样品、大气干湿沉降样品。分析方法各项质量参数均达到或优于规范的规定要求,均能满足各类样品的分析要求。

对不同类型样品采用插入国家一级标准物质、外部标准控制样、重复性检验、外检等方法进行内、外部质量控制,控制方法、控制限符合规定要求,能有效控制和反映样品分析质量。

从各项元素/指标测试数据形成的地球化学图上看,元素含量的高低变化,对评价区地质构造、地层岩性差异、土壤类型分布特征、土地利用现状及生态环境状况均有显著的反映。这反映出本项目提供的分析测试数据真实、有效,较好地体现了调查区的地球化学背景和异常信息,能够满足本项目调查任务的要求。样品测试分析结果均通过中国地质调查局组织的分析测试验收组验收。

4 土壤地球化学基准值

4.1 基本概念和统计方法

4.1.1 基准值概念与意义

对于地球化学基准目前还没有明确的定义,不同研究中的理解也有所不同。1993年开展的全球地球化学基准项目中首次出现了"geochemical baseline"一词,后来该词被广泛用于地学、环境学、土壤学的相关研究中。大多数学者认为,表生环境中的土壤元素浓度变化是自然作用和人类活动综合作用的结果。地球化学基准指的是相对未受或少受人类活动影响,能在一定程度反映土壤原始沉积环境(自然环境)的地球化学元素指标含量范围。地球化学基准值也不是一个值,是指某一元素/指标的一组不同含量的基线数据,主要用来定量化衡量元素过去的演化以及人为或自然未来引起的该元素/指标的变化的本底值,是研究表生环境下元素地球化学行为(次生富集或贫化)的重要参考依据。

4.1.2 基准值统计方法

土壤中不同元素的含量概率分布类型不同,同一种数学方法无法表示不同类型元素含量的基准值。本次首先利用SPSS软件,在置信度$\alpha=0.05$水平下,对数据进行正态分布检验。当统计数据服从正态分布时,用算术平均值代表基准值,用算术平均值加减2倍算术标准差代表基准值变化范围。统计数据服从对数正态分布时,用几何平均值代表基准值,用几何平均值乘除2倍几何标准差代表基准值变化范围。

不服从正态分布的数据,按照算术平均值加减3倍算术标准差或几何平均值乘除几何标准差的立方进行剔除,经反复剔除后服从算术正态分布或对数正态分布时,用剔除后的数据算术平均值或几何平均值代表土壤基准值,用算术平均值加减2倍算术标准差或几何平均值乘除2倍几何标准差代表基准值变化范围。

经反复剔除后仍不满足正态分布或对数正态分布的数据,无论采用算术平均值或几何平均值代表基准值都不恰当,本次采用中位值近似代表土壤基准值,用中位值加减2倍算术标准差代表基准值变化范围。同时,部分元素含量通过加减2倍标准离差计算基准值范围会出现负值,这是不符合实际情况的,则用"低于上限值"的形式给出范围。

当统计单元样品数较少(少于15个)则不参与统计。

4.1.3 基准值统计单元的划分

土壤地球化学基准值统计按成土母质、地质单元、土壤类型、流域以及县级行政区5种不同标准进行统计。

4.2 研究区土壤地球化学基准值

K值是研究区土壤统计值与参比区土壤统计值的比值,本书参比区数据引用《中国土壤地球化学参数》一书的中国深层土壤(180~200cm)地球化学参数中的算术平均值(侯叶青等,2020),其中pH采用中位值,研究区采用基准值。利用 K 值可以比较出研究区元素相对参比区的元素富集或贫乏特点。约定 $K<0.2$ 时为极度偏低,比值在 $0.2\leqslant K<0.8$ 时为中度偏低,$0.8\leqslant K<1.2$ 时为相当,$1.2\leqslant K<5.0$ 时为中度富集,$K\geqslant 5.0$ 时为高度富集。变异系数(CV)是反映元素分布均匀程度的一个重要参数。约定采用如下经验值判别:$CV<0.4$,元素分布均匀;$0.4\leqslant CV<1.0$,元素分布较不均匀;$1.0\leqslant CV<1.5$,元素分布不均匀;$CV\geqslant 1.5$,元素分布极不均匀。研究区土壤地球化学基准值见表 4-2-1,研究区不同指标地球化学特征如下。

各指标的含量分布形态中,仅 Al_2O_3 呈正态分布(原始值),CaO、TFe_2O_3、Cu、Co、N、Se 呈对数正态分布,其中 CaO、Cu 为对数值剔除异常值后正态分布,其他指标均为非正态分布,表明绝大多数指标分布还是不均匀的。通过变异系数可以看出,Al_2O_3、TFe_2O_3、SiO_2、Cl、Ga、Ge、Sc、Th、Ti、Zr、pH 变异系数小于 0.4,属于均匀分布;$Corg$、K_2O、MgO、Na_2O、TC、As、B、Ba、Be、Bi、Br、Ce、Co、Cr、Cu、F、I、La、Li、Mo、N、Nb、Ni、P、Rb、S、Se、Sn、Sr、U、V、W、Y、Zn 变异系数在 $0.4\sim1.0$ 之间,属于较不均匀分布;Ag、Hg、Mn、Pb、Tl 变异系数在 $1.0\sim1.5$ 之间,属于不均匀分布;CaO、Au、Cd、Sb 变异系数均大于 1.5,属于极不均匀分布,其中最大值为 Au 的变异系数达到 2.52。除 Cd 以外,其他各指标计算得出的基准值与剔除少量异常值前的原始数据的统计结果(算术平均值、几何平均值)差别均在 20% 以内。

相比参比区,CaO、K_2O、MgO、Na_2O、TC、Ag、Ba、Cl、S、Sr、pH 的 K 值小于 0.8,属于相对贫乏,其中 Na_2O、CaO K 值分别为参比区的 9%、12%,表明研究区相比参比区这些指标极度贫乏;Al_2O_3、$Corg$、SiO_2、Au、B、Be、Br、Co、F、Ga、Ge、Li、N、P、Rb、Sn、Ti、Zr 的 K 值在 $0.8\sim1.2$ 之间,表明研究区相比参比区这些指标含量水平相近;TFe_2O_3、Cd、Hg、As、Bi、Ce、Cu、Cr、I、La、Mn、Mo、Nb、Ni、Pb、Sb、Sc、Se、Tl、Th、U、V、W、Y、Zn 共 25 个指标的含量与参比区相比 K 值均大于 1.2,表明相对富集,其中 Cd 的 K 值最大,达到 7.43,呈现高度富集。

研究区深层土壤元素指标含量的统计特征基本反映了南方典型深层土壤元素的地球化学特征,元素基准值主要受母岩、地质背景、成壤过程及气候环境等条件综合影响,pH 相对偏低,N、P、K 等土壤养分元素普遍贫乏,而 Cd 等重金属元素相对富集。

4.3 不同成土母质土壤地球化学基准值

研究区范围内成土母质可分为岩浆岩、变质岩、沉积岩和第四系沉积物。其中,岩浆岩中绝大多数样品为中性—酸性火成岩,变质岩包括正变质岩、变质岩(二级分类),沉积岩包括化学沉积岩、陆源碎屑岩、碳酸盐岩、碳酸盐岩-陆源碎屑岩、第四系沉积物。统计研究区不同成土母质土壤地球化学基准值,结果列于表 4-3-1 至表 4-3-11。

岩浆岩、变质岩的土壤基准值统计结果接近,Al_2O_3、$Corg$、K_2O、Na_2O、TC、Ba、Be、Bi、Ce、Ga、Nb、Pb、Rb、S、Sn、Th、Tl、U、W 的基准值均高于或略高于研究区基准值,其中岩浆岩中 $Corg$、Na_2O、Rb、Th 以及变质岩中 Na_2O 的基准值高于研究区对应指标基准值 1.5 倍以上,表明上述指标在岩浆岩、变质岩中较为富集;CaO、TFe_2O_3、MgO、Ag、Au、Cd、Hg、As、B、Co、Cr、Cu、F、Li、Mn、Mo、N、Ni、Sb、Sr、Ti、V、Zn 的基准值则低于或略低于研究区基准值,其中岩浆岩中 Cd、As、Cr、Sb 以及变质岩中 Cd、Hg、As、Sb、Sr 的基准值是研究区对应指标基准值 0.5 倍以下,表明这些元素在岩浆岩、变质岩中较为贫乏。其他元素指标的基准值与研究区对应指标的基准值接近。

沉积岩中大部分指标的基准值与研究区对应指标的基准值较为接近,仅 Cd 基准值是研究区 Cd 基准值的 1.5 倍,其他均在 $0.9\sim1.2$ 之间。第四系沉积物中,除 $Corg$、SiO_2、TC、Ag、Cd、Be、Ce、Co、Mn、N 的基准值略低于研究区对应指标的基准值,其他指标的基准值则接近或略高于研究区对应指标,其中 Sb 基准值是研究区 Sb 基准值的 1.5 倍,表明大部分指标在第四系沉积物土壤中呈现相对富集状态。

岩浆岩中 Cd 的变异系数最大,达到 1.63,属于极不均匀分布,Au、As 含量属于不均匀分布,其他指标含量属于较不均匀或均匀分布。变质岩中 As、Sb 变异系数在 $1.0\sim1.2$ 之间,属于不均匀分布,其他

表 4-2-1 研究区土壤地球化学基准值参数统计表

指标	单位	原始值统计									基准值统计			正态分布检验	参比区
		算术平均值	算术标准差	几何平均值	几何标准差	变异系数	众值	中位值	最小值	最大值	基准值	标准离差	变化范围		
Al_2O_3	%	16.81	5.53	15.76	1.46	0.33	17.43	16.97	3.29	36.84	16.81	5.53	5.75～27.86	正态	13.98
CaO	%	0.35	0.75	0.20	2.59	2.13	0.20	0.19	0.01	12.52	0.19	2.19	0.04～0.89	对数正态	2.99
Corg	%	0.36	0.27	0.30	1.70	0.76	0.26	0.29	0.04	5.55	0.29	0.27	<0.83	非正态	0.37
TFe_2O_3	%	6.18	2.35	5.76	1.46	0.38	5.13	5.85	1.17	15.62	5.76	1.46	2.70～12.27	对数正态	4.79
K_2O	%	1.68	0.95	1.35	2.07	0.56	0.44	1.68	0.08	5.09	1.68	0.95	<3.57	非正态	2.41
MgO	%	0.65	0.37	0.58	1.63	0.57	0.58	0.58	0.10	5.31	0.58	0.37	<1.32	非正态	1.52
Na_2O	%	0.12	0.09	0.09	1.91	0.81	0.11	0.09	0.01	1.22	0.09	0.09	<0.28	非正态	1.28
SiO_2	%	64.95	10.28	64.11	1.18	0.16	62.09	64.50	29.90	94.24	64.5	10.28	43.93～85.07	非正态	63.88
TC	%	0.45	0.33	0.39	1.65	0.74	0.32	0.36	0.07	5.55	0.36	0.33	<1.02	非正态	0.9
Ag	μg/kg	115	114	82	2	1.00	40	72	11	1501	72	114	<301	非正态	250
Au	μg/kg	2.0	5.0	1.5	1.9	2.52	1.4	1.5	0.2	227.0	1.5	5.0	<11.5	非正态	1.7
Cd	μg/kg	944	2126	217	5	2.25	31	127	12	29 771	127	2126	<4380	非正态	127
Hg	μg/kg	193	196	135	2	1.01	54	126	18	2134	126	196	<518	非正态	46
As	mg/kg	24.0	22.8	17.1	2.4	0.95	16.8	18.2	0.8	306.0	18.2	22.8	<63.8	非正态	10.8
B	mg/kg	60	28	54	2	0.48	54	57	5	614	57	28	0～114	非正态	50
Ba	mg/kg	316	244	262	2	0.77	114	276	26	6693	276	244	<765	非正态	518
Be	mg/kg	2.1	1.1	1.9	1.7	0.50	2.3	2.0	0.5	8.5	2.0	1.1	<4.1	非正态	2.2
Bi	mg/kg	0.68	0.52	0.59	1.60	0.76	0.46	0.55	0.16	11.09	0.55	0.52	<1.58	非正态	0.4
Br	mg/kg	3.1	1.6	2.7	1.6	0.51	2.7	2.8	0.2	16.1	2.8	1.6	<5.9	非正态	2.9
Ce	mg/kg	94	41	86	1	0.44	102	85	16	484	85	41	3～167	非正态	75
Cl	mg/kg	47	18	45	1	0.38	37	43	14	329	43	18	7～79	非正态	233
Co	mg/kg	14.3	9.5	11.6	1.9	0.66	10.4	11.5	1.1	71.3	11.6	1.9	3.1～43.3	对数正态	13.4
Cr	mg/kg	109.43	77.09	89.83	1.87	0.70	104.00	86.00	9.60	695.00	86.00	77.00	<240.00	非正态	68
Cu	mg/kg	30	23	26	2	0.76	31	27	3	820	26	2	10～71	对数正态	24
F	mg/kg	627	330	568	2	0.53	408	545	66	3472	545	330	<1206	非正态	534
Ga	mg/kg	20.4	6.3	19.4	1.4	0.31	18.2	20.1	4.7	45.6	20.1	6.3	7.6～32.6	非正态	17.2
Ge	mg/kg	1.6	0.4	1.5	1.3	0.24	1.5	1.6	0.9	3.1	1.6	0.4	0.8～2.3	非正态	1.4
I	mg/kg	5.2	2.6	4.6	1.7	0.50	4.2	4.8	1.2	23.3	4.8	2.6	<10.0	非正态	2.5
La	mg/kg	47	21	43	1	0.44	38	42	12	164	42	21	0～83	非正态	38
Li	mg/kg	41	22	35	2	0.54	26	36	8	137	36	22	<79	非正态	36
Mn	mg/kg	848	1177	487	3	1.39	334	414	30	19 150	414	1177	<2768	非正态	650
Mo	mg/kg	2.14	2.07	1.63	2.01	0.97	1.04	1.54	0.25	25.20	1.54	2.07	<5.68	非正态	0.89
N	mg/kg	547	222	508	1	0.41	448	507	103	2107	508	1	234～1104	对数正态	489
Nb	mg/kg	21	9	19	1	0.43	17	19	5	113	19	9	1～36	非正态	16
Ni	mg/kg	42	34	32	2	0.80	16	30	4	233	30	34	<97	非正态	29
P	mg/kg	389	232	345	2	0.60	346	333	71	2903	333	232	<797	非正态	479
Pb	mg/kg	44	58	35	2	1.33	25	33	6	1101	33	58	<149	非正态	27
Rb	mg/kg	103	52	89	2	0.51	104	100	5	342	100	52	<205	非正态	109
S	mg/kg	138	66	128	1	0.48	110	124	31	1311	124	66	<255	非正态	233
Sb	mg/kg	3.09	5.16	1.91	2.51	1.67	1.42	1.78	0.13	151.00	1.78	5.16	<12.09	非正态	0.94
Sc	mg/kg	13.7	5.3	12.8	1.5	0.39	14.6	13.0	2.9	37.0	13	5.3	2.3～23.6	非正态	11.2
Se	mg/kg	0.50	0.29	0.44	1.64	0.58	0.38	0.45	0.06	6.12	0.44	1.64	0.16～1.19	对数正态	0.17
Sn	mg/kg	4.2	1.7	4.0	1.4	0.40	3.5	3.8	1.0	21.6	3.8	1.7	0.5～7.2	非正态	3.6
Sr	mg/kg	57	46	46	2	0.81	63	51	6	733	51	46	<143	非正态	157
Th	mg/kg	18.9	7.0	17.7	1.5	0.37	15.8	18.0	3.7	56.8	18.0	7.0	4.1～31.9	非正态	13.5
Ti	mg/kg	5179	2003	4850	1	0.39	5005	4738	1030	16 337	4738	2003	733～8743	非正态	4458
Tl	mg/kg	0.97	1.03	0.88	1.46	1.07	0.78	0.87	0.16	50.50	0.87	1.03	<2.94	非正态	0.7
U	mg/kg	5.1	2.3	4.7	1.5	0.45	3.8	4.4	1.3	17.5	4.4	2.3	<9.0	非正态	2.8
V	mg/kg	131	73	117	2	0.55	112	115	10	1952	115	73	<261	非正态	87
W	mg/kg	2.79	2.33	2.46	1.58	0.83	2.21	2.34	0.47	75.10	2.34	2.33	<7.00	非正态	2.12
Y	mg/kg	35.2	22.2	31.3	1.6	0.63	26.4	28.6	7.8	238.0	28.6	22.2	<73.0	非正态	25.6
Zn	mg/kg	129	126	96	2	0.98	104	83	17	1475	83	126	<334	非正态	67
Zr	mg/kg	287	104	270	1	0.36	286	278	58	1445	278	104	70～486	非正态	261
pH		5.66	0.85	5.60	1.15	0.15	5.12	5.42	4.06	8.54	5.42	0.85	3.71～7.13	非正态	8.03*

注：为方便表示，各指标的变异系数用小数表示，不用百分数表示，其他统计值单位与指标单位一致；参比区数据引自《中国土壤地球化学参数》一节中国深层土壤（180～200cm）地球化学参数中的算术平均值，其中"*"表示pH采用中位值。

表 4－3－1 岩浆岩(一级分类)成土母质土壤地球化学基准值参数统计表($n=318$)

指标	单位	原始值统计		基准值统计			
		算术平均值	变异系数	基准值	标准离差	变化范围	正态分布检验
Al_2O_3	%	21.98	0.18	21.98	3.98	14.02～29.94	正态
CaO	%	0.15	0.93	0.12	1.66	0.04～0.34	对数正态
Corg	%	0.55	0.82	0.45	1.85	0.13～1.53	对数正态
TFe_2O_3	%	5.07	0.31	5.07	1.59	1.88～8.25	正态
K_2O	%	2.46	0.33	2.46	0.82	0.83～4.10	正态
MgO	%	0.49	0.43	0.45	1.50	0.20～1.02	对数正态
Na_2O	%	0.20	0.60	0.16	0.12	<0.39	非正态
SiO_2	%	60.38	0.10	60.38	5.81	48.77～72.00	正态
TC	%	0.58	0.79	0.48	1.81	0.15～1.59	对数正态
Ag	μg/kg	54	0.93	46	18	10～83	正态
Au	μg/kg	1.4	1.07	1.1	1.9	0.3～3.8	对数正态
Cd	μg/kg	93	1.63	63	2	25～158	对数正态
Hg	μg/kg	76	0.66	66	18	30～103	正态
As	mg/kg	12.6	1.04	8.7	2.4	1.5～50.8	对数正态
B	mg/kg	41	0.66	39	22	<82	正态
Ba	mg/kg	337	0.43	309	2	133～716	对数正态
Be	mg/kg	2.6	0.38	2.4	1.5	1.1～5.3	对数正态
Bi	mg/kg	0.81	0.90	0.66	1.82	0.20～2.17	对数正态
Br	mg/kg	3.0	0.57	2.6	1.7	1.0～7.1	对数正态
Ce	mg/kg	110	0.39	103	1	50～213	对数正态
Cl	mg/kg	57	0.46	49	26	<101	非正态
Co	mg/kg	9.0	0.53	8.0	1.6	3.0～21.7	正态
Cr	mg/kg	46	0.65	39	2	13～123	正态
Cu	mg/kg	18	0.78	15	2	5～47	正态
F	mg/kg	571	0.39	532	1	251～1127	对数正态
Ga	mg/kg	25.4	0.19	25.4	4.9	15.5～35.3	正态
Ge	mg/kg	1.7	0.12	1.7	0.2	1.2～2.2	正态
I	mg/kg	5.5	0.64	4.5	2.0	1.2～17.2	对数正态
La	mg/kg	51	0.45	47	2	21～108	对数正态
Li	mg/kg	38	0.45	38	17	5～71	正态
Mn	mg/kg	371	0.65	317	2	104～966	正态
Mo	mg/kg	1.46	0.98	1.21	1.75	0.40～3.67	对数正态
N	mg/kg	459	0.47	417	2	177～983	对数正态
Nb	mg/kg	27	0.59	22	4	14～31	正态
Ni	mg/kg	18	0.56	16	2	6～45	对数正态
P	mg/kg	343	0.47	343	162	20～667	正态
Pb	mg/kg	45	0.31	45	14	16～74	正态
Rb	mg/kg	165	0.37	165	61	42～287	正态
S	mg/kg	160	0.51	145	2	62～339	对数正态
Sb	mg/kg	0.99	0.95	0.74	2.10	0.17～3.27	对数正态
Sc	mg/kg	11.9	0.29	11.9	3.5	4.9～19.0	正态
Se	mg/kg	0.44	0.36	0.44	0.16	0.11～0.77	正态
Sn	mg/kg	6.2	0.42	5.7	1.5	2.5～12.9	对数正态
Sr	mg/kg	38	0.79	26	30	<87	非正态
Th	mg/kg	27.2	0.30	27.2	8.2	10.7～43.7	正态
Ti	mg/kg	4291	0.31	4291	1349	1592～6990	正态
Tl	mg/kg	1.13	0.34	1.06	1.40	0.54～2.08	正态
U	mg/kg	6.3	0.41	5.9	1.5	2.8～12.6	对数正态
V	mg/kg	81	0.43	81	35	12～151	正态
W	mg/kg	3.80	0.74	3.09	1.55	1.28～7.46	对数正态
Y	mg/kg	35.0	0.47	32.4	1.5	15.4～68.4	对数正态
Zn	mg/kg	72	0.29	69	1	40～119	正态
Zr	mg/kg	298	0.32	285	1	161～504	正态
pH		5.33	0.08	5.32	1.08	4.55～6.21	对数正态

表4-3-2 中性—酸性火成岩成土母质土壤地球化学基准值参数统计表（n=314）

元素指标	单位	原始值统计		基准值统计			
		算术平均值	变异系数	基准值	标准离差	变化范围	正态分布检验
Al_2O_3	%	22.04	0.18	22.04	3.93	14.18~29.89	正态
CaO	%	0.14	1.00	0.12	1.63	0.05~0.33	对数正态
Corg	%	0.55	0.82	0.45	1.85	0.13~1.52	对数正态
TFe_2O_3	%	5.03	0.30	5.03	1.51	2.02~8.04	正态
K_2O	%	2.47	0.33	2.47	0.82	0.84~4.11	正态
MgO	%	0.49	0.43	0.45	1.50	0.20~1.02	对数正态
Na_2O	%	0.20	0.60	0.16	0.12	<0.39	非正态
SiO_2	%	60.38	0.09	60.38	5.66	49.06~71.70	正态
TC	%	0.58	0.79	0.48	1.81	0.15~1.58	对数正态
Ag	μg/kg	54	0.93	45	2	19~108	对数正态
Au	μg/kg	1.4	1.07	1.1	1.9	0.3~3.8	对数正态
Cd	μg/kg	93	1.65	63	2	25~156	对数正态
Hg	μg/kg	76	0.66	66	18	29~102	正态
As	mg/kg	12.6	1.05	8.7	2.4	1.5~50.7	对数正态
B	mg/kg	41	0.66	39	22	<82	正态
Ba	mg/kg	335	0.43	308	2	133~711	对数正态
Be	mg/kg	2.6	0.38	2.4	1.5	1.1~5.3	对数正态
Bi	mg/kg	0.82	0.89	0.66	1.82	0.20~2.19	对数正态
Br	mg/kg	2.9	0.59	2.6	1.7	1.0~7.1	对数正态
Ce	mg/kg	111	0.39	103	1	50~213	对数正态
Cl	mg/kg	57	0.47	49	27	<102	非正态
Co	mg/kg	8.9	0.47	8.0	1.6	3.0~21.0	正态
Cr	mg/kg	46	0.65	39	2	13~122	正态
Cu	mg/kg	18	0.78	15	2	5~46	正态
F	mg/kg	573	0.39	535	1	252~1132	对数正态
Ga	mg/kg	25.5	0.19	25.5	4.9	15.7~35.3	正态
Ge	mg/kg	1.7	0.12	1.7	0.2	1.2~2.2	正态
I	mg/kg	5.5	0.64	4.4	2.0	1.1~17.2	对数正态
La	mg/kg	52	0.44	47	2	21~108	对数正态
Li	mg/kg	38	0.42	38	16	5~71	正态
Mn	mg/kg	367	0.63	315	2	105~945	正态
Mo	mg/kg	1.47	0.98	1.20	1.75	0.39~3.69	对数正态
N	mg/kg	457	0.47	416	2	177~980	对数正态
Nb	mg/kg	27	0.59	22	4	14~31	正态
Ni	mg/kg	18	0.56	16	2	6~45	对数正态
P	mg/kg	339	0.44	339	150	39~638	正态
Pb	mg/kg	45	0.31	45	14	16~74	正态
Rb	mg/kg	165	0.37	165	61	43~288	正态
S	mg/kg	160	0.51	145	2	62~339	对数正态
Sb	mg/kg	0.98	0.95	0.73	2.10	0.17~3.22	对数正态
Sc	mg/kg	11.9	0.29	11.9	3.4	5.1~18.6	正态
Se	mg/kg	0.44	0.36	0.44	0.16	0.11~0.77	正态
Sn	mg/kg	6.3	0.41	5.8	1.5	2.6~12.9	对数正态
Sr	mg/kg	38	0.79	26	30	<86	非正态
Th	mg/kg	27.3	0.30	27.3	8.2	11.0~43.7	正态
Ti	mg/kg	4248	0.29	4248	1215	1818~6678	正态
Tl	mg/kg	1.13	0.34	1.07	1.40	0.55~2.09	正态
U	mg/kg	6.4	0.41	5.9	1.5	2.8~12.6	对数正态
V	mg/kg	80	0.39	80	31	17~143	正态
W	mg/kg	3.81	0.75	3.25	1.68	1.15~9.15	对数正态
Y	mg/kg	35.1	0.47	32.5	1.5	15.4~68.8	对数正态
Zn	mg/kg	72	0.29	69	1	41~118	正态
Zr	mg/kg	297	0.32	285	1	161~504	正态
pH		5.33	0.08	5.32	1.08	4.56~6.21	对数正态

表 4-3-3 变质岩(一级分类)成土母质土壤地球化学基准值参数统计表($n=68$)

指标	单位	原始值统计		基准值统计			
		算术平均值	变异系数	基准值	标准离差	变化范围	正态分布检验
Al_2O_3	%	19.13	0.15	19.13	2.94	13.26~25.01	正态
CaO	%	0.12	0.58	0.11	1.50	0.05~0.25	正态
Corg	%	0.41	0.80	0.32	1.95	0.08~1.21	正态
TFe_2O_3	%	4.83	0.26	4.83	1.25	2.34~7.32	正态
K_2O	%	2.15	0.26	2.15	0.55	1.05~3.26	正态
MgO	%	0.47	0.45	0.47	0.21	0.06~0.89	正态
Na_2O	%	0.18	0.50	0.17	1.50	0.07~0.38	对数正态
SiO_2	%	62.70	0.08	62.70	5.05	52.60~72.79	正态
TC	%	0.45	0.76	0.36	1.86	0.10~1.25	正态
Ag	μg/kg	40	0.50	40	20	<80	正态
Au	μg/kg	1.7	0.82	1.3	1.9	0.4~4.7	正态
Cd	μg/kg	58	0.38	58	22	15~102	正态
Hg	μg/kg	59	0.32	59	19	22~97	正态
As	mg/kg	12.5	1.06	8.1	2.6	1.2~55.7	正态
B	mg/kg	44	0.68	44	30	<104	正态
Ba	mg/kg	371	0.29	371	106	159~582	正态
Be	mg/kg	1.9	0.21	1.9	0.4	1.0~2.7	正态
Bi	mg/kg	0.52	0.35	0.52	0.18	0.17~0.87	正态
Br	mg/kg	2.6	0.42	2.6	1.1	0.3~4.9	正态
Ce	mg/kg	93	0.26	93	24	44~142	正态
Cl	mg/kg	46	0.30	46	14	18~74	正态
Co	mg/kg	8.8	0.41	8.8	3.6	1.6~15.9	正态
Cr	mg/kg	56	0.50	56	28	0~112	正态
Cu	mg/kg	19	0.42	19	8	4~34	正态
F	mg/kg	404	0.23	404	92	220~588	正态
Ga	mg/kg	21.1	0.15	21.1	3.1	14.9~27.2	正态
Ge	mg/kg	1.7	0.12	1.7	0.2	1.2~2.2	正态
I	mg/kg	5.2	0.56	5.2	2.9	<11	正态
La	mg/kg	42	0.33	42	14	14~71	正态
Li	mg/kg	29	0.31	29	9	10~48	正态
Mn	mg/kg	325	0.42	325	137	51~600	正态
Mo	mg/kg	1.01	0.40	1.01	0.40	0.20~1.82	正态
N	mg/kg	353	0.51	317	2	128~788	对数正态
Nb	mg/kg	21	0.43	20	1	11~37	正态
Ni	mg/kg	22	0.50	22	11	1~44	正态
P	mg/kg	321	0.33	321	107	106~536	正态
Pb	mg/kg	35	0.31	35	11	12~58	正态
Rb	mg/kg	122	0.31	122	38	45~199	正态
S	mg/kg	130	0.47	117	2	47~292	对数正态
Sb	mg/kg	0.92	1.15	0.62	2.30	0.12~3.28	对数正态
Sc	mg/kg	12.9	0.26	12.9	3.3	6.3~19.5	正态
Se	mg/kg	0.38	0.34	0.38	0.13	0.11~0.64	正态
Sn	mg/kg	4.8	0.23	4.8	1.1	2.5~7.1	正态
Sr	mg/kg	26	0.69	23	1	10~51	正态
Th	mg/kg	22.0	0.22	22.0	4.9	12.3~31.7	正态
Ti	mg/kg	4006	0.24	4006	945	2116~5896	正态
Tl	mg/kg	0.81	0.21	0.81	0.17	0.46~1.16	正态
U	mg/kg	4.5	0.29	4.5	1.3	1.9~7.2	正态
V	mg/kg	83	0.29	83	24	34~132	正态
W	mg/kg	2.56	0.48	2.56	1.23	0.11~5.02	正态
Y	mg/kg	29.5	0.34	28.0	1.4	14.6~53.7	对数正态
Zn	mg/kg	60	0.23	60	14	31~89	正态
Zr	mg/kg	265	0.21	265	55	156~375	正态
pH		5.59	0.07	5.59	0.41	4.77~6.40	正态

表 4-3-4 正变质岩成土母质土壤地球化学基准值参数统计表（n=22）

指标	单位	原始值统计		基准值统计			
		算术平均值	变异系数	基准值	标准离差	变化范围	正态分布检验
Al_2O_3	%	19.55	0.14	19.55	2.71	14.12~24.98	正态
CaO	%	0.15	0.67	0.15	0.10	<0.36	正态
Corg	%	0.28	0.61	0.28	0.17	<0.61	正态
TFe_2O_3	%	4.31	0.32	4.31	1.39	1.53~7.08	正态
K_2O	%	2.56	0.18	2.56	0.47	1.63~3.50	正态
MgO	%	0.46	0.35	0.46	0.16	0.14~0.78	正态
Na_2O	%	0.23	0.52	0.23	0.12	0~0.47	正态
SiO_2	%	63.58	0.07	63.58	4.43	54.71~72.44	正态
TC	%	0.32	0.56	0.32	0.18	<0.67	正态
Ag	μg/kg	33	0.64	33	21	<75	正态
Au	μg/kg	1.0	0.40	1.0	0.4	0.2~1.8	正态
Cd	μg/kg	62	0.29	62	18	27~97	正态
Hg	μg/kg	52	0.31	52	16	19~84	正态
As	mg/kg	10.8	1.44	5.2	3.2	0.5~53.9	对数正态
B	mg/kg	26	0.65	26	17	<60	正态
Ba	mg/kg	422	0.20	422	85	253~592	正态
Be	mg/kg	1.9	0.21	1.9	0.4	1.1~2.8	正态
Bi	mg/kg	0.47	0.38	0.47	0.18	0.10~0.84	正态
Br	mg/kg	2.4	0.54	2.4	1.3	<5	正态
Ce	mg/kg	96	0.19	96	18	60~132	正态
Cl	mg/kg	48	0.35	48	17	14~82	正态
Co	mg/kg	8.2	0.34	8.2	2.8	2.5~13.8	正态
Cr	mg/kg	40	0.40	40	16	9~72	正态
Cu	mg/kg	14	0.43	14	6	2~27	正态
F	mg/kg	426	0.23	426	97	231~621	正态
Ga	mg/kg	21.8	0.12	21.8	2.6	16.7~26.9	正态
Ge	mg/kg	1.7	0.12	1.7	0.2	1.2~2.2	正态
I	mg/kg	5.0	0.54	5.0	2.7	<10.3	正态
La	mg/kg	48	0.25	48	12	24~72	正态
Li	mg/kg	30	0.30	30	9	12~48	正态
Mn	mg/kg	328	0.46	328	150	27~628	正态
Mo	mg/kg	1.13	0.37	1.13	0.42	0.29~1.97	正态
N	mg/kg	268	0.41	268	110	47~488	正态
Nb	mg/kg	20	0.60	18	1	9~38	正态
Ni	mg/kg	16	0.38	16	6	4~29	正态
P	mg/kg	295	0.43	295	127	42~549	正态
Pb	mg/kg	38	0.18	38	7	24~51	正态
Rb	mg/kg	153	0.20	153	31	90~215	正态
S	mg/kg	105	0.39	105	41	23~187	正态
Sb	mg/kg	0.69	1.39	0.40	2.49	0.06~2.48	正态
Sc	mg/kg	11.7	0.27	11.7	3.2	5.3~18.1	正态
Se	mg/kg	0.32	0.44	0.32	0.14	0.04~0.60	正态
Sn	mg/kg	5.3	0.25	5.3	1.3	2.8~7.9	正态
Sr	mg/kg	31	0.84	27	2	12~61	正态
Th	mg/kg	24.2	0.20	24.2	4.8	14.6~33.7	正态
Ti	mg/kg	3460	0.30	3460	1032	1397~5523	正态
Tl	mg/kg	0.87	0.14	0.87	0.12	0.62~1.11	正态
U	mg/kg	5.5	0.29	5.5	1.6	2.4~8.6	正态
V	mg/kg	67	0.31	67	21	24~109	正态
W	mg/kg	2.10	0.35	2.10	0.73	0.64~3.55	正态
Y	mg/kg	38.1	0.28	38.1	10.7	16.8~59.4	正态
Zn	mg/kg	58	0.24	58	14	31~85	正态
Zr	mg/kg	246	0.21	246	52	143~350	正态
pH		5.76	0.06	5.76	0.37	5.02~6.50	正态

表 4－3－5 变质岩(二级分类)成土母质土壤地球化学基准值参数统计表($n=33$)

指标	单位	原始值统计		基准值统计			
		算术平均值	变异系数	基准值	标准离差	变化范围	正态分布检验
Al_2O_3	%	19.14	0.17	19.14	3.22	12.71~25.58	正态
CaO	%	0.10	0.30	0.10	0.03	0.03~0.17	正态
Corg	%	0.41	0.73	0.41	0.30	<1.01	正态
TFe_2O_3	%	4.98	0.24	4.98	1.19	2.59~7.36	正态
K_2O	%	1.98	0.26	1.98	0.51	0.96~3.00	正态
MgO	%	0.47	0.55	0.43	1.46	0.20~0.92	正态
Na_2O	%	0.17	0.35	0.16	1.37	0.08~0.30	对数正态
SiO_2	%	62.19	0.09	62.19	5.66	50.88~73.50	正态
TC	%	0.44	0.68	0.44	0.30	<1.05	正态
Ag	μg/kg	42	0.50	42	21	0~84	正态
Au	μg/kg	1.9	0.89	1.5	1.9	0.4~5.5	正态
Cd	μg/kg	56	0.45	56	25	7~106	正态
Hg	μg/kg	58	0.26	58	15	28~87	正态
As	mg/kg	11.8	0.73	11.8	8.6	<29.0	正态
B	mg/kg	52	0.63	52	33	<117	正态
Ba	mg/kg	330	0.33	330	109	112~549	正态
Be	mg/kg	1.8	0.22	1.8	0.4	0.9~2.7	正态
Bi	mg/kg	0.53	0.30	0.53	0.16	0.21~0.85	正态
Br	mg/kg	2.7	0.41	2.7	1.1	0.5~4.9	正态
Ce	mg/kg	95	0.29	95	28	39~151	正态
Cl	mg/kg	43	0.28	43	12	19~68	正态
Co	mg/kg	9.1	0.47	9.1	4.3	0.5~17.8	正态
Cr	mg/kg	63	0.54	57	2	24~135	正态
Cu	mg/kg	20	0.40	20	8	5~36	正态
F	mg/kg	391	0.24	391	92	207~575	正态
Ga	mg/kg	20.8	0.17	20.8	3.6	13.7~27.9	正态
Ge	mg/kg	1.7	0.18	1.7	0.3	1.2~2.2	正态
I	mg/kg	5.4	0.57	5.4	3.1	<11.6	正态
La	mg/kg	42	0.36	42	15	12~72	正态
Li	mg/kg	29	0.31	29	9	11~47	正态
Mn	mg/kg	314	0.46	314	143	28~600	正态
Mo	mg/kg	0.99	0.40	0.99	0.40	0.19~1.78	正态
N	mg/kg	357	0.42	357	150	57~656	正态
Nb	mg/kg	22	0.36	22	8	5~39	正态
Ni	mg/kg	26	0.50	26	13	0~52	正态
P	mg/kg	334	0.27	334	91	152~516	正态
Pb	mg/kg	35	0.43	35	15	5~64	正态
Rb	mg/kg	109	0.33	109	36	38~180	正态
S	mg/kg	130	0.42	130	54	22~238	正态
Sb	mg/kg	0.83	0.95	0.83	0.79	<2.41	正态
Sc	mg/kg	13.6	0.26	13.6	3.6	6.5~20.7	正态
Se	mg/kg	0.39	0.33	0.39	0.13	0.13~0.65	正态
Sn	mg/kg	4.5	0.22	4.5	1.0	2.5~6.6	正态
Sr	mg/kg	23	0.57	21	1	10~46	正态
Th	mg/kg	21.2	0.23	21.2	4.9	11.4~31.0	正态
Ti	mg/kg	4175	0.21	4175	860	2455~5895	正态
Tl	mg/kg	0.79	0.25	0.79	0.20	0.39~1.19	正态
U	mg/kg	4.1	0.24	4.1	1.0	2.2~6.0	正态
V	mg/kg	89	0.27	89	24	41~138	正态
W	mg/kg	2.53	0.34	2.53	0.86	0.81~4.25	正态
Y	mg/kg	25.3	0.26	25.3	6.5	12.4~38.3	正态
Zn	mg/kg	63	0.25	63	16	30~96	正态
Zr	mg/kg	268	0.19	268	51	166~370	正态
pH		5.53	0.08	5.53	0.42	4.70~6.36	正态

表 4-3-6 沉积岩（一级分类）成土母质土壤地球化学基准值参数统计表（$n=2379$）

指标	单位	原始值统计		基准值统计			
		算术平均值	变异系数	基准值	标准离差	变化范围	正态分布检验
Al_2O_3	%	16.05	0.33	16.29	5.37	5.55~27.03	非正态
CaO	%	0.38	2.11	0.21	0.80	<1.81	非正态
Corg	%	0.33	0.67	0.28	0.22	<0.71	非正态
TFe_2O_3	%	6.36	0.38	5.93	1.46	2.78~12.66	对数正态
K_2O	%	1.56	0.59	1.50	0.92	<3.33	非正态
MgO	%	0.68	0.57	0.60	0.39	<1.37	非正态
Na_2O	%	0.10	0.80	0.08	0.08	<0.25	非正态
SiO_2	%	65.63	0.16	65.49	10.69	44.11~86.88	非正态
TC	%	0.43	0.72	0.35	0.31	<0.96	非正态
Ag	μg/kg	125	0.95	82	119	<320	非正态
Au	μg/kg	2.1	2.57	1.5	5.4	<12.3	非正态
Cd	μg/kg	1083	2.09	185	2261	<4707	非正态
Hg	μg/kg	213	0.96	153	204	<561	非正态
As	mg/kg	25.9	0.91	20.2	23.5	<67.2	非正态
B	mg/kg	62	0.44	59	27	4~114	非正态
Ba	mg/kg	312	0.82	263	257	<777	非正态
Be	mg/kg	2.1	0.48	1.9	1.0	<4.0	非正态
Bi	mg/kg	0.66	0.73	0.55	0.48	<1.52	非正态
Br	mg/kg	3.1	0.52	2.8	1.6	<5.9	非正态
Ce	mg/kg	92	0.45	84	41	2~165	非正态
Cl	mg/kg	46	0.35	43	16	11~75	非正态
Co	mg/kg	15.1	0.65	12.3	1.9	3.3~46.5	对数正态
Cr	mg/kg	119	0.66	93	78	<248	非正态
Cu	mg/kg	32	0.75	28	2	11~75	对数正态
F	mg/kg	641	0.54	554	344	<1241	非正态
Ga	mg/kg	19.7	0.31	19.4	6.2	7.0~31.8	非正态
Ge	mg/kg	1.5	0.27	1.6	0.4	0.8~2.3	非正态
I	mg/kg	5.2	0.46	4.8	2.4	<9.7	非正态
La	mg/kg	46	0.43	42	20	1~82	非正态
Li	mg/kg	41	0.54	36	22	<81	非正态
Mn	mg/kg	927	1.35	464	1247	<2959	非正态
Mo	mg/kg	2.27	0.94	1.66	2.14	<5.94	非正态
N	mg/kg	565	0.39	528	1	256~1091	对数正态
Nb	mg/kg	20	0.35	18	7	4~32	非正态
Ni	mg/kg	46	0.76	34	35	<103	非正态
P	mg/kg	397	0.61	334	241	<817	非正态
Pb	mg/kg	44	1.41	31	62	<156	非正态
Rb	mg/kg	95	0.47	94	45	3~185	非正态
S	mg/kg	135	0.47	122	63	<247	非正态
Sb	mg/kg	3.43	1.59	2.02	5.47	<12.96	非正态
Sc	mg/kg	14.0	0.39	13.2	5.5	2.2~24.2	非正态
Se	mg/kg	0.51	0.61	0.45	1.66	0.16~1.25	对数正态
Sn	mg/kg	3.9	0.33	3.7	1.3	2.1~6.7	对数正态
Sr	mg/kg	61	0.77	54	47	<149	非正态
Th	mg/kg	17.7	0.34	17.2	6.0	5.2~29.2	非正态
Ti	mg/kg	5331	0.39	4840	2055	730~8950	非正态
Tl	mg/kg	0.95	1.16	0.85	1.10	<3.06	非正态
U	mg/kg	4.9	0.45	4.3	2.2	<8.7	非正态
V	mg/kg	139	0.53	122	74	<271	非正态
W	mg/kg	2.66	0.84	2.27	2.24	<6.75	非正态
Y	mg/kg	35.4	0.65	28.5	23.1	<74.6	非正态
Zn	mg/kg	138	0.96	91	133	<356	非正态
Zr	mg/kg	286	0.37	279	106	67~491	非正态
pH		5.70	0.16	5.44	0.89	3.65~7.23	非正态

表 4-3-7 化学沉积岩成土母质土壤地球化学基准值参数统计表（$n=203$）

指标	单位	原始值统计		基准值统计			
		算术平均值	变异系数	基准值	标准离差	变化范围	正态分布检验
Al_2O_3	%	15.42	0.39	15.42	5.97	3.48～27.36	正态
CaO	%	0.46	1.91	0.28	2.24	0.06～1.38	对数正态
Corg	%	0.28	0.39	0.26	1.46	0.12～0.55	正态
TFe_2O_3	%	6.79	0.34	6.79	2.32	2.14～11.43	正态
K_2O	%	1.09	0.66	0.85	2.14	0.18～3.88	对数正态
MgO	%	0.57	0.42	0.57	0.24	0.08～1.06	正态
Na_2O	%	0.09	0.89	0.08	1.83	0.02～0.26	对数正态
SiO_2	%	66.26	0.18	66.26	11.63	43.00～89.53	正态
TC	%	0.40	0.58	0.36	1.49	0.16～0.80	对数正态
Ag	μg/kg	182	0.76	141	2	34～592	对数正态
Au	μg/kg	2.2	1.00	1.8	1.8	0.6～5.8	对数正态
Cd	μg/kg	936	1.59	385	4	26～5678	对数正态
Hg	μg/kg	236	0.64	203	2	70～590	对数正态
As	mg/kg	30.9	0.61	27.0	1.7	9.9～73.7	正态
B	mg/kg	60	0.38	60	23	14～105	正态
Ba	mg/kg	235	0.58	198	2	60～658	对数正态
Be	mg/kg	1.8	0.50	1.8	0.9	0～3.6	正态
Bi	mg/kg	0.75	0.44	0.65	0.17	0.32～0.98	正态
Br	mg/kg	3.5	0.46	2.9	1.6	<6.0	非正态
Ce	mg/kg	90	0.43	90	39	12～168	正态
Cl	mg/kg	48	0.50	45	1	23～86	正态
Co	mg/kg	16.8	0.58	16.8	9.8	<36.4	正态
Cr	mg/kg	128	0.45	117	2	50～274	对数正态
Cu	mg/kg	39	0.51	39	20	<80	正态
F	mg/kg	679	0.54	608	2	245～1513	对数正态
Ga	mg/kg	19.8	0.33	19.8	6.5	6.8～32.8	正态
Ge	mg/kg	1.6	0.25	1.6	0.4	0.7～2.4	正态
I	mg/kg	5.6	0.34	5.3	1.4	2.7～10.4	正态
La	mg/kg	52	0.42	48	1	23～103	对数正态
Li	mg/kg	43	0.44	43	19	4～81	正态
Mn	mg/kg	1370	1.27	736	3	73～7398	对数正态
Mo	mg/kg	3.58	0.70	2.96	1.83	0.88～9.92	对数正态
N	mg/kg	581	0.41	539	1	252～1152	正态
Nb	mg/kg	21	0.38	20	1	10～38	正态
Ni	mg/kg	55	0.60	47	2	14～153	对数正态
P	mg/kg	410	0.50	369	2	150～905	对数正态
Pb	mg/kg	40	0.93	33	2	12～94	正态
Rb	mg/kg	70	0.57	70	40	<150	正态
S	mg/kg	138	0.39	130	1	67～253	对数正态
Sb	mg/kg	4.04	0.96	2.95	2.12	0.65～13.32	对数正态
Sc	mg/kg	14.5	0.39	14.5	5.6	3.4～25.6	正态
Se	mg/kg	0.65	0.54	0.58	1.60	0.23～1.49	正态
Sn	mg/kg	4.0	0.30	3.8	1.3	2.1～6.9	正态
Sr	mg/kg	68	0.44	63	1	31～129	正态
Th	mg/kg	16.8	0.35	16.8	5.9	5.1～28.5	正态
Ti	mg/kg	5717	0.41	5284	1	2405～11 608	正态
Tl	mg/kg	0.91	0.38	0.91	0.35	0.21～1.60	正态
U	mg/kg	5.6	0.43	5.2	1.5	2.4～11.1	对数正态
V	mg/kg	179	0.37	179	67	46～312	正态
W	mg/kg	2.73	0.45	2.50	1.50	1.11～5.62	对数正态
Y	mg/kg	35.3	0.48	31.9	1.5	13.4～76.3	正态
Zn	mg/kg	142	0.68	118	2	35～395	对数正态
Zr	mg/kg	270	0.41	249	1	113～550	正态
pH		5.63	0.16	5.56	1.17	4.08～7.57	对数正态

表 4-3-8 陆源碎屑岩成土母质土壤地球化学基准值参数统计表（$n=963$）

指标	单位	原始值统计		背景值统计			
		算术平均值	变异系数	基准值	标准离差	变化范围	正态分布检验
Al_2O_3	%	16.33	0.20	16.33	3.30	9.73~22.94	正态
CaO	%	0.21	2.43	0.11	0.51	<1.13	非正态
Corg	%	0.38	0.79	0.29	0.30	<0.89	非正态
TFe_2O_3	%	5.60	0.26	5.60	1.47	2.66~8.54	正态
K_2O	%	2.20	0.31	2.20	0.69	0.82~3.58	正态
MgO	%	0.70	0.44	0.62	0.31	<1.25	非正态
Na_2O	%	0.12	0.83	0.08	0.10	<0.28	非正态
SiO_2	%	65.79	0.09	65.79	6.21	53.38~78.21	正态
TC	%	0.45	0.71	0.35	0.32	<0.99	非正态
Ag	μg/kg	79	1.37	48	1	23~104	对数正态
Au	μg/kg	2.1	3.90	1.4	1.6	0.5~3.6	对数正态
Cd	μg/kg	206	3.68	62	759	<1579	非正态
Hg	μg/kg	101	1.19	73	120	<313	非正态
As	mg/kg	17.0	1.09	12.0	2.3	2.3~62.6	对数正态
B	mg/kg	63	0.46	60	1	30~119	对数正态
Ba	mg/kg	408	0.57	388	143	103~674	正态
Be	mg/kg	2.0	0.35	2.0	0.6	0.7~3.2	正态
Bi	mg/kg	0.54	1.02	0.46	1.33	0.26~0.81	对数正态
Br	mg/kg	2.9	0.59	2.5	1.7	0.9~7.3	对数正态
Ce	mg/kg	85	0.29	81	1	47~142	对数正态
Cl	mg/kg	46	0.35	43	16	10~76	非正态
Co	mg/kg	10.9	0.65	9.1	1.8	2.7~30.5	对数正态
Cr	mg/kg	75	0.35	72	19	34~111	正态
Cu	mg/kg	26	1.12	23	8	7~39	正态
F	mg/kg	579	0.45	516	259	<1035	非正态
Ga	mg/kg	19.2	0.20	19.2	3.8	11.6~26.7	正态
Ge	mg/kg	1.6	0.19	1.6	1.1	1.2~2.1	对数正态
I	mg/kg	5.1	0.57	4.5	1.8	1.4~14.3	对数正态
La	mg/kg	39	0.33	38	9	19~56	正态
Li	mg/kg	32	0.53	27	17	<61	非正态
Mn	mg/kg	461	1.84	276	2	69~1109	对数正态
Mo	mg/kg	1.56	1.04	1.17	1.86	0.34~4.04	对数正态
N	mg/kg	528	0.40	493	1	238~1021	对数正态
Nb	mg/kg	18	0.28	17	3	12~22	正态
Ni	mg/kg	26	0.65	22	2	9~52	对数正态
P	mg/kg	315	0.43	299	88	124~474	正态
Pb	mg/kg	37	1.51	28	1	15~54	对数正态
Rb	mg/kg	119	0.31	119	37	45~193	正态
S	mg/kg	142	0.55	131	1	63~275	对数正态
Sb	mg/kg	2.64	2.33	1.47	6.16	<13.80	非正态
Sc	mg/kg	12.6	0.28	12.6	3.5	5.5~19.7	正态
Se	mg/kg	0.55	0.58	0.49	1.63	0.19~1.29	对数正态
Sn	mg/kg	3.8	0.32	3.6	1.2	2.4~5.4	对数正态
Sr	mg/kg	42	0.71	35	2	10~119	对数正态
Th	mg/kg	18.2	0.25	17.7	1.3	11.3~27.8	对数正态
Ti	mg/kg	4555	0.21	4497	793	2911~6083	正态
Tl	mg/kg	0.86	0.30	0.83	1.31	0.48~1.43	对数正态
U	mg/kg	4.0	0.30	3.8	0.8	2.2~5.5	正态
V	mg/kg	109	0.66	102	26	50~154	正态
W	mg/kg	2.46	1.24	2.12	1.29	1.28~3.51	对数正态
Y	mg/kg	27.7	0.35	26.6	4.7	17.2~36.1	正态
Zn	mg/kg	72	0.93	56	67	<189	非正态
Zr	mg/kg	284	0.23	283	52	179~387	正态
pH		5.38	0.13	5.22	0.70	3.82~6.62	非正态

表 4-3-9 碳酸盐岩成土母质土壤地球化学基准值参数统计表（$n=962$）

指标	单位	原始值统计		基准值统计			
		算术平均值	变异系数	基准值	标准离差	变化范围	正态分布检验
Al_2O_3	%	15.24	0.44	14.96	6.70	1.56~28.37	非正态
CaO	%	0.56	1.73	0.33	1.62	0.12~0.87	对数正态
Corg	%	0.30	0.47	0.28	1.53	0.12~0.65	对数正态
TFe_2O_3	%	6.85	0.43	6.57	2.94	0.68~12.46	非正态
K_2O	%	0.95	0.73	0.76	1.95	0.20~2.89	对数正态
MgO	%	0.69	0.67	0.58	1.79	0.18~1.85	对数正态
Na_2O	%	0.09	0.78	0.08	0.07	<0.21	非正态
SiO_2	%	66.48	0.21	66.62	13.83	38.96~94.28	非正态
TC	%	0.44	0.66	0.36	0.29	<0.94	非正态
Ag	μg/kg	165	0.61	140	2	44~444	对数正态
Au	μg/kg	2.0	0.80	1.6	1.6	<4.7	非正态
Cd	μg/kg	2192	1.40	944	4	60~14 953	对数正态
Hg	μg/kg	328	0.70	271	2	80~923	对数正态
As	mg/kg	33.0	0.78	27.4	1.8	8.4~89.1	对数正态
B	mg/kg	59	0.41	54	1	24~121	对数正态
Ba	mg/kg	211	0.87	167	2	57~484	对数正态
Be	mg/kg	2.1	0.62	1.9	1.3	<4.6	非正态
Bi	mg/kg	0.75	0.45	0.64	0.34	<1.33	非正态
Br	mg/kg	3.2	0.44	3.0	1.5	1.4~6.6	对数正态
Ce	mg/kg	99	0.53	87	2	31~242	对数正态
Cl	mg/kg	44	0.30	43	1	25~73	对数正态
Co	mg/kg	19.5	0.54	17.6	10.5	<38.7	非正态
Cr	mg/kg	166	0.57	144	2	51~410	对数正态
Cu	mg/kg	36	0.47	33	2	14~79	对数正态
F	mg/kg	681	0.58	602	2	229~1578	对数正态
Ga	mg/kg	19.6	0.40	18.7	7.8	3.1~34.3	非正态
Ge	mg/kg	1.4	0.36	1.5	0.5	0.5~2.4	非正态
I	mg/kg	5.2	0.40	4.9	1.5	2.3~10.4	正态
La	mg/kg	53	0.47	46	25	<95	非正态
Li	mg/kg	50	0.50	45	25	<96	非正态
Mn	mg/kg	1387	0.96	1027	1331	<3688	非正态
Mo	mg/kg	2.66	0.85	1.98	2.27	<6.51	非正态
N	mg/kg	619	0.35	585	1	300~1141	对数正态
Nb	mg/kg	21	0.38	19	1	9~41	对数正态
Ni	mg/kg	65	0.58	56	2	18~174	对数正态
P	mg/kg	490	0.64	395	313	<1021	非正态
Pb	mg/kg	49	1.29	38	2	11~131	对数正态
Rb	mg/kg	73	0.58	62	2	19~205	对数正态
S	mg/kg	125	0.32	116	40	35~196	非正态
Sb	mg/kg	3.88	1.26	2.49	4.90	<12.29	非正态
Sc	mg/kg	15.0	0.47	13.4	1.6	5.1~35.4	对数正态
Se	mg/kg	0.44	0.61	0.38	1.65	0.14~1.04	对数正态
Sn	mg/kg	3.9	0.36	3.7	1.4	1.8~7.5	对数正态
Sr	mg/kg	80	0.75	66	60	<187	非正态
Th	mg/kg	17.1	0.42	16.4	7.1	2.3~30.5	非正态
Ti	mg/kg	5873	0.43	5349	2	2226~12 852	对数正态
Tl	mg/kg	1.04	1.62	0.89	1.53	0.38~2.09	对数正态
U	mg/kg	5.7	0.46	5.2	1.5	2.3~11.6	对数正态
V	mg/kg	159	0.45	149	72	5~293	非正态
W	mg/kg	2.72	0.50	2.42	1.63	0.91~6.44	对数正态
Y	mg/kg	44.1	0.72	32.6	31.6	<95.8	非正态
Zn	mg/kg	208	0.75	153	155	<463	非正态
Zr	mg/kg	282	0.46	256	2	106~619	对数正态
pH		6.03	0.16	5.85	0.97	3.90~7.79	非正态

表 4-3-10 碳酸盐岩-陆源碎屑岩成土母质土壤地球化学基准值参数统计表（$n=38$）

指标	单位	原始值统计		基准值统计			
		算术平均值	变异系数	基准值	标准离差	变化范围	正态分布检验
Al_2O_3	%	19.37	0.23	19.37	4.52	10.32~28.41	正态
CaO	%	0.80	1.91	0.41	2.58	0.06~2.77	正态
Corg	%	0.25	0.40	0.25	0.10	0.05~0.44	正态
TFe_2O_3	%	7.86	0.28	7.86	2.24	3.38~12.35	正态
K_2O	%	1.95	0.57	1.95	1.12	<4.19	正态
MgO	%	1.05	0.73	1.05	0.77	<2.59	正态
Na_2O	%	0.12	0.42	0.12	0.05	0.01~0.23	正态
SiO_2	%	57.80	0.16	57.80	9.27	39.25~76.34	正态
TC	%	0.47	0.94	0.37	1.82	0.11~1.24	正态
Ag	μg/kg	150	1.57	102	2	24~429	正态
Au	μg/kg	2.5	0.56	2.5	1.4	<5.3	正态
Cd	μg/kg	798	1.17	403	3	35~4670	对数正态
Hg	μg/kg	274	0.65	274	179	<633	正态
As	mg/kg	44.5	0.90	35.3	1.9	10.1~123.4	正态
B	mg/kg	99	0.37	99	37	25~173	正态
Ba	mg/kg	385	0.77	325	2	113~935	正态
Be	mg/kg	2.6	0.38	2.6	1.0	0.6~4.6	正态
Bi	mg/kg	0.86	0.60	0.75	1.63	0.28~1.99	正态
Br	mg/kg	2.7	0.44	2.7	1.2	0.4~5.0	正态
Ce	mg/kg	98	0.34	98	33	33~163	正态
Cl	mg/kg	45	0.31	45	14	18~73	正态
Co	mg/kg	19.0	0.47	19.0	8.9	1.1~36.9	正态
Cr	mg/kg	123	0.43	123	53	16~229	正态
Cu	mg/kg	45	0.67	45	30	<105	正态
F	mg/kg	1063	0.54	1063	570	<2203	正态
Ga	mg/kg	23.7	0.23	23.7	5.4	12.9~34.5	正态
Ge	mg/kg	1.7	0.12	1.7	0.2	1.3~2.2	正态
I	mg/kg	5.4	0.41	5.4	2.2	0.9~9.8	正态
La	mg/kg	46	0.30	46	14	18~74	正态
Li	mg/kg	53	0.49	53	26	2~105	正态
Mn	mg/kg	1082	1.20	681	3	100~4617	正态
Mo	mg/kg	2.74	0.80	2.17	1.88	0.61~7.68	对数正态
N	mg/kg	602	0.29	602	176	249~955	正态
Nb	mg/kg	21	0.29	21	6	9~33	正态
Ni	mg/kg	55	0.53	55	29	<113	正态
P	mg/kg	357	0.45	330	1	155~704	正态
Pb	mg/kg	78	1.50	53	2	12~226	正态
Rb	mg/kg	115	0.44	115	51	12~218	正态
S	mg/kg	126	0.31	126	39	47~205	正态
Sb	mg/kg	6.92	1.43	4.35	2.33	0.80~23.60	正态
Sc	mg/kg	17.1	0.27	17.1	4.6	7.8~26.3	正态
Se	mg/kg	0.48	0.50	0.48	0.24	0.01~0.96	正态
Sn	mg/kg	4.2	0.21	4.2	0.9	2.4~6.0	正态
Sr	mg/kg	53	0.40	53	21	12~94	正态
Th	mg/kg	19.1	0.24	19.1	4.6	10.0~28.3	正态
Ti	mg/kg	6085	0.33	6085	1980	2125~10 044	正态
Tl	mg/kg	1.37	0.84	1.15	1.67	0.42~3.19	正态
U	mg/kg	5.6	0.41	5.6	2.3	0.9~10.2	正态
V	mg/kg	172	0.33	172	56	60~284	正态
W	mg/kg	2.92	0.43	2.92	1.27	0.37~5.47	正态
Y	mg/kg	34.1	0.40	32.2	1.4	17.1~60.7	正态
Zn	mg/kg	216	1.15	163	2	45~594	正态
Zr	mg/kg	292	0.29	292	86	121~463	正态
pH		6.20	0.16	6.20	0.98	4.23~8.17	正态

表4-3-11 第四系沉积物成土母质土壤地球化学基准值参数统计表（n=194）

指标	单位	原始值统计		基准值统计			
		算术平均值	变异系数	基准值	标准离差	变化范围	正态分布检验
Al_2O_3	%	18.88	0.24	18.88	4.45	9.97～27.78	正态
CaO	%	0.27	1.78	0.19	1.93	0.05～0.71	对数正态
Corg	%	0.25	0.48	0.23	1.52	0.10～0.54	正态
TFe_2O_3	%	7.10	0.31	7.10	2.22	2.67～11.54	正态
K_2O	%	1.80	0.43	1.80	0.77	0.26～3.33	正态
MgO	%	0.60	0.37	0.60	0.22	0.17～1.04	正态
Na_2O	%	0.12	0.58	0.10	1.79	0.03～0.32	对数正态
SiO_2	%	61.17	0.13	61.17	7.85	45.47～76.88	正态
TC	%	0.33	1.00	0.29	1.52	0.13～0.66	对数正态
Ag	μg/kg	97	1.03	70	2	21～228	对数正态
Au	μg/kg	2.2	1.14	1.8	1.8	0.6～5.7	对数正态
Cd	μg/kg	220	1.48	124	2	20～767	对数正态
Hg	μg/kg	171	0.73	142	2	43～471	正态
As	mg/kg	25.9	0.73	21.0	1.9	5.8～76.6	对数正态
B	mg/kg	74	0.41	69	1	34～141	正态
Ba	mg/kg	401	1.18	342	2	127～920	正态
Be	mg/kg	2.1	0.43	1.9	1.5	0.9～4.3	正态
Bi	mg/kg	0.77	0.90	0.63	0.20	0.23～1.02	正态
Br	mg/kg	3.1	0.42	2.8	1.5	1.2～6.5	正态
Ce	mg/kg	89	0.40	84	1	45～157	正态
Cl	mg/kg	52	0.31	50	1	28～89	对数正态
Co	mg/kg	12.4	0.59	10.6	1.7	3.5～32.3	正态
Cr	mg/kg	102	0.40	94	1	44～204	正态
Cu	mg/kg	32	0.47	32	15	2～62	正态
F	mg/kg	632	0.39	592	1	292～1202	正态
Ga	mg/kg	22.8	0.25	22.8	5.6	11.7～34.0	正态
Ge	mg/kg	1.8	0.17	1.8	0.3	1.2～2.3	正态
I	mg/kg	5.0	0.42	5.0	2.1	0.8～9.2	正态
La	mg/kg	46	0.33	44	1	24～79	对数正态
Li	mg/kg	42	0.38	42	16	10～74	正态
Mn	mg/kg	522	1.64	341	2	63～1832	对数正态
Mo	mg/kg	2.40	0.91	1.94	1.81	0.59～6.36	正态
N	mg/kg	463	0.35	463	161	142～784	正态
Nb	mg/kg	22	0.32	21	1	12～36	正态
Ni	mg/kg	36	0.53	32	2	12～85	对数正态
P	mg/kg	353	0.28	353	98	156～550	正态
Pb	mg/kg	50	1.76	35	2	14～88	对数正态
Rb	mg/kg	102	0.38	102	39	25～179	正态
S	mg/kg	149	0.48	138	1	65～294	正态
Sb	mg/kg	3.86	1.03	2.74	2.25	0.54～13.87	对数正态
Sc	mg/kg	14.5	0.27	14.5	3.9	6.8～22.2	正态
Se	mg/kg	0.56	0.50	0.50	1.64	0.19～1.35	正态
Sn	mg/kg	4.5	0.31	4.5	1.4	1.7～7.4	正态
Sr	mg/kg	52	0.37	52	19	14～90	正态
Th	mg/kg	19.9	0.29	19.2	1.3	11.5～32.1	正态
Ti	mg/kg	6024	0.29	6024	1719	2587～9461	正态
Tl	mg/kg	0.92	0.30	0.88	1.34	0.49～1.59	正态
U	mg/kg	5.0	0.38	4.7	1.4	2.4～9.3	对数正态
V	mg/kg	145	0.34	145	50	46～244	正态
W	mg/kg	3.29	0.58	2.86	0.90	1.05～4.66	正态
Y	mg/kg	31.7	0.29	29.4	9.3	10.8～48.1	非正态
Zn	mg/kg	106	0.58	93	2	35～252	对数正态
Zr	mg/kg	336	0.38	320	1	176～580	正态
pH		5.72	0.13	5.67	1.13	4.45～7.23	正态

指标均属于较不均匀或均匀分布。沉积岩中 CaO、Au、Cd、Sb 以及第四系沉积物中 CaO、Mn、Pb 的变异系数均超过 1.5,其中最大值 2.57,均属于分布极不均匀,沉积岩中 Mn、Pb、Tl 和第四系沉积物中 TC、Ag、Au、Cd、Ba、Sb 属于不均匀分布,其他指标均属于较不均匀或均匀分布。

中性—酸性火成岩的 Al_2O_3、Corg、TC、Ce、Cl、Ga、Nb、Rb、S、Sb、Sn、Th、Tl、W 等指标的基准值普遍高于其他母质,而 CaO、TFe_2O_3、MgO、Au、Cd、Hg、As、B、Co、Cr、Cu、F、Li、Mn、Mo、N、Ni、Ti、V、Zn 等基准值高值则主要集中在碳酸盐岩或碳酸盐岩-陆源碎屑岩母质,TFe_2O_3、TC、Ag、Au、Hg、As、Cu、N、Ni、P、Se 等的基准值低值主要出现在正变质岩中,陆源碎屑岩中的 Na_2O、Be、Ce、Cl、La、Li、Mn、Nb、Pb、U、Zn 等的基准值普遍低于其他母质。同时,陆源碎屑岩中 pH 的基准值最低,为 5.22,碳酸盐岩-陆源碎屑岩中 pH 的基准值最高,为 6.20。

4.4　主要地质单元地球化学基准值

研究区范围内地质单元可分为第四系、白垩系、侏罗系、三叠系、二叠系、石炭系、泥盆系、志留系、奥陶系、寒武系、震旦系、云开群、天堂山岩群等。

统计研究区不同地质单元的土壤地球化学基准值,结果列于表 4-4-1 至表 4-4-13。

第四系、泥盆系土壤基准值统计结果接近,除 Corg、K_2O、TC、N、Nb、Rb、U 等极个别指标基准值略低于研究区基准值外,绝大部分指标的基准值略高于研究区基准值,普遍是研究区基准值的 1.1~1.4 倍,其中第四系、泥盆系的 Sb 基准值分别是研究区 Sb 基准值的 1.5 倍、1.7 倍,表明大部分指标在第四系、泥盆系中较为富集。

石炭系、二叠系中的 CaO、Ag、Cd、Hg、Cr、Mn、Mo、Ni、Zn 基准值则显著高于研究区基准值的 1.5 倍以上,尤其是石炭系、二叠系中 Cd 基准值分别是研究区 Cd 基准值的 7.7 倍、4.9 倍,Hg 基准值分别是研究区基准值的 2.1 倍、2 倍,Mn 基准值分别为研究区基准值的 2.3 倍、1.7 倍,石炭系中的 Ag、Mn 基准值分别是研究区基准值的 2.1 倍、2.3 倍,表明这些元素在石炭系、二叠系土壤中呈现较强富集状态;但 K_2O、Ba、Rb 等则相对研究区较为贫乏,石炭系、二叠系中 K_2O 基准值均是研究区 K_2O 基准值的 0.5 倍、0.5 倍,Ba 基准值是研究区 Ba 基准值的 0.6 倍、0.5 倍,Rb 元素基准值均是研究区 Rb 基准值的 0.6 倍、0.6 倍。

侏罗系、志留系的相应指标的基准值则出现明显两极分化情况。部分指标强烈富集,如 Corg、K_2O、Na_2O、Ba、Nb、Rb、Sn、Th、U 等基准值超过研究区对应指标基准值的 1.5 倍以上,其中 Na_2O 基准值分别是研究区 Na_2O 基准值的 2.8 倍、2.6 倍,侏罗系 Nb 基准值是研究区 Nb 基准值的 2.5 倍;部分指标强烈贫化,如 Hg、As、B、Cr、Ni、Sb 等,其中 As 基准值分别为研究区 As 基准值的 0.3 倍、0.5 倍,Cr 基准值分别研究区 Cr 基准值的 0.4 倍、0.6 倍,Ni 基准值分别是研究区 Ni 基准值的 0.4 倍、0.7 倍,Sb 基准值分别为研究区 Sb 基准值的 0.3 倍、0.6 倍。

震旦系、白垩系中 Corg、K_2O、MgO 等指标以及震旦系中 TC、Au、Ba 和白垩系中 Na_2O 等个别指标的基准值略高于研究区对应指标基准值,其中 Ba 基准值是研究区 Ba 基准值的 2.0 倍,其他大部分指标的基准值普遍低于研究区基准值,如白垩系的 Hg、As 基准值仅为研究区基准值的 0.5 倍、0.3 倍,表明大部分指标在震旦系、白垩系中较为贫乏。

寒武系中 Ba、云开群中 Na_2O、天堂山岩群中 Na_2O、Au 基准值明显高于研究区对应指标基准值,其中天堂山岩群中 Na_2O 基准值是研究区 Na_2O 基准值的 2 倍,寒武系、云开群、天堂山岩群中 CaO、Cd、Hg、Sb、Sr 基准值则显著低于研究区基准值,基本仅达到研究区基准值的 0.4~0.6 倍。其他指标基准值与研究区基准值接近。

三叠系中除个别指标略高于或略低于研究区基准值,大部分指标基准值与研究区基准值接近。

研究区的不同地质单元中,CaO、Corg、Na_2O、TC、Ag、Au、Cd、Hg、As、Bi、Br、Co、I、Mn、Mo、Ni、Pb、S、Sr、W 等的变异系数普遍都大于 0.4,属于不均匀分布,其中 CaO、Cd 在大多数地质单元中的变异系数超过了 1.5,在第四系、白垩系、三叠系和泥盆系中甚至超过 2.0,属于极不均匀分布。

各地质单元中寒武系的 pH 基准值最低,为 5.15,石炭系的 pH 基准值最高,为 5.83。

表 4-4-1　第四系土壤地球化学基准值参数统计表（$n=300$）

指标	单位	原始值统计		基准值统计			
		算术平均值	变异系数	基准值	标准离差	变化范围	正态分布检验
Al_2O_3	%	18.27	0.30	18.27	5.45	7.36～29.17	正态
CaO	%	0.33	2.21	0.20	1.68	0.07～0.57	对数正态
Corg	%	0.25	0.44	0.24	1.48	0.11～0.51	正态
TFe_2O_3	%	7.15	0.32	7.15	2.32	2.51～11.80	正态
K_2O	%	1.46	0.58	1.46	0.85	<3.15	正态
MgO	%	0.58	0.38	0.58	0.22	0.13～1.02	正态
Na_2O	%	0.11	0.82	0.09	1.80	0.03～0.29	对数正态
SiO_2	%	61.76	0.16	61.76	9.95	41.86～81.67	正态
TC	%	0.34	0.88	0.29	1.36	0.16～0.53	对数正态
Ag	μg/kg	120	0.94	77	113	<303	非正态
Au	μg/kg	2.3	1.13	1.9	1.8	0.6～5.9	对数正态
Cd	μg/kg	560	2.15	151	1205	<2562	非正态
Hg	μg/kg	212	0.74	173	2	49～613	对数正态
As	mg/kg	28.8	0.71	23.7	1.9	6.8～82.3	对数正态
B	mg/kg	70	0.41	67	21	25～109	正态
Ba	mg/kg	335	1.19	273	2	80～925	对数正态
Be	mg/kg	2.0	0.45	1.9	0.7	0.5～3.4	正态
Bi	mg/kg	0.79	0.76	0.68	1.50	0.30～1.52	对数正态
Br	mg/kg	3.3	0.45	3.0	1.5	1.3～7.1	对数正态
Ce	mg/kg	93	0.43	86	1	41～180	正态
Cl	mg/kg	50	0.32	48	1	26～87	正态
Co	mg/kg	14.2	0.62	11.9	1.8	3.5～40.2	对数正态
Cr	mg/kg	119	0.45	109	2	46～257	对数正态
Cu	mg/kg	33	0.45	30	2	12～71	正态
F	mg/kg	610	0.40	568	1	271～1190	正态
Ga	mg/kg	22.3	0.28	22.3	6.2	9.9～34.8	正态
Ge	mg/kg	1.7	0.24	1.7	0.4	1.0～2.4	正态
I	mg/kg	5.2	0.40	4.8	1.5	2.1～11.0	正态
La	mg/kg	50	0.40	46	1	24～87	对数正态
Li	mg/kg	45	0.40	45	18	8～81	正态
Mn	mg/kg	742	1.45	432	3	60～3110	对数正态
Mo	mg/kg	2.59	0.77	2.15	1.79	0.67～6.88	对数正态
N	mg/kg	469	0.32	469	148	172～766	正态
Nb	mg/kg	23	0.35	21	5	11～31	正态
Ni	mg/kg	46	0.65	38	2	12～123	对数正态
P	mg/kg	379	0.40	354	1	172～729	正态
Pb	mg/kg	48	1.56	35	2	14～91	对数正态
Rb	mg/kg	86	0.50	86	43	0～171	正态
S	mg/kg	148	0.45	138	1	66～289	正态
Sb	mg/kg	3.75	1.06	2.66	2.21	0.54～12.97	对数正态
Sc	mg/kg	15.0	0.33	15.0	4.9	5.1～24.8	正态
Se	mg/kg	0.56	0.52	0.50	1.61	0.19～1.31	对数正态
Sn	mg/kg	4.5	0.31	4.5	1.4	1.6～7.3	正态
Sr	mg/kg	60	0.48	56	19	19～94	正态
Th	mg/kg	19.3	0.32	18.4	1.4	10.1～34.1	对数正态
Ti	mg/kg	6280	0.33	5960	1	3116～11 397	正态
Tl	mg/kg	0.90	0.33	0.85	1.41	0.43～1.69	正态
U	mg/kg	5.5	0.44	4.8	2.4	0～9.5	非正态
V	mg/kg	156	0.38	156	60	36～277	正态
W	mg/kg	3.20	0.55	2.90	1.53	1.24～6.75	对数正态
Y	mg/kg	34.3	0.43	30.0	14.6	0.8～59.2	非正态
Zn	mg/kg	130	0.70	108	2	33～348	对数正态
Zr	mg/kg	331	0.37	313	1	164～599	对数正态
pH		5.71	0.14	5.51	0.79	3.93～7.09	非正态

表 4-4-2　白垩系土壤地球化学基准值参数统计表（$n=305$）

指标	单位	原始值统计		基准值统计			
		算术平均值	变异系数	基准值	标准离差	变化范围	正态分布检验
Al_2O_3	%	16.85	0.20	16.85	3.30	10.26~23.44	正态
CaO	%	0.22	2.64	0.15	1.96	0.04~0.57	对数正态
Corg	%	0.38	0.84	0.30	1.93	0.08~1.12	对数正态
TFe_2O_3	%	5.02	0.31	5.02	1.56	1.89~8.15	正态
K_2O	%	2.18	0.30	2.18	0.65	0.88~3.47	正态
MgO	%	0.82	0.55	0.71	1.71	0.24~2.06	对数正态
Na_2O	%	0.17	0.82	0.13	2.03	0.03~0.55	对数正态
SiO_2	%	66.47	0.08	66.47	5.40	55.66~77.27	正态
TC	%	0.43	0.81	0.32	0.35	<1.01	非正态
Ag	μg/kg	59	0.64	52	1	25~110	对数正态
Au	μg/kg	1.4	0.71	1.2	1.7	0.4~3.5	正态
Cd	μg/kg	114	2.32	70	29	12~127	正态
Hg	μg/kg	71	0.72	59	21	17~101	正态
As	mg/kg	9.4	1.31	5.7	2.9	<11.5	正态
B	mg/kg	52	0.44	51	18	15~87	正态
Ba	mg/kg	300	0.35	300	105	90~510	正态
Be	mg/kg	2.0	0.45	1.8	1.5	0.8~4.2	正态
Bi	mg/kg	0.49	0.88	0.42	0.11	0.20~0.64	正态
Br	mg/kg	2.3	0.57	2.0	1.7	0.7~5.8	正态
Ce	mg/kg	84	0.39	79	1	42~150	正态
Cl	mg/kg	49	0.37	45	1	28~73	对数正态
Co	mg/kg	11.0	0.72	8.8	1.9	2.3~33.2	对数正态
Cr	mg/kg	59	0.44	57	21	14~100	正态
Cu	mg/kg	20	0.50	18	2	7~46	正态
F	mg/kg	525	0.29	525	150	224~825	正态
Ga	mg/kg	19.2	0.21	19.2	4.1	11.0~27.4	正态
Ge	mg/kg	1.6	0.19	1.6	1.2	1.2~2.2	正态
I	mg/kg	3.7	0.59	3.1	1.8	0.9~10.4	正态
La	mg/kg	39	0.36	37	1	20~69	正态
Li	mg/kg	36	0.39	33	2	14~76	正态
Mn	mg/kg	310	0.75	244	2	60~1000	对数正态
Mo	mg/kg	0.99	0.81	0.84	0.33	0.19~1.50	正态
N	mg/kg	417	0.39	391	1	190~804	正态
Nb	mg/kg	18	0.28	17	5	7~27	非正态
Ni	mg/kg	21	0.52	18	2	7~50	对数正态
P	mg/kg	239	0.43	224	1	113~445	正态
Pb	mg/kg	33	0.42	31	1	16~59	对数正态
Rb	mg/kg	120	0.36	114	35	45~183	正态
S	mg/kg	118	0.42	110	1	54~227	对数正态
Sb	mg/kg	1.43	0.93	1.08	2.06	0.26~4.58	正态
Sc	mg/kg	10.7	0.28	10.7	3.0	4.7~16.7	正态
Se	mg/kg	0.39	0.41	0.39	0.16	0.06~0.72	正态
Sn	mg/kg	3.8	0.37	3.4	1.4	0.5~6.3	非正态
Sr	mg/kg	42	0.52	39	16	7~71	正态
Th	mg/kg	17.9	0.31	16.1	5.6	5.0~27.3	非正态
Ti	mg/kg	4222	0.28	4150	967	2215~6085	正态
Tl	mg/kg	0.84	0.36	0.78	0.16	0.47~1.09	正态
U	mg/kg	4.0	0.48	3.6	0.9	1.8~5.5	正态
V	mg/kg	92	0.36	92	33	26~158	正态
W	mg/kg	2.35	0.46	2.14	1.31	1.24~3.69	对数正态
Y	mg/kg	26.7	0.27	25.8	1.3	15.7~42.5	正态
Zn	mg/kg	64	0.39	60	1	30~122	对数正态
Zr	mg/kg	291	0.24	284	1	186~434	正态
pH		5.42	0.11	5.30	0.42	4.47~6.14	正态

表 4-4-3 侏罗系土壤地球化学基准值参数统计表（n=59）

指标	单位	原始值统计		基准值统计			
		算术平均值	变异系数	基准值	标准离差	变化范围	正态分布检验
Al_2O_3	%	22.72	0.17	22.72	3.83	15.05~30.38	正态
CaO	%	0.16	0.56	0.16	0.09	<0.33	正态
Corg	%	0.57	0.61	0.49	1.76	0.16~1.51	正态
TFe_2O_3	%	5.09	0.31	5.09	1.60	1.89~8.30	正态
K_2O	%	2.54	0.33	2.54	0.83	0.88~4.20	正态
MgO	%	0.45	0.49	0.45	0.22	0.02~0.89	正态
Na_2O	%	0.25	0.56	0.25	0.14	<0.54	正态
SiO_2	%	59.11	0.10	59.11	6.00	47.12~71.11	正态
TC	%	0.60	0.58	0.52	1.70	0.18~1.49	正态
Ag	μg/kg	45	0.47	45	21	3~86	正态
Au	μg/kg	1.1	0.55	1.0	1.5	0.4~2.4	正态
Cd	μg/kg	72	0.64	72	46	<164	正态
Hg	μg/kg	67	0.33	67	22	23~111	正态
As	mg/kg	8.4	1.29	6.2	2.0	1.6~23.8	正态
B	mg/kg	28	0.54	28	15	<58	正态
Ba	mg/kg	383	0.44	383	167	49~718	正态
Be	mg/kg	2.8	0.39	2.8	1.1	0.7~5.0	正态
Bi	mg/kg	0.55	0.67	0.55	0.37	<1.30	正态
Br	mg/kg	2.4	0.67	2.1	1.7	0.8~5.8	正态
Ce	mg/kg	123	0.50	111	2	46~270	对数正态
Cl	mg/kg	62	0.50	62	31	1~124	正态
Co	mg/kg	8.6	0.48	8.6	4.1	0.5~16.8	正态
Cr	mg/kg	37	0.73	37	27	<90	正态
Cu	mg/kg	13	0.46	13	6	1~25	正态
F	mg/kg	486	0.34	486	163	161~812	正态
Ga	mg/kg	27.2	0.23	27.2	6.3	14.5~39.8	正态
Ge	mg/kg	1.8	0.17	1.8	0.3	1.3~2.3	正态
I	mg/kg	4.6	0.76	3.5	2.1	0.8~15.4	对数正态
La	mg/kg	57	0.58	57	33	<122	正态
Li	mg/kg	28	0.36	28	10	8~49	正态
Mn	mg/kg	454	0.51	454	233	<920	正态
Mo	mg/kg	1.95	1.14	1.49	1.97	0.38~5.79	正态
N	mg/kg	461	0.43	427	1	201~909	正态
Nb	mg/kg	47	0.57	47	27	<101	正态
Ni	mg/kg	15	0.73	13	2	5~35	正态
P	mg/kg	361	0.59	313	2	113~869	对数正态
Pb	mg/kg	39	0.33	38	1	22~66	正态
Rb	mg/kg	163	0.33	163	54	55~271	正态
S	mg/kg	164	0.42	164	69	26~303	正态
Sb	mg/kg	0.79	0.87	0.61	1.99	0.15~2.40	正态
Sc	mg/kg	11.1	0.31	11.1	3.4	4.3~17.9	正态
Se	mg/kg	0.39	0.33	0.39	0.13	0.14~0.64	正态
Sn	mg/kg	5.7	0.30	5.7	1.7	2.2~9.1	正态
Sr	mg/kg	58	0.81	43	2	9~205	对数正态
Th	mg/kg	27.7	0.34	27.7	9.3	9.2~46.3	正态
Ti	mg/kg	4445	0.34	4445	1526	1394~7497	正态
Tl	mg/kg	1.02	0.25	1.02	0.26	0.51~1.53	正态
U	mg/kg	6.3	0.44	6.3	2.8	0.7~11.9	正态
V	mg/kg	78	0.37	78	29	19~137	正态
W	mg/kg	3.56	0.86	2.97	1.68	1.05~8.40	正态
Y	mg/kg	34.3	0.34	34.3	11.8	10.7~57.9	正态
Zn	mg/kg	73	0.34	73	25	23~122	正态
Zr	mg/kg	342	0.33	342	114	114~571	正态
pH		5.30	0.08	5.30	0.41	4.48~6.11	正态

表 4-4-4 三叠系土壤地球化学基准值参数统计表（$n=220$）

指标	单位	原始值统计		基准值统计			
		算术平均值	变异系数	基准值	标准离差	变化范围	正态分布检验
Al_2O_3	%	20.51	0.22	20.51	4.60	11.32~29.70	正态
CaO	%	0.22	2.23	0.12	0.49	<1.09	非正态
Corg	%	0.49	0.67	0.41	1.78	0.13~1.30	对数正态
TFe_2O_3	%	5.62	0.26	5.62	1.45	2.72~8.52	正态
K_2O	%	2.29	0.35	2.29	0.81	0.67~3.91	正态
MgO	%	0.59	0.46	0.54	1.54	0.22~1.28	对数正态
Na_2O	%	0.15	0.47	0.13	1.55	0.06~0.32	正态
SiO_2	%	61.16	0.10	61.16	6.08	49.00~73.31	正态
TC	%	0.54	0.63	0.46	1.74	0.15~1.38	对数正态
Ag	μg/kg	58	0.88	50	2	19~130	正态
Au	μg/kg	1.4	0.79	1.2	1.7	0.4~3.3	正态
Cd	μg/kg	160	2.64	70	28	14~125	正态
Hg	μg/kg	96	0.72	72	69	<209	非正态
As	mg/kg	15.5	0.61	13.2	1.8	4.2~41.8	正态
B	mg/kg	53	0.38	53	20	12~94	正态
Ba	mg/kg	282	0.39	262	1	117~587	正态
Be	mg/kg	2.3	0.30	2.3	0.7	0.8~3.8	正态
Bi	mg/kg	0.74	0.61	0.65	1.47	0.3~1.4	对数正态
Br	mg/kg	3.2	0.50	2.9	1.5	1.2~6.9	正态
Ce	mg/kg	102	0.31	97	1	51~185	正态
Cl	mg/kg	52	0.44	48	1	23~100	正态
Co	mg/kg	10.7	0.51	9.5	1.7	3.4~26.1	正态
Cr	mg/kg	62	0.52	55	2	20~151	对数正态
Cu	mg/kg	23	0.70	20	2	7~56	正态
F	mg/kg	724	0.46	661	2	283~1544	对数正态
Ga	mg/kg	23.8	0.20	23.8	4.7	14.4~33.2	正态
Ge	mg/kg	1.6	0.19	1.6	0.3	1.1~2.1	正态
I	mg/kg	5.8	0.57	5.0	1.7	1.7~15.3	正态
La	mg/kg	48	0.35	45	1	23~88	正态
Li	mg/kg	41	0.34	41	14	13~69	正态
Mn	mg/kg	382	0.71	319	2	99~1022	对数正态
Mo	mg/kg	1.34	0.91	1.13	1.67	0.41~3.13	正态
N	mg/kg	504	0.38	504	190	124~884	正态
Nb	mg/kg	22	0.23	21	1	14~33	正态
Ni	mg/kg	23	0.43	23	10	4~43	正态
P	mg/kg	351	0.30	351	106	139~563	正态
Pb	mg/kg	43	0.30	43	13	17~69	正态
Rb	mg/kg	149	0.39	149	58	32~266	正态
S	mg/kg	151	0.43	140	1	64~305	对数正态
Sb	mg/kg	1.27	1.10	0.97	1.92	0.26~3.60	正态
Sc	mg/kg	13.1	0.26	13.1	3.4	6.3~19.9	正态
Se	mg/kg	0.49	0.37	0.49	0.18	0.13~0.84	正态
Sn	mg/kg	6.0	0.48	4.9	2.9	<10.7	非正态
Sr	mg/kg	36	0.64	27	23	<72	非正态
Th	mg/kg	23.8	0.28	23.8	6.6	10.6~37.0	正态
Ti	mg/kg	4674	0.25	4674	1173	2327~7021	正态
Tl	mg/kg	1.07	0.31	1.07	0.33	0.41~1.73	正态
U	mg/kg	5.7	0.30	5.7	1.7	2.3~9.1	正态
V	mg/kg	96	0.36	96	35	26~167	正态
W	mg/kg	3.17	0.48	2.91	1.50	1.28~6.57	对数正态
Y	mg/kg	35.8	0.43	33.5	1.4	16.6~67.8	对数正态
Zn	mg/kg	77	0.30	74	1	43~130	正态
Zr	mg/kg	284	0.25	284	71	142~425	正态
pH		5.36	0.11	5.27	0.41	4.44~6.10	正态

表 4-4-5　二叠系土壤地球化学基准值参数统计表（$n=261$）

指标	单位	原始值统计		基准值统计			
		算术平均值	变异系数	基准值	标准离差	变化范围	正态分布检验
Al_2O_3	%	13.51	0.39	13.51	5.23	3.06~23.97	正态
CaO	%	0.35	1.46	0.27	1.92	0.07~0.98	对数正态
Corg	%	0.35	1.03	0.31	1.59	0.12~0.77	正态
TFe_2O_3	%	5.90	0.35	5.90	2.05	1.79~10.00	正态
K_2O	%	0.93	0.63	0.77	1.86	0.22~2.66	对数正态
MgO	%	0.56	0.46	0.51	1.60	0.20~1.30	对数正态
Na_2O	%	0.08	0.63	0.07	1.61	0.03~0.18	对数正态
SiO_2	%	71.20	0.15	71.20	10.49	50.22~92.18	正态
TC	%	0.45	0.84	0.39	1.44	0.19~0.81	对数正态
Ag	μg/kg	129	0.47	116	2	45~295	正态
Au	μg/kg	1.6	0.69	1.4	1.8	0.4~4.2	对数正态
Cd	μg/kg	1689	1.41	622	5	30~13 031	对数正态
Hg	μg/kg	298	0.69	248	2	73~842	正态
As	mg/kg	28.0	0.61	23.7	1.8	7.1~79.4	正态
B	mg/kg	49	0.33	49	16	17~81	正态
Ba	mg/kg	168	0.51	149	2	57~391	对数正态
Be	mg/kg	1.7	0.59	1.5	1.8	0.4~4.8	对数正态
Bi	mg/kg	0.68	0.32	0.65	1.36	0.35~1.21	对数正态
Br	mg/kg	3.5	0.40	3.2	1.5	1.5~6.9	正态
Ce	mg/kg	88	0.49	78	2	31~201	对数正态
Cl	mg/kg	45	0.33	43	1	23~78	正态
Co	mg/kg	14.4	0.56	12.0	1.9	3.4~43.0	正态
Cr	mg/kg	169	0.54	161	78	6~316	正态
Cu	mg/kg	30	0.40	30	12	5~54	正态
F	mg/kg	648	0.46	596	1	267~1333	对数正态
Ga	mg/kg	17.9	0.32	17.9	5.8	6.2~29.5	正态
Ge	mg/kg	1.3	0.31	1.3	0.4	0.6~2.0	正态
I	mg/kg	5.3	0.38	5.3	2.0	1.4~9.3	正态
La	mg/kg	46	0.43	42	2	18~98	正态
Li	mg/kg	40	0.45	36	2	15~89	正态
Mn	mg/kg	1121	1.11	697	3	88~5491	对数正态
Mo	mg/kg	2.88	0.80	2.38	1.81	0.73~7.79	对数正态
N	mg/kg	617	0.34	617	210	197~1038	正态
Nb	mg/kg	20	0.30	19	1	11~34	正态
Ni	mg/kg	48	0.60	40	2	12~142	正态
P	mg/kg	390	0.57	345	2	134~894	对数正态
Pb	mg/kg	36	0.44	33	2	13~80	对数正态
Rb	mg/kg	69	0.59	59	2	19~184	正态
S	mg/kg	127	0.48	118	1	71~194	对数正态
Sb	mg/kg	3.46	0.93	2.64	2.01	0.65~10.67	对数正态
Sc	mg/kg	12.5	0.39	12.5	4.9	2.6~22.3	正态
Se	mg/kg	0.53	0.60	0.47	1.61	0.18~1.21	正态
Sn	mg/kg	3.9	0.36	3.7	1.4	2.0~7.0	正态
Sr	mg/kg	62	0.39	60	19	22~98	正态
Th	mg/kg	16.5	0.42	15.3	1.5	7.0~33.6	正态
Ti	mg/kg	5151	0.35	4852	1	2425~9711	对数正态
Tl	mg/kg	0.87	0.39	0.80	1.48	0.37~1.77	对数正态
U	mg/kg	5.5	0.36	5.1	1.4	2.5~10.4	正态
V	mg/kg	155	0.41	155	63	29~282	正态
W	mg/kg	2.46	0.47	2.25	1.51	0.98~5.15	对数正态
Y	mg/kg	38.1	0.65	32.5	1.7	11.0~95.6	对数正态
Zn	mg/kg	144	0.69	119	2	35~404	对数正态
Zr	mg/kg	270	0.42	251	1	117~535	对数正态
pH		5.52	0.15	5.32	0.82	3.69~6.95	非正态

表 4-4-6 石炭系土壤地球化学基准值参数统计表（n=726）

指标	单位	原始值统计		基准值统计			正态分布检验
		算术平均值	变异系数	基准值	标准离差	变化范围	
Al_2O_3	%	14.76	0.46	14.35	6.72	0.91～27.79	非正态
CaO	%	0.55	1.76	0.31	1.62	0.12～0.83	对数正态
Corg	%	0.30	0.47	0.27	1.56	0.11～0.66	对数正态
TFe_2O_3	%	6.56	0.45	5.90	1.60	2.31～15.10	对数正态
K_2O	%	0.83	0.57	0.76	0.47	<1.70	非正态
MgO	%	0.64	0.73	0.54	1.81	0.16～1.75	对数正态
Na_2O	%	0.09	0.78	0.07	1.68	0.03～0.21	对数正态
SiO_2	%	67.46	0.20	68.42	13.64	41.13～95.70	非正态
TC	%	0.45	0.67	0.37	0.30	<0.97	非正态
Ag	μg/kg	184	0.68	149	2	40～557	对数正态
Au	μg/kg	2.0	0.80	1.6	1.9	0.5～5.8	对数正态
Cd	μg/kg	2286	1.42	972	4	61～15 412	对数正态
Hg	μg/kg	317	0.75	262	2	79～866	对数正态
As	mg/kg	30.3	0.69	25.8	1.7	8.5～78.1	对数正态
B	mg/kg	58	0.40	58	23	12～104	正态
Ba	mg/kg	195	0.57	170	2	58～495	对数正态
Be	mg/kg	2.0	0.65	1.8	1.3	<4.3	非正态
Bi	mg/kg	0.71	0.46	0.61	0.33	<1.27	非正态
Br	mg/kg	3.2	0.44	2.9	1.5	1.4～6.3	对数正态
Ce	mg/kg	94	0.51	83	2	30～229	对数正态
Cl	mg/kg	45	0.29	43	1	26～71	对数正态
Co	mg/kg	19.4	0.53	16.6	1.8	5.0～54.8	对数正态
Cr	mg/kg	157	0.60	135	2	46～392	对数正态
Cu	mg/kg	36	0.42	33	2	14～80	对数正态
F	mg/kg	596	0.46	543	2	230～1282	对数正态
Ga	mg/kg	18.7	0.41	17.1	1.5	7.4～39.7	对数正态
Ge	mg/kg	1.4	0.36	1.4	0.5	0.5～2.3	非正态
I	mg/kg	5.0	0.42	4.7	1.5	2.2～9.9	对数正态
La	mg/kg	54	0.48	46	26	<97	非正态
Li	mg/kg	50	0.52	47	26	<99	非正态
Mn	mg/kg	1440	1.03	956	3	142～6411	对数正态
Mo	mg/kg	2.43	0.77	1.88	1.86	<5.59	非正态
N	mg/kg	620	0.37	583	1	294～1156	对数正态
Nb	mg/kg	20	0.40	18	1	9～39	对数正态
Ni	mg/kg	68	0.57	58	2	19～180	对数正态
P	mg/kg	511	0.65	405	333	<1070	非正态
Pb	mg/kg	38	0.55	32	21	<73	非正态
Rb	mg/kg	65	0.48	62	31	<124	非正态
S	mg/kg	126	0.31	120	1	74～195	对数正态
Sb	mg/kg	3.20	0.92	2.43	2.04	0.59～10.10	对数正态
Sc	mg/kg	14.6	0.48	13.0	1.6	4.9～34.7	对数正态
Se	mg/kg	0.44	0.66	0.38	1.68	0.14～1.08	对数正态
Sn	mg/kg	3.8	0.37	3.5	1.4	1.7～7.3	对数正态
Sr	mg/kg	86	0.78	68	67	<202	非正态
Th	mg/kg	16.2	0.43	15.3	7.0	1.2～29.4	非正态
Ti	mg/kg	5654	0.45	5117	2	2068～12 659	对数正态
Tl	mg/kg	0.99	1.92	0.85	1.56	0.35～2.06	对数正态
U	mg/kg	5.3	0.42	4.9	1.4	2.4～10.3	对数正态
V	mg/kg	152	0.47	140	71	<282	非正态
W	mg/kg	2.64	0.51	2.33	1.64	0.86～6.31	对数正态
Y	mg/kg	44.5	0.76	32.2	33.9	<99.9	非正态
Zn	mg/kg	205	0.70	154	144	<442	非正态
Zr	mg/kg	267	0.46	241	2	98～592	对数正态
pH		6.03	0.16	5.83	0.97	3.88～7.78	非正态

表 4-4-7 泥盆系土壤地球化学基准值参数统计表（$n=397$）

指标	单位	原始值统计		基准值统计			
		算术平均值	变异系数	基准值	标准离差	变化范围	正态分布检验
Al_2O_3	%	17.60	0.27	17.60	4.81	7.98～27.22	正态
CaO	%	0.50	2.02	0.21	1.01	<2.22	非正态
Corg	%	0.31	0.52	0.28	1.54	0.12～0.68	对数正态
TFe_2O_3	%	7.10	0.36	6.69	1.41	3.37～13.29	对数正态
K_2O	%	2.21	0.41	2.21	0.90	0.42～4.01	正态
MgO	%	0.80	0.53	0.73	1.50	0.33～1.65	对数正态
Na_2O	%	0.11	0.73	0.09	0.08	<0.25	非正态
SiO_2	%	61.61	0.16	61.61	9.75	42.11～81.12	正态
TC	%	0.43	0.65	0.35	0.28	<0.90	非正态
Ag	μg/kg	138	1.12	78	155	<387	非正态
Au	μg/kg	2.3	2.22	1.6	5.1	<11.8	非正态
Cd	μg/kg	586	1.93	151	1130	<2410	非正态
Hg	μg/kg	197	0.93	132	183	<498	非正态
As	mg/kg	34.0	1.06	21.5	36.1	<93.7	非正态
B	mg/kg	82	0.35	78	1	38～157	正态
Ba	mg/kg	465	0.79	396	2	136～1154	正态
Be	mg/kg	2.4	0.46	2.4	1.1	0.2～4.7	正态
Bi	mg/kg	0.73	0.81	0.56	0.59	<1.73	非正态
Br	mg/kg	3.3	0.61	2.8	1.7	0.9～8.6	对数正态
Ce	mg/kg	97	0.46	85	21	44～127	正态
Cl	mg/kg	47	0.43	44	1	26～75	对数正态
Co	mg/kg	16.0	0.73	13.7	11.6	<37.0	非正态
Cr	mg/kg	100	0.58	83	20	42～124	正态
Cu	mg/kg	40	1.20	32	2	9～112	对数正态
F	mg/kg	895	0.61	737	543	<1822	非正态
Ga	mg/kg	21.8	0.29	20.9	1.3	11.8～36.9	对数正态
Ge	mg/kg	1.8	0.17	1.8	0.3	1.2～2.3	正态
I	mg/kg	6.2	0.45	5.6	1.6	2.2～14.4	正态
La	mg/kg	47	0.34	43	10	23～63	正态
Li	mg/kg	43	0.58	36	2	11～117	对数正态
Mn	mg/kg	1051	1.37	548	3	57～5289	对数正态
Mo	mg/kg	3.02	1.08	1.76	3.25	<8.26	非正态
N	mg/kg	631	0.39	589	1	280～1236	对数正态
Nb	mg/kg	20	0.40	18	8	2～34	非正态
Ni	mg/kg	42	0.81	33	2	8～133	对数正态
P	mg/kg	384	0.48	344	186	<715	非正态
Pb	mg/kg	75	1.63	35	122	<278	非正态
Rb	mg/kg	130	0.37	130	48	34～226	正态
S	mg/kg	136	0.55	126	1	62～257	对数正态
Sb	mg/kg	6.40	1.74	3.00	11.15	<25.30	非正态
Sc	mg/kg	15.7	0.35	14.8	1.4	7.4～29.5	正态
Se	mg/kg	0.60	0.70	0.52	1.70	0.18～1.49	对数正态
Sn	mg/kg	4.1	0.34	3.9	0.9	2.2～5.7	正态
Sr	mg/kg	57	0.58	51	2	19～134	正态
Th	mg/kg	19.2	0.28	18.5	1.3	10.8～31.7	对数正态
Ti	mg/kg	5468	0.40	4841	2181	479～9203	非正态
Tl	mg/kg	1.17	0.56	0.99	0.65	<2.29	非正态
U	mg/kg	5.0	0.58	4.0	2.9	<9.8	非正态
V	mg/kg	159	0.74	140	2	56～352	对数正态
W	mg/kg	2.94	1.34	2.25	3.94	<10.13	非正态
Y	mg/kg	32.8	0.44	28.5	14.5	<57.4	非正态
Zn	mg/kg	155	1.19	104	2	19～555	对数正态
Zr	mg/kg	297	0.39	277	1	132～581	正态
pH		5.85	0.17	5.55	1.02	3.50～7.60	非正态

表4-4-8 志留系土壤地球化学基准值参数统计表（$n=62$）

指标	单位	原始值统计		基准值统计			
		算术平均值	变异系数	基准值	标准离差	变化范围	正态分布检验
Al_2O_3	%	19.24	0.22	19.24	4.26	10.72~27.76	正态
CaO	%	0.16	0.50	0.16	0.08	<0.33	正态
Corg	%	0.42	0.83	0.34	1.83	0.10~1.15	正态
TFe_2O_3	%	4.97	0.27	4.97	1.33	2.31~7.64	正态
K_2O	%	2.65	0.24	2.65	0.64	1.37~3.93	正态
MgO	%	0.60	0.35	0.60	0.21	0.19~1.02	正态
Na_2O	%	0.23	0.48	0.23	0.11	0.01~0.46	正态
SiO_2	%	62.97	0.09	62.97	5.85	51.27~74.66	正态
TC	%	0.45	0.80	0.37	1.80	0.11~1.19	正态
Ag	μg/kg	64	1.80	44	2	11~175	正态
Au	μg/kg	1.7	1.29	1.3	2.1	0.3~5.6	正态
Cd	μg/kg	95	1.91	66	2	18~240	正态
Hg	μg/kg	96	2.39	66	2	21~207	正态
As	mg/kg	15.5	1.08	9.3	2.9	1.1~77.4	对数正态
B	mg/kg	46	0.74	46	34	<115	正态
Ba	mg/kg	487	0.29	487	142	203~771	正态
Be	mg/kg	2.7	0.41	2.7	1.1	0.5~4.9	正态
Bi	mg/kg	0.95	1.16	0.65	2.21	0.13~3.18	对数正态
Br	mg/kg	2.5	0.56	2.5	1.4	<5.2	正态
Ce	mg/kg	102	0.29	102	30	42~163	正态
Cl	mg/kg	55	0.51	49	2	19~125	对数正态
Co	mg/kg	9.8	0.44	9.8	4.3	1.2~18.4	正态
Cr	mg/kg	49	0.39	49	19	12~86	正态
Cu	mg/kg	18	0.44	18	8	2~33	正态
F	mg/kg	549	0.38	549	207	135~962	正态
Ga	mg/kg	22.5	0.19	22.5	4.3	13.9~31.1	正态
Ge	mg/kg	1.7	0.12	1.7	0.2	1.3~2.1	正态
I	mg/kg	5.1	0.63	5.1	3.2	<11.5	正态
La	mg/kg	50	0.38	50	19	12~87	正态
Li	mg/kg	40	0.53	40	21	<83	正态
Mn	mg/kg	454	1.43	351	2	109~1130	正态
Mo	mg/kg	1.29	0.59	1.12	1.67	0.40~3.14	正态
N	mg/kg	420	0.53	420	222	<863	正态
Nb	mg/kg	23	0.48	20	4	13~28	正态
Ni	mg/kg	21	0.43	21	9	2~40	正态
P	mg/kg	313	0.38	313	119	75~551	正态
Pb	mg/kg	55	1.65	43	2	16~113	正态
Rb	mg/kg	156	0.28	156	44	68~244	正态
S	mg/kg	144	0.56	144	80	<303	正态
Sb	mg/kg	1.68	1.20	0.98	2.84	0.12~7.86	对数正态
Sc	mg/kg	12.4	0.26	12.4	3.2	6.0~18.8	正态
Se	mg/kg	0.42	0.40	0.42	0.17	0.08~0.77	正态
Sn	mg/kg	5.0	0.36	5.0	1.8	1.4~8.5	正态
Sr	mg/kg	49	0.73	49	36	<121	正态
Th	mg/kg	26.5	0.36	25.0	1.4	12.7~49.1	对数正态
Ti	mg/kg	4050	0.23	4050	932	2185~5914	正态
Tl	mg/kg	1.04	0.29	1.04	0.30	0.44~1.63	正态
U	mg/kg	6.1	0.54	5.5	1.6	2.1~14.0	对数正态
V	mg/kg	84	0.33	84	28	28~141	正态
W	mg/kg	4.79	0.99	2.64	4.74	<12.13	非正态
Y	mg/kg	30.5	0.38	29.5	1.3	17.7~49.2	对数正态
Zn	mg/kg	71	0.62	65	1	32~132	正态
Zr	mg/kg	277	0.19	277	54	169~386	正态
pH		5.61	0.09	5.61	0.49	4.63~6.59	正态

表 4-4-9 奥陶系土壤地球化学基准值参数统计表（$n=75$）

指标	单位	原始值统计		基准值统计			正态分布检验
		算术平均值	变异系数	基准值	标准离差	变化范围	
Al_2O_3	%	17.07	0.18	17.07	3.12	10.83~23.31	正态
CaO	%	0.12	0.83	0.09	1.89	0.03~0.33	正态
Corg	%	0.63	0.81	0.49	1.97	0.13~1.89	对数正态
TFe_2O_3	%	5.00	0.22	5.00	1.08	2.85~7.16	正态
K_2O	%	2.27	0.20	2.27	0.46	1.35~3.19	正态
MgO	%	0.56	0.23	0.56	0.13	0.30~0.83	正态
Na_2O	%	0.11	0.55	0.09	1.72	0.03~0.28	对数正态
SiO_2	%	65.69	0.09	65.69	5.62	54.44~76.94	正态
TC	%	0.67	0.78	0.54	1.89	0.15~1.92	对数正态
Ag	μg/kg	62	1.23	49	2	17~145	正态
Au	μg/kg	1.9	0.84	1.5	1.9	0.4~5.2	正态
Cd	μg/kg	76	1.28	59	2	18~190	正态
Hg	μg/kg	68	0.32	68	22	23~113	正态
As	mg/kg	11.4	1.27	7.2	2.5	1.1~44.8	正态
B	mg/kg	62	0.34	62	21	20~104	正态
Ba	mg/kg	361	0.35	361	127	107~614	正态
Be	mg/kg	2.1	0.43	2.0	1.3	1.1~3.4	正态
Bi	mg/kg	0.62	2.06	0.39	0.11	0.16~0.62	正态
Br	mg/kg	2.2	0.41	2.2	0.9	0.4~4.0	正态
Ce	mg/kg	93	0.30	93	28	37~149	正态
Cl	mg/kg	46	0.28	46	13	20~72	正态
Co	mg/kg	9.7	0.44	9.7	4.3	1.1~18.4	正态
Cr	mg/kg	62	0.23	62	14	35~89	正态
Cu	mg/kg	20	0.30	20	6	8~33	正态
F	mg/kg	478	0.23	478	110	257~699	正态
Ga	mg/kg	19.7	0.17	19.7	3.3	13.2~26.3	正态
Ge	mg/kg	1.6	0.13	1.6	0.2	1.1~2.0	正态
I	mg/kg	4.1	0.56	4.1	2.3	<8.6	正态
La	mg/kg	38	0.26	38	10	18~59	正态
Li	mg/kg	23	0.43	23	10	3~42	正态
Mn	mg/kg	354	0.64	354	225	<804	正态
Mo	mg/kg	0.82	0.63	0.82	0.52	<1.86	正态
N	mg/kg	529	0.50	479	2	204~1125	正态
Nb	mg/kg	19	0.21	19	4	11~26	正态
Ni	mg/kg	20	0.30	20	6	8~33	正态
P	mg/kg	308	0.36	294	1	165~524	正态
Pb	mg/kg	36	1.36	28	7	15~41	正态
Rb	mg/kg	122	0.22	122	27	67~177	正态
S	mg/kg	176	0.85	153	2	62~376	正态
Sb	mg/kg	1.39	1.21	0.99	2.09	0.23~4.32	正态
Sc	mg/kg	11.8	0.25	11.8	3.0	5.8~17.8	正态
Se	mg/kg	0.41	0.24	0.41	0.10	0.20~0.61	正态
Sn	mg/kg	4.2	0.38	4.0	1.3	2.3~7.0	正态
Sr	mg/kg	24	0.42	24	10	4~45	正态
Th	mg/kg	19.2	0.24	19.2	4.7	9.8~28.5	正态
Ti	mg/kg	4397	0.16	4345	1	3207~5886	正态
Tl	mg/kg	0.81	0.26	0.81	0.21	0.40~1.23	正态
U	mg/kg	3.9	0.41	3.8	1.3	2.3~6.1	正态
V	mg/kg	88	0.28	88	25	37~138	正态
W	mg/kg	2.94	1.87	2.23	1.67	0.80~6.24	正态
Y	mg/kg	27.3	0.23	26.7	1.2	17.4~40.9	对数正态
Zn	mg/kg	58	0.40	55	1	30~101	正态
Zr	mg/kg	303	0.15	303	46	212~394	正态
pH		5.36	0.08	5.36	0.45	4.46~6.25	正态

表 4-4-10 寒武系土壤地球化学基准值参数统计表（n=267）

指标	单位	原始值统计		基准值统计			
		算术平均值	变异系数	基准值	标准离差	变化范围	正态分布检验
Al_2O_3	%	17.24	0.15	17.24	2.63	11.98~22.51	正态
CaO	%	0.09	1.22	0.07	0.11	<0.29	非正态
Corg	%	0.38	0.74	0.32	1.50	0.14~0.72	对数正态
TFe_2O_3	%	5.93	0.18	5.93	1.08	3.77~8.08	正态
K_2O	%	2.36	0.21	2.36	0.49	1.37~3.34	正态
MgO	%	0.61	0.20	0.61	0.12	0.36~0.85	正态
Na_2O	%	0.08	0.63	0.07	0.05	<0.17	非正态
SiO_2	%	64.20	0.07	64.20	4.31	55.59~72.82	正态
TC	%	0.43	0.70	0.36	1.47	0.17~0.77	对数正态
Ag	μg/kg	50	0.86	45	2	20~103	对数正态
Au	μg/kg	2.1	1.52	1.6	1.5	0.8~3.5	对数正态
Cd	μg/kg	65	1.57	44	102	<248	非正态
Hg	μg/kg	79	0.41	74	1	36~151	对数正态
As	mg/kg	19.3	0.91	15.4	1.9	4.5~53.2	对数正态
B	mg/kg	58	0.66	54	11	31~76	正态
Ba	mg/kg	496	0.25	496	122	252~739	正态
Be	mg/kg	2.2	0.23	2.2	0.5	1.2~3.1	正态
Bi	mg/kg	0.57	0.79	0.49	1.30	0.29~0.83	对数正态
Br	mg/kg	3.3	0.52	2.9	1.7	1.0~8.5	对数正态
Ce	mg/kg	93	0.24	93	22	49~136	正态
Cl	mg/kg	45	0.36	42	8	25~59	正态
Co	mg/kg	9.7	0.56	8.6	1.6	3.4~21.7	正态
Cr	mg/kg	80	0.21	80	17	47~114	正态
Cu	mg/kg	26	0.23	26	6	13~38	正态
F	mg/kg	510	0.25	497	1	321~771	正态
Ga	mg/kg	20.4	0.14	20.4	2.9	14.7~26.1	正态
Ge	mg/kg	1.6	0.13	1.6	0.2	1.2~1.9	正态
I	mg/kg	6.3	0.44	6.3	2.8	0.6~12.0	正态
La	mg/kg	37	0.32	36	1	20~64	正态
Li	mg/kg	23	0.39	21	1	10~45	对数正态
Mn	mg/kg	288	0.60	251	2	90~700	正态
Mo	mg/kg	1.75	0.53	1.55	1.63	0.59~4.11	正态
N	mg/kg	535	0.31	513	1	291~906	正态
Nb	mg/kg	18	0.17	17	2	14~21	正态
Ni	mg/kg	22	0.45	21	1	13~36	正态
P	mg/kg	346	0.34	333	1	198~560	正态
Pb	mg/kg	32	0.53	28	7	15~42	正态
Rb	mg/kg	126	0.21	126	26	74~178	正态
S	mg/kg	163	0.42	154	1	82~290	正态
Sb	mg/kg	2.18	1.11	1.63	2.01	0.40~6.59	正态
Sc	mg/kg	13.9	0.19	13.9	2.6	8.6~19.1	正态
Se	mg/kg	0.66	0.33	0.66	0.22	0.22~1.11	正态
Sn	mg/kg	4.0	0.23	3.9	1.2	2.7~5.7	正态
Sr	mg/kg	26	0.65	22	2	8~62	对数正态
Th	mg/kg	20.8	0.21	20.8	4.3	12.2~29.4	正态
Ti	mg/kg	4733	0.14	4687	1	3559~6174	正态
Tl	mg/kg	0.88	0.20	0.88	0.18	0.51~1.25	正态
U	mg/kg	4.2	0.21	4.1	1.2	2.8~6.0	正态
V	mg/kg	106	0.22	106	23	61~151	正态
W	mg/kg	2.45	0.57	2.19	0.45	1.30~3.09	正态
Y	mg/kg	27.0	0.14	27.0	3.8	19.4~34.7	正态
Zn	mg/kg	49	0.39	46	1	25~87	对数正态
Zr	mg/kg	285	0.14	285	39	207~363	正态
pH		5.19	0.09	5.15	0.39	4.37~5.93	正态

表 4-4-11 震旦系土壤地球化学基准值参数统计表（$n=20$）

指标	单位	原始值统计		基准值统计			
		算术平均值	变异系数	基准值	标准离差	变化范围	正态分布检验
Al_2O_3	%	15.31	0.13	15.31	2.04	11.23~19.39	正态
CaO	%	0.11	0.18	0.11	0.02	0.07~0.16	正态
Corg	%	0.41	1.10	0.41	0.45	<1.32	正态
TFe_2O_3	%	5.78	0.14	5.78	0.81	4.16~7.40	正态
K_2O	%	2.01	0.13	2.01	0.26	1.48~2.53	正态
MgO	%	0.62	0.16	0.62	0.10	0.43~0.81	正态
Na_2O	%	0.07	0.29	0.07	0.02	0.04~0.11	正态
SiO_2	%	63.45	0.05	63.45	3.15	57.15~69.74	正态
TC	%	0.47	1.02	0.38	1.70	0.13~1.09	正态
Ag	μg/kg	44	0.43	44	19	6~82	正态
Au	μg/kg	13.9	3.52	2.0	0.6	0.8~3.3	正态
Cd	μg/kg	66	0.35	66	23	20~112	正态
Hg	μg/kg	73	0.21	73	15	44~102	正态
As	mg/kg	17.1	0.47	17.1	8.0	1.1~33.1	正态
B	mg/kg	52	0.15	52	8	35~68	正态
Ba	mg/kg	540	0.29	540	158	224~856	正态
Be	mg/kg	1.8	0.11	1.8	0.2	1.4~2.3	正态
Bi	mg/kg	0.42	0.17	0.42	0.07	0.27~0.56	正态
Br	mg/kg	2.3	0.30	2.3	0.7	0.9~3.7	正态
Ce	mg/kg	77	0.17	77	13	51~104	正态
Cl	mg/kg	37	0.27	37	10	17~58	正态
Co	mg/kg	10.7	0.28	10.7	3.0	4.7~16.6	正态
Cr	mg/kg	82	0.12	82	10	62~102	正态
Cu	mg/kg	27	0.15	27	4	19~36	正态
F	mg/kg	433	0.14	433	60	313~552	正态
Ga	mg/kg	18.5	0.12	18.5	2.3	13.8~23.2	正态
Ge	mg/kg	1.4	0.07	1.4	0.1	1.1~1.7	正态
I	mg/kg	4.4	0.43	4.4	1.9	0.7~8.2	正态
La	mg/kg	27	0.15	27	4	19~35	正态
Li	mg/kg	30	0.13	30	4	21~39	正态
Mn	mg/kg	352	0.34	352	120	113~592	正态
Mo	mg/kg	1.58	0.51	1.58	0.81	<3.20	正态
N	mg/kg	457	0.50	427	1	228~802	正态
Nb	mg/kg	15	0.13	15	2	12~18	正态
Ni	mg/kg	26	0.15	26	4	17~34	正态
P	mg/kg	325	0.22	325	70	185~465	正态
Pb	mg/kg	27	0.15	27	4	19~36	正态
Rb	mg/kg	101	0.12	101	12	77~125	正态
S	mg/kg	146	0.51	136	1	70~263	正态
Sb	mg/kg	1.06	0.31	1.06	0.33	0.41~1.71	正态
Sc	mg/kg	13.1	0.11	13.1	1.5	10.0~16.1	正态
Se	mg/kg	0.49	0.24	0.49	0.12	0.26~0.72	正态
Sn	mg/kg	3.4	0.12	3.4	0.4	2.6~4.3	正态
Sr	mg/kg	26	0.31	26	8	9~42	正态
Th	mg/kg	15.3	0.11	15.3	1.7	11.9~18.6	正态
Ti	mg/kg	4643	0.09	4643	414	3816~5470	正态
Tl	mg/kg	0.69	0.10	0.69	0.07	0.55~0.84	正态
U	mg/kg	3.5	0.17	3.5	0.6	2.2~4.7	正态
V	mg/kg	115	0.17	115	19	77~153	正态
W	mg/kg	2.56	0.20	2.56	0.52	1.52~3.60	正态
Y	mg/kg	25.9	0.13	25.9	3.3	19.3~32.5	正态
Zn	mg/kg	57	0.14	57	8	42~73	正态
Zr	mg/kg	277	0.07	277	20	236~317	正态
pH		5.48	0.07	5.48	0.36	4.76~6.20	正态

表 4-4-12 云开群土壤地球化学基准值参数统计表（$n=17$）

指标	单位	原始值统计		基准值统计			
		算术平均值	变异系数	基准值	标准离差	变化范围	正态分布检验
Al_2O_3	%	19.42	0.13	19.42	2.62	14.18～24.66	正态
CaO	%	0.09	0.33	0.09	0.03	0.04～0.15	正态
Corg	%	0.41	0.80	0.41	0.33	<1.06	正态
TFe_2O_3	%	5.07	0.15	5.07	0.76	3.55～6.60	正态
K_2O	%	1.93	0.21	1.93	0.40	1.13～2.73	正态
MgO	%	0.45	0.42	0.45	0.19	0.07～0.82	正态
Na_2O	%	0.15	0.33	0.15	0.05	0.06～0.24	正态
SiO_2	%	61.63	0.06	61.63	3.57	54.50～68.77	正态
TC	%	0.44	0.75	0.44	0.33	<1.10	正态
Ag	μg/kg	47	0.32	47	15	17～76	正态
Au	μg/kg	1.4	0.50	1.4	0.7	0～2.9	正态
Cd	μg/kg	61	0.44	61	27	7～114	正态
Hg	μg/kg	58	0.21	58	12	34～83	正态
As	mg/kg	13.9	0.74	13.9	10.3	<34.5	正态
B	mg/kg	47	0.49	47	23	1～94	正态
Ba	mg/kg	325	0.20	325	66	193～457	正态
Be	mg/kg	1.9	0.26	1.9	0.5	1.0～2.8	正态
Bi	mg/kg	0.54	0.26	0.54	0.14	0.27～0.81	正态
Br	mg/kg	2.5	0.16	2.5	0.4	1.6～3.3	正态
Ce	mg/kg	102	0.34	102	35	33～172	正态
Cl	mg/kg	49	0.22	49	11	28～70	正态
Co	mg/kg	8.3	0.37	8.3	3.1	2.1～14.5	正态
Cr	mg/kg	58	0.21	58	12	34～82	正态
Cu	mg/kg	21	0.24	21	5	11～30	正态
F	mg/kg	403	0.21	403	83	237～569	正态
Ga	mg/kg	20.9	0.15	20.9	3.1	14.8～27.1	正态
Ge	mg/kg	1.8	0.17	1.8	0.3	1.2～2.4	正态
I	mg/kg	4.6	0.41	4.6	1.9	0.8～8.4	正态
La	mg/kg	45	0.40	45	18	8～82	正态
Li	mg/kg	30	0.27	30	8	14～46	正态
Mn	mg/kg	284	0.47	284	134	15～553	正态
Mo	mg/kg	1.04	0.35	1.04	0.36	0.32～1.77	正态
N	mg/kg	343	0.44	343	152	39～647	正态
Nb	mg/kg	23	0.35	23	8	7～39	正态
Ni	mg/kg	26	0.31	26	8	10～41	正态
P	mg/kg	346	0.20	346	68	209～482	正态
Pb	mg/kg	35	0.20	35	7	20～50	正态
Rb	mg/kg	104	0.26	104	27	51～158	正态
S	mg/kg	132	0.33	132	44	44～220	正态
Sb	mg/kg	1.04	0.96	1.04	1.00	<3.04	正态
Sc	mg/kg	13.4	0.19	13.4	2.6	8.1～18.7	正态
Se	mg/kg	0.41	0.29	0.41	0.12	0.17～0.64	正态
Sn	mg/kg	4.1	0.24	4.1	1.0	2.1～6.1	正态
Sr	mg/kg	24	0.58	22	1	10～45	正态
Th	mg/kg	21.8	0.24	21.8	5.3	11.2～32.4	正态
Ti	mg/kg	4333	0.14	4333	612	3109～5558	正态
Tl	mg/kg	0.79	0.18	0.79	0.14	0.51～1.07	正态
U	mg/kg	4.1	0.24	4.1	1.0	2.0～6.2	正态
V	mg/kg	90	0.18	90	16	59～121	正态
W	mg/kg	2.40	0.35	2.40	0.84	0.71～4.08	正态
Y	mg/kg	25.5	0.24	25.5	6.0	13.5～37.4	正态
Zn	mg/kg	68	0.21	68	14	41～96	正态
Zr	mg/kg	283	0.18	283	50	183～383	正态
pH		5.46	0.07	5.46	0.39	4.68～6.25	正态

表 4-4-13 天堂山岩群土壤地球化学基准值参数统计表（$n=16$）

指标	单位	原始值统计		基准值统计			
		算术平均值	变异系数	基准值	标准离差	变化范围	正态分布检验
Al_2O_3	%	18.85	0.20	18.85	3.72	11.40~26.30	正态
CaO	%	0.11	0.36	0.11	0.04	0.03~0.19	正态
Corg	%	0.40	0.68	0.40	0.27	<0.94	正态
TFe_2O_3	%	4.88	0.31	4.88	1.52	1.84~7.91	正态
K_2O	%	2.04	0.29	2.04	0.60	0.84~3.24	正态
MgO	%	0.50	0.62	0.45	1.48	0.20~0.99	正态
Na_2O	%	0.18	0.39	0.18	0.07	0.04~0.32	正态
SiO_2	%	62.78	0.11	62.78	7.20	48.38~77.18	正态
TC	%	0.44	0.61	0.44	0.27	<0.99	正态
Ag	μg/kg	37	0.68	37	25	<87	正态
Au	μg/kg	2.4	0.96	2.4	2.3	<7.0	正态
Cd	μg/kg	52	0.40	52	21	9~95	正态
Hg	μg/kg	57	0.30	57	17	23~91	正态
As	mg/kg	9.6	0.56	9.6	5.4	<20.4	正态
B	mg/kg	56	0.71	56	40	<136	正态
Ba	mg/kg	336	0.42	336	141	53~619	正态
Be	mg/kg	1.7	0.24	1.7	0.4	0.9~2.5	正态
Bi	mg/kg	0.52	0.35	0.52	0.18	0.16~0.88	正态
Br	mg/kg	3.0	0.50	3.0	1.5	0~5.9	正态
Ce	mg/kg	87	0.17	87	15	58~116	正态
Cl	mg/kg	38	0.29	38	11	15~60	正态
Co	mg/kg	10.0	0.52	10.0	5.2	<20.4	正态
Cr	mg/kg	68	0.68	68	46	<161	正态
Cu	mg/kg	20	0.50	20	10	0~41	正态
F	mg/kg	378	0.26	378	99	180~576	正态
Ga	mg/kg	20.6	0.19	20.6	4.0	12.6~28.6	正态
Ge	mg/kg	1.7	0.12	1.7	0.2	1.3~2.0	正态
I	mg/kg	6.3	0.60	6.3	3.8	<13.8	正态
La	mg/kg	39	0.23	39	9	20~57	正态
Li	mg/kg	28	0.36	28	10	9~48	正态
Mn	mg/kg	345	0.42	345	145	56~635	正态
Mo	mg/kg	0.93	0.45	0.93	0.42	0.09~1.77	正态
N	mg/kg	372	0.39	372	146	81~663	正态
Nb	mg/kg	21	0.43	21	9	4~39	正态
Ni	mg/kg	26	0.65	26	17	<60	正态
P	mg/kg	322	0.34	322	109	104~539	正态
Pb	mg/kg	34	0.59	34	20	<74	正态
Rb	mg/kg	115	0.37	115	42	30~199	正态
S	mg/kg	127	0.50	127	63	1~253	正态
Sb	mg/kg	0.60	0.60	0.60	0.36	<1.32	正态
Sc	mg/kg	13.8	0.31	13.8	4.3	5.1~22.4	正态
Se	mg/kg	0.38	0.37	0.38	0.14	0.10~0.66	正态
Sn	mg/kg	5.0	0.16	5.0	0.8	3.5~6.6	正态
Sr	mg/kg	23	0.52	23	12	<47	正态
Th	mg/kg	20.6	0.21	20.6	4.3	11.9~29.3	正态
Ti	mg/kg	4007	0.26	4007	1036	1936~6078	正态
Tl	mg/kg	0.79	0.32	0.79	0.25	0.29~1.29	正态
U	mg/kg	4.1	0.22	4.1	0.9	2.4~5.9	正态
V	mg/kg	88	0.35	88	31	27~150	正态
W	mg/kg	2.67	0.32	2.67	0.85	0.97~4.38	正态
Y	mg/kg	25.2	0.27	25.2	6.9	11.3~39.1	正态
Zn	mg/kg	57	0.30	57	17	23~91	正态
Zr	mg/kg	251	0.19	251	47	158~345	正态
pH		5.60	0.08	5.60	0.43	4.74~6.46	正态

4.5 不同土壤类型地球化学基准值

研究区范围内土壤类型可分为石灰岩土、紫色土、水稻土、赤红壤、红壤、硅质土。统计研究区不同土壤类型土壤地球化学基准值,结果列于表4-5-1至表4-5-6。

从表4-5-1至表4-5-6可明显看出,石灰岩土中大部分指标的基准值高于研究区,其中CaO、Ag、As、Co、Cr、P、Sb基准值均高于研究区对应指标基准值的1.5倍以上,Hg、Mn、Ni、Zn基准值高于研究区对应指标基准值的2倍以上,Cd基准值甚至达到研究区Cd基准值的14.52倍,仅K_2O较为贫乏,其他指标与研究区对应指标基准值接近。硅质土中Ag、Cd、Hg、Mn、Mo的基准值均高于研究区对应指标基准值的1.5倍以上,其中Cd基准值达到研究区Cd基准值的3.3倍,K_2O、Ba、Rb相对研究区则相对较为贫乏。紫色土、水稻土、赤红壤和红壤各指标基准值均与研究区各指标基准值接近。

除CaO、Au、Cd、Mn、Pb、Sb属于不均匀分布外,各土壤类型指标基本都属于均匀分布或较不均匀分布。

赤红壤的pH基准值最低,为5.29,石灰岩土的pH基准值最高,为6.14。

4.6 不同流域地球化学基准值

研究区范围内流域单元可分为龙江流域、融江流域、柳江流域、红水河流域、黔江流域、郁江流域、蒙江流域、浔江流域、北流河流域。

统计研究区不同流域土壤地球化学基准值,结果列于表4-6-1至表4-6-9。将流域单元按照从上游至下游的顺序排列,可以从各流域单元基准值统计表中看出不同指标随河流冲积搬运的迁移特征。

龙江流域、融江流域、柳江流域和红水河流域处于研究区的上游,其中仅极个别指标相对研究区较贫乏,如龙江流域、融江流域和红水河流域的K_2O基准值分别为研究区K_2O基准值的0.4倍、0.7倍和0.5倍,Ba基准值分别是分别为研究区Ba基准值的0.7倍、0.8倍和0.6倍,3个流域的Rb基准值分别为研究区Rb基准值的0.6倍、0.8倍和0.6倍,相对贫乏。CaO、Ag、Cd、Hg、As、Co、Cr、Li、Mn、Ni、Zn的基准值均普遍显著为研究区对应指标基准值的1.5倍以上,其中龙江流域、融江流域、柳江流域和红水河流域的Cd基准值分别为研究区Cd基准值的9.3倍、4.5倍、3.0倍和4.5倍,龙江流域、融江流域和红水河流域的Hg基准值分别为研究区Hg基准值的2.5倍、1.9倍和1.9倍,龙江流域和柳江流域Mn基准值分别为研究区Mn基准值的2.6倍、2.1倍,融江流域的Ni、Zn基准值分别为研究区Ni、Zn基准值的2.1倍、2.0倍。其他指标基准值与研究区对应指标基准值接近或略高。

黔江流域、郁江流域处于研究区的中游。黔江流域的As、Mo、Sb、Se基准值分别是研究区对应指标基准值的1.5倍、1.6倍、2.4倍、1.5倍,显著高于研究区对应指标基准值;CaO、Corg、Na_2O、SiO_2、TC、Co、F、Li、Nb、Sr、Y、Zr基准值略低于研究区对应指标基准值;其他指标则与研究区对应指标基准值接近。郁江流域其中MgO、Hg、Ba、Sb基准值分别是研究区对应指标基准值的1.4倍、0.7倍、1.4倍、1.4倍,其他指标均在0.8~1.2倍之间,大部分指标基准值与研究区对应指标基准值接近。

蒙江流域、浔江流域、北流河流域处于研究区的下游。除了个别指标略高于研究区对应指标基准值,如蒙江流域的Ba、北流河流域的Na_2O基准值分别是研究区基准值的1.7倍、1.7倍,大部分指标普遍低于研究区对应指标基准值,其中CaO、Cd、Hg、As、Sb、Sr基准值仅达到研究区对应指标基准值的0.5倍以下。

各流域中CaO、Au、Cd、Mn、Sb变异系数普遍大于1或接近1,大多属于分布不均匀,其中龙江流域、黔江流域、郁江流域、浔江流域的CaO,蒙江流域的Au,郁江流域的Cd,浔江流域的Mn,柳江流域的Sb变异系数超过2,蒙江流域的Au变异系数达到4.71。

黔江流域的pH基准值最低,为5.09,融江流域的pH基准值最高,为6.17。

表 4-5-1 石灰岩土土壤地球化学基准值参数统计表（n=467）

指标	单位	原始值统计		基准值统计			
		算术平均值	变异系数	基准值	标准离差	变化范围	正态分布检验
Al_2O_3	%	15.84	0.40	15.84	6.36	3.11~28.56	正态
CaO	%	0.61	1.66	0.37	1.65	0.14~1.01	对数正态
Corg	%	0.33	0.45	0.30	1.49	0.14~0.68	对数正态
TFe_2O_3	%	7.16	0.39	7.16	2.81	1.54~12.79	正态
K_2O	%	0.86	0.51	0.76	1.67	0.27~2.11	正态
MgO	%	0.73	0.53	0.64	1.69	0.22~1.81	对数正态
Na_2O	%	0.08	0.50	0.08	0.03	0.02~0.13	正态
SiO_2	%	65.53	0.21	65.53	13.69	38.16~92.90	正态
TC	%	0.48	0.63	0.39	0.30	<0.98	非正态
Ag	μg/kg	159	0.49	143	2	56~365	对数正态
Au	μg/kg	2.2	0.82	1.6	1.8	<5.3	非正态
Cd	μg/kg	3421	1.08	1844	3	151~22 514	对数正态
Hg	μg/kg	394	0.66	330	261	<852	非正态
As	mg/kg	34.0	0.60	29.7	1.7	10.5~84.0	对数正态
B	mg/kg	60	0.33	56	1	28~112	正态
Ba	mg/kg	185	0.44	170	2	75~388	正态
Be	mg/kg	2.3	0.61	2.0	1.9	0.6~6.8	对数正态
Bi	mg/kg	0.81	0.40	0.75	1.49	0.34~1.66	对数正态
Br	mg/kg	3.1	0.42	2.9	1.5	1.3~6.3	对数正态
Ce	mg/kg	111	0.48	99	2	37~262	对数正态
Cl	mg/kg	43	0.28	41	1	24~71	对数正态
Co	mg/kg	22.1	0.44	22.1	9.8	2.4~41.8	正态
Cr	mg/kg	186	0.51	163	2	59~457	对数正态
Cu	mg/kg	38	0.39	35	1	16~79	正态
F	mg/kg	671	0.46	615	2	269~1405	正态
Ga	mg/kg	20.0	0.36	18.6	1.5	8.7~39.9	对数正态
Ge	mg/kg	1.4	0.29	1.4	0.4	0.6~2.2	正态
I	mg/kg	5.2	0.40	4.8	1.5	2.3~10.3	对数正态
La	mg/kg	60	0.47	54	2	21~136	对数正态
Li	mg/kg	55	0.45	49	2	18~131	对数正态
Mn	mg/kg	1834	0.73	1553	1343	<4239	非正态
Mo	mg/kg	2.32	0.70	1.96	1.64	0.73~5.24	对数正态
N	mg/kg	705	0.33	671	1	359~1253	正态
Nb	mg/kg	22	0.32	21	1	11~40	对数正态
Ni	mg/kg	76	0.53	65	2	21~204	对数正态
P	mg/kg	623	0.60	534	2	179~1594	对数正态
Pb	mg/kg	46	0.48	41	2	15~109	正态
Rb	mg/kg	74	0.43	74	32	9~139	正态
S	mg/kg	123	0.27	118	1	77~183	对数正态
Sb	mg/kg	3.88	0.83	2.83	3.23	<9.29	非正态
Sc	mg/kg	16.3	0.45	14.7	1.6	5.7~37.6	对数正态
Se	mg/kg	0.38	0.74	0.33	1.61	0.13~0.86	对数正态
Sn	mg/kg	4.1	0.32	3.9	1.4	2.1~7.5	正态
Sr	mg/kg	76	0.49	68	1	36~126	对数正态
Th	mg/kg	18.1	0.38	16.8	1.5	7.5~37.7	对数正态
Ti	mg/kg	6178	0.38	5737	1	2611~12 610	对数正态
Tl	mg/kg	1.15	2.03	0.97	1.57	0.39~2.37	对数正态
U	mg/kg	5.8	0.40	5.4	1.5	2.5~11.5	正态
V	mg/kg	165	0.39	165	65	35~295	正态
W	mg/kg	2.89	0.42	2.64	1.56	1.08~6.43	对数正态
Y	mg/kg	54.8	0.70	41.0	38.6	<118.2	非正态
Zn	mg/kg	246	0.62	202	2	56~733	对数正态
Zr	mg/kg	296	0.39	275	1	126~600	对数正态
pH		6.23	0.16	6.14	1.00	4.14~8.14	非正态

表 4-5-2 紫色土土壤地球化学基准值参数统计表（$n=199$）

指标	单位	原始值统计		基准值统计			
		算术平均值	变异系数	基准值	标准离差	变化范围	正态分布检验
Al_2O_3	%	16.28	0.20	16.28	3.27	9.73～22.82	正态
CaO	%	0.16	0.88	0.12	0.06	<0.25	正态
Corg	%	0.45	1.18	0.34	2.00	0.08～1.35	对数正态
TFe_2O_3	%	5.26	0.35	5.26	1.84	1.57～8.94	正态
K_2O	%	2.12	0.28	2.12	0.60	0.92～3.32	正态
MgO	%	0.72	0.51	0.64	1.66	0.23～1.76	对数正态
Na_2O	%	0.13	0.77	0.10	2.15	0.02～0.48	对数正态
SiO_2	%	66.72	0.09	66.72	6.26	54.21～79.23	正态
TC	%	0.51	1.06	0.39	1.91	0.11～1.44	正态
Ag	μg/kg	61	0.90	52	17	17～87	正态
Au	μg/kg	1.5	1.33	1.2	1.7	0.4～3.6	对数正态
Cd	μg/kg	84	0.79	69	2	21～228	对数正态
Hg	μg/kg	85	0.99	66	1	30～144	对数正态
As	mg/kg	9.2	1.20	6.4	2.2	1.3～31.4	对数正态
B	mg/kg	52	0.33	52	17	18～86	正态
Ba	mg/kg	353	1.32	304	2	125～740	正态
Be	mg/kg	1.7	0.35	1.7	0.6	0.6～2.9	正态
Bi	mg/kg	0.44	0.39	0.42	1.39	0.22～0.80	正态
Br	mg/kg	2.4	0.58	2.1	1.7	0.7～6.3	正态
Ce	mg/kg	78	0.32	74	1	42～131	正态
Cl	mg/kg	45	0.29	44	1	26～74	正态
Co	mg/kg	9.8	0.68	7.9	1.9	2.2～28.9	对数正态
Cr	mg/kg	62	0.39	62	24	13～111	正态
Cu	mg/kg	22	0.59	19	2	7～54	正态
F	mg/kg	490	0.31	490	152	186～794	正态
Ga	mg/kg	18.9	0.21	18.9	3.9	11.0～26.7	正态
Ge	mg/kg	1.6	0.13	1.6	0.2	1.1～2.0	正态
I	mg/kg	4.0	0.58	4.0	2.3	<8.7	正态
La	mg/kg	36	0.33	34	1	19～61	正态
Li	mg/kg	31	0.42	31	13	4～58	正态
Mn	mg/kg	328	1.91	237	2	58～966	对数正态
Mo	mg/kg	1.04	1.00	0.84	1.80	0.26～2.74	正态
N	mg/kg	464	0.47	425	2	188～963	对数正态
Nb	mg/kg	17	0.18	17	1	12～25	正态
Ni	mg/kg	19	0.47	17	2	7～45	对数正态
P	mg/kg	265	0.55	242	1	108～540	对数正态
Pb	mg/kg	33	1.12	29	1	15～55	对数正态
Rb	mg/kg	114	0.28	114	32	51～178	正态
S	mg/kg	139	0.71	123	2	50～303	对数正态
Sb	mg/kg	1.71	1.76	1.16	2.08	0.27～5.03	正态
Sc	mg/kg	11.0	0.33	11.0	3.6	3.9～18.2	正态
Se	mg/kg	0.44	0.45	0.40	1.53	0.17～0.94	正态
Sn	mg/kg	3.7	0.30	3.5	0.6	2.2～4.8	正态
Sr	mg/kg	38	0.50	38	19	<77	正态
Th	mg/kg	17.1	0.28	16.0	3.0	9.9～22.1	正态
Ti	mg/kg	4409	0.28	4409	1252	1904～6913	正态
Tl	mg/kg	0.80	0.24	0.80	0.19	0.42～1.18	正态
U	mg/kg	3.7	0.35	3.5	1.4	1.9～6.6	正态
V	mg/kg	98	0.42	98	41	17～180	正态
W	mg/kg	2.09	0.29	2.02	1.30	1.19～3.42	正态
Y	mg/kg	26.1	0.24	26.1	6.2	13.7～38.5	正态
Zn	mg/kg	59	0.41	55	1	26～115	对数正态
Zr	mg/kg	292	0.18	292	53	186～397	正态
pH		5.34	0.11	5.32	1.11	4.35～6.50	正态

表 4-5-3 水稻土土壤地球化学基准值参数统计表（$n=380$）

指标	单位	原始值统计		基准值统计			
		算术平均值	变异系数	基准值	标准离差	变化范围	正态分布检验
Al_2O_3	%	17.83	0.29	17.83	5.13	7.57~28.10	正态
CaO	%	0.41	2.34	0.19	2.05	0.05~0.80	对数正态
Corg	%	0.30	0.77	0.25	1.59	0.10~0.64	对数正态
TFe_2O_3	%	6.46	0.36	6.46	2.31	1.85~11.07	正态
K_2O	%	1.85	0.47	1.85	0.87	0.10~3.59	正态
MgO	%	0.76	0.68	0.65	1.74	0.21~1.96	对数正态
Na_2O	%	0.13	0.92	0.09	0.12	<0.33	非正态
SiO_2	%	63.30	0.14	63.30	8.99	45.32~81.27	正态
TC	%	0.41	0.93	0.32	0.38	<1.08	非正态
Ag	μg/kg	99	0.90	65	89	<242	非正态
Au	μg/kg	1.8	0.78	1.5	1.7	0.5~4.5	对数正态
Cd	μg/kg	624	2.66	104	1658	<3421	非正态
Hg	μg/kg	167	0.98	109	164	<438	非正态
As	mg/kg	23.4	0.85	17.0	2.3	3.3~87.8	对数正态
B	mg/kg	62	0.39	61	21	18~104	正态
Ba	mg/kg	330	0.49	330	162	6~654	正态
Be	mg/kg	2.2	0.45	2.1	0.8	0.5~3.8	正态
Bi	mg/kg	0.68	0.62	0.57	0.42	<1.41	非正态
Br	mg/kg	3.0	0.50	2.6	1.6	1.0~6.7	对数正态
Ce	mg/kg	93	0.39	87	1	42~181	对数正态
Cl	mg/kg	49	0.35	46	1	27~79	对数正态
Co	mg/kg	14.5	0.69	11.7	2.0	3.0~45.3	对数正态
Cr	mg/kg	99	0.64	85	2	28~257	正态
Cu	mg/kg	31	1.42	25	2	8~75	对数正态
F	mg/kg	667	0.44	613	1	273~1378	对数正态
Ga	mg/kg	21.6	0.29	21.6	6.3	9.1~34.2	正态
Ge	mg/kg	1.7	0.24	1.7	0.3	1.1~2.3	正态
I	mg/kg	5.0	0.48	4.4	1.7	1.6~12.5	正态
La	mg/kg	47	0.38	42	18	5~78	非正态
Li	mg/kg	41	0.46	36	2	14~95	对数正态
Mn	mg/kg	729	1.51	377	1103	<2583	非正态
Mo	mg/kg	2.35	1.09	1.62	1.94	0.43~6.12	对数正态
N	mg/kg	482	0.33	457	1	242~865	对数正态
Nb	mg/kg	22	0.50	19	1	11~33	对数正态
Ni	mg/kg	38	0.76	30	2	8~111	对数正态
P	mg/kg	351	0.43	327	1	157~678	正态
Pb	mg/kg	48	1.52	34	2	15~81	对数正态
Rb	mg/kg	109	0.44	109	48	13~205	正态
S	mg/kg	138	0.58	128	1	62~265	对数正态
Sb	mg/kg	3.42	1.38	1.91	4.73	<11.37	非正态
Sc	mg/kg	13.6	0.34	12.9	1.4	6.5~25.6	正态
Se	mg/kg	0.48	0.46	0.43	1.64	0.16~1.16	正态
Sn	mg/kg	4.3	0.37	4.0	1.4	2~8	正态
Sr	mg/kg	54	0.67	47	20	8~87	正态
Th	mg/kg	19.7	0.36	18.7	1.3	10.4~33.7	对数正态
Ti	mg/kg	5347	0.36	5038	1	2533~10 021	对数正态
Tl	mg/kg	0.97	0.41	0.90	1.37	0.48~1.70	对数正态
U	mg/kg	5.2	0.46	4.4	2.4	<9.2	非正态
V	mg/kg	131	0.45	120	2	50~283	对数正态
W	mg/kg	3.07	0.64	2.66	1.55	1.11~6.37	对数正态
Y	mg/kg	33.9	0.47	29.4	15.9	<61.3	非正态
Zn	mg/kg	119	0.98	81	117	<316	非正态
Zr	mg/kg	306	0.34	292	77	138~446	正态
pH		5.79	0.15	5.54	0.85	3.84~7.23	非正态

表 4-5-4 赤红壤土壤地球化学基准值参数统计表（$n=941$）

指标	单位	原始值统计		基准值统计			
		算术平均值	变异系数	基准值	标准离差	变化范围	正态分布检验
Al_2O_3	%	19.02	0.25	19.02	4.77	9.47~28.57	正态
CaO	%	0.22	1.91	0.13	0.42	<0.97	非正态
Corg	%	0.40	0.78	0.31	0.31	<0.93	非正态
TFe_2O_3	%	6.13	0.38	5.67	2.32	1.04~10.31	非正态
K_2O	%	2.08	0.41	2.08	0.85	0.37~3.78	正态
MgO	%	0.62	0.52	0.57	1.53	0.24~1.33	对数正态
Na_2O	%	0.13	0.69	0.11	0.09	<0.29	非正态
SiO_2	%	61.93	0.13	62.21	7.68	46.85~77.56	正态
TC	%	0.46	0.70	0.36	0.32	<1.01	非正态
Ag	μg/kg	87	1.23	54	107	<267	非正态
Au	μg/kg	2.0	1.80	1.6	1.9	0.4~5.7	对数正态
Cd	μg/kg	310	2.87	71	890	<1851	非正态
Hg	μg/kg	133	1.15	75	153	<381	非正态
As	mg/kg	22.0	1.20	14.2	2.6	2.1~94.7	对数正态
B	mg/kg	60	0.62	57	37	<130	非正态
Ba	mg/kg	367	0.63	326	2	124~859	对数正态
Be	mg/kg	2.3	0.43	2.2	1.5	1.0~4.7	对数正态
Bi	mg/kg	0.73	0.99	0.54	0.72	<1.97	非正态
Br	mg/kg	2.9	0.48	2.7	1.6	1.1~6.5	对数正态
Ce	mg/kg	102	0.40	93	41	11~175	非正态
Cl	mg/kg	51	0.41	45	21	4~86	非正态
Co	mg/kg	11.9	0.72	9.5	8.6	<26.6	非正态
Cr	mg/kg	89	0.80	70	71	<212	非正态
Cu	mg/kg	27	0.63	23	2	9~63	对数正态
F	mg/kg	595	0.46	525	276	<1077	非正态
Ga	mg/kg	22.5	0.26	21.8	1.3	13.0~36.7	对数正态
Ge	mg/kg	1.7	0.18	1.6	1.2	1.1~2.4	对数正态
I	mg/kg	5.2	0.54	4.6	1.7	1.5~13.9	对数正态
La	mg/kg	47	0.43	43	20	3~83	非正态
Li	mg/kg	37	0.54	32	2	11~92	对数正态
Mn	mg/kg	467	1.35	303	629	<1561	非正态
Mo	mg/kg	1.88	1.00	1.36	1.88	<5.12	非正态
N	mg/kg	484	0.40	450	1	212~957	对数正态
Nb	mg/kg	23	0.43	20	10	<40	非正态
Ni	mg/kg	31	0.90	22	28	<77	非正态
P	mg/kg	342	0.42	319	1	152~669	对数正态
Pb	mg/kg	48	1.33	36	64	<163	非正态
Rb	mg/kg	124	0.44	120	49	22~219	正态
S	mg/kg	146	0.51	134	1	62~290	对数正态
Sb	mg/kg	2.96	1.73	1.42	5.11	<11.64	非正态
Sc	mg/kg	13.9	0.35	13.1	1.4	6.8~25.4	对数正态
Se	mg/kg	0.53	0.49	0.48	1.57	0.19~1.18	对数正态
Sn	mg/kg	4.7	0.43	4.2	2.0	0.2~8.1	非正态
Sr	mg/kg	43	0.60	36	26	<88	非正态
Th	mg/kg	22.0	0.31	21.0	1.4	11.4~38.7	对数正态
Ti	mg/kg	5212	0.40	4687	2076	536~8838	非正态
Tl	mg/kg	1.00	0.42	0.92	0.42	0.09~1.75	非正态
U	mg/kg	5.4	0.48	4.5	2.6	<9.7	非正态
V	mg/kg	123	0.58	101	71	<244	非正态
W	mg/kg	3.16	0.79	2.56	2.51	<7.58	非正态
Y	mg/kg	32.7	0.46	28.1	15.2	<58.5	非正态
Zn	mg/kg	99	1.06	67	105	<276	非正态
Zr	mg/kg	312	0.35	290	109	72~509	非正态
pH		5.43	0.12	5.29	0.65	3.99~6.59	非正态

表 4-5-5 红壤土壤地球化学基准值参数统计表（$n=474$）

指标	单位	原始值统计		基准值统计			
		算术平均值	变异系数	基准值	标准离差	变化范围	正态分布检验
Al_2O_3	%	16.42	0.26	16.92	4.24	8.44~25.40	非正态
CaO	%	0.39	2.26	0.17	3.14	0.02~1.67	对数正态
Corg	%	0.32	0.50	0.27	0.16	<0.59	非正态
TFe_2O_3	%	6.14	0.28	6.14	1.69	2.77~9.52	正态
K_2O	%	1.91	0.49	1.91	0.93	0.04~3.78	正态
MgO	%	0.63	0.48	0.59	1.48	0.27~1.28	正态
Na_2O	%	0.12	0.92	0.10	1.95	0.02~0.36	对数正态
SiO_2	%	64.65	0.12	64.65	8.02	48.61~80.69	正态
TC	%	0.43	0.60	0.35	0.26	<0.87	非正态
Ag	μg/kg	115	1.30	59	149	<357	非正态
Au	μg/kg	2.5	4.28	1.6	1.6	0.6~4.3	对数正态
Cd	μg/kg	503	1.83	123	923	<1969	非正态
Hg	μg/kg	167	0.89	131	2	35~493	对数正态
As	mg/kg	23.8	0.81	19.3	1.9	5.3~70.3	对数正态
B	mg/kg	68	0.35	67	23	21~114	正态
Ba	mg/kg	409	0.63	349	2	115~1063	对数正态
Be	mg/kg	2.0	0.35	1.9	1.5	0.9~4.0	正态
Bi	mg/kg	0.60	0.72	0.55	1.33	0.31~0.96	对数正态
Br	mg/kg	3.3	0.52	2.9	1.6	1.1~7.8	对数正态
Ce	mg/kg	84	0.30	81	1	46~141	正态
Cl	mg/kg	46	0.43	43	1	25~74	对数正态
Co	mg/kg	13.9	0.57	11.7	1.9	3.4~40.3	对数正态
Cr	mg/kg	96	0.45	89	43	3~175	非正态
Cu	mg/kg	31	0.55	28	2	12~68	对数正态
F	mg/kg	708	0.66	549	468	<1485	非正态
Ga	mg/kg	19.8	0.23	19.8	4.5	10.7~28.9	正态
Ge	mg/kg	1.6	0.19	1.6	0.3	1.1~2.2	非正态
I	mg/kg	5.8	0.47	5.2	1.6	2.1~13.2	对数正态
La	mg/kg	42	0.33	40	14	12~69	非正态
Li	mg/kg	41	0.54	36	22	<79	非正态
Mn	mg/kg	851	1.65	425	1405	<3234	非正态
Mo	mg/kg	2.30	0.99	1.72	1.79	0.54~5.52	对数正态
N	mg/kg	600	0.38	562	1	269~1172	对数正态
Nb	mg/kg	18	0.28	18	1	11~28	对数正态
Ni	mg/kg	41	0.63	34	2	10~115	对数正态
P	mg/kg	353	0.37	331	1	159~687	正态
Pb	mg/kg	43	1.60	28	1	14~57	对数正态
Rb	mg/kg	110	0.48	97	2	34~279	对数正态
S	mg/kg	143	0.38	135	1	66~274	正态
Sb	mg/kg	3.03	1.41	1.93	2.18	0.40~9.21	对数正态
Sc	mg/kg	14.1	0.28	14.1	3.9	6.3~21.9	正态
Se	mg/kg	0.58	0.67	0.51	1.68	0.18~1.43	对数正态
Sn	mg/kg	4.0	0.35	3.8	0.8	2.2~5.5	正态
Sr	mg/kg	54	0.63	51	34	<119	非正态
Th	mg/kg	17.6	0.29	17.6	5.1	7.4~27.7	正态
Ti	mg/kg	4828	0.27	4765	1190	2386~7145	正态
Tl	mg/kg	0.90	0.46	0.84	1.40	0.43~1.65	对数正态
U	mg/kg	4.4	0.36	3.9	1.6	0.7~7.2	非正态
V	mg/kg	133	0.73	124	1	69~220	对数正态
W	mg/kg	2.54	1.41	2.19	1.31	1.27~3.78	对数正态
Y	mg/kg	30.6	0.31	28.3	9.4	9.4~47.1	非正态
Zn	mg/kg	116	1.01	89	2	23~342	对数正态
Zr	mg/kg	262	0.29	262	75	111~412	正态
pH		5.68	0.16	5.35	0.92	3.51~7.19	非正态

表 4-5-6 硅质土土壤地球化学基准值参数统计表（$n=281$）

指标	单位	原始值统计		基准值统计			
		算术平均值	变异系数	基准值	标准离差	变化范围	正态分布检验
Al_2O_3	%	10.63	0.45	9.27	4.82	<18.90	非正态
CaO	%	0.38	1.76	0.28	0.11	0.06~0.50	正态
Corg	%	0.29	0.48	0.26	1.55	0.11~0.64	正态
TFe_2O_3	%	5.11	0.43	4.69	1.51	2.04~10.76	对数正态
K_2O	%	0.71	0.85	0.48	0.60	<1.67	非正态
MgO	%	0.47	0.60	0.39	0.28	<0.94	非正态
Na_2O	%	0.07	0.71	0.05	0.05	<0.16	非正态
SiO_2	%	75.54	0.14	78.60	10.35	57.89~99.31	非正态
TC	%	0.41	0.56	0.36	1.41	0.18~0.73	对数正态
Ag	μg/kg	198	0.62	163	2	45~590	对数正态
Au	μg/kg	1.4	0.71	1.2	1.8	0.4~4.0	对数正态
Cd	μg/kg	804	1.52	419	3	45~3881	对数正态
Hg	μg/kg	226	0.57	202	2	81~503	正态
As	mg/kg	25.6	0.85	21.6	1.7	7.6~62.0	对数正态
B	mg/kg	45	0.44	42	1	19~90	对数正态
Ba	mg/kg	156	0.82	110	128	<365	非正态
Be	mg/kg	1.3	0.69	1.0	1.8	0.3~3.6	对数正态
Bi	mg/kg	0.56	0.36	0.54	1.37	0.29~1.00	对数正态
Br	mg/kg	3.6	0.42	3.4	1.5	1.6~7.2	对数正态
Ce	mg/kg	67	0.51	61	2	25~146	对数正态
Cl	mg/kg	44	0.27	42	1	25~72	正态
Co	mg/kg	13.3	0.59	11.3	1.8	3.4~37.1	正态
Cr	mg/kg	125	0.50	114	2	48~268	对数正态
Cu	mg/kg	32	0.63	29	2	11~73	正态
F	mg/kg	565	0.60	497	2	188~1309	对数正态
Ga	mg/kg	14.7	0.39	13.7	1.4	6.7~28.4	对数正态
Ge	mg/kg	1.1	0.36	1.1	1.4	0.5~2.1	对数正态
I	mg/kg	5.4	0.35	5.4	1.9	1.7~9.1	正态
La	mg/kg	42	0.40	39	1	19~81	正态
Li	mg/kg	33	0.52	30	2	12~75	对数正态
Mn	mg/kg	1053	1.22	670	3	98~4590	对数正态
Mo	mg/kg	2.98	0.74	2.46	1.83	0.73~8.24	对数正态
N	mg/kg	557	0.36	527	1	271~1023	正态
Nb	mg/kg	16	0.38	16	1	8~30	对数正态
Ni	mg/kg	47	0.55	42	2	16~106	对数正态
P	mg/kg	361	0.54	327	2	139~771	对数正态
Pb	mg/kg	31	1.61	24	1	11~53	对数正态
Rb	mg/kg	53	0.64	44	2	13~148	对数正态
S	mg/kg	121	0.26	117	1	71~191	正态
Sb	mg/kg	2.80	3.31	1.69	1.69	0.60~4.82	对数正态
Sc	mg/kg	10.6	0.46	9.7	1.5	4.2~22.3	对数正态
Se	mg/kg	0.54	0.52	0.49	1.57	0.20~1.20	对数正态
Sn	mg/kg	3.1	0.32	2.9	1.4	1.6~5.5	对数正态
Sr	mg/kg	100	0.95	67	25	18~117	正态
Th	mg/kg	12.5	0.42	11.5	1.5	5.3~25.1	对数正态
Ti	mg/kg	4412	0.45	3850	1982	<7814	非正态
Tl	mg/kg	0.79	0.68	0.72	1.51	0.31~1.64	对数正态
U	mg/kg	4.7	0.34	4.5	1.4	2.4~8.4	正态
V	mg/kg	126	0.44	115	2	48~274	对数正态
W	mg/kg	1.89	0.43	1.75	1.47	0.81~3.78	正态
Y	mg/kg	27.6	0.57	24.7	1.6	10.2~59.8	正态
Zn	mg/kg	123	0.73	102	2	42~247	对数正态
Zr	mg/kg	205	0.44	190	1	89~404	对数正态
pH		5.54	0.14	5.40	0.76	3.88~6.92	非正态

4 土壤地球化学基准值

表 4-6-1　龙江流域土壤地球化学基准值参数统计表（$n=241$）

指标	单位	原始值统计		基准值统计			
		算术平均值	变异系数	基准值	标准离差	变化范围	正态分布检验
Al_2O_3	%	13.56	0.38	13.56	5.19	3.17~23.94	正态
CaO	%	0.68	2.06	0.29	1.57	0.12~0.71	对数正态
Corg	%	0.28	0.39	0.26	1.49	0.12~0.58	正态
TFe_2O_3	%	5.84	0.38	5.84	2.21	1.42~10.26	正态
K_2O	%	0.83	0.55	0.72	1.75	0.23~2.19	正态
MgO	%	0.59	0.56	0.52	1.65	0.19~1.43	正态
Na_2O	%	0.08	0.63	0.07	1.68	0.03~0.21	对数正态
SiO_2	%	70.21	0.16	70.21	10.92	48.37~92.05	正态
TC	%	0.46	0.74	0.35	0.34	<1.03	非正态
Ag	μg/kg	153	0.55	135	2	50~363	对数正态
Au	μg/kg	2.2	0.91	1.7	2.0	0.4~6.6	对数正态
Cd	μg/kg	2374	1.28	1182	4	93~14 985	对数正态
Hg	μg/kg	375	0.77	316	2	105~947	对数正态
As	mg/kg	26.3	0.51	26.3	13.3	<52.9	正态
B	mg/kg	56	0.34	56	19	19~93	正态
Ba	mg/kg	192	0.47	192	91	11~373	正态
Be	mg/kg	1.8	0.56	1.5	1.7	0.5~4.7	正态
Bi	mg/kg	0.65	0.34	0.62	1.40	0.31~1.21	对数正态
Br	mg/kg	2.9	0.38	2.7	1.4	1.3~5.6	正态
Ce	mg/kg	86	0.42	86	36	15~158	正态
Cl	mg/kg	43	0.28	43	12	19~66	正态
Co	mg/kg	18.6	0.51	18.6	9.4	<37.4	正态
Cr	mg/kg	141	0.44	128	2	54~307	正态
Cu	mg/kg	33	0.42	31	2	13~71	对数正态
F	mg/kg	611	0.44	563	1	251~1263	对数正态
Ga	mg/kg	17.1	0.33	17.1	5.6	5.9~28.3	正态
Ge	mg/kg	1.3	0.23	1.3	0.3	0.6~1.9	正态
I	mg/kg	4.3	0.35	4.3	1.5	1.3~7.3	正态
La	mg/kg	51	0.45	46	2	20~108	对数正态
Li	mg/kg	44	0.43	44	19	7~82	正态
Mn	mg/kg	1642	1.14	1096	2	183~6578	对数正态
Mo	mg/kg	1.92	0.70	1.64	1.67	0.59~4.61	对数正态
N	mg/kg	613	0.26	613	162	289~937	正态
Nb	mg/kg	18	0.28	18	5	8~28	正态
Ni	mg/kg	62	0.56	53	2	17~160	对数正态
P	mg/kg	482	0.64	418	2	151~1153	对数正态
Pb	mg/kg	34	0.41	31	2	14~72	对数正态
Rb	mg/kg	61	0.43	61	26	9~113	正态
S	mg/kg	121	0.26	117	1	73~189	正态
Sb	mg/kg	2.82	0.77	2.38	1.73	0.79~7.15	正态
Sc	mg/kg	13.2	0.41	13.2	5.4	2.4~24.0	正态
Se	mg/kg	0.37	0.49	0.33	1.59	0.13~0.85	对数正态
Sn	mg/kg	3.7	0.30	3.7	1.1	1.4~6.0	正态
Sr	mg/kg	71	0.48	65	16	32~98	正态
Th	mg/kg	15.0	0.34	15.0	5.1	4.8~25.3	正态
Ti	mg/kg	5003	0.34	5003	1700	1603~8404	正态
Tl	mg/kg	0.80	0.39	0.80	0.31	0.18~1.43	正态
U	mg/kg	4.8	0.33	4.8	1.6	1.5~8.1	正态
V	mg/kg	136	0.38	136	51	35~238	正态
W	mg/kg	2.53	0.45	2.30	1.56	0.95~5.59	对数正态
Y	mg/kg	40.8	0.68	34.3	1.7	12.4~94.7	对数正态
Zn	mg/kg	182	0.61	154	2	48~492	对数正态
Zr	mg/kg	244	0.33	244	81	81~406	正态
pH		5.92	0.17	5.84	1.18	4.17~8.18	对数正态

表 4-6-2 融江流域土壤地球化学基准值参数统计表（n=91）

指标	单位	原始值统计		基准值统计			
		算术平均值	变异系数	基准值	标准离差	变化范围	正态分布检验
Al_2O_3	%	16.91	0.24	16.91	4.06	8.79~25.03	正态
CaO	%	0.58	1.72	0.30	0.14	0.01~0.59	正态
Corg	%	0.27	0.41	0.27	0.11	0.06~0.48	正态
TFe_2O_3	%	6.50	0.26	6.50	1.70	3.10~9.90	正态
K_2O	%	1.21	0.40	1.21	0.48	0.24~2.17	正态
MgO	%	0.72	0.67	0.64	1.58	0.26~1.59	正态
Na_2O	%	0.11	0.55	0.10	1.54	0.04~0.23	正态
SiO_2	%	63.31	0.13	63.31	8.20	46.91~79.71	正态
TC	%	0.43	0.74	0.37	1.59	0.15~0.95	正态
Ag	μg/kg	76	0.51	68	2	26~174	对数正态
Au	μg/kg	1.8	0.78	1.4	1.9	0.4~5.3	正态
Cd	μg/kg	1169	1.14	572	4	43~7550	对数正态
Hg	μg/kg	244	0.41	244	101	42~446	正态
As	mg/kg	31.6	0.50	31.6	15.8	0.1~63.2	正态
B	mg/kg	70	0.23	70	16	38~102	正态
Ba	mg/kg	231	0.39	231	90	51~411	正态
Be	mg/kg	2.1	0.43	2.1	0.9	0.3~3.8	正态
Bi	mg/kg	0.63	0.32	0.63	0.20	0.22~1.04	正态
Br	mg/kg	2.6	0.31	2.6	0.8	1.1~4.2	正态
Ce	mg/kg	96	0.36	90	1	43~186	对数正态
Cl	mg/kg	43	0.23	43	10	23~63	正态
Co	mg/kg	17.8	0.46	17.8	8.1	1.7~34.0	正态
Cr	mg/kg	133	0.45	133	60	14~253	正态
Cu	mg/kg	29	0.34	29	10	8~49	正态
F	mg/kg	722	0.55	639	2	248~1645	对数正态
Ga	mg/kg	19.5	0.23	19.5	4.4	10.8~28.3	正态
Ge	mg/kg	1.5	0.20	1.5	0.3	1~2	正态
I	mg/kg	4.3	0.28	4.3	1.2	2.0~6.6	正态
La	mg/kg	40	0.33	40	13	15~65	正态
Li	mg/kg	60	0.30	60	18	24~96	正态
Mn	mg/kg	804	0.71	639	2	164~2482	对数正态
Mo	mg/kg	1.76	0.47	1.44	0.83	<3.11	非正态
N	mg/kg	579	0.29	579	166	247~912	正态
Nb	mg/kg	20	0.20	20	4	12~28	正态
Ni	mg/kg	62	0.56	62	35	<132	正态
P	mg/kg	391	0.51	351	2	142~868	正态
Pb	mg/kg	34	0.38	34	13	7~61	正态
Rb	mg/kg	78	0.35	78	27	23~133	正态
S	mg/kg	133	0.24	133	32	69~197	正态
Sb	mg/kg	2.66	0.65	2.66	1.72	<6.11	正态
Sc	mg/kg	14.8	0.30	14.8	4.4	6.1~23.5	正态
Se	mg/kg	0.37	0.41	0.37	0.15	0.08~0.66	正态
Sn	mg/kg	3.9	0.21	3.9	0.8	2.2~5.6	正态
Sr	mg/kg	69	0.48	56	8	39~72	正态
Th	mg/kg	16.8	0.24	16.8	4.1	8.6~25.0	正态
Ti	mg/kg	5703	0.22	5703	1260	3182~8223	正态
Tl	mg/kg	0.84	0.32	0.84	0.27	0.30~1.37	正态
U	mg/kg	5.0	0.34	5.0	1.7	1.5~8.4	正态
V	mg/kg	145	0.30	145	44	57~233	正态
W	mg/kg	2.74	0.39	2.74	1.08	0.58~4.90	正态
Y	mg/kg	33.9	0.40	31.6	1.5	14.9~66.8	对数正态
Zn	mg/kg	165	0.54	165	89	<344	正态
Zr	mg/kg	282	0.24	282	68	147~418	正态
pH		6.17	0.16	6.17	1.00	4.16~8.17	正态

表 4-6-3 柳江流域土壤地球化学基准值参数统计表（$n=284$）

指标	单位	原始值统计		基准值统计			
		算术平均值	变异系数	基准值	标准离差	变化范围	正态分布检验
Al_2O_3	%	15.31	0.33	15.31	5.00	5.30~25.32	正态
CaO	%	0.58	1.90	0.30	1.95	0.08~1.12	对数正态
Corg	%	0.31	0.52	0.27	1.60	0.11~0.70	对数正态
TFe_2O_3	%	6.33	0.30	6.33	1.88	2.57~10.09	正态
K_2O	%	1.62	0.57	1.62	0.93	<3.48	正态
MgO	%	0.64	0.47	0.59	1.54	0.25~1.38	正态
Na_2O	%	0.14	0.86	0.11	1.81	0.03~0.37	对数正态
SiO_2	%	65.19	0.15	65.19	10.01	45.17~85.22	正态
TC	%	0.45	0.69	0.36	0.31	<0.98	非正态
Ag	μg/kg	182	0.86	128	2	23~716	对数正态
Au	μg/kg	1.7	0.53	1.5	1.6	0.6~3.9	对数正态
Cd	μg/kg	913	1.63	375	4	27~5291	对数正态
Hg	μg/kg	165	0.63	139	2	43~455	对数正态
As	mg/kg	24.5	0.57	21.5	1.6	7.9~58.3	对数正态
B	mg/kg	73	0.33	73	24	25~121	正态
Ba	mg/kg	384	0.70	318	2	92~1101	正态
Be	mg/kg	2.1	0.38	2.1	0.8	0.4~3.8	正态
Bi	mg/kg	0.60	0.33	0.57	1.37	0.30~1.07	对数正态
Br	mg/kg	2.7	0.37	2.7	1.0	0.6~4.7	正态
Ce	mg/kg	85	0.34	80	1	43~151	正态
Cl	mg/kg	46	0.48	44	1	23~83	正态
Co	mg/kg	18.0	0.46	16.0	1.6	5.9~43.6	对数正态
Cr	mg/kg	100	0.37	90	22	46~135	正态
Cu	mg/kg	38	0.55	34	1	16~74	对数正态
F	mg/kg	773	0.64	657	2	250~1727	对数正态
Ga	mg/kg	18.9	0.28	18.9	5.2	8.4~29.3	正态
Ge	mg/kg	1.6	0.25	1.7	0.4	1.0~2.4	非正态
I	mg/kg	5.2	0.38	5.2	2.0	1.3~9.2	正态
La	mg/kg	48	0.35	44	9	27~61	正态
Li	mg/kg	49	0.45	49	22	5~92	正态
Mn	mg/kg	1316	1.14	867	2	140~5357	对数正态
Mo	mg/kg	2.70	0.91	1.85	0.79	0.26~3.43	正态
N	mg/kg	672	0.36	633	1	319~1256	对数正态
Nb	mg/kg	18	0.28	17	1	10~29	正态
Ni	mg/kg	53	0.55	47	2	17~127	对数正态
P	mg/kg	407	0.59	360	2	141~920	对数正态
Pb	mg/kg	47	1.62	29	1	13~65	对数正态
Rb	mg/kg	103	0.54	88	2	27~284	对数正态
S	mg/kg	137	0.44	127	1	60~269	对数正态
Sb	mg/kg	3.42	2.72	2.17	2.15	0.47~10.07	对数正态
Sc	mg/kg	14.7	0.32	14.7	4.7	5.3~24.0	正态
Se	mg/kg	0.56	0.63	0.48	1.71	0.16~1.41	对数正态
Sn	mg/kg	3.9	0.31	3.9	1.2	1.4~6.3	正态
Sr	mg/kg	78	0.60	69	2	25~188	正态
Th	mg/kg	15.4	0.29	15.4	4.4	6.6~24.1	正态
Ti	mg/kg	4873	0.32	4636	1	2458~8747	正态
Tl	mg/kg	0.89	0.31	0.85	1.37	0.45~1.58	正态
U	mg/kg	4.4	0.32	4.0	1.4	1.2~6.9	非正态
V	mg/kg	142	0.36	134	1	68~263	正态
W	mg/kg	2.23	0.36	2.12	1.38	1.11~4.02	对数正态
Y	mg/kg	35.3	0.49	30	6.6	16.8~43.3	正态
Zn	mg/kg	144	0.69	113	99	<311	非正态
Zr	mg/kg	240	0.34	240	82	76~404	正态
pH		6.13	0.17	5.85	1.03	3.78~7.92	非正态

表 4-6-4 红水河流域土壤地球化学基准值参数统计表（$n=721$）

指标	单位	原始值统计		基准值统计			
		算术平均值	变异系数	基准值	标准离差	变化范围	正态分布检验
Al_2O_3	%	15.07	0.45	14.72	6.71	1.31~28.13	非正态
CaO	%	0.40	1.45	0.28	1.85	0.08~0.96	对数正态
Corg	%	0.32	0.53	0.29	1.55	0.12~0.69	对数正态
TFe_2O_3	%	6.66	0.43	6.05	1.56	2.48~14.77	对数正态
K_2O	%	1.01	0.79	0.77	2.12	0.17~3.46	对数正态
MgO	%	0.65	0.54	0.58	0.35	<1.29	非正态
Na_2O	%	0.08	0.75	0.07	1.61	0.03~0.18	对数正态
SiO_2	%	67.13	0.20	67.63	13.70	40.22~95.04	非正态
TC	%	0.42	0.57	0.35	0.24	<0.84	非正态
Ag	μg/kg	160	0.74	127	2	33~489	对数正态
Au	μg/kg	1.9	0.89	1.5	1.8	0.5~5.1	对数正态
Cd	μg/kg	1897	1.65	573	5	21~15 444	对数正态
Hg	μg/kg	301	0.74	242	2	65~903	对数正态
As	mg/kg	31.1	0.72	26.0	1.8	8.0~84.0	对数正态
B	mg/kg	56	0.45	51	2	22~120	对数正态
Ba	mg/kg	206	0.79	163	163	<489	非正态
Be	mg/kg	2.1	0.62	1.8	1.3	<4.5	非正态
Bi	mg/kg	0.78	0.63	0.64	0.49	<1.62	非正态
Br	mg/kg	3.7	0.46	3.4	1.5	1.5~7.8	对数正态
Ce	mg/kg	100	0.55	86	2	29~254	对数正态
Cl	mg/kg	47	0.34	43	16	11~74	非正态
Co	mg/kg	17.0	0.62	13.9	2.0	3.6~53.2	对数正态
Cr	mg/kg	165	0.61	137	100	<337	非正态
Cu	mg/kg	34	0.44	31	2	12~77	对数正态
F	mg/kg	652	0.46	592	2	245~1433	正态
Ga	mg/kg	19.5	0.39	18.9	7.6	3.8~34.0	非正态
Ge	mg/kg	1.4	0.36	1.4	0.5	0.5~2.4	非正态
I	mg/kg	5.6	0.43	5.2	1.5	2.3~11.7	对数正态
La	mg/kg	54	0.46	47	25	<97	非正态
Li	mg/kg	47	0.53	41	2	14~119	对数正态
Mn	mg/kg	1104	1.01	667	3	77~5788	对数正态
Mo	mg/kg	2.79	0.81	2.27	1.86	0.66~7.82	对数正态
N	mg/kg	604	0.43	556	2	247~1252	对数正态
Nb	mg/kg	21	0.38	20	1	9~42	对数正态
Ni	mg/kg	57	0.65	47	2	14~160	对数正态
P	mg/kg	465	0.67	394	2	131~1190	对数正态
Pb	mg/kg	41	0.56	35	2	12~102	对数正态
Rb	mg/kg	73	0.60	65	44	<152	非正态
S	mg/kg	125	0.36	117	1	69~197	对数正态
Sb	mg/kg	3.71	0.98	2.35	3.62	<9.59	非正态
Sc	mg/kg	14.5	0.48	12.9	1.6	4.9~34.5	对数正态
Se	mg/kg	0.54	0.74	0.46	1.70	0.16~1.32	对数正态
Sn	mg/kg	4.0	0.35	3.7	1.4	1.8~7.6	对数正态
Sr	mg/kg	80	0.80	65	21	24~107	正态
Th	mg/kg	18.0	0.44	17.0	8.0	0.9~33.1	非正态
Ti	mg/kg	5879	0.45	5323	2	2165~13 088	对数正态
Tl	mg/kg	1.04	1.84	0.90	1.51	0.39~2.04	对数正态
U	mg/kg	5.8	0.43	5.4	1.5	2.5~11.8	对数正态
V	mg/kg	163	0.61	145	2	56~377	对数正态
W	mg/kg	2.87	0.70	2.41	1.67	0.86~6.77	对数正态
Y	mg/kg	42.4	0.78	30.2	33.1	<96.4	非正态
Zn	mg/kg	177	0.82	116	146	<408	非正态
Zr	mg/kg	292	0.49	262	2	104~659	对数正态
pH		5.70	0.16	5.48	0.90	3.68~7.28	非正态

表 4-6-5 黔江流域土壤地球化学基准值参数统计表（$n=148$）

指标	单位	原始值统计		基准值统计			
		算术平均值	变异系数	基准值	标准离差	变化范围	正态分布检验
Al_2O_3	%	17.38	0.25	17.38	4.42	8.54～26.23	正态
CaO	%	0.28	2.14	0.12	3.41	0.01～1.42	正态
Corg	%	0.30	0.33	0.28	1.36	0.15～0.52	对数正态
TFe_2O_3	%	7.57	0.32	7.57	2.44	2.69～12.45	正态
K_2O	%	1.96	0.60	1.96	1.18	<4.32	正态
MgO	%	0.69	0.48	0.63	1.51	0.28～1.44	对数正态
Na_2O	%	0.08	0.75	0.07	1.90	0.02～0.24	正态
SiO_2	%	62.34	0.14	62.34	9.03	44.28～80.41	正态
TC	%	0.36	0.53	0.33	1.49	0.15～0.73	正态
Ag	μg/kg	149	1.19	95	2	16～575	对数正态
Au	μg/kg	2.1	0.95	1.7	1.7	0.6～5.3	对数正态
Cd	μg/kg	626	1.75	136	1094	<2323	非正态
Hg	μg/kg	226	0.78	178	2	47～679	对数正态
As	mg/kg	37.5	1.01	28.2	2.0	7～114	对数正态
B	mg/kg	72	0.36	67	1	32～141	正态
Ba	mg/kg	471	1.04	360	2	87～1486	正态
Be	mg/kg	2.1	0.38	2.1	0.8	0.5～3.8	正态
Bi	mg/kg	0.70	0.40	0.66	1.42	0.33～1.33	正态
Br	mg/kg	3.3	0.48	3.0	1.6	1.2～7.4	正态
Ce	mg/kg	91	0.37	86	1	43～169	正态
Cl	mg/kg	54	0.37	51	1	27～99	对数正态
Co	mg/kg	12.8	0.65	10.3	2.0	2.7～39.7	对数正态
Cr	mg/kg	123	0.54	99	67	<233	非正态
Cu	mg/kg	41	0.66	35	2	11～110	对数正态
F	mg/kg	739	0.71	541	139	263～819	正态
Ga	mg/kg	22.1	0.26	22.1	5.8	10.5～33.7	正态
Ge	mg/kg	1.7	0.18	1.7	0.3	1.2～2.2	正态
I	mg/kg	6.8	0.32	6.8	2.2	2.5～11.1	正态
La	mg/kg	52	0.46	48	1	22～106	对数正态
Li	mg/kg	33	0.58	28	2	10～81	正态
Mn	mg/kg	1149	1.30	578	3	53～6318	对数正态
Mo	mg/kg	3.19	0.87	2.51	1.95	0.66～9.52	对数正态
N	mg/kg	588	0.28	567	1	330～973	正态
Nb	mg/kg	20	0.45	18	3	11～25	正态
Ni	mg/kg	45	0.84	34	2	8～144	对数正态
P	mg/kg	395	0.42	370	1	184～743	正态
Pb	mg/kg	87	1.67	36	145	<326	非正态
Rb	mg/kg	110	0.51	110	56	<223	正态
S	mg/kg	147	0.67	136	1	72～258	正态
Sb	mg/kg	7.00	1.48	4.21	2.51	0.67～26.45	对数正态
Sc	mg/kg	16.1	0.29	16.1	4.7	6.6～25.6	正态
Se	mg/kg	0.68	0.38	0.68	0.26	0.17～1.19	正态
Sn	mg/kg	4.4	0.25	4.4	1.1	2.2～6.7	正态
Sr	mg/kg	48	0.44	48	21	6～90	正态
Th	mg/kg	20.2	0.27	20.2	5.4	9.3～31.0	正态
Ti	mg/kg	5528	0.33	5172	1	3138～8524	对数正态
Tl	mg/kg	1.20	0.65	1.02	0.27	0.49～1.56	正态
U	mg/kg	5.2	0.46	4.6	1.2	2.3～6.9	正态
V	mg/kg	159	0.43	148	1	69～315	对数正态
W	mg/kg	2.57	0.49	2.39	1.42	1.18～4.84	正态
Y	mg/kg	31.6	0.47	26.4	4.6	17.2～35.6	正态
Zn	mg/kg	173	1.23	103	3	14～731	对数正态
Zr	mg/kg	266	0.33	253	1	134～479	正态
pH		5.31	0.16	5.09	0.83	3.42～6.75	非正态

表 4-6-6 郁江流域土壤地球化学基准值参数统计表（n=351）

指标	单位	原始值统计		基准值统计			
		算术平均值	变异系数	基准值	标准离差	变化范围	正态分布检验
Al_2O_3	%	19.26	0.23	18.74	1.27	11.65～30.14	对数正态
CaO	%	0.36	2.11	0.19	2.74	0.03～1.45	对数正态
Corg	%	0.28	0.50	0.26	1.50	0.11～0.57	对数正态
TFe_2O_3	%	7.04	0.35	6.36	2.48	1.40～11.32	非正态
K_2O	%	2.10	0.37	2.10	0.77	0.56～3.64	正态
MgO	%	0.94	0.62	0.82	1.57	0.33～2.03	对数正态
Na_2O	%	0.14	0.93	0.10	0.13	<0.36	非正态
SiO_2	%	61.20	0.14	62.84	8.83	45.17～80.51	非正态
TC	%	0.37	0.59	0.32	0.22	<0.76	非正态
Ag	μg/kg	95	0.93	64	88	<240	非正态
Au	μg/kg	2.3	2.39	1.7	1.8	0.5～5.3	对数正态
Cd	μg/kg	392	2.31	102	904	<1910	非正态
Hg	μg/kg	149	1.00	90	149	<388	非正态
As	mg/kg	30.0	1.12	19.4	2.5	3.1～122.7	对数正态
B	mg/kg	71	0.63	64	18	27～101	正态
Ba	mg/kg	380	0.38	380	144	92～668	正态
Be	mg/kg	2.6	0.42	2.4	1.5	1.1～5.4	对数正态
Bi	mg/kg	0.84	1.04	0.53	0.87	<2.27	非正态
Br	mg/kg	3.1	0.45	2.8	1.5	1.2～6.7	正态
Ce	mg/kg	104	0.41	93	43	6～179	非正态
Cl	mg/kg	53	0.42	45	22	0～90	非正态
Co	mg/kg	16.1	0.70	13.0	1.9	3.4～49.2	对数正态
Cr	mg/kg	99	0.64	79	63	<205	非正态
Cu	mg/kg	32	0.53	28	2	10～77	对数正态
F	mg/kg	711	0.47	615	332	<1280	非正态
Ga	mg/kg	22.7	0.28	21.8	1.3	12.7～37.4	对数正态
Ge	mg/kg	1.7	0.18	1.6	1.2	1.2～2.2	对数正态
I	mg/kg	5.6	0.52	4.9	1.7	1.7～14.6	对数正态
La	mg/kg	47	0.34	43	16	11～74	非正态
Li	mg/kg	43	0.51	38	2	15～101	对数正态
Mn	mg/kg	549	1.28	368	2	71～1906	对数正态
Mo	mg/kg	2.38	1.11	1.43	2.64	<6.72	非正态
N	mg/kg	475	0.26	459	1	303～696	对数正态
Nb	mg/kg	22	0.45	18	10	<39	非正态
Ni	mg/kg	39	0.85	27	33	<94	非正态
P	mg/kg	357	0.36	339	1	180～637	正态
Pb	mg/kg	52	1.19	35	62	<159	非正态
Rb	mg/kg	123	0.33	119	35	50～189	正态
S	mg/kg	133	0.35	126	1	66～243	对数正态
Sb	mg/kg	4.30	1.28	2.41	5.50	<13.41	非正态
Sc	mg/kg	15.0	0.34	13.8	5.1	3.7～23.9	非正态
Se	mg/kg	0.53	0.45	0.48	1.56	0.20～1.17	对数正态
Sn	mg/kg	4.3	0.44	3.7	1.9	<7.5	非正态
Sr	mg/kg	50	0.42	46	2	20～108	正态
Th	mg/kg	21.4	0.32	19.4	6.9	5.6～33.2	非正态
Ti	mg/kg	5790	0.38	5022	2200	622～9422	非正态
Tl	mg/kg	1.09	0.45	0.94	0.49	<1.92	非正态
U	mg/kg	5.7	0.54	4.3	3.1	<10.5	非正态
V	mg/kg	141	0.52	116	74	<264	非正态
W	mg/kg	3.26	0.76	2.41	2.47	<7.34	非正态
Y	mg/kg	33.5	0.37	29.3	12.3	4.6～54.0	非正态
Zn	mg/kg	125	1.16	78	145	<368	非正态
Zr	mg/kg	320	0.32	292	103	87～497	非正态
pH		5.69	0.15	5.47	0.84	3.79～7.15	非正态

表4-6-7　蒙江流域土壤地球化学基准值参数统计表（n=142）

指标	单位	原始值统计		基准值统计			
		算术平均值	变异系数	基准值	标准离差	变化范围	正态分布检验
Al_2O_3	%	15.66	0.17	15.66	2.69	10.27～21.05	正态
CaO	%	0.10	0.40	0.10	0.04	0.01～0.18	正态
Corg	%	0.36	0.72	0.31	1.67	0.11～0.87	对数正态
TFe_2O_3	%	5.56	0.18	5.56	0.98	3.61～7.52	正态
K_2O	%	2.20	0.16	2.20	0.36	1.48～2.92	正态
MgO	%	0.61	0.23	0.61	0.14	0.34～0.89	正态
Na_2O	%	0.08	0.25	0.08	1.19	0.05～0.11	对数正态
SiO_2	%	64.95	0.07	64.95	4.58	55.78～74.11	正态
TC	%	0.41	0.63	0.37	1.56	0.15～0.90	正态
Ag	μg/kg	48	0.42	45	1	21～94	对数正态
Au	μg/kg	4.1	4.71	1.8	0.6	0.6～3.0	正态
Cd	μg/kg	59	0.39	59	23	12～105	正态
Hg	μg/kg	69	0.32	69	22	24～114	正态
As	mg/kg	16.8	0.99	13.5	1.8	4.0～45.9	正态
B	mg/kg	51	0.25	50	9	32～68	正态
Ba	mg/kg	466	0.24	466	114	237～694	正态
Be	mg/kg	1.9	0.16	1.9	0.3	1.2～2.6	正态
Bi	mg/kg	0.48	0.48	0.45	1.32	0.26～0.79	正态
Br	mg/kg	2.7	0.59	2.3	1.9	0.6～8.2	对数正态
Ce	mg/kg	83	0.28	81	1	50～130	正态
Cl	mg/kg	41	0.44	39	1	23～66	正态
Co	mg/kg	9.9	0.42	9.9	4.2	1.6～18.3	正态
Cr	mg/kg	78	0.21	78	16	45～111	正态
Cu	mg/kg	27	0.44	25	4	16～34	正态
F	mg/kg	472	0.21	472	97	277～667	正态
Ga	mg/kg	18.9	0.16	18.9	3.0	13.0～24.9	正态
Ge	mg/kg	1.5	0.13	1.5	0.2	1.1～1.9	正态
I	mg/kg	5.2	0.50	4.5	1.7	1.5～13.3	对数正态
La	mg/kg	30	0.23	30	7	17～44	正态
Li	mg/kg	24	0.38	23	1	11～45	对数正态
Mn	mg/kg	307	0.41	307	126	56～558	正态
Mo	mg/kg	1.75	0.68	1.54	1.63	0.58～4.09	正态
N	mg/kg	498	0.31	498	156	186～811	正态
Nb	mg/kg	16	0.19	16	1	12～22	正态
Ni	mg/kg	23	0.52	22	1	13～39	正态
P	mg/kg	324	0.26	324	85	155～494	正态
Pb	mg/kg	30	0.53	27	5	16～37	正态
Rb	mg/kg	116	0.17	116	20	75～157	正态
S	mg/kg	150	0.36	142	1	76～266	正态
Sb	mg/kg	1.59	0.86	1.32	1.72	0.44～3.93	正态
Sc	mg/kg	12.4	0.18	12.4	2.2	7.9～16.8	正态
Se	mg/kg	0.58	0.34	0.58	0.20	0.17～0.99	正态
Sn	mg/kg	3.5	0.11	3.5	0.4	2.6～4.3	正态
Sr	mg/kg	23	0.52	21	2	8～50	正态
Th	mg/kg	17.2	0.17	17.2	3.0	11.1～23.2	正态
Ti	mg/kg	4511	0.13	4511	605	3301～5720	正态
Tl	mg/kg	0.77	0.18	0.77	0.14	0.48～1.05	正态
U	mg/kg	3.7	0.19	3.7	0.7	2.3～5.0	正态
V	mg/kg	105	0.19	105	20	64～145	正态
W	mg/kg	2.52	0.43	2.43	1.25	1.56～3.81	正态
Y	mg/kg	26.1	0.13	26.1	3.5	19.1～33.2	正态
Zn	mg/kg	53	0.34	51	1	30～86	正态
Zr	mg/kg	289	0.10	289	29	232～346	正态
pH		5.39	0.07	5.39	0.39	4.61～6.18	正态

表 4-6-8 浔江流域土壤地球化学基准值参数统计表（n=401）

指标	单位	原始值统计		基准值统计			
		算术平均值	变异系数	基准值	标准离差	变化范围	正态分布检验
Al_2O_3	%	18.23	0.24	18.23	4.36	9.51~26.94	正态
CaO	%	0.15	2.33	0.09	0.05	<0.19	正态
Corg	%	0.49	0.98	0.33	0.48	<1.28	非正态
TFe_2O_3	%	5.65	0.34	5.34	1.41	2.67~10.67	正态
K_2O	%	2.17	0.32	2.17	0.70	0.78~3.57	正态
MgO	%	0.55	0.42	0.53	0.19	0.16~0.91	正态
Na_2O	%	0.11	0.82	0.09	0.09	<0.27	非正态
SiO_2	%	64.19	0.11	64.19	6.93	50.34~78.05	正态
TC	%	0.55	0.96	0.39	0.53	<1.44	非正态
Ag	μg/kg	63	1.05	47	1	23~99	对数正态
Au	μg/kg	1.7	0.82	1.4	1.8	0.4~4.5	对数正态
Cd	μg/kg	96	1.34	59	129	<316	非正态
Hg	μg/kg	89	0.57	73	51	<175	非正态
As	mg/kg	12.3	0.94	8.8	2.4	1.6~48.6	对数正态
B	mg/kg	52	0.44	52	23	6~99	正态
Ba	mg/kg	370	0.93	331	2	140~783	正态
Be	mg/kg	2.0	0.45	1.9	0.7	0.5~3.2	正态
Bi	mg/kg	0.61	1.05	0.51	1.52	0.22~1.18	对数正态
Br	mg/kg	2.9	0.59	2.5	1.8	0.8~7.7	对数正态
Ce	mg/kg	85	0.33	81	1	44~152	正态
Cl	mg/kg	47	0.30	45	9	27~62	正态
Co	mg/kg	9.2	0.70	7.7	1.8	2.3~25.3	对数正态
Cr	mg/kg	65	0.43	65	28	9~121	正态
Cu	mg/kg	25	1.68	20	2	6~62	对数正态
F	mg/kg	506	0.40	475	1	235~957	对数正态
Ga	mg/kg	21.4	0.25	20.7	1.3	12.4~34.5	正态
Ge	mg/kg	1.7	0.18	1.7	1.2	1.2~2.2	对数正态
I	mg/kg	4.7	0.60	3.8	1.9	1.0~14.6	对数正态
La	mg/kg	38	0.34	36	1	20~66	正态
Li	mg/kg	27	0.52	23	14	<51	非正态
Mn	mg/kg	431	2.18	255	2	69~944	对数正态
Mo	mg/kg	1.41	0.95	1.13	1.87	0.32~3.97	对数正态
N	mg/kg	495	0.44	456	1	206~1011	正态
Nb	mg/kg	20	0.30	19	6	6~31	非正态
Ni	mg/kg	20	0.55	18	2	7~47	对数正态
P	mg/kg	305	0.44	285	1	139~583	正态
Pb	mg/kg	40	1.68	30	2	13~72	对数正态
Rb	mg/kg	125	0.41	116	1	52~258	正态
S	mg/kg	171	0.62	154	2	67~356	对数正态
Sb	mg/kg	1.83	1.98	1.12	2.43	0.19~6.62	对数正态
Sc	mg/kg	12.3	0.29	12.3	3.6	5.1~19.5	正态
Se	mg/kg	0.50	0.44	0.46	1.55	0.19~1.10	正态
Sn	mg/kg	4.5	0.42	3.9	1.9	0~7.8	非正态
Sr	mg/kg	32	0.56	27	2	9~83	对数正态
Th	mg/kg	20.4	0.33	19.4	1.3	11.0~34.1	对数正态
Ti	mg/kg	4734	0.28	4547	1	2556~8089	正态
Tl	mg/kg	0.89	0.36	0.85	1.39	0.44~1.64	正态
U	mg/kg	4.5	0.44	4.0	1.1	1.9~6.1	正态
V	mg/kg	101	0.40	93	2	41~210	对数正态
W	mg/kg	2.95	1.52	2.36	4.48	<11.31	非正态
Y	mg/kg	29.8	0.47	26.8	13.9	<54.6	非正态
Zn	mg/kg	65	0.58	58	2	24~142	对数正态
Zr	mg/kg	308	0.26	299	1	187~480	正态
pH		5.32	0.11	5.22	1.07	4.55~6.00	对数正态

表 4-6-9 北流河流域土壤地球化学基准值参数统计表（$n=386$）

指标	单位	原始值统计		基准值统计			
		算术平均值	变异系数	基准值	标准离差	变化范围	正态分布检验
Al_2O_3	%	19.63	0.21	19.63	4.16	11.30~27.96	正态
CaO	%	0.14	0.64	0.12	1.54	0.05~0.30	对数正态
Corg	%	0.48	0.69	0.39	1.87	0.11~1.36	对数正态
TFe_2O_3	%	4.76	0.27	4.76	1.29	2.18~7.33	正态
K_2O	%	2.41	0.26	2.33	1.30	1.38~3.92	正态
MgO	%	0.53	0.42	0.49	1.47	0.23~1.06	对数正态
Na_2O	%	0.18	0.56	0.15	0.10	<0.36	非正态
SiO_2	%	63.03	0.10	63.03	6.03	50.96~75.09	正态
TC	%	0.51	0.67	0.43	1.78	0.13~1.36	对数正态
Ag	μg/kg	51	1.12	43	15	14~72	正态
Au	μg/kg	1.5	1.00	1.2	1.8	0.4~3.9	对数正态
Cd	μg/kg	71	1.18	60	2	23~157	对数正态
Hg	μg/kg	70	1.36	62	1	33~116	对数正态
As	mg/kg	11.3	0.97	7.9	2.3	1.4~43.7	对数正态
B	mg/kg	51	0.53	48	22	5~91	正态
Ba	mg/kg	339	0.41	315	1	145~685	对数正态
Be	mg/kg	2.2	0.36	2.0	1.4	1.0~4.1	正态
Bi	mg/kg	0.55	0.65	0.48	1.60	0.19~1.23	对数正态
Br	mg/kg	2.6	0.58	2.2	1.6	0.8~6.1	对数正态
Ce	mg/kg	98	0.36	93	1	50~174	对数正态
Cl	mg/kg	47	0.38	45	1	23~86	对数正态
Co	mg/kg	8.6	0.47	7.7	1.6	3.1~19.6	对数正态
Cr	mg/kg	49	0.45	47	17	13~81	正态
Cu	mg/kg	17	0.53	17	6	4~29	正态
F	mg/kg	523	0.34	498	1	270~918	对数正态
Ga	mg/kg	22.4	0.22	22.4	4.9	12.6~32.3	正态
Ge	mg/kg	1.7	0.18	1.7	0.3	1.1~2.3	正态
I	mg/kg	5.0	0.66	4.1	2.0	1.1~15.6	对数正态
La	mg/kg	46	0.43	42	1	20~88	对数正态
Li	mg/kg	36	0.42	34	2	15~76	对数正态
Mn	mg/kg	332	0.98	275	2	88~860	对数正态
Mo	mg/kg	1.04	0.60	0.91	1.66	0.33~2.51	对数正态
N	mg/kg	424	0.44	389	2	169~893	对数正态
Nb	mg/kg	24	0.58	20	4	12~29	正态
Ni	mg/kg	19	0.47	17	2	7~43	正态
P	mg/kg	314	0.41	288	2	125~664	对数正态
Pb	mg/kg	41	0.98	37	1	18~76	对数正态
Rb	mg/kg	144	0.32	137	1	73~257	对数正态
S	mg/kg	134	0.43	123	2	54~281	对数正态
Sb	mg/kg	1.21	1.12	0.81	1.35	<3.51	非正态
Sc	mg/kg	11.5	0.30	11.5	3.4	4.7~18.2	正态
Se	mg/kg	0.39	0.36	0.39	0.14	0.10~0.68	正态
Sn	mg/kg	5.2	0.44	4.8	1.5	2.3~10.3	对数正态
Sr	mg/kg	36	0.81	27	29	<86	非正态
Th	mg/kg	22.8	0.29	22.8	6.5	9.8~35.7	正态
Ti	mg/kg	4101	0.24	4101	986	2129~6074	正态
Tl	mg/kg	0.96	0.30	0.92	1.32	0.53~1.60	正态
U	mg/kg	4.8	0.40	4.5	1.4	2.2~9.4	正态
V	mg/kg	80	0.33	80	26	29~132	正态
W	mg/kg	2.83	0.47	2.62	1.45	1.24~5.55	正态
Y	mg/kg	30.4	0.33	29.0	1.4	15.8~53.2	对数正态
Zn	mg/kg	65	0.40	62	15	32~92	正态
Zr	mg/kg	295	0.23	288	1	186~446	正态
pH		5.48	0.08	5.46	1.09	4.63~6.45	对数正态

4.7 县域行政单元地球化学基准值

研究区范围内县域行政单元共涉及上林县等 20 个县(市、区)。统计研究区不同县域行政单元土壤地球化学基准值,结果列于表 4-7-1 至表 4-7-20。

从表 4-7-1 至表 4-7-20 可以看出,处于碳酸盐岩分布区的上林县、宾阳县、柳州市区、港北区、覃塘区、宜州区、兴宾区、象州县、武宣县和合山市中大部分指标的基准值高于研究区基准值,其中以 Ag、Cd、Hg、Co、Cr、Mn、Ni 等较为显著。上林县、覃塘区仅 SiO_2 的基准值略低于研究区,其他指标基准值全部高于研究区基准值,覃塘区 TFe_2O_3、MgO、Ag、Au、Be、Ce、Cr、Cu、Li、Mn、Mo、Pb、Sc、Ti、U、V、W 的基准值均高于研究区对应指标基准值的 1.5 倍以上,Cd、Hg、As、Bi、Co、Ni、Sb、Zn 高于研究区对应指标基准值的 2 倍以上,富集程度显著。龙圩区、藤县、岑溪市、平南县、桂平市则大部分指标基准值低于研究区对应指标基准值,表明相对贫乏,而 Corg、K_2O、Na_2O、Ba、Rb 基准值则高于研究区对应指标基准值,相对富集。

各县中龙圩区 pH 的基准值最低,为 5.20,柳江区 pH 的基准值最高,为 6.14。

表 4-7-1 上林县土壤地球化学基准值参数统计表（n=98）

指标	单位	原始值统计		基准值统计			
		算术平均值	变异系数	基准值	标准离差	变化范围	正态分布检验
Al_2O_3	%	17.77	0.26	17.77	4.64	8.49~27.06	正态
CaO	%	0.39	1.82	0.22	2.54	0.03~1.43	对数正态
Corg	%	0.37	0.49	0.34	1.53	0.15~0.79	正态
TFe_2O_3	%	7.06	0.33	7.06	2.32	2.41~11.71	正态
K_2O	%	1.79	0.57	1.79	1.02	<3.83	正态
MgO	%	0.80	0.30	0.80	0.24	0.32~1.28	正态
Na_2O	%	0.11	0.64	0.09	0.03	0.04~0.14	正态
SiO_2	%	58.89	0.16	58.89	9.43	40.03~77.75	正态
TC	%	0.45	0.56	0.40	1.59	0.16~1.01	对数正态
Ag	μg/kg	103	1.18	80	2	22~284	对数正态
Au	μg/kg	2.4	0.96	1.8	2.0	0.5~7.1	正态
Cd	μg/kg	1998	1.60	454	7	11~19 318	对数正态
Hg	μg/kg	296	0.94	211	2	42~1057	对数正态
As	mg/kg	36.5	0.85	28.6	2.0	7.1~115.8	正态
B	mg/kg	70	0.33	70	23	24~116	正态
Ba	mg/kg	354	0.75	282	2	73~1083	对数正态
Be	mg/kg	2.6	0.46	2.6	1.2	0.3~4.9	正态
Bi	mg/kg	0.78	1.00	0.67	1.60	0.26~1.72	正态
Br	mg/kg	4.3	0.58	3.8	1.6	1.5~9.8	正态
Ce	mg/kg	114	0.41	114	47	21~208	正态
Cl	mg/kg	47	0.32	45	1	26~79	对数正态
Co	mg/kg	15.9	0.62	13.0	2.0	3.4~49.6	正态
Cr	mg/kg	181	0.73	124	132	<388	非正态
Cu	mg/kg	33	0.42	33	14	4~62	正态
F	mg/kg	813	0.26	813	211	391~1235	正态
Ga	mg/kg	22.2	0.26	22.2	5.7	10.9~33.5	正态
Ge	mg/kg	1.7	0.18	1.7	0.3	1.0~2.4	正态
I	mg/kg	6.8	0.49	6.8	3.3	0.3~13.4	正态
La	mg/kg	61	0.43	61	26	9~114	正态
Li	mg/kg	49	0.47	44	2	17~116	对数正态
Mn	mg/kg	1042	1.31	585	3	70~4921	对数正态
Mo	mg/kg	2.93	1.20	2.01	2.24	0.40~10.04	正态
N	mg/kg	733	0.43	733	318	98~1369	正态
Nb	mg/kg	22	0.32	21	1	10~41	正态
Ni	mg/kg	50	0.66	40	2	11~148	对数正态
P	mg/kg	471	0.54	419	2	163~1076	对数正态
Pb	mg/kg	44	0.45	44	20	3~85	正态
Rb	mg/kg	108	0.42	108	45	19~197	正态
S	mg/kg	141	0.39	132	1	66~264	正态
Sb	mg/kg	5.90	0.72	5.90	4.26	<14.42	正态
Sc	mg/kg	17.3	0.34	17.3	5.9	5.6~29.1	正态
Se	mg/kg	0.78	1.00	0.62	1.86	0.18~2.13	正态
Sn	mg/kg	4.3	0.23	4.3	1.0	2.3~6.2	正态
Sr	mg/kg	53	0.38	53	20	13~92	正态
Th	mg/kg	21.3	0.31	21.3	6.7	7.9~34.8	正态
Ti	mg/kg	5848	0.38	5426	2	2411~12 212	正态
Tl	mg/kg	1.73	2.87	1.21	0.39	0.43~1.99	正态
U	mg/kg	6.2	0.45	6.2	2.8	0.6~11.7	正态
V	mg/kg	196	0.99	167	2	61~454	正态
W	mg/kg	3.41	0.63	2.99	1.66	1.08~8.24	正态
Y	mg/kg	50.9	0.74	33.8	37.5	<108.9	非正态
Zn	mg/kg	168	0.87	120	2	24~597	对数正态
Zr	mg/kg	332	0.40	307	2	135~698	正态
pH		5.64	0.16	5.57	1.17	4.09~7.59	对数正态

表 4-7-2 宾阳县土壤地球化学基准值参数统计表（n=149）

指标	单位	原始值统计		基准值统计			
		算术平均值	变异系数	基准值	标准离差	变化范围	正态分布检验
Al_2O_3	%	20.21	0.24	20.21	4.93	10.35~30.07	正态
CaO	%	0.21	1.10	0.15	2.11	0.03~0.67	对数正态
Corg	%	0.30	0.63	0.28	1.51	0.12~0.63	对数正态
TFe_2O_3	%	7.12	0.38	6.68	1.42	3.33~13.42	对数正态
K_2O	%	1.98	0.48	1.98	0.96	0.06~3.89	正态
MgO	%	0.69	0.30	0.69	0.21	0.27~1.10	正态
Na_2O	%	0.12	0.75	0.08	0.02	0.03~0.13	正态
SiO_2	%	59.24	0.15	59.24	9.03	41.18~77.31	正态
TC	%	0.34	0.62	0.31	1.51	0.13~0.70	对数正态
Ag	μg/kg	77	0.68	63	2	18~220	对数正态
Au	μg/kg	2.2	1.09	1.7	1.9	0.5~6.3	对数正态
Cd	μg/kg	326	2.14	63	697	<1458	非正态
Hg	μg/kg	244	1.10	115	268	<651	非正态
As	mg/kg	33.6	0.76	25.4	2.2	5.4~119.0	对数正态
B	mg/kg	73	0.44	73	32	8~137	正态
Ba	mg/kg	409	0.45	409	184	41~776	正态
Be	mg/kg	2.7	0.41	2.5	1.5	1.1~5.7	正态
Bi	mg/kg	1.08	0.79	0.84	0.85	<2.54	非正态
Br	mg/kg	3.4	0.41	3.1	1.5	1.4~6.9	正态
Ce	mg/kg	120	0.47	110	2	48~248	对数正态
Cl	mg/kg	61	0.38	58	1	29~116	对数正态
Co	mg/kg	14.0	0.71	11.3	1.9	3.1~40.9	对数正态
Cr	mg/kg	118	0.73	87	86	<259	非正态
Cu	mg/kg	29	0.48	26	2	11~63	对数正态
F	mg/kg	671	0.33	671	220	231~1112	正态
Ga	mg/kg	23.8	0.26	23.8	6.1	11.7~35.9	正态
Ge	mg/kg	1.8	0.17	1.8	1.2	1.2~2.5	对数正态
I	mg/kg	5.9	0.46	5.9	2.7	0.6~11.2	正态
La	mg/kg	56	0.36	56	20	16~97	正态
Li	mg/kg	51	0.43	51	22	7~94	正态
Mn	mg/kg	394	1.03	276	2	53~1425	正态
Mo	mg/kg	2.31	0.80	1.86	1.88	0.53~6.55	对数正态
N	mg/kg	447	0.38	447	168	111~784	正态
Nb	mg/kg	23	0.35	20	8	4~37	非正态
Ni	mg/kg	37	0.68	31	2	10~102	对数正态
P	mg/kg	360	0.37	340	1	172~671	正态
Pb	mg/kg	48	0.60	42	2	16~111	正态
Rb	mg/kg	111	0.47	111	52	6~216	正态
S	mg/kg	144	0.45	134	1	64~277	正态
Sb	mg/kg	5.36	1.11	3.33	2.64	0.48~23.21	对数正态
Sc	mg/kg	16.0	0.34	15.1	1.4	8.0~28.8	对数正态
Se	mg/kg	0.65	0.37	0.65	0.24	0.17~1.12	正态
Sn	mg/kg	4.9	0.31	4.7	1.3	2.6~8.6	对数正态
Sr	mg/kg	62	0.39	62	24	13~111	正态
Th	mg/kg	25.2	0.33	24.0	1.4	12.6~45.8	对数正态
Ti	mg/kg	6307	0.46	5020	2885	<10 790	非正态
Tl	mg/kg	1.02	0.36	1.02	0.37	0.28~1.75	正态
U	mg/kg	6.8	0.49	5.7	3.3	<12.4	非正态
V	mg/kg	144	0.54	111	78	<268	非正态
W	mg/kg	4.60	0.80	3.36	3.66	<10.69	非正态
Y	mg/kg	34.0	0.50	29.0	16.9	<62.9	非正态
Zn	mg/kg	105	0.84	67	88	<243	非正态
Zr	mg/kg	370	0.47	304	173	<650	非正态
pH		5.37	0.12	5.33	1.11	4.30~6.62	正态

表 4-7-3 柳州市区土壤地球化学基准值参数统计表（n=69）

指标	单位	原始值统计		基准值统计			
		算术平均值	变异系数	基准值	标准离差	变化范围	正态分布检验
Al_2O_3	%	18.81	0.17	18.81	3.29	12.24~25.38	正态
CaO	%	0.31	0.81	0.20	0.25	<0.69	非正态
Corg	%	0.32	0.44	0.30	1.46	0.14~0.64	正态
TFe_2O_3	%	6.98	0.20	6.98	1.40	4.17~9.78	正态
K_2O	%	1.58	0.32	1.58	0.51	0.56~2.60	正态
MgO	%	0.60	0.27	0.60	0.16	0.27~0.92	正态
Na_2O	%	0.19	1.00	0.15	1.74	0.05~0.46	正态
SiO_2	%	60.74	0.11	60.74	6.80	47.13~74.34	正态
TC	%	0.40	0.43	0.40	0.17	0.06~0.74	正态
Ag	μg/kg	96	0.97	73	2	19~287	正态
Au	μg/kg	1.6	0.50	1.5	1.5	0.6~3.4	正态
Cd	μg/kg	448	1.41	257	3	36~1851	对数正态
Hg	μg/kg	164	0.52	164	85	<333	正态
As	mg/kg	24.6	0.45	24.6	11.0	2.6~46.6	正态
B	mg/kg	78	0.21	78	16	46~110	正态
Ba	mg/kg	346	0.34	346	116	115~578	正态
Be	mg/kg	2.1	0.24	2.1	0.5	1.0~3.1	正态
Bi	mg/kg	0.67	0.27	0.67	0.18	0.30~1.04	正态
Br	mg/kg	3.1	0.26	3.1	0.8	1.5~4.8	正态
Ce	mg/kg	87	0.21	87	18	50~124	正态
Cl	mg/kg	55	0.65	51	1	25~103	正态
Co	mg/kg	15.5	0.41	15.5	6.3	2.8~28.1	正态
Cr	mg/kg	110	0.28	106	1	64~177	对数正态
Cu	mg/kg	33	0.27	33	9	14~52	正态
F	mg/kg	595	0.32	595	193	209~982	正态
Ga	mg/kg	21.1	0.17	21.1	3.5	14.1~28.1	正态
Ge	mg/kg	1.8	0.11	1.8	0.2	1.4~2.2	正态
I	mg/kg	5.3	0.32	5.3	1.7	2.0~8.6	正态
La	mg/kg	48	0.21	48	10	27~69	正态
Li	mg/kg	61	0.30	61	18	25~98	正态
Mn	mg/kg	877	1.11	610	2	128~2900	对数正态
Mo	mg/kg	2.40	0.62	2.08	1.66	0.75~5.76	正态
N	mg/kg	622	0.31	622	190	242~1001	正态
Nb	mg/kg	21	0.19	21	4	13~29	正态
Ni	mg/kg	50	0.46	46	1	21~102	正态
P	mg/kg	424	0.33	424	139	146~701	正态
Pb	mg/kg	31	0.26	31	8	16~46	正态
Rb	mg/kg	90	0.29	90	26	37~142	正态
S	mg/kg	191	0.39	179	1	88~363	正态
Sb	mg/kg	1.98	0.54	1.98	1.07	<4.12	正态
Sc	mg/kg	16.4	0.18	16.4	3.0	10.5~22.4	正态
Se	mg/kg	0.64	0.36	0.64	0.23	0.18~1.10	正态
Sn	mg/kg	4.5	0.33	4.5	1.5	1.5~7.6	正态
Sr	mg/kg	70	0.34	70	24	22~118	正态
Th	mg/kg	17.7	0.18	17.7	3.1	11.5~24.0	正态
Ti	mg/kg	5976	0.22	5976	1293	3390~8562	正态
Tl	mg/kg	0.84	0.26	0.84	0.22	0.40~1.28	正态
U	mg/kg	4.9	0.29	4.9	1.4	2.0~7.8	正态
V	mg/kg	147	0.23	147	34	80~215	正态
W	mg/kg	2.51	0.21	2.51	0.53	1.44~3.57	正态
Y	mg/kg	35.7	0.29	34.5	1.3	20.7~57.5	对数正态
Zn	mg/kg	123	0.42	114	1	53~245	正态
Zr	mg/kg	292	0.23	292	68	157~428	正态
pH		5.71	0.14	5.41	0.79	3.83~6.99	非正态

表 4-7-4 柳江区土壤地球化学基准值参数统计表（$n=132$）

指标	单位	原始值统计		基准值统计			
		算术平均值	变异系数	基准值	标准离差	变化范围	正态分布检验
Al_2O_3	%	11.46	0.48	10.28	1.59	4.07~25.99	对数正态
CaO	%	0.59	2.29	0.31	0.12	0.07~0.55	正态
Corg	%	0.30	0.50	0.27	1.62	0.10~0.70	正态
TFe_2O_3	%	5.18	0.46	4.71	1.54	1.98~11.18	对数正态
K_2O	%	0.72	0.71	0.58	1.92	0.16~2.15	对数正态
MgO	%	0.49	0.73	0.42	1.71	0.14~1.22	正态
Na_2O	%	0.08	0.75	0.07	1.80	0.02~0.23	对数正态
SiO_2	%	73.12	0.16	76.22	11.56	53.11~99.34	非正态
TC	%	0.46	0.76	0.37	1.40	0.19~0.73	对数正态
Ag	μg/kg	264	0.47	264	124	16~512	正态
Au	μg/kg	1.5	0.53	1.5	0.8	<3.1	正态
Cd	μg/kg	1473	1.21	760	3	69~8330	对数正态
Hg	μg/kg	215	0.48	196	2	84~456	对数正态
As	mg/kg	25.7	0.84	21.6	1.7	7.3~64.0	对数正态
B	mg/kg	52	0.40	48	1	21~106	对数正态
Ba	mg/kg	190	0.71	154	2	43~548	正态
Be	mg/kg	1.5	0.60	1.2	1.8	0.4~4.0	对数正态
Bi	mg/kg	0.58	0.43	0.49	0.25	0~0.98	非正态
Br	mg/kg	3.2	0.44	3.0	1.4	1.5~6.1	正态
Ce	mg/kg	75	0.52	67	2	26~168	对数正态
Cl	mg/kg	46	0.28	44	1	26~75	正态
Co	mg/kg	17.4	0.56	14.9	1.8	4.6~47.8	对数正态
Cr	mg/kg	102	0.39	95	1	47~194	对数正态
Cu	mg/kg	37	0.43	34	2	14~78	对数正态
F	mg/kg	489	0.47	445	2	191~1036	正态
Ga	mg/kg	14.7	0.40	13.7	1.5	6.4~29.1	对数正态
Ge	mg/kg	1.2	0.33	1.2	0.4	0.3~2.0	正态
I	mg/kg	5.1	0.35	5.1	1.8	1.5~8.7	正态
La	mg/kg	48	0.48	44	2	19~101	对数正态
Li	mg/kg	39	0.54	34	2	12~95	对数正态
Mn	mg/kg	1722	1.05	1216	2	234~6304	对数正态
Mo	mg/kg	2.53	0.89	1.99	1.90	0.55~7.18	正态
N	mg/kg	604	0.37	569	1	287~1129	对数正态
Nb	mg/kg	16	0.31	15	1	8~29	对数正态
Ni	mg/kg	57	0.61	49	2	16~146	对数正态
P	mg/kg	495	0.59	435	2	164~1154	正态
Pb	mg/kg	28	0.50	25	2	10~61	对数正态
Rb	mg/kg	55	0.55	47	2	16~142	对数正态
S	mg/kg	129	0.29	124	1	74~210	正态
Sb	mg/kg	1.99	0.66	1.69	1.72	0.57~4.99	对数正态
Sc	mg/kg	11.8	0.50	10.6	1.6	4.3~26.5	对数正态
Se	mg/kg	0.50	0.68	0.42	1.77	0.13~1.32	对数正态
Sn	mg/kg	3.1	0.39	2.9	1.4	1.4~5.9	对数正态
Sr	mg/kg	101	0.69	86	2	29~253	对数正态
Th	mg/kg	12.5	0.44	11.5	1.5	5.1~25.9	对数正态
Ti	mg/kg	4442	0.40	4120	1	1914~8868	对数正态
Tl	mg/kg	0.81	0.81	0.72	1.52	0.31~1.68	正态
U	mg/kg	4.6	0.33	4.4	1.4	2.4~8.1	正态
V	mg/kg	120	0.47	108	2	43~271	对数正态
W	mg/kg	2.15	0.53	1.91	1.60	0.74~4.92	对数正态
Y	mg/kg	35.0	0.67	29.7	1.7	10.0~88.4	正态
Zn	mg/kg	148	0.68	109	101	<311	非正态
Zr	mg/kg	210	0.40	195	1	90~421	对数正态
pH		6.14	0.15	6.14	0.95	4.24~8.03	正态

表 4-7-5 柳城县土壤地球化学基准值参数统计表（$n=132$）

指标	单位	原始值统计		基准值统计			
		算术平均值	变异系数	基准值	标准离差	变化范围	正态分布检验
Al_2O_3	%	17.34	0.24	17.34	4.14	9.06~25.62	正态
CaO	%	0.54	1.70	0.29	0.14	0.01~0.56	正态
Corg	%	0.27	0.37	0.27	0.10	0.08~0.46	正态
TFe_2O_3	%	6.69	0.26	6.69	1.74	3.20~10.17	正态
K_2O	%	1.18	0.39	1.18	0.46	0.25~2.11	正态
MgO	%	0.69	0.61	0.62	1.52	0.27~1.44	正态
Na_2O	%	0.11	0.55	0.09	0.06	<0.21	非正态
SiO_2	%	62.76	0.13	62.76	8.24	46.28~79.25	正态
TC	%	0.42	0.67	0.34	0.08	0.17~0.50	正态
Ag	μg/kg	84	0.49	84	41	2~166	正态
Au	μg/kg	2.0	0.90	1.6	1.9	0.4~6.0	正态
Cd	μg/kg	1386	1.18	673	4	50~9098	对数正态
Hg	μg/kg	257	0.51	257	132	<520	正态
As	mg/kg	31.2	0.47	31.2	14.6	2.1~60.4	正态
B	mg/kg	69	0.22	69	15	39~99	正态
Ba	mg/kg	237	0.37	237	88	61~413	正态
Be	mg/kg	2.1	0.38	2.1	0.8	0.5~3.7	正态
Bi	mg/kg	0.65	0.32	0.65	0.21	0.24~1.07	正态
Br	mg/kg	2.7	0.26	2.7	0.7	1.2~4.1	正态
Ce	mg/kg	97	0.34	97	33	31~163	正态
Cl	mg/kg	46	0.28	45	1	26~75	正态
Co	mg/kg	18.8	0.44	18.8	8.3	2.2~35.4	正态
Cr	mg/kg	140	0.41	140	58	24~256	正态
Cu	mg/kg	31	0.35	31	11	8~53	正态
F	mg/kg	673	0.53	557	356	<1268	非正态
Ga	mg/kg	19.8	0.23	19.8	4.5	10.8~28.8	正态
Ge	mg/kg	1.5	0.13	1.5	0.2	1.0~2.0	正态
I	mg/kg	4.4	0.30	4.4	1.3	1.9~6.9	正态
La	mg/kg	44	0.34	41	1	21~82	正态
Li	mg/kg	59	0.29	59	17	26~93	正态
Mn	mg/kg	982	0.90	740	2	170~3225	对数正态
Mo	mg/kg	1.77	0.45	1.62	1.50	0.72~3.65	正态
N	mg/kg	583	0.27	583	157	269~898	正态
Nb	mg/kg	20	0.20	20	4	12~28	正态
Ni	mg/kg	64	0.55	56	2	19~162	正态
P	mg/kg	413	0.47	375	2	157~895	正态
Pb	mg/kg	35	0.37	35	13	9~61	正态
Rb	mg/kg	76	0.33	76	25	25~127	正态
S	mg/kg	135	0.24	135	32	70~200	正态
Sb	mg/kg	2.60	0.59	2.60	1.53	<5.65	正态
Sc	mg/kg	15.2	0.29	15.2	4.4	6.4~24.0	正态
Se	mg/kg	0.39	0.49	0.36	1.51	0.16~0.81	正态
Sn	mg/kg	4.0	0.23	4.0	0.9	2.2~5.9	正态
Sr	mg/kg	68	0.44	58	10	37~79	正态
Th	mg/kg	17.0	0.24	17.0	4.1	8.8~25.2	正态
Ti	mg/kg	5818	0.22	5818	1303	3212~8423	正态
Tl	mg/kg	0.83	0.30	0.80	1.33	0.45~1.41	正态
U	mg/kg	5.1	0.33	5.1	1.7	1.6~8.6	正态
V	mg/kg	148	0.28	148	42	65~231	正态
W	mg/kg	2.85	0.40	2.85	1.15	0.55~5.15	正态
Y	mg/kg	35.6	0.41	33.1	1.4	15.7~69.5	对数正态
Zn	mg/kg	172	0.55	172	94	<360	正态
Zr	mg/kg	287	0.23	287	66	155~419	正态
pH		6.04	0.16	5.70	0.98	3.74~7.66	非正态

表 4-7-6 龙圩区土壤地球化学基准值参数统计表（n=62）

指标	单位	原始值统计		基准值统计			正态分布检验
		算术平均值	变异系数	基准值	标准离差	变化范围	
Al_2O_3	%	21.54	0.17	21.54	3.69	14.16~28.91	正态
CaO	%	0.13	0.46	0.13	0.06	0.02~0.24	正态
Corg	%	0.65	0.66	0.65	0.43	<1.51	正态
TFe_2O_3	%	4.72	0.38	4.72	1.81	1.11~8.34	正态
K_2O	%	2.29	0.37	2.29	0.84	0.62~3.96	正态
MgO	%	0.40	0.35	0.40	0.14	0.12~0.67	正态
Na_2O	%	0.23	0.61	0.20	1.67	0.07~0.56	对数正态
SiO_2	%	60.90	0.08	60.90	4.60	51.69~70.10	正态
TC	%	0.69	0.64	0.57	1.80	0.18~1.86	正态
Ag	μg/kg	55	0.51	50	2	21~119	正态
Au	μg/kg	1.3	0.62	1.3	0.8	<2.9	正态
Cd	μg/kg	69	0.38	69	26	18~121	正态
Hg	μg/kg	60	0.27	60	16	28~92	正态
As	mg/kg	6.3	0.89	4.3	2.5	0.7~26.0	对数正态
B	mg/kg	22	0.77	22	17	<55	正态
Ba	mg/kg	369	0.29	369	108	152~586	正态
Be	mg/kg	2.7	0.44	2.7	1.2	0.3~5.2	正态
Bi	mg/kg	0.94	1.48	0.71	1.80	0.22~2.31	正态
Br	mg/kg	2.0	0.30	2.0	0.6	0.8~3.2	正态
Ce	mg/kg	86	0.29	86	25	36~136	正态
Cl	mg/kg	47	0.28	47	13	21~73	正态
Co	mg/kg	8.6	0.41	8.6	3.5	1.6~15.6	正态
Cr	mg/kg	40	0.60	40	24	<88	正态
Cu	mg/kg	16	0.50	16	8	0~33	正态
F	mg/kg	350	0.24	350	84	181~519	正态
Ga	mg/kg	24.1	0.19	24.1	4.6	15.0~33.2	正态
Ge	mg/kg	1.8	0.11	1.8	0.2	1.3~2.2	正态
I	mg/kg	3.1	0.55	3.1	1.7	<6.5	正态
La	mg/kg	35	0.34	35	12	11~59	正态
Li	mg/kg	22	0.32	22	7	9~35	正态
Mn	mg/kg	406	0.36	406	148	109~703	正态
Mo	mg/kg	1.33	0.59	1.33	0.79	<2.91	正态
N	mg/kg	492	0.48	492	237	18~966	正态
Nb	mg/kg	27	0.41	25	1	13~48	正态
Ni	mg/kg	16	0.50	16	8	0~32	正态
P	mg/kg	257	0.58	233	2	103~526	正态
Pb	mg/kg	41	0.32	41	13	15~67	正态
Rb	mg/kg	155	0.48	155	75	6~304	正态
S	mg/kg	186	0.45	186	83	20~353	正态
Sb	mg/kg	0.47	0.98	0.35	1.97	0.09~1.38	正态
Sc	mg/kg	12.3	0.37	12.3	4.5	3.4~21.3	正态
Se	mg/kg	0.38	0.34	0.38	0.13	0.12~0.64	正态
Sn	mg/kg	5.2	0.31	5.2	1.6	2.0~8.4	正态
Sr	mg/kg	31	0.65	25	2	7~94	对数正态
Th	mg/kg	24.9	0.28	24.9	6.9	11.2~38.7	正态
Ti	mg/kg	3829	0.34	3829	1304	1220~6438	正态
Tl	mg/kg	1.06	0.42	1.06	0.44	0.19~1.94	正态
U	mg/kg	6.7	0.46	6.7	3.1	0.4~13.0	正态
V	mg/kg	86	0.42	86	36	14~158	正态
W	mg/kg	4.07	1.49	3.07	1.83	0.92~10.23	正态
Y	mg/kg	25.9	0.24	25.9	6.3	13.3~38.5	正态
Zn	mg/kg	63	0.19	63	12	39~88	正态
Zr	mg/kg	254	0.19	254	48	157~351	正态
pH		5.20	0.06	5.20	0.30	4.60~5.81	正态

表 4-7-7 藤县土壤地球化学基准值参数统计表（n=251）

指标	单位	原始值统计		基准值统计			
		算术平均值	变异系数	基准值	标准离差	变化范围	正态分布检验
Al_2O_3	%	16.20	0.20	16.20	3.21	9.79～22.62	正态
CaO	%	0.11	0.64	0.10	1.59	0.04～0.25	正态
Corg	%	0.56	0.96	0.42	2.02	0.10～1.72	对数正态
TFe_2O_3	%	5.14	0.27	5.14	1.37	2.40～7.87	正态
K_2O	%	2.13	0.20	2.13	0.43	1.27～2.98	正态
MgO	%	0.55	0.33	0.55	0.18	0.19～0.91	正态
Na_2O	%	0.10	0.50	0.08	0.05	<0.18	非正态
SiO_2	%	65.26	0.08	65.26	5.45	54.36～76.16	正态
TC	%	0.61	0.90	0.48	1.91	0.13～1.74	对数正态
Ag	μg/kg	56	0.80	49	1	25～97	对数正态
Au	μg/kg	2.8	5.21	1.4	0.7	0.1～2.8	正态
Cd	μg/kg	73	0.70	62	20	22～102	正态
Hg	μg/kg	65	0.34	62	1	33～118	正态
As	mg/kg	11.3	1.19	8.1	2.2	1.6～40.6	对数正态
B	mg/kg	51	0.29	51	15	21～80	正态
Ba	mg/kg	379	0.35	379	134	112～646	正态
Be	mg/kg	1.8	0.22	1.8	0.4	1.0～2.5	正态
Bi	mg/kg	0.46	0.63	0.41	0.10	0.21～0.61	正态
Br	mg/kg	2.1	0.57	1.9	0.8	0.3～3.5	正态
Ce	mg/kg	81	0.28	78	1	46～131	正态
Cl	mg/kg	43	0.37	41	1	24～70	正态
Co	mg/kg	9.0	0.46	9.0	4.1	0.9～17.2	正态
Cr	mg/kg	64	0.30	64	19	26～103	正态
Cu	mg/kg	22	0.50	22	7	8～35	正态
F	mg/kg	453	0.23	453	106	242～665	正态
Ga	mg/kg	18.8	0.18	18.8	3.3	12.3～25.3	正态
Ge	mg/kg	1.5	0.13	1.5	1.2	1.1～2.0	正态
I	mg/kg	3.8	0.63	3.1	1.9	0.8～11.5	对数正态
La	mg/kg	31	0.23	31	7	17～45	正态
Li	mg/kg	27	0.44	25	1	11～55	对数正态
Mn	mg/kg	294	0.50	260	2	95～712	对数正态
Mo	mg/kg	1.22	0.81	1.00	1.87	0.29～3.47	对数正态
N	mg/kg	511	0.44	471	1	216～1030	对数正态
Nb	mg/kg	17	0.18	17	3	11～22	正态
Ni	mg/kg	20	0.30	20	6	8～32	正态
P	mg/kg	300	0.44	280	1	139～566	正态
Pb	mg/kg	32	0.44	29	7	15～43	正态
Rb	mg/kg	114	0.21	114	24	66～163	正态
S	mg/kg	163	0.51	149	1	68～326	正态
Sb	mg/kg	1.24	0.94	1.01	1.76	0.33～3.13	对数正态
Sc	mg/kg	11.2	0.27	11.2	3.0	5.3～17.1	正态
Se	mg/kg	0.47	0.40	0.43	1.48	0.20～0.95	正态
Sn	mg/kg	3.7	0.32	3.5	0.5	2.4～4.6	正态
Sr	mg/kg	26	0.58	23	2	8～64	对数正态
Th	mg/kg	16.8	0.23	16.4	1.2	10.8～25.0	正态
Ti	mg/kg	4393	0.20	4393	859	2674～6111	正态
Tl	mg/kg	0.76	0.20	0.76	0.15	0.46～1.06	正态
U	mg/kg	3.6	0.22	3.6	0.8	2.0～5.2	正态
V	mg/kg	94	0.20	94	28	38～149	正态
W	mg/kg	2.41	0.41	2.31	1.30	1.37～3.91	正态
Y	mg/kg	26.0	0.18	26.0	4.8	16.4～35.6	正态
Zn	mg/kg	56	0.30	54	1	32～90	正态
Zr	mg/kg	297	0.15	294	1	222～390	正态
pH		5.33	0.09	5.32	1.08	4.52～6.25	正态

表4-7-8 岑溪市土壤地球化学基准值参数统计表（n=170）

指标	单位	原始值统计		基准值统计			正态分布检验
		算术平均值	变异系数	基准值	标准离差	变化范围	
Al_2O_3	%	20.04	0.18	20.04	3.69	12.65～27.43	正态
CaO	%	0.13	0.46	0.12	1.48	0.05～0.25	正态
Corg	%	0.43	0.60	0.37	1.68	0.13～1.05	正态
TFe_2O_3	%	5.21	0.24	5.21	1.24	2.73～7.70	正态
K_2O	%	2.31	0.26	2.31	0.61	1.09～3.53	正态
MgO	%	0.53	0.40	0.53	0.21	0.11～0.96	正态
Na_2O	%	0.18	0.44	0.16	0.08	0～0.32	非正态
SiO_2	%	61.78	0.09	61.78	5.80	50.19～73.37	正态
TC	%	0.46	0.59	0.41	1.65	0.15～1.10	正态
Ag	μg/kg	54	0.83	46	2	17～124	正态
Au	μg/kg	1.9	0.95	1.5	1.8	0.5～5.1	正态
Cd	μg/kg	65	0.89	56	2	21～150	正态
Hg	μg/kg	68	0.35	64	1	33～123	对数正态
As	mg/kg	12.9	0.80	9.7	2.2	2.0～46.8	正态
B	mg/kg	53	0.60	44	2	12～160	正态
Ba	mg/kg	360	0.36	337	1	162～705	正态
Be	mg/kg	2.4	0.42	2.3	1.4	1.1～4.4	正态
Bi	mg/kg	0.53	0.72	0.48	1.54	0.20～1.12	正态
Br	mg/kg	2.9	0.41	2.7	1.5	1.2～6.0	正态
Ce	mg/kg	112	0.36	106	1	57～200	对数正态
Cl	mg/kg	48	0.38	45	1	23～90	对数正态
Co	mg/kg	9.4	0.44	9.4	4.1	1.1～17.7	正态
Cr	mg/kg	53	0.45	53	24	5～100	正态
Cu	mg/kg	19	0.37	19	7	5～33	正态
F	mg/kg	506	0.33	484	1	268～873	正态
Ga	mg/kg	23.5	0.20	23.5	4.8	13.8～33.2	正态
Ge	mg/kg	1.7	0.12	1.7	0.2	1.2～2.2	正态
I	mg/kg	6.3	0.48	5.5	1.7	2.0～15.3	对数正态
La	mg/kg	53	0.45	49	1	22～107	对数正态
Li	mg/kg	35	0.37	33	1	16～66	正态
Mn	mg/kg	367	0.62	317	2	109～925	对数正态
Mo	mg/kg	1.18	0.58	1.04	1.59	0.41～2.65	对数正态
N	mg/kg	416	0.39	416	163	89～743	正态
Nb	mg/kg	28	0.57	23	4	15～30	正态
Ni	mg/kg	22	0.45	22	10	2～42	正态
P	mg/kg	338	0.36	338	122	94～581	正态
Pb	mg/kg	41	0.44	38	1	19～80	正态
Rb	mg/kg	138	0.33	131	1	68～250	正态
S	mg/kg	130	0.42	121	1	55～263	正态
Sb	mg/kg	1.24	1.12	0.84	2.24	0.17～4.24	对数正态
Sc	mg/kg	13.0	0.25	13.0	3.2	6.6～19.5	正态
Se	mg/kg	0.42	0.33	0.42	0.14	0.14～0.70	正态
Sn	mg/kg	4.9	0.39	4.6	1.4	2.3～9.0	正态
Sr	mg/kg	33	0.79	24	26	<75	非正态
Th	mg/kg	24.6	0.26	24.6	6.3	12.0～37.3	正态
Ti	mg/kg	4343	0.23	4343	991	2362～6325	正态
Tl	mg/kg	0.99	0.32	0.99	0.32	0.35～1.64	正态
U	mg/kg	4.8	0.38	4.6	1.4	2.5～8.5	正态
V	mg/kg	90	0.30	90	27	35～145	正态
W	mg/kg	2.82	0.35	2.67	1.38	1.40～5.07	正态
Y	mg/kg	29.1	0.36	27.6	1.4	14.7～51.8	正态
Zn	mg/kg	71	0.31	68	1	39～120	正态
Zr	mg/kg	303	0.25	295	1	189～462	正态
pH		5.53	0.08	5.51	1.08	4.73～6.42	正态

表 4-7-9 港北区土壤地球化学基准值参数统计表（$n=75$）

指标	单位	原始值统计		基准值统计			
		算术平均值	变异系数	基准值	标准离差	变化范围	正态分布检验
Al_2O_3	%	19.39	0.21	19.39	3.98	11.43~27.34	正态
CaO	%	0.41	1.90	0.18	3.13	0.02~1.72	对数正态
Corg	%	0.25	0.32	0.25	0.08	0.09~0.41	正态
TFe_2O_3	%	7.10	0.29	7.10	2.05	2.99~11.20	正态
K_2O	%	1.86	0.42	1.86	0.78	0.30~3.41	正态
MgO	%	0.81	0.63	0.73	1.51	0.32~1.66	正态
Na_2O	%	0.09	0.44	0.08	1.47	0.04~0.18	正态
SiO_2	%	60.52	0.12	60.52	7.05	46.41~74.63	正态
TC	%	0.31	0.35	0.31	0.11	0.10~0.52	正态
Ag	μg/kg	109	0.94	82	2	20~338	正态
Au	μg/kg	3.5	3.14	1.9	2.1	0.4~8.7	正态
Cd	μg/kg	268	1.48	117	3	10~1409	对数正态
Hg	μg/kg	148	0.91	114	2	30~436	对数正态
As	mg/kg	34.2	1.05	24.8	2.1	5.6~110.6	正态
B	mg/kg	93	0.85	70	20	30~110	正态
Ba	mg/kg	407	0.38	407	155	97~717	正态
Be	mg/kg	2.4	0.42	2.4	1.0	0.5~4.4	正态
Bi	mg/kg	0.97	1.16	0.61	0.24	0.13~1.08	正态
Br	mg/kg	3.2	0.41	3.2	1.3	0.6~5.9	正态
Ce	mg/kg	91	0.34	91	31	30~152	正态
Cl	mg/kg	52	0.38	45	20	5~84	非正态
Co	mg/kg	13.7	0.76	10.7	2.0	2.7~43.2	正态
Cr	mg/kg	104	0.41	97	1	48~196	正态
Cu	mg/kg	34	0.47	34	16	2~65	正态
F	mg/kg	640	0.43	595	1	288~1231	对数正态
Ga	mg/kg	22.5	0.25	22.5	5.6	11.3~33.8	正态
Ge	mg/kg	1.7	0.18	1.7	0.3	1.2~2.3	正态
I	mg/kg	5.8	0.41	5.8	2.4	1.0~10.5	正态
La	mg/kg	42	0.26	42	11	19~64	正态
Li	mg/kg	37	0.54	37	20	<77	正态
Mn	mg/kg	495	2.02	284	2	51~1584	正态
Mo	mg/kg	2.13	0.91	1.70	1.86	0.49~5.84	对数正态
N	mg/kg	477	0.17	477	83	310~644	正态
Nb	mg/kg	21	0.38	20	1	11~37	正态
Ni	mg/kg	37	0.76	24	28	<80	非正态
P	mg/kg	353	0.24	353	84	186~521	正态
Pb	mg/kg	64	1.47	44	2	10~185	对数正态
Rb	mg/kg	108	0.31	108	33	43~173	正态
S	mg/kg	147	0.22	147	33	80~214	正态
Sb	mg/kg	5.67	1.29	3.71	2.31	0.70~19.78	正态
Sc	mg/kg	15.2	0.25	15.2	3.8	7.6~22.8	正态
Se	mg/kg	0.57	0.37	0.57	0.21	0.15~1.00	正态
Sn	mg/kg	4.5	0.53	4.2	1.4	2.1~8.1	正态
Sr	mg/kg	48	0.44	48	21	5~91	正态
Th	mg/kg	20.7	0.21	20.7	4.4	11.9~29.6	正态
Ti	mg/kg	6223	0.40	5853	1	3025~11 326	正态
Tl	mg/kg	0.99	0.34	0.95	1.33	0.53~1.69	正态
U	mg/kg	5.2	0.40	4.9	1.4	2.4~10.0	对数正态
V	mg/kg	147	0.48	134	1	60~300	正态
W	mg/kg	3.26	0.57	2.88	1.60	1.13~7.38	对数正态
Y	mg/kg	30.3	0.35	28.7	1.4	15.1~54.7	对数正态
Zn	mg/kg	118	1.13	84	2	18~385	正态
Zr	mg/kg	334	0.39	316	1	169~591	正态
pH		5.62	0.17	5.62	0.94	3.75~7.50	正态

表 4-7-10 港南区土壤地球化学基准值参数统计表（n=61）

指标	单位	原始值统计		基准值统计			正态分布检验
		算术平均值	变异系数	基准值	标准离差	变化范围	
Al_2O_3	%	18.78	0.14	18.78	2.62	13.54~24.03	正态
CaO	%	0.29	0.97	0.21	2.11	0.05~0.94	对数正态
Corg	%	0.24	0.63	0.22	1.60	0.08~0.55	正态
TFe_2O_3	%	6.44	0.24	6.27	1.26	3.95~9.96	正态
K_2O	%	2.25	0.25	2.25	0.57	1.10~3.40	正态
MgO	%	0.99	0.55	0.87	1.68	0.31~2.43	对数正态
Na_2O	%	0.22	0.86	0.14	0.19	<0.51	非正态
SiO_2	%	62.26	0.07	62.26	4.44	53.37~71.14	正态
TC	%	0.33	0.52	0.30	1.46	0.14~0.65	对数正态
Ag	μg/kg	61	0.39	61	24	12~110	正态
Au	μg/kg	1.5	0.40	1.5	0.6	0.3~2.7	正态
Cd	μg/kg	124	0.75	100	2	29~352	正态
Hg	μg/kg	67	0.60	67	40	<147	正态
As	mg/kg	20.6	1.87	13.5	2.1	3.1~60.0	正态
B	mg/kg	62	0.19	62	12	39~86	正态
Ba	mg/kg	370	0.33	370	123	125~616	正态
Be	mg/kg	2.5	0.28	2.5	0.7	1.0~4.0	正态
Bi	mg/kg	0.56	0.95	0.45	0.10	0.25~0.66	正态
Br	mg/kg	2.5	0.44	2.5	1.1	0.3~4.7	正态
Ce	mg/kg	104	0.28	104	29	45~163	正态
Cl	mg/kg	59	0.46	48	27	<101	非正态
Co	mg/kg	16.0	0.61	13.5	1.8	4.2~42.9	正态
Cr	mg/kg	72	0.28	72	20	31~113	正态
Cu	mg/kg	26	0.42	25	1	13~48	正态
F	mg/kg	649	0.24	649	157	334~963	正态
Ga	mg/kg	20.9	0.22	20.9	4.5	11.8~30.0	正态
Ge	mg/kg	1.5	0.13	1.5	0.2	1.2~1.9	正态
I	mg/kg	4.6	0.57	4.6	2.6	<9.7	正态
La	mg/kg	52	0.35	49	1	27~91	正态
Li	mg/kg	39	0.28	39	11	17~61	正态
Mn	mg/kg	403	0.71	403	288	<980	正态
Mo	mg/kg	1.33	0.78	1.15	1.59	0.45~2.93	正态
N	mg/kg	432	0.27	421	1	270~655	正态
Nb	mg/kg	19	0.32	18	2	14~21	正态
Ni	mg/kg	27	0.37	27	10	7~47	正态
P	mg/kg	369	0.48	343	1	170~691	正态
Pb	mg/kg	34	0.41	33	1	18~61	正态
Rb	mg/kg	130	0.30	130	39	52~208	正态
S	mg/kg	121	0.41	121	50	22~220	正态
Sb	mg/kg	2.69	1.03	2.00	1.98	0.51~7.85	正态
Sc	mg/kg	13.9	0.23	13.9	3.2	7.5~20.3	正态
Se	mg/kg	0.46	0.59	0.46	0.27	<1.00	正态
Sn	mg/kg	4.1	0.51	3.1	0.4	2.4~3.9	正态
Sr	mg/kg	48	0.46	48	22	5~92	正态
Th	mg/kg	20.2	0.34	19.3	1.3	10.9~34.4	对数正态
Ti	mg/kg	5272	0.30	5109	1	3218~8110	正态
Tl	mg/kg	0.97	0.34	0.93	1.35	0.51~1.69	对数正态
U	mg/kg	4.5	0.31	4.3	1.3	2.5~7.5	对数正态
V	mg/kg	114	0.37	108	1	57~206	正态
W	mg/kg	2.65	0.34	2.51	1.38	1.31~4.79	对数正态
Y	mg/kg	34.5	0.34	30.3	11.6	7.2~53.4	非正态
Zn	mg/kg	79	0.28	79	22	34~124	正态
Zr	mg/kg	312	0.36	287	50	188~386	正态
pH		5.58	0.13	5.58	0.73	4.12~7.04	正态

表 4-7-11 覃塘区土壤地球化学基准值参数统计表（n=87）

指标	单位	原始值统计		基准值统计			
		算术平均值	变异系数	基准值	标准离差	变化范围	正态分布检验
Al_2O_3	%	22.31	0.27	22.31	6.11	10.10~34.52	正态
CaO	%	0.55	2.24	0.27	2.77	0.03~2.04	正态
Corg	%	0.29	0.34	0.29	0.10	0.09~0.48	正态
TFe_2O_3	%	9.38	0.35	9.38	3.26	2.85~15.90	正态
K_2O	%	1.70	0.44	1.70	0.74	0.22~3.18	正态
MgO	%	1.08	0.75	0.92	1.67	0.33~2.58	正态
Na_2O	%	0.10	0.70	0.09	0.02	0.04~0.13	正态
SiO_2	%	53.56	0.23	53.56	12.08	29.40~77.73	正态
TC	%	0.43	0.84	0.37	0.09	0.19~0.55	正态
Ag	μg/kg	143	0.70	114	2	29~452	对数正态
Au	μg/kg	3.2	1.06	2.5	2.0	0.6~10.2	正态
Cd	μg/kg	1222	1.34	448	5	18~11 040	对数正态
Hg	μg/kg	292	0.63	292	184	<659	正态
As	mg/kg	47.6	0.61	47.6	29.0	<105.7	正态
B	mg/kg	82	0.44	76	1	36~160	正态
Ba	mg/kg	331	0.48	331	160	11~650	正态
Be	mg/kg	3.3	0.42	3.3	1.4	0.5~6.0	正态
Bi	mg/kg	1.20	0.63	1.20	0.75	<2.7	正态
Br	mg/kg	3.4	0.35	3.4	1.2	1.1~5.8	正态
Ce	mg/kg	134	0.48	134	64	6~262	正态
Cl	mg/kg	51	0.41	49	1	28~85	正态
Co	mg/kg	23.9	0.61	23.9	14.5	<52.8	正态
Cr	mg/kg	182	0.63	151	2	44~516	对数正态
Cu	mg/kg	44	0.43	44	19	5~82	正态
F	mg/kg	881	0.54	782	2	306~1996	正态
Ga	mg/kg	27.5	0.29	27.5	8.0	11.6~43.4	正态
Ge	mg/kg	1.8	0.17	1.8	0.3	1.2~2.4	正态
I	mg/kg	6.9	0.43	6.9	3.0	0.9~12.9	正态
La	mg/kg	53	0.38	50	1	25~100	对数正态
Li	mg/kg	63	0.48	63	30	3~123	正态
Mn	mg/kg	1067	0.85	723	3	110~4763	正态
Mo	mg/kg	4.04	0.82	2.99	2.16	0.64~13.96	对数正态
N	mg/kg	543	0.26	543	139	266~820	正态
Nb	mg/kg	26	0.35	26	9	9~44	正态
Ni	mg/kg	75	0.69	75	52	<178	正态
P	mg/kg	410	0.33	410	136	138~681	正态
Pb	mg/kg	61	0.54	61	33	<127	正态
Rb	mg/kg	109	0.34	109	37	36~183	正态
S	mg/kg	141	0.34	141	48	45~238	正态
Sb	mg/kg	5.28	0.69	4.28	1.93	1.15~15.89	正态
Sc	mg/kg	20.3	0.35	20.3	7.2	5.9~34.6	正态
Se	mg/kg	0.55	0.45	0.49	1.61	0.19~1.29	对数正态
Sn	mg/kg	4.8	0.29	4.8	1.4	2.1~7.5	正态
Sr	mg/kg	55	0.31	55	17	21~88	正态
Th	mg/kg	24.3	0.23	24.3	5.6	13.0~35.6	正态
Ti	mg/kg	7565	0.35	7565	2665	2234~12 895	正态
Tl	mg/kg	1.41	0.46	1.29	1.52	0.56~2.96	对数正态
U	mg/kg	8.4	0.48	8.4	4.0	0.3~16.4	正态
V	mg/kg	211	0.45	211	94	23~400	正态
W	mg/kg	3.53	0.37	3.53	1.30	0.94~6.13	正态
Y	mg/kg	44.9	0.53	40.0	1.6	15.8~101.1	对数正态
Zn	mg/kg	224	0.71	224	158	<540	正态
Zr	mg/kg	382	0.30	382	115	153~612	正态
pH		6.00	0.17	6.00	1.02	3.96~8.04	正态

表 4-7-12 平南县土壤地球化学基准值参数统计表（n=185）

指标	单位	原始值统计		基准值统计			
		算术平均值	变异系数	基准值	标准离差	变化范围	正态分布检验
Al_2O_3	%	18.36	0.26	18.36	4.82	8.73~27.99	正态
CaO	%	0.20	2.50	0.09	0.03	0.02~0.15	正态
Corg	%	0.41	0.80	0.32	1.97	0.08~1.24	对数正态
TFe_2O_3	%	5.63	0.28	5.63	1.58	2.47~8.80	正态
K_2O	%	2.22	0.27	2.22	0.61	1.00~3.45	正态
MgO	%	0.59	0.36	0.59	0.21	0.17~1.01	正态
Na_2O	%	0.10	0.40	0.08	0.04	<0.17	非正态
SiO_2	%	63.64	0.11	63.64	7.24	49.16~78.12	正态
TC	%	0.46	0.72	0.33	0.33	<1.00	非正态
Ag	μg/kg	57	0.98	46	15	17~76	正态
Au	μg/kg	1.9	0.79	1.5	1.8	0.5~4.7	对数正态
Cd	μg/kg	100	1.63	56	2	21~149	对数正态
Hg	μg/kg	83	0.49	76	2	33~175	正态
As	mg/kg	12.9	0.85	9.8	2.1	2.2~43.7	正态
B	mg/kg	57	0.33	57	19	19~96	正态
Ba	mg/kg	370	0.37	370	138	94~645	正态
Be	mg/kg	2.0	0.45	2.0	0.9	0.3~3.7	正态
Bi	mg/kg	0.56	0.59	0.50	1.55	0.21~1.21	正态
Br	mg/kg	3.0	0.53	3.0	1.6	<6.1	正态
Ce	mg/kg	90	0.33	86	1	47~158	正态
Cl	mg/kg	51	0.29	49	1	29~82	对数正态
Co	mg/kg	9.2	0.63	7.7	1.8	2.4~24.8	对数正态
Cr	mg/kg	70	0.40	70	28	14~126	正态
Cu	mg/kg	23	0.48	20	2	8~49	对数正态
F	mg/kg	516	0.31	476	160	155~797	非正态
Ga	mg/kg	21.8	0.29	21.8	6.3	9.2~34.4	正态
Ge	mg/kg	1.7	0.12	1.7	0.2	1.2~2.2	正态
I	mg/kg	4.9	0.53	4.2	1.8	1.3~13.4	正态
La	mg/kg	40	0.35	38	1	20~71	正态
Li	mg/kg	29	0.59	22	17	<56	非正态
Mn	mg/kg	298	0.87	231	2	55~972	正态
Mo	mg/kg	1.46	0.74	1.19	1.88	0.34~4.24	正态
N	mg/kg	491	0.38	491	185	121~862	正态
Nb	mg/kg	19	0.21	18	1	12~28	对数正态
Ni	mg/kg	22	0.68	19	2	7~52	对数正态
P	mg/kg	300	0.29	300	87	125~475	正态
Pb	mg/kg	36	1.00	29	2	12~75	对数正态
Rb	mg/kg	128	0.38	120	1	55~260	正态
S	mg/kg	158	0.70	143	1	67~308	正态
Sb	mg/kg	1.59	0.97	1.23	1.95	0.32~4.70	正态
Sc	mg/kg	12.0	0.26	12.0	3.1	5.7~18.3	正态
Se	mg/kg	0.51	0.41	0.51	0.21	0.10~0.93	正态
Sn	mg/kg	4.7	0.51	3.7	0.8	2.1~5.4	正态
Sr	mg/kg	30	0.63	25	2	8~80	对数正态
Th	mg/kg	20.5	0.35	18.4	3.5	11.3~25.4	正态
Ti	mg/kg	4857	0.24	4728	1	2990~7475	正态
Tl	mg/kg	0.88	0.36	0.83	1.41	0.42~1.64	正态
U	mg/kg	4.2	0.36	4.0	1.4	2.1~7.8	对数正态
V	mg/kg	101	0.39	94	1	44~201	对数正态
W	mg/kg	3.14	1.73	2.54	0.80	0.94~4.14	正态
Y	mg/kg	34.0	0.56	27.8	18.9	<65.6	非正态
Zn	mg/kg	64	0.58	50	37	<123	非正态
Zr	mg/kg	327	0.28	305	51	202~407	正态
pH		5.39	0.12	5.18	0.65	3.89~6.47	非正态

表 4-7-13 桂平市土壤地球化学基准值参数统计表（$n=255$）

指标	单位	原始值统计		基准值统计			
		算术平均值	变异系数	基准值	标准离差	变化范围	正态分布检验
Al_2O_3	%	17.35	0.20	17.35	3.52	10.31~24.39	正态
CaO	%	0.17	1.53	0.09	3.28	0.01~0.94	对数正态
Corg	%	0.31	0.52	0.28	1.56	0.12~0.69	对数正态
TFe_2O_3	%	6.21	0.30	6.21	1.85	2.51~9.90	正态
K_2O	%	2.26	0.34	2.26	0.77	0.72~3.80	正态
MgO	%	0.76	0.50	0.64	0.38	<1.40	非正态
Na_2O	%	0.11	1.00	0.07	2.62	0.01~0.47	对数正态
SiO_2	%	65.97	0.10	65.97	6.64	52.68~79.26	正态
TC	%	0.39	0.77	0.35	1.55	0.15~0.84	对数正态
Ag	μg/kg	77	1.12	51	18	15~88	正态
Au	μg/kg	1.6	0.75	1.4	1.6	0.5~3.7	对数正态
Cd	μg/kg	171	3.58	61	613	<1287	非正态
Hg	μg/kg	115	0.70	96	2	31~302	对数正态
As	mg/kg	17.9	1.05	12.9	2.2	2.7~61.7	对数正态
B	mg/kg	59	0.31	58	14	30~86	正态
Ba	mg/kg	394	1.07	361	130	101~622	正态
Be	mg/kg	2.0	0.40	2.0	0.8	0.3~3.6	正态
Bi	mg/kg	0.57	0.60	0.51	0.13	0.25~0.77	正态
Br	mg/kg	3.7	0.54	3.3	1.7	1.2~9.2	对数正态
Ce	mg/kg	86	0.36	81	1	44~151	正态
Cl	mg/kg	48	0.33	44	1	30~65	对数正态
Co	mg/kg	11.2	0.77	8.6	2.1	2.0~36.8	对数正态
Cr	mg/kg	75	0.33	75	25	25~125	正态
Cu	mg/kg	29	1.79	22	2	6~80	正态
F	mg/kg	618	0.40	576	1	269~1232	正态
Ga	mg/kg	20.8	0.24	20.8	4.9	11.0~30.5	正态
Ge	mg/kg	1.6	0.13	1.6	1.1	1.3~2.0	对数正态
I	mg/kg	6.0	0.47	6.0	2.8	0.3~11.7	正态
La	mg/kg	41	0.34	40	1	22~71	正态
Li	mg/kg	29	0.45	27	13	1~52	非正态
Mn	mg/kg	513	2.28	254	2	75~857	对数正态
Mo	mg/kg	1.83	1.19	1.34	2.03	0.32~5.53	对数正态
N	mg/kg	470	0.29	470	137	197~743	正态
Nb	mg/kg	20	0.55	18	3	13~23	正态
Ni	mg/kg	23	0.52	20	2	7~55	对数正态
P	mg/kg	331	0.39	312	1	158~615	正态
Pb	mg/kg	47	1.91	30	10	9~50	正态
Rb	mg/kg	125	0.35	120	35	50~189	正态
S	mg/kg	146	0.46	136	1	64~286	正态
Sb	mg/kg	2.99	1.66	1.76	1.90	0.49~6.38	对数正态
Sc	mg/kg	12.9	0.26	12.9	3.4	6.0~19.7	正态
Se	mg/kg	0.57	0.42	0.52	1.54	0.22~1.23	对数正态
Sn	mg/kg	4.2	0.38	3.7	0.7	2.3~5.0	正态
Sr	mg/kg	40	0.50	37	14	9~65	正态
Th	mg/kg	20.0	0.31	19.2	1.3	11.3~32.7	对数正态
Ti	mg/kg	4987	0.27	4810	1	2781~8318	对数正态
Tl	mg/kg	0.94	0.35	0.90	1.36	0.49~1.65	正态
U	mg/kg	4.4	0.41	4.0	0.9	2.2~5.8	正态
V	mg/kg	114	0.37	114	42	30~197	正态
W	mg/kg	2.61	0.80	2.08	2.10	<6.28	非正态
Y	mg/kg	29.2	0.25	27.5	7.2	13.2~41.8	非正态
Zn	mg/kg	81	1.56	61	2	18~206	对数正态
Zr	mg/kg	301	0.22	301	66	169~433	正态
pH		5.38	0.11	5.28	0.44	4.39~6.17	正态

表 4-7-14 容县土壤地球化学基准值参数统计表（n=141）

指标	单位	原始值统计		基准值统计			正态分布检验
		算术平均值	变异系数	基准值	标准离差	变化范围	
Al_2O_3	%	20.20	0.21	20.20	4.29	11.62~28.78	正态
CaO	%	0.18	0.72	0.16	1.53	0.07~0.37	正态
Corg	%	0.46	0.76	0.36	1.96	0.09~1.40	正态
TFe_2O_3	%	4.44	0.27	4.44	1.20	2.05~6.84	正态
K_2O	%	2.60	0.24	2.60	0.62	1.37~3.84	正态
MgO	%	0.53	0.42	0.50	1.45	0.24~1.04	正态
Na_2O	%	0.22	0.59	0.20	1.61	0.08~0.51	对数正态
SiO_2	%	62.93	0.09	62.93	5.58	51.77~74.09	正态
TC	%	0.49	0.71	0.40	1.84	0.12~1.38	正态
Ag	μg/kg	48	1.67	37	14	9~66	正态
Au	μg/kg	1.2	0.92	1.0	1.7	0.3~3.1	正态
Cd	μg/kg	80	1.53	65	2	25~173	正态
Hg	μg/kg	77	2.00	62	2	25~156	正态
As	mg/kg	12.4	1.03	8.6	2.4	1.5~48.9	正态
B	mg/kg	50	0.50	50	25	0~100	正态
Ba	mg/kg	353	0.46	321	2	134~767	正态
Be	mg/kg	2.2	0.32	2.1	1.4	1.1~3.9	正态
Bi	mg/kg	0.62	0.61	0.54	1.68	0.19~1.53	正态
Br	mg/kg	2.5	0.76	2.2	1.7	0.8~6.2	对数正态
Ce	mg/kg	92	0.26	92	24	45~139	正态
Cl	mg/kg	44	0.48	42	1	22~80	正态
Co	mg/kg	8.2	0.45	7.3	1.6	2.8~19.2	对数正态
Cr	mg/kg	45	0.49	41	2	16~104	正态
Cu	mg/kg	16	0.81	14	2	5~36	正态
F	mg/kg	585	0.34	556	1	296~1044	正态
Ga	mg/kg	22.8	0.19	22.8	4.3	14.1~31.5	正态
Ge	mg/kg	1.8	0.17	1.8	0.3	1.2~2.4	正态
I	mg/kg	4.6	0.80	3.6	2.0	0.9~14.6	对数正态
La	mg/kg	44	0.27	44	12	20~68	正态
Li	mg/kg	41	0.37	41	15	12~70	正态
Mn	mg/kg	336	1.38	264	2	81~862	正态
Mo	mg/kg	1.09	0.50	0.99	1.53	0.42~2.32	正态
N	mg/kg	403	0.48	365	2	151~884	正态
Nb	mg/kg	24	0.54	20	4	13~28	正态
Ni	mg/kg	18	0.50	17	2	7~40	正态
P	mg/kg	330	0.42	330	139	52~608	正态
Pb	mg/kg	44	1.41	39	1	19~81	正态
Rb	mg/kg	160	0.27	160	43	74~247	正态
S	mg/kg	131	0.47	119	2	48~292	正态
Sb	mg/kg	1.38	1.09	0.96	2.29	0.18~5.04	正态
Sc	mg/kg	10.9	0.27	10.9	2.9	5.1~16.6	正态
Se	mg/kg	0.38	0.39	0.38	0.15	0.07~0.69	正态
Sn	mg/kg	5.9	0.42	5.4	1.5	2.5~11.9	对数正态
Sr	mg/kg	42	0.86	34	2	10~113	对数正态
Th	mg/kg	23.5	0.23	23.5	5.5	12.5~34.4	正态
Ti	mg/kg	3907	0.27	3907	1043	1821~5993	正态
Tl	mg/kg	0.97	0.23	0.97	0.22	0.53~1.41	正态
U	mg/kg	5.4	0.33	5.4	1.8	1.9~8.9	正态
V	mg/kg	72	0.31	72	22	29~116	正态
W	mg/kg	3.15	0.56	2.84	1.55	1.18~6.81	正态
Y	mg/kg	33.0	0.28	33.0	9.2	14.6~51.4	正态
Zn	mg/kg	65	0.51	62	1	34~112	正态
Zr	mg/kg	283	0.24	283	67	149~417	正态
pH		5.61	0.09	5.61	0.49	4.63~6.59	正态

表 4-7-15 宜州区土壤地球化学基准值参数统计表（n=196）

指标	单位	原始值统计		基准值统计			
		算术平均值	变异系数	基准值	标准离差	变化范围	正态分布检验
Al_2O_3	%	13.52	0.37	13.52	4.97	3.59～23.45	正态
CaO	%	0.74	2.01	0.32	0.13	0.06～0.57	正态
Corg	%	0.29	0.41	0.27	1.54	0.11～0.63	正态
TFe_2O_3	%	5.94	0.38	5.94	2.23	1.48～10.39	正态
K_2O	%	0.84	0.56	0.72	1.77	0.23～2.26	正态
MgO	%	0.63	0.56	0.55	1.69	0.19～1.57	正态
Na_2O	%	0.08	0.63	0.07	1.69	0.03～0.20	对数正态
SiO_2	%	70.38	0.15	70.38	10.73	48.91～91.84	正态
TC	%	0.48	0.79	0.35	0.38	<1.10	非正态
Ag	μg/kg	150	0.50	133	2	50～352	正态
Au	μg/kg	2.3	0.83	1.8	2.0	0.5～6.9	对数正态
Cd	μg/kg	2692	1.25	1290	4	90～18 504	对数正态
Hg	μg/kg	421	0.75	350	2	111～1107	对数正态
As	mg/kg	26.3	0.50	26.3	13.1	0～52.6	正态
B	mg/kg	56	0.34	56	19	18～94	正态
Ba	mg/kg	191	0.49	171	2	67～437	正态
Be	mg/kg	1.9	0.58	1.6	1.8	0.5～5.0	对数正态
Bi	mg/kg	0.67	0.33	0.63	1.40	0.32～1.24	对数正态
Br	mg/kg	3.0	0.43	2.8	1.5	1.3～6.1	正态
Ce	mg/kg	88	0.41	88	36	15～160	正态
Cl	mg/kg	40	0.25	40	10	20～60	正态
Co	mg/kg	18.6	0.51	18.6	9.5	<37.7	正态
Cr	mg/kg	145	0.45	132	2	54～324	正态
Cu	mg/kg	34	0.41	34	14	6～61	正态
F	mg/kg	652	0.42	652	275	101～1202	正态
Ga	mg/kg	17.4	0.32	17.4	5.5	6.5～28.3	正态
Ge	mg/kg	1.3	0.23	1.3	0.3	0.6～1.9	正态
I	mg/kg	4.4	0.36	4.1	1.4	2.1～8.2	正态
La	mg/kg	52	0.46	47	2	20～111	对数正态
Li	mg/kg	45	0.42	45	19	6～83	正态
Mn	mg/kg	1679	1.18	1088	3	167～7075	对数正态
Mo	mg/kg	2.01	0.72	1.71	1.71	0.59～4.97	对数正态
N	mg/kg	646	0.30	646	194	259～1034	正态
Nb	mg/kg	18	0.28	18	5	8～28	正态
Ni	mg/kg	62	0.55	53	2	17～164	对数正态
P	mg/kg	510	0.67	432	2	144～1295	对数正态
Pb	mg/kg	35	0.43	35	15	6～64	正态
Rb	mg/kg	63	0.44	63	28	7～118	正态
S	mg/kg	120	0.27	116	1	72～189	正态
Sb	mg/kg	2.99	0.78	2.49	1.76	0.81～7.69	正态
Sc	mg/kg	13.5	0.41	13.5	5.5	2.6～24.4	正态
Se	mg/kg	0.37	0.49	0.34	1.61	0.13～0.87	对数正态
Sn	mg/kg	3.7	0.30	3.5	1.3	2.0～6.4	正态
Sr	mg/kg	72	0.51	64	15	33～95	正态
Th	mg/kg	15.2	0.34	15.2	5.1	5.1～25.4	正态
Ti	mg/kg	5006	0.34	5006	1708	1591～8422	正态
Tl	mg/kg	0.84	0.39	0.84	0.33	0.17～1.50	正态
U	mg/kg	4.8	0.33	4.8	1.6	1.6～8.0	正态
V	mg/kg	140	0.36	140	50	39～241	正态
W	mg/kg	2.49	0.41	2.29	1.53	0.98～5.33	对数正态
Y	mg/kg	43.3	0.70	32.1	30.2	<92.5	非正态
Zn	mg/kg	193	0.62	160	2	47～547	对数正态
Zr	mg/kg	241	0.34	241	81	79～404	正态
pH		5.91	0.18	5.82	1.19	4.12～8.22	对数正态

表 4-7-16　兴宾区土壤地球化学基准值参数统计表（$n=276$）

指标	单位	原始值统计		基准值统计			
		算术平均值	变异系数	基准值	标准离差	变化范围	正态分布检验
Al_2O_3	%	14.06	0.48	12.51	1.63	4.68~33.44	对数正态
CaO	%	0.45	1.71	0.29	1.64	0.11~0.76	对数正态
Corg	%	0.29	0.52	0.26	1.51	0.11~0.60	正态
TFe_2O_3	%	6.53	0.44	5.89	1.59	2.33~14.86	对数正态
K_2O	%	0.75	0.72	0.59	2.01	0.15~2.38	对数正态
MgO	%	0.62	0.66	0.51	1.87	0.15~1.80	对数正态
Na_2O	%	0.07	0.57	0.06	1.65	0.02~0.18	对数正态
SiO_2	%	68.01	0.20	69.22	13.73	41.75~96.69	非正态
TC	%	0.40	0.68	0.34	1.39	0.17~0.65	对数正态
Ag	μg/kg	177	0.75	142	2	39~521	正态
Au	μg/kg	1.9	0.63	1.5	1.9	0.4~5.4	对数正态
Cd	μg/kg	1640	1.74	403	2853	<6110	非正态
Hg	μg/kg	256	0.66	218	2	73~654	对数正态
As	mg/kg	29.0	0.63	25.2	1.7	8.9~70.8	对数正态
B	mg/kg	49	0.39	49	19	11~86	正态
Ba	mg/kg	158	0.53	140	2	52~380	正态
Be	mg/kg	1.8	0.72	1.4	2.1	0.3~6.1	对数正态
Bi	mg/kg	0.72	0.44	0.59	0.32	<1.23	非正态
Br	mg/kg	3.7	0.46	3.4	1.5	1.4~8.0	正态
Ce	mg/kg	94	0.60	74	56	<185	非正态
Cl	mg/kg	45	0.31	43	1	24~77	正态
Co	mg/kg	16.8	0.67	13.2	2.1	3.0~57.3	对数正态
Cr	mg/kg	171	0.57	148	2	52~422	对数正态
Cu	mg/kg	35	0.49	31	2	12~83	对数正态
F	mg/kg	630	0.49	567	2	225~1425	正态
Ga	mg/kg	18.8	0.41	17.3	1.5	7.6~39.4	对数正态
Ge	mg/kg	1.3	0.38	1.4	0.5	0.5~2.3	非正态
I	mg/kg	5.5	0.40	5.1	1.4	2.5~10.7	正态
La	mg/kg	53	0.51	45	27	<98	非正态
Li	mg/kg	44	0.59	38	2	12~118	对数正态
Mn	mg/kg	1014	1.10	572	3	61~5413	对数正态
Mo	mg/kg	3.16	0.64	2.66	1.79	0.83~8.55	对数正态
N	mg/kg	553	0.42	514	1	241~1093	正态
Nb	mg/kg	20	0.40	19	1	9~41	对数正态
Ni	mg/kg	60	0.63	46	38	<123	非正态
P	mg/kg	392	0.69	294	269	<833	非正态
Pb	mg/kg	37	0.62	29	23	<74	非正态
Rb	mg/kg	58	0.62	47	2	12~182	对数正态
S	mg/kg	112	0.29	103	32	39~167	非正态
Sb	mg/kg	2.75	0.87	1.84	2.40	<6.63	非正态
Sc	mg/kg	14.0	0.52	12.3	1.7	4.4~34.4	对数正态
Se	mg/kg	0.56	0.61	0.49	1.65	0.18~1.34	正态
Sn	mg/kg	3.8	0.37	3.6	1.4	1.8~7.2	对数正态
Sr	mg/kg	85	1.01	63	19	25~100	正态
Th	mg/kg	16.4	0.45	14.9	1.6	6.0~36.7	对数正态
Ti	mg/kg	5696	0.47	5095	2	1963~13224	对数正态
Tl	mg/kg	0.89	0.44	0.81	1.55	0.34~1.95	对数正态
U	mg/kg	5.7	0.39	5.3	1.4	2.6~10.8	对数正态
V	mg/kg	170	0.45	170	76	17~323	正态
W	mg/kg	2.44	0.50	2.18	1.58	0.87~5.48	对数正态
Y	mg/kg	40.0	0.78	28.3	31.3	<90.9	非正态
Zn	mg/kg	174	0.82	109	143	<394	非正态
Zr	mg/kg	263	0.48	237	2	95~588	对数正态
pH		5.54	0.16	5.31	0.91	3.48~7.13	非正态

表 4-7-17 忻城县土壤地球化学基准值参数统计表（$n=159$）

指标	单位	原始值统计		基准值统计			
		算术平均值	变异系数	基准值	标准离差	变化范围	正态分布检验
Al_2O_3	%	12.97	0.44	11.81	1.55	4.94~28.24	对数正态
CaO	%	0.42	0.43	0.38	1.54	0.16~0.90	正态
Corg	%	0.37	0.41	0.34	1.45	0.16~0.72	对数正态
TFe_2O_3	%	6.39	0.40	6.39	2.58	1.22~11.56	正态
K_2O	%	0.74	0.53	0.66	1.60	0.26~1.69	对数正态
MgO	%	0.64	0.55	0.56	1.64	0.21~1.51	对数正态
Na_2O	%	0.07	0.57	0.06	1.54	0.03~0.15	对数正态
SiO_2	%	73.96	0.16	75.89	11.92	52.04~99.74	非正态
TC	%	0.49	0.39	0.46	1.41	0.23~0.92	正态
Ag	μg/kg	172	0.42	172	73	26~318	正态
Au	μg/kg	1.6	0.81	1.3	1.8	0.4~4.3	正态
Cd	μg/kg	3452	1.19	1783	3	151~21 018	对数正态
Hg	μg/kg	374	0.48	342	1	153~766	对数正态
As	mg/kg	30.5	0.57	27.0	1.6	10.2~71.5	正态
B	mg/kg	51	0.33	51	17	17~85	正态
Ba	mg/kg	140	0.36	140	51	38~241	正态
Be	mg/kg	1.9	0.74	1.5	2.0	0.4~5.9	对数正态
Bi	mg/kg	0.75	0.39	0.70	1.44	0.34~1.45	对数正态
Br	mg/kg	3.4	0.38	3.4	1.3	0.8~6.0	正态
Ce	mg/kg	92	0.49	82	2	31~219	对数正态
Cl	mg/kg	41	0.24	40	1	25~64	正态
Co	mg/kg	19.6	0.44	19.6	8.7	2.1~37.1	正态
Cr	mg/kg	178	0.43	178	77	23~332	正态
Cu	mg/kg	35	0.37	35	13	10~61	正态
F	mg/kg	597	0.37	597	218	161~1033	正态
Ga	mg/kg	17.0	0.38	16.0	1.4	7.8~32.8	对数正态
Ge	mg/kg	1.2	0.33	1.2	0.4	0.5~1.9	正态
I	mg/kg	5.3	0.38	5.3	2.0	1.3~9.3	正态
La	mg/kg	52	0.48	46	2	18~117	对数正态
Li	mg/kg	47	0.53	42	2	16~112	对数正态
Mn	mg/kg	1708	0.60	1411	2	376~5299	正态
Mo	mg/kg	2.39	0.51	2.14	1.59	0.85~5.38	正态
N	mg/kg	735	0.31	705	1	402~1239	对数正态
Nb	mg/kg	21	0.33	21	7	7~35	正态
Ni	mg/kg	67	0.58	58	2	19~174	对数正态
P	mg/kg	670	0.60	582	2	209~1622	对数正态
Pb	mg/kg	42	0.45	42	19	3~80	正态
Rb	mg/kg	71	0.48	64	2	25~165	对数正态
S	mg/kg	123	0.22	121	1	80~182	对数正态
Sb	mg/kg	3.73	0.88	2.39	0.93	0.52~4.26	正态
Sc	mg/kg	13.4	0.50	11.9	1.6	4.7~30.5	对数正态
Se	mg/kg	0.35	0.40	0.32	1.49	0.15~0.72	正态
Sn	mg/kg	3.7	0.30	3.7	1.1	1.5~5.9	正态
Sr	mg/kg	93	0.44	85	1	39~185	对数正态
Th	mg/kg	15.7	0.41	14.5	1.5	6.5~32.5	对数正态
Ti	mg/kg	5835	0.39	5835	2252	1331~10 338	正态
Tl	mg/kg	1.00	0.38	0.94	1.46	0.44~2.00	对数正态
U	mg/kg	5.4	0.31	5.4	1.7	1.9~8.9	正态
V	mg/kg	148	0.39	148	58	31~265	正态
W	mg/kg	2.37	0.43	2.17	1.52	0.95~4.99	对数正态
Y	mg/kg	48.7	0.83	31.6	40.6	<112.8	非正态
Zn	mg/kg	231	0.70	190	2	56~645	正态
Zr	mg/kg	263	0.36	263	95	74~453	正态
pH		6.07	0.15	6.07	0.93	4.22~7.92	正态

表 4-7-18 象州县土壤地球化学基准值参数统计表（$n=117$）

指标	单位	原始值统计		基准值统计			正态分布检验
		算术平均值	变异系数	基准值	标准离差	变化范围	
Al_2O_3	%	14.40	0.29	14.40	4.24	5.93~22.88	正态
CaO	%	0.65	1.26	0.35	0.20	<0.75	正态
Corg	%	0.30	0.60	0.26	1.69	0.09~0.74	正态
TFe_2O_3	%	6.24	0.28	6.24	1.72	2.8~9.68	正态
K_2O	%	2.15	0.48	2.15	1.03	0.10~4.21	正态
MgO	%	0.70	0.37	0.70	0.26	0.18~1.22	正态
Na_2O	%	0.14	0.57	0.12	1.78	0.04~0.37	对数正态
SiO_2	%	65.38	0.14	65.38	9.30	46.78~83.98	正态
TC	%	0.44	0.61	0.38	1.72	0.13~1.11	对数正态
Ag	μg/kg	177	1.00	118	2	20~678	对数正态
Au	μg/kg	1.6	0.56	1.5	1.6	0.5~3.9	对数正态
Cd	μg/kg	439	1.39	219	3	21~2239	对数正态
Hg	μg/kg	134	0.71	110	2	31~383	正态
As	mg/kg	21.9	0.59	19.2	1.6	7.2~51.2	对数正态
B	mg/kg	80	0.34	80	27	25~134	正态
Ba	mg/kg	519	0.66	428	2	118~1548	正态
Be	mg/kg	2.4	0.38	2.4	0.9	0.5~4.2	正态
Bi	mg/kg	0.54	0.26	0.52	1.25	0.33~0.82	正态
Br	mg/kg	2.2	0.45	2.2	1.0	0.2~4.3	正态
Ce	mg/kg	81	0.26	81	21	39~123	正态
Cl	mg/kg	41	0.32	39	1	23~69	正态
Co	mg/kg	17.8	0.43	17.8	7.7	2.3~33.3	正态
Cr	mg/kg	86	0.26	86	22	42~130	正态
Cu	mg/kg	38	0.53	34	2	14~85	对数正态
F	mg/kg	1024	0.62	873	2	288~2646	对数正态
Ga	mg/kg	19.1	0.26	19.1	5.0	9.1~29.1	正态
Ge	mg/kg	1.7	0.18	1.7	0.3	1.0~2.3	正态
I	mg/kg	5.0	0.46	5.0	2.3	0.4~9.7	正态
La	mg/kg	44	0.23	43	1	29~63	正态
Li	mg/kg	42	0.52	37	2	13~105	对数正态
Mn	mg/kg	1028	0.79	748	2	141~3965	对数正态
Mo	mg/kg	2.65	1.06	1.90	2.12	0.42~8.49	对数正态
N	mg/kg	702	0.38	702	267	168~1236	正态
Nb	mg/kg	16	0.19	16	3	10~23	正态
Ni	mg/kg	43	0.51	39	2	16~97	正态
P	mg/kg	277	0.33	264	1	141~495	正态
Pb	mg/kg	64	1.45	28	9	11~45	正态
Rb	mg/kg	138	0.46	138	63	12~265	正态
S	mg/kg	105	0.34	105	36	33~177	正态
Sb	mg/kg	3.97	1.08	2.68	2.35	0.48~14.83	对数正态
Sc	mg/kg	14.2	0.29	14.2	4.1	5.9~22.5	正态
Se	mg/kg	0.49	0.71	0.41	1.71	0.14~1.21	正态
Sn	mg/kg	3.7	0.22	3.7	0.8	2.1~5.2	正态
Sr	mg/kg	67	0.52	67	35	<137	正态
Th	mg/kg	14.8	0.22	14.8	3.3	8.2~21.5	正态
Ti	mg/kg	4284	0.27	4284	1166	1951~6616	正态
Tl	mg/kg	0.94	0.32	0.94	0.30	0.35~1.54	正态
U	mg/kg	3.8	0.24	3.7	1.2	2.4~5.6	正态
V	mg/kg	141	0.40	132	1	67~261	正态
W	mg/kg	1.91	0.18	1.91	0.35	1.21~2.62	正态
Y	mg/kg	29.5	0.24	29.5	7.0	15.6~43.4	正态
Zn	mg/kg	129	0.72	108	2	35~329	正态
Zr	mg/kg	215	0.33	215	70	76~354	正态
pH		6.35	0.17	6.35	1.10	4.16~8.54	正态

表 4-7-19　武宣县土壤地球化学基准值参数统计表（$n=103$）

指标	单位	原始值统计		基准值统计			
		算术平均值	变异系数	基准值	标准离差	变化范围	正态分布检验
Al_2O_3	%	16.91	0.30	16.91	5.06	6.79~27.04	正态
CaO	%	0.39	1.79	0.20	0.11	<0.41	正态
Corg	%	0.28	0.29	0.28	0.08	0.12~0.43	正态
TFe_2O_3	%	8.12	0.32	8.12	2.61	2.90~13.35	正态
K_2O	%	1.71	0.75	1.24	2.28	0.24~6.47	对数正态
MgO	%	0.71	0.56	0.62	1.65	0.23~1.70	正态
Na_2O	%	0.09	0.56	0.08	1.62	0.03~0.20	正态
SiO_2	%	61.78	0.17	61.78	10.21	41.35~82.20	正态
TC	%	0.36	0.56	0.31	0.07	0.17~0.44	正态
Ag	μg/kg	204	0.98	141	2	25~801	对数正态
Au	μg/kg	2.4	0.92	2.0	1.8	0.6~6.2	对数正态
Cd	μg/kg	877	1.40	348	4	20~6058	对数正态
Hg	μg/kg	281	0.70	233	2	71~763	正态
As	mg/kg	45.4	0.94	35.0	1.9	9.3~132.2	对数正态
B	mg/kg	75	0.39	75	29	17~133	正态
Ba	mg/kg	446	1.29	310	2	64~1493	正态
Be	mg/kg	2.1	0.43	2.1	0.9	0.3~3.9	正态
Bi	mg/kg	0.75	0.37	0.71	1.40	0.36~1.39	正态
Br	mg/kg	2.9	0.34	2.9	1.0	0.8~4.9	正态
Ce	mg/kg	90	0.40	85	1	41~173	正态
Cl	mg/kg	56	0.34	56	19	17~94	正态
Co	mg/kg	15.0	0.53	15.0	8.0	<31.0	正态
Cr	mg/kg	137	0.53	106	73	<252	非正态
Cu	mg/kg	50	0.72	43	2	15~119	正态
F	mg/kg	834	0.74	583	199	185~982	正态
Ga	mg/kg	22.4	0.29	22.4	6.4	9.5~35.2	正态
Ge	mg/kg	1.7	0.18	1.7	0.3	1.1~2.4	正态
I	mg/kg	6.2	0.31	6.2	1.9	2.3~10.1	正态
La	mg/kg	56	0.43	52	1	25~108	对数正态
Li	mg/kg	39	0.51	39	20	<78	正态
Mn	mg/kg	1527	1.08	887	3	95~8320	对数正态
Mo	mg/kg	3.67	0.81	3.04	1.76	0.98~9.47	正态
N	mg/kg	601	0.29	601	174	252~949	正态
Nb	mg/kg	19	0.32	19	1	10~33	正态
Ni	mg/kg	58	0.69	47	2	13~167	对数正态
P	mg/kg	402	0.44	373	1	177~786	正态
Pb	mg/kg	115	1.58	59	3	8~446	对数正态
Rb	mg/kg	101	0.61	83	2	24~294	对数正态
S	mg/kg	141	0.82	129	1	68~245	正态
Sb	mg/kg	10.20	1.79	5.73	2.53	0.89~36.77	正态
Sc	mg/kg	16.5	0.32	16.5	5.3	5.9~27.0	正态
Se	mg/kg	0.63	0.35	0.63	0.22	0.19~1.06	正态
Sn	mg/kg	4.4	0.27	4.4	1.2	2.0~6.8	正态
Sr	mg/kg	52	0.33	52	17	17~87	正态
Th	mg/kg	18.6	0.30	18.6	5.5	7.6~29.6	正态
Ti	mg/kg	5576	0.37	5576	2057	1461~9690	正态
Tl	mg/kg	1.29	0.71	1.12	1.61	0.43~2.91	正态
U	mg/kg	5.3	0.47	4.9	1.4	2.4~10.2	正态
V	mg/kg	177	0.38	177	67	43~311	正态
W	mg/kg	2.62	0.41	2.45	1.42	1.21~4.96	正态
Y	mg/kg	33.4	0.48	30.6	1.5	14.0~66.9	正态
Zn	mg/kg	236	1.01	160	2	28~919	对数正态
Zr	mg/kg	247	0.38	247	93	62~432	正态
pH		5.51	0.16	5.23	0.88	3.47~6.99	非正态

表 4-7-20　合山市土壤地球化学基准值参数统计表（$n=23$）

指标	单位	原始值统计		基准值统计			
		算术平均值	变异系数	基准值	标准离差	变化范围	正态分布检验
Al_2O_3	%	13.00	0.28	13.00	3.69	5.62～20.39	正态
CaO	%	0.43	0.51	0.43	0.22	<0.88	正态
Corg	%	0.28	0.32	0.28	0.09	0.10～0.46	正态
TFe_2O_3	%	6.37	0.29	6.37	1.85	2.67～10.07	正态
K_2O	%	1.20	0.52	1.20	0.62	<2.45	正态
MgO	%	0.71	0.42	0.71	0.30	0.10～1.32	正态
Na_2O	%	0.10	0.60	0.10	0.06	<0.22	正态
SiO_2	%	71.99	0.12	71.99	8.60	54.80～89.19	正态
TC	%	0.39	0.31	0.39	0.12	0.15～0.62	正态
Ag	μg/kg	102	0.46	102	47	7～196	正态
Au	μg/kg	1.5	0.27	1.5	0.4	0.7～2.2	正态
Cd	μg/kg	429	0.68	429	292	<1013	正态
Hg	μg/kg	252	0.78	217	2	86～551	正态
As	mg/kg	26.5	0.49	26.5	13.1	0.3～52.7	正态
B	mg/kg	53	0.25	53	13	28～78	正态
Ba	mg/kg	187	0.43	187	81	25～349	正态
Be	mg/kg	2.0	0.40	2.0	0.8	0.3～3.6	正态
Bi	mg/kg	0.61	0.21	0.61	0.13	0.35～0.87	正态
Br	mg/kg	3.1	0.32	3.1	1.0	1.1～5.2	正态
Ce	mg/kg	92	0.38	92	35	21～163	正态
Cl	mg/kg	35	0.29	35	10	15～55	正态
Co	mg/kg	16.4	0.43	16.4	7.1	2.1～30.6	正态
Cr	mg/kg	137	0.34	137	47	44～230	正态
Cu	mg/kg	32	0.41	32	13	5～58	正态
F	mg/kg	1043	0.64	1043	668	<2378	正态
Ga	mg/kg	18.0	0.25	18.0	4.5	9.0～26.9	正态
Ge	mg/kg	1.3	0.23	1.3	0.3	0.7～1.9	正态
I	mg/kg	6.1	0.25	6.1	1.5	3.1～9.2	正态
La	mg/kg	40	0.28	40	11	18～63	正态
Li	mg/kg	43	0.26	43	11	21～64	正态
Mn	mg/kg	825	0.56	825	463	<1752	正态
Mo	mg/kg	3.98	1.22	2.85	2.02	0.70～11.59	正态
N	mg/kg	621	0.15	621	95	431～812	正态
Nb	mg/kg	21	0.24	21	5	11～32	正态
Ni	mg/kg	38	0.24	38	9	19～56	正态
P	mg/kg	309	0.38	309	116	77～542	正态
Pb	mg/kg	36	0.36	36	13	9～63	正态
Rb	mg/kg	89	0.40	89	36	17～161	正态
S	mg/kg	128	0.27	128	35	57～198	正态
Sb	mg/kg	3.07	1.63	2.08	1.94	0.55～7.81	正态
Sc	mg/kg	12.7	0.31	12.7	3.9	4.9～20.5	正态
Se	mg/kg	0.46	0.43	0.46	0.20	0.07～0.85	正态
Sn	mg/kg	3.6	0.19	3.6	0.7	2.2～5.0	正态
Sr	mg/kg	72	0.22	72	16	40～104	正态
Th	mg/kg	16.5	0.24	16.5	4.0	8.5～24.6	正态
Ti	mg/kg	5709	0.35	5709	1970	1770～9648	正态
Tl	mg/kg	0.93	0.23	0.93	0.21	0.51～1.36	正态
U	mg/kg	5.9	0.22	5.9	1.3	3.3～8.5	正态
V	mg/kg	143	0.22	143	31	81～205	正态
W	mg/kg	2.00	0.24	2.00	0.48	1.05～2.96	正态
Y	mg/kg	33.4	0.30	33.4	10.1	13.2～53.6	正态
Zn	mg/kg	103	0.24	103	25	52～153	正态
Zr	mg/kg	265	0.26	265	69	128～402	正态
pH		5.82	0.14	5.82	0.81	4.21～7.44	正态

5 土壤地球化学背景值

5.1 基本概念和统计方法

土壤是母质、气候、生物、地形、时间和人类等因素共同作用的结果，是一个复杂的自然历史综合体。其中，表层土壤既能反映成土母质、成土环境等内在因素的影响，同时又受到人类活动等外在因素的影响和扰动。土壤背景值是指自然应力和人类活动共同作用影响下区域表层土壤的含量值，实际上是成土母质组成、成土过程中元素迁移重分配、人为扰动污染等各种因素长期综合作用的结果，以表层土壤地球化学调查元素含量表征。它与土壤背景值有着密切继承关系，总体受土壤背景值的控制，但由于经长期风化、淋溶作用和人类生产生活等活动的改造，表层土壤地球化学特征已发生一定的演变，导致两者之间存在一定的差异。

土壤背景值及地球化学参数的统计方法和求值原则与深层土壤基准值相同。统计数据服从正态分布的表层土壤平均值既包含了成土本底值，又包含了后期多种地球化学过程叠加的元素含量，更接近现代工业化影响的次生含量，能够真实反映土壤次生环境的地球化学特征。

土壤背景值统计与土壤基准值一致，按成土母质、地质单元、土壤类型、流域以及县级行政区5种不同单元进行统计。

5.2 研究区土壤地球化学背景值

K 值是研究区土壤背景值与参比区土壤背景值的比值，参比区数据引用《中国土壤地球化学参数》（侯叶青等，2020）中的全国表层土壤元素含量中位值。利用 K 值可以比较出研究区元素相对参比区元素富集或贫乏的特点。约定 $K<0.2$ 时，为极度偏低，$0.2 \leqslant K<0.8$ 时为中度偏低，$0.8 \leqslant K<1.2$ 时为相当，$1.2 \leqslant K<5.0$ 时为中度富集，$K \geqslant 5.0$ 时为高度富集。变异系数（CV）是反映元素分布均匀程度的一个重要参数，约定采用如下经验值判别：$CV<0.4$，元素分布均匀；$0.4 \leqslant CV<1.0$，元素分布较不均匀；$1.0 \leqslant CV<1.5$，元素分布不均匀；$CV \geqslant 1.5$，元素分布极不均匀。研究区土壤地球化学背景值见表5-2-1。

在各指标的含量分布形态中，仅 Co 呈对数正态分布，其他指标均为非正态分布。从变异系数上看，Corg、SiO_2、TC、Ga、Ge、N、pH 变异系数小于0.4，属于均匀分布；Al_2O_3、TFe_2O_3、K_2O、MgO、Na_2O、B、Be、Br、Ce、Cl、Co、Cr、Cu、F、I、La、Li、Nb、Ni、P、Rb、S、Sc、Se、Sn、Sr、Th、Ti、Tl、U、V、W、Y、Zr 变异系数在0.4~1.0之间，属于较不均匀分布；Ag、Hg、Mo、Zn 变异系数在1.0~1.5之间，属于不均匀分布；CaO、Au、Cd、As、Ba、Bi、Mn、Pb、Sb 变异系数均大于1.5，属于极不均匀分布，其中最大值 Au 变异系数达到5.02。研究区各指标背景值与几何平均值的双差值均较小，除 Cd 外其余指标双差均小于20%。

相比参比区，CaO、K_2O、MgO、Na_2O、Ba、Cl、Co、Mn、Sr、pH 的 K 值小于0.8，属于相对贫乏，其中 Na_2O、CaO 分别为参比区的0.06倍、0.152倍，表明研究区以上指标相比参比区极度贫乏；Al_2O_3、TFe_2O_3、SiO_2、TC、Au、B、Be、Ce、Cr、Cu、F、Ga、Ge、La、Li、Nb、Ni、P、Rb、S、Sc、Ti、Tl、V、W、Y、Zn、Zr 的 K 值在0.8~1.2之间，表明研究区相比参比区这些指标含量水平接近；Corg、Ag、Cd、Hg、As、Bi、Br、I、Mo、N、Pb、Sb、Se、Sn、Th、U 的含量与参比区相比的 K 值均大于1.2，表明相对富集，其中 Hg、Se 的 K 值分别为2.67、2.71，呈现高度富集。

表 5-2-1 研究区土壤地球化学背景值参数统计表

指标	单位	原始值统计									背景值统计				参比区
		算术平均值	标准差	几何平均值	几何标准差	变异系数	众值	中位值	最小值	最大值	背景值	标准离差	变化范围	正态分布检验	
Al_2O_3	%	12.90	5.30	11.68	5.30	0.41	12.76	12.88	1.47	34.29	12.88	5.30	2.27~23.49	非正态	12.93
CaO	%	0.60	1.28	0.28	1.28	2.13	0.22	0.25	0.01	20.30	0.25	1.28	<2.81	非正态	1.64
Corg	%	1.51	0.50	1.44	0.50	0.33	1.24	1.44	0.16	7.22	1.44	1.35	0.80~2.61	非正态	1.01
TFe_2O_3	%	4.80	2.25	4.35	2.25	0.47	4.06	4.32	0.20	16.48	4.32	2.25	<8.82	非正态	4.41
K_2O	%	1.38	0.89	1.04	0.89	0.65	0.32	1.30	0.04	6.04	1.30	0.89	<3.08	非正态	2.36
MgO	%	0.54	0.36	0.47	0.36	0.66	0.38	0.47	0.05	6.84	0.47	0.36	<1.18	非正态	1.44
Na_2O	%	0.11	0.11	0.09	0.11	0.95	0.11	0.08	0.01	1.76	0.08	0.11	<0.30	非正态	1.37
SiO_2	%	70.52	10.60	69.66	10.60	0.15	75.58	70.74	30.12	96.86	70.74	10.60	49.53~91.95	非正态	64.64
TC	%	1.72	0.65	1.63	0.65	0.38	1.44	1.59	0.30	9.52	1.59	0.65	0.29~2.89	非正态	1.53
Ag	μg/kg	139	171	108	171	1.24	62	98	9	10 500	98	171	<441	非正态	73
Au	μg/kg	2.0	10.0	1.3	10.0	5.02	0.8	1.2	0	746.2	1.2	10.0	<21.2	非正态	1.5
Cd	μg/kg	960	2058	342	2058	2.14	136	226	28	38 573	226	2058	<4342	非正态	147*
Hg	μg/kg	153	178	127	178	1.16	116	120	16	10 752	120	178	<477	非正态	45*
As	mg/kg	19.3	36.3	13.3	36.3	1.87	13.4	13.4	0.7	2 216.0	13.4	36.3	<85.9	非正态	9.3*
B	mg/kg	60	39	53	39	0.66	102	56	4	1725	56	39	<134	非正态	49
Ba	mg/kg	304	825	229	825	2.71	206	248	11	74 223	248	825	<1897	非正态	506
Be	mg/kg	1.7	0.9	1.5	0.9	0.53	1.1	1.6	0.2	9.2	1.6	0.9	<3.4	非正态	2
Bi	mg/kg	0.68	1.39	0.57	1.39	2.04	0.48	0.52	0.07	108.00	0.52	1.39	<3.30	非正态	0.32
Br	mg/kg	4.7	2.6	4.1	2.6	0.56	2.4	4.0	0.3	37.3	4.0	2.6	<9.2	非正态	3.2
Ce	mg/kg	85	37	78	37	0.44	101	79	9	598	79	37	5~154	非正态	71
Cl	mg/kg	57	23	54	23	0.40	50	53	15	839	53	23	7~98	非正态	73
Co	mg/kg	10.7	7.3	8.6	7.3	0.68	10.2	8.6	0.6	98.5	8.6	1.9	2.3~32.8	对数正态	12.1*
Cr	mg/kg	98	81	78	81	0.83	102	73	5	1093	73	81	<236	非正态	66*
Cu	mg/kg	25	14	22	14	0.57	20	22	2	265	22	14	<50	非正态	23*
F	mg/kg	515	238	477	238	0.46	403	472	103	4212	472	1	233~958	非正态	509*
Ga	mg/kg	16.5	6.3	15.3	6.3	0.38	16.6	15.9	3.3	46.0	15.9	6.3	3.3~28.5	非正态	16
Ge	mg/kg	1.3	0.3	1.3	0.3	0.26	1.4	1.4	0.3	3.1	1.4	0.3	0.7~2.1	非正态	1.3
I	mg/kg	4.4	3.2	3.4	3.2	0.73	11.0	3.5	0.4	28.0	3.5	3.2	<9.8	非正态	1.8
La	mg/kg	42	19	39	19	0.45	38	38	7	351	38	19	0~75	非正态	37
Li	mg/kg	31	17	27	17	0.55	14	27	3	178	27	17	<61	非正态	33
Mn	mg/kg	657	1075	365	1075	1.64	148	313	19	24 648	313	1075	<2462	非正态	567*
Mo	mg/kg	1.61	1.64	1.23	1.64	1.02	0.72	1.16	0.17	51.20	1.16	1.64	<4.45	非正态	0.65
N	mg/kg	1497	463	1430	463	0.31	1341	1428	15	5234	1434	1	804~2559	非正态	1082
Nb	mg/kg	20	10	18	10	0.50	18	18	1	131	18	10	<37	非正态	15
Ni	mg/kg	30	24	24	24	0.81	19	22	2	294	22	24	<71	非正态	27*
P	mg/kg	696	292	645	292	0.42	476	629	103	3858	629	292	45~1213	非正态	670
Pb	mg/kg	43	80	34	80	1.88	18	32	7	3567	32	80	<192	非正态	25*
Rb	mg/kg	86	50	70	50	0.59	102	81	3	346	81	50	<182	非正态	99
S	mg/kg	309	245	284	245	0.79	230	275	80	12 612	275	245	<765	非正态	254
Sb	mg/kg	2.83	5.88	1.79	5.88	2.08	1.06	1.62	0.19	345.00	1.62	5.88	<13.39	非正态	0.82
Sc	mg/kg	10.9	4.9	9.9	4.9	0.45	11.6	10.1	1.2	43.2	10.1	4.9	0.3~19.9	非正态	10.7
Se	mg/kg	0.63	0.31	0.58	0.31	0.49	0.58	0.57	0.03	5.34	0.57	0.31	<1.19	非正态	0.21*
Sn	mg/kg	4.6	3.1	4.2	3.1	0.67	3.2	4.0	1.0	101.0	4.0	3.1	<10.2	非正态	3.2
Sr	mg/kg	52	42	43	42	0.80	58	46	4	1436	46	42	<129	非正态	155
Th	mg/kg	16.5	7.3	15.0	7.3	0.44	11.6	15.3	1.8	94.5	15.3	7.3	0.6~30.0	非正态	12
Ti	mg/kg	5078	2270	4675	2270	0.45	4300	4574	683	22 142	4574	2270	34~9113	非正态	4158
Tl	mg/kg	0.78	0.42	0.70	0.42	0.55	0.58	0.71	0.11	18.10	0.71	0.42	<1.56	非正态	0.6
U	mg/kg	4.3	2.0	3.9	2.0	0.46	3.3	3.9	1.0	18.4	3.8	2.0	<7.7	非正态	2.4
V	mg/kg	103	55	92	55	0.53	106	89	10	665	89	55	<199	非正态	80*
W	mg/kg	2.49	2.43	2.13	2.43	0.98	1.74	2.05	0.40	127.30	2.05	2.43	<6.92	非正态	1.78
Y	mg/kg	34.0	20.2	30.5	20.2	0.59	27.8	28.4	4.1	331.0	28.4	20.2	<68.8	非正态	25.1
Zn	mg/kg	104	111	79	111	1.06	108	72	8	2628	72	111	<293	非正态	67*
Zr	mg/kg	319	140	293	140	0.44	306	302	46	1860	302	140	23~581	非正态	263
pH		5.63	0.95	5.56	0.95	0.17	4.92	5.30	3.68	8.69	5.30	0.95	3.41~7.19	非正态	7.67

注：参比区数据中 * 引自《中国土壤元素背景值地球化学参数》(侯叶青等，2020)中全国表层土壤含量中位值。

研究区表层土壤指标含量与全国相比,土壤中的pH相对偏低,N、P、K等土壤养分(元素或氧化物)普遍贫乏,而Se及重金属元素相对富集。

5.3 不同成土母质土壤地球化学背景值

研究区内成土母质类型包括岩浆岩、变质岩、沉积岩和第四系沉积物。岩浆岩主要为中性—酸性火成岩,变质岩包括正变质岩、副变质岩,沉积岩包括化学沉积岩、化学沉积岩-碳酸盐岩、碳酸盐岩、碳酸盐岩-陆源碎屑岩、陆源碎屑岩、砂岩、第四系沉积物。统计研究区不同成土母质土壤地球化学背景值,结果列于表5-3-1至表5-3-13。

岩浆岩、变质岩土壤背景值统计结果具有相似性,Al_2O_3、K_2O、Na_2O、Ba、Ce、Ga、La、Rb、Sn、Th、U的背景值明显高于研究区相应指标背景值,含量呈富集状态,其中以Na_2O最为明显,岩浆岩及变质岩中Na_2O的背景值分别是研究区Na_2O背景值的2.13倍、1.88倍;CaO、MgO、Ag、Cd、Hg、As、B、Br、Co、Cr、Cu、I、Mn、Mo、Ni、Sb、Se、Sr、V的背景值则明显低研究区相应指标背景值,其中岩浆岩中的Cr、Sb以及变质岩中的As、Cd、Sr、Sb背景值不足研究区相应指标背景值的0.5倍,表现出贫乏状态。其他指标的背景值与研究区相应指标背景值相近。

沉积岩中大部分指标的背景值与研究区对应指标的背景值较为接近,仅CaO、Ag、Cd、Mn、Sb少量指标明显高于研究区背景值,K_2O、Na_2O明显低于研究区背景值,其他指标含量与研究区背景值的比值均在0.9~1.1之间。

第四系沉积物中除Br、Co、I、Mn指标的背景值略低于研究区指标背景值,其他指标的背景值则接近或略高于研究区对应指标背景值,呈现相对富集状态,其中Sb富集程度最高,其背景值是研究区背景值的1.59倍。

岩浆岩中As变异系数最大,达到5.11,属于极不均匀分布,Au、Bi、Sb属于不均匀分布,其他指标含量属于较不均匀或均匀分布。变质岩中Au、Sb变异系数大于1.5,属于极不均匀分布;沉积岩中CaO、Au、Cd、As、Ba、Mn、Pb、Sb以及第四系沉积物中Au、Cd、As、Ba、Bi、Mn、Pb的变异系数均超过1.5,其中最大值为5.78,均属于极不均匀分布;变质岩中As,沉积岩中Ag、Hg、Bi、Mo、Zn及第四系沉积物中CaO、Ag、S、Sr、Zn属于不均匀分布,其他指标分布均属于较不均匀或均匀分布。

中性—酸性火成岩和变质岩中的Na_2O,化学沉积岩-碳酸盐岩中的Cd、Mo,碳酸盐岩中Cd、Mn,碳酸盐岩-陆源碎屑岩中的Sb,砂岩中的Ba等指标背景值普遍高于其他母质,为研究区背景值的2倍以上。Ag、Cd、As、B、Cr、Sb等含量背景值的低值主要出现在正变质岩中,其中Sb背景值为0.38mg/kg,仅为研究区背景值的0.23倍。此外,中性—酸性火成岩中的Sb、副变质岩中的Sr、碳酸盐岩中的K_2O、砂岩中的CaO背景值也普遍低于其他成土母质。

正变质岩、副变质岩、化学沉积岩-碳酸盐岩、砂岩中80%以上的指标呈均匀分布,不均匀分布指标则主要集中在陆源碎屑岩、第四系沉积物中,包括Au、Cd、As、Bi、Mn、Pb,大多数为重金属元素,其中陆源碎屑岩中Au变异系数最高,达6.04。

5.4 主要地质单元地球化学背景值

研究区范围内地质单元分为第四系、古近系、白垩系、侏罗系、三叠系、二叠系、石炭系、泥盆系、志留系、奥陶系、寒武系、震旦系、南华系、丹洲群、新元古界、四堡群、云开群、天堂山岩群。研究区不同地质单元土壤地球化学背景值统计见表5-4-1至表5-4-17(说明:四堡群属元古宇,在研究区仅少量分布于北部融水县一带,因采样和测试样本比较少,不能进行正态分布检验,故仅对背景值等参数进行简单分析介绍,不再罗列具体数值)。

在不同元素的横向比较结果中,某些元素在特定地质单元现出高度富集现象:古近系、侏罗系、志留系、丹洲群、新元古界、天堂山岩群的Na_2O,石炭系的Mn,丹洲群的Tl、U以及四堡群的W的背景值均

表 5-3-1 岩浆岩(一级分类)成土母质土壤地球化学背景值参数统计表（$n=1257$）

指标	单位	原始值统计		背景值统计			
		算术平均值	变异系数	背景值	标准离差	变化范围	正态分布检验
Al_2O_3	%	19.20	0.19	19.30	3.56	12.17~26.42	正态
CaO	%	0.20	1.20	0.15	0.24	<0.64	非正态
Corg	%	1.75	0.27	1.70	1.30	1.01~2.86	对数正态
TFe_2O_3	%	4.40	0.36	4.28	1.29	1.71~6.86	正态
K_2O	%	2.42	0.35	2.32	1.41	1.16~4.63	对数正态
MgO	%	0.44	0.45	0.40	1.55	0.16~0.95	对数正态
Na_2O	%	0.23	0.78	0.17	0.18	<0.54	非正态
SiO_2	%	63.55	0.09	63.27	1.10	52.37~76.43	对数正态
TC	%	1.81	0.27	1.75	1.32	1.00~3.06	对数正态
Ag	μg/kg	80	1.40	64	112	<288	非正态
Au	μg/kg	1.6	3.94	1.1	1.8	0.3~3.4	对数正态
Cd	μg/kg	177	1.47	142	1	71~288	对数正态
Hg	μg/kg	104	0.52	97	1	48~198	对数正态
As	mg/kg	12.3	5.11	8.9	62.8	<134.5	非正态
B	mg/kg	43	1.40	36	60	<156	非正态
Ba	mg/kg	333	0.48	302	2	124~734	对数正态
Be	mg/kg	2.5	0.40	2.2	1.0	0.3~4.2	非正态
Bi	mg/kg	1.00	3.29	0.67	1.61	0.26~1.75	对数正态
Br	mg/kg	3.9	0.67	3.3	2.6	<8.5	非正态
Ce	mg/kg	115	0.36	109	1	55~215	对数正态
Cl	mg/kg	72	0.46	62	33	<128	非正态
Co	mg/kg	7.5	0.60	6.9	4.5	<15.8	非正态
Cr	mg/kg	41	0.56	37	23	<82	非正态
Cu	mg/kg	18	0.56	17	10	<38	非正态
F	mg/kg	577	0.33	547	1	285~1049	对数正态
Ga	mg/kg	23.6	0.21	23.6	4.9	13.7~33.4	正态
Ge	mg/kg	1.5	0.13	1.5	0.2	1.1~1.9	正态
I	mg/kg	3.3	0.79	2.6	2.6	<7.7	非正态
La	mg/kg	51	0.43	47	1	21~106	对数正态
Li	mg/kg	34	0.47	31	2	13~76	对数正态
Mn	mg/kg	278	0.71	232	2	80~668	对数正态
Mo	mg/kg	1.25	0.88	0.98	1.10	<3.18	非正态
N	mg/kg	1551	0.26	1522	1	948~2445	对数正态
Nb	mg/kg	27	0.67	21	18	<58	非正态
Ni	mg/kg	16	0.50	15	8	<30	非正态
P	mg/kg	766	0.37	715	1	335~1523	对数正态
Pb	mg/kg	50	0.74	45	1	26~80	对数正态
Rb	mg/kg	155	0.40	149	62	25~272	非正态
S	mg/kg	361	0.38	343	1	180~651	对数正态
Sb	mg/kg	1.17	2.82	0.80	1.71	0.27~2.35	对数正态
Sc	mg/kg	10.4	0.36	10.1	2.8	4.5~15.7	正态
Se	mg/kg	0.49	0.45	0.45	0.22	0.02~0.89	非正态
Sn	mg/kg	7.1	0.45	6.6	1.5	2.9~14.7	对数正态
Sr	mg/kg	40	0.98	25	39	<102	非正态
Th	mg/kg	26.7	0.31	25.5	1.4	13.9~46.7	对数正态
Ti	mg/kg	4321	0.34	4153	1111	1931~6376	正态
Tl	mg/kg	1.07	0.34	1.01	1.42	0.50~2.02	对数正态
U	mg/kg	6.2	0.39	5.6	2.4	0.8~10.4	非正态
V	mg/kg	73	0.49	69	27	15~123	正态
W	mg/kg	3.94	1.04	3.10	1.57	1.26~7.61	对数正态
Y	mg/kg	37.8	0.51	33.5	19.2	<72.0	非正态
Zn	mg/kg	76	0.39	72	1	43~120	对数正态
Zr	mg/kg	329	0.33	307	110	86~528	非正态
pH		5.06	0.08	4.99	0.38	4.24~5.74	非正态

表 5-3-2 中性—酸性火成岩成土母质土壤地球化学背景值参数统计表（$n=1248$）

指标	单位	原始值统计		背景值统计			
		算术平均值	变异系数	背景值	标准离差	变化范围	正态分布检验
Al_2O_3	%	19.20	0.19	19.30	3.57	12.15~26.44	正态
CaO	%	0.20	1.20	0.15	0.24	<0.64	非正态
Corg	%	1.75	0.27	1.69	1.33	0.95~2.99	对数正态
TFe_2O_3	%	4.35	0.33	4.28	1.28	1.71~6.85	正态
K_2O	%	2.43	0.35	2.33	1.41	1.17~4.62	对数正态
MgO	%	0.43	0.47	0.39	1.55	0.16~0.95	对数正态
Na_2O	%	0.23	0.78	0.17	0.18	<0.54	非正态
SiO_2	%	63.63	0.09	63.36	1.10	52.63~76.27	对数正态
TC	%	1.81	0.27	1.75	1.32	1.00~3.06	对数正态
Ag	μg/kg	80	1.41	64	113	<289	非正态
Au	μg/kg	1.6	4.0	1.1	1.8	0.3~3.3	对数正态
Cd	μg/kg	177	1.47	142	1	70~288	对数正态
Hg	μg/kg	104	0.52	97	1	48~198	对数正态
As	mg/kg	12.3	5.12	8.9	63	<135.0	非正态
B	mg/kg	43	1.40	37	60	<157	非正态
Ba	mg/kg	332	0.48	301	2	124~729	对数正态
Be	mg/kg	2.5	0.40	2.2	1.0	0.3~4.2	非正态
Bi	mg/kg	1.00	3.31	0.68	1.61	0.26~1.75	对数正态
Br	mg/kg	3.9	0.67	3.3	2.6	<8.6	非正态
Ce	mg/kg	115	0.36	109	1	55~215	对数正态
Cl	mg/kg	72	0.46	62	33	<128	非正态
Co	mg/kg	7.4	0.49	6.9	3.6	<14.2	非正态
Cr	mg/kg	41	0.54	37	22	<82	非正态
Cu	mg/kg	18	0.50	17	9	<35	非正态
F	mg/kg	577	0.33	548	1	286~1050	对数正态
Ga	mg/kg	23.6	0.21	23.6	4.9	13.7~33.4	正态
Ge	mg/kg	1.5	0.13	1.5	0.2	1.1~1.9	正态
I	mg/kg	3.3	0.79	2.6	2.6	<7.7	非正态
La	mg/kg	51	0.43	47	1	21~106	对数正态
Li	mg/kg	34	0.47	31	2	13~77	对数正态
Mn	mg/kg	273	0.68	233	2	79~688	对数正态
Mo	mg/kg	1.25	0.88	0.98	1.1	<3.18	非正态
N	mg/kg	1553	0.26	1523	1	948~2447	对数正态
Nb	mg/kg	27	0.67	21	18	<58	非正态
Ni	mg/kg	16	0.50	14	8	<30	非正态
P	mg/kg	760	0.36	711	1	337~1500	对数正态
Pb	mg/kg	50	0.74	45	1	26~80	对数正态
Rb	mg/kg	156	0.40	149	62	26~273	非正态
S	mg/kg	362	0.38	343	1	180~652	对数正态
Sb	mg/kg	1.17	2.82	0.80	1.71	0.27~2.35	对数正态
Sc	mg/kg	10.3	0.32	10.1	2.8	4.5~15.7	正态
Se	mg/kg	0.49	0.45	0.45	0.22	0.02~0.89	非正态
Sn	mg/kg	7.2	0.44	6.6	1.5	3.0~14.7	对数正态
Sr	mg/kg	40	0.95	25	38	<101	非正态
Th	mg/kg	26.8	0.31	25.6	1.3	14.1~46.6	对数正态
Ti	mg/kg	4275	0.32	4149	1108	1933~6366	正态
Tl	mg/kg	1.07	0.34	1.01	1.41	0.51~2.02	对数正态
U	mg/kg	6.3	0.38	5.6	2.4	0.8~10.4	非正态
V	mg/kg	71	0.44	69	27	16~123	正态
W	mg/kg	3.95	1.04	3.10	1.57	1.26~7.63	对数正态
Y	mg/kg	37.9	0.51	33.4	19.3	<72.0	非正态
Zn	mg/kg	76	0.39	72	1	43~119	对数正态
Zr	mg/kg	329	0.34	307	111	85~528	非正态
pH		5.06	0.07	4.98	0.37	4.23~5.73	非正态

表 5-3-3 变质岩(一级分类)成土母质土壤地球化学背景值参数统计表($n=256$)

指标	单位	原始值统计		背景值统计			
		算术平均值	变异系数	背景值	标准离差	变化范围	正态分布检验
Al_2O_3	%	15.62	0.14	15.62	2.12	11.38~19.86	正态
CaO	%	0.15	0.60	0.13	1.61	0.05~0.34	正态
Corg	%	1.42	0.21	1.42	0.30	0.82~2.01	正态
TFe_2O_3	%	3.79	0.26	3.79	1.00	1.78~5.79	正态
K_2O	%	2.02	0.26	1.96	1.28	1.19~3.22	正态
MgO	%	0.43	0.42	0.40	1.42	0.20~0.80	正态
Na_2O	%	0.19	0.47	0.15	0.09	<0.34	非正态
SiO_2	%	67.90	0.06	67.90	4.02	59.87~75.94	正态
TC	%	1.46	0.21	1.46	0.31	0.84~2.07	正态
Ag	μg/kg	61	0.75	54	2	23~126	正态
Au	μg/kg	1.8	1.67	1.4	1.9	0.4~4.7	对数正态
Cd	μg/kg	111	0.43	104	1	56~197	正态
Hg	μg/kg	81	0.52	73	19	35~110	正态
As	mg/kg	9.0	1.19	6.2	2.4	1.1~34.8	正态
B	mg/kg	52	0.69	47	36	<120	非正态
Ba	mg/kg	346	0.28	333	1	187~590	正态
Be	mg/kg	1.7	0.24	1.7	0.4	1.0~2.4	正态
Bi	mg/kg	0.50	0.42	0.46	1.44	0.22~0.96	正态
Br	mg/kg	3.4	0.56	2.9	1.9	<6.7	非正态
Ce	mg/kg	101	0.21	101	21	60~143	正态
Cl	mg/kg	53	0.34	50	1	28~92	正态
Co	mg/kg	7.3	0.40	6.8	1.5	3.2~14.3	正态
Cr	mg/kg	50	0.32	50	16	18~82	正态
Cu	mg/kg	19	0.47	18	1	8~39	正态
F	mg/kg	406	0.21	406	84	238~575	正态
Ga	mg/kg	18.1	0.15	18.1	2.7	12.6~23.5	正态
Ge	mg/kg	1.4	0.14	1.4	0.2	1.1~1.7	正态
I	mg/kg	2.7	0.74	2.3	1.8	0.7~7.1	对数正态
La	mg/kg	42	0.24	42	10	22~61	正态
Li	mg/kg	24	0.38	24	9	7~41	正态
Mn	mg/kg	218	0.86	189	2	72~492	对数正态
Mo	mg/kg	0.74	0.38	0.69	1.41	0.35~1.38	正态
N	mg/kg	1246	0.20	1246	249	747~1744	正态
Nb	mg/kg	17	0.35	16	3	11~21	正态
Ni	mg/kg	19	0.37	19	7	6~33	正态
P	mg/kg	651	0.28	651	184	282~1020	正态
Pb	mg/kg	35	0.29	34	1	20~58	正态
Rb	mg/kg	105	0.29	105	30	45~165	正态
S	mg/kg	273	0.26	273	71	131~415	正态
Sb	mg/kg	0.86	2.22	0.55	1.61	0.21~1.43	对数正态
Sc	mg/kg	10.7	0.23	10.7	2.5	5.7~15.7	正态
Se	mg/kg	0.39	0.26	0.39	0.10	0.19~0.58	正态
Sn	mg/kg	5.2	0.31	5.2	1.6	2.1~8.4	正态
Sr	mg/kg	23	0.61	21	1	10~46	对数正态
Th	mg/kg	20.3	0.20	20.3	4.1	12.2~28.5	正态
Ti	mg/kg	3772	0.24	3772	906	1959~5584	正态
Tl	mg/kg	0.72	0.26	0.72	0.19	0.35~1.09	正态
U	mg/kg	4.2	0.24	4.2	1.0	2.2~6.2	正态
V	mg/kg	71	0.30	71	21	29~113	正态
W	mg/kg	2.30	0.40	2.15	1.43	1.06~4.37	正态
Y	mg/kg	31.4	0.28	30.2	1.3	17.3~52.4	正态
Zn	mg/kg	59	0.25	59	15	29~90	正态
Zr	mg/kg	279	0.19	279	54	171~388	正态
pH		5.09	0.06	5.09	1.05	4.57~5.66	对数正态

表 5-3-4　正变质岩成土母质土壤地球化学背景值参数统计表（n=129）

指标	单位	原始值统计		背景值统计			
		算术平均值	变异系数	背景值	标准离差	变化范围	正态分布检验
Al_2O_3	%	16.05	0.09	16.05	1.38	13.29~18.80	正态
CaO	%	0.18	0.39	0.18	0.07	0.04~0.33	正态
Corg	%	1.32	0.21	1.32	0.28	0.75~1.88	正态
TFe_2O_3	%	3.12	0.27	3.12	0.83	1.46~4.77	正态
K_2O	%	2.51	0.18	2.51	0.46	1.59~3.43	正态
MgO	%	0.45	0.51	0.41	1.56	0.17~0.99	正态
Na_2O	%	0.28	0.39	0.28	0.11	0.07~0.49	正态
SiO_2	%	67.10	0.05	67.10	3.18	60.74~73.45	正态
TC	%	1.34	0.22	1.34	0.29	0.76~1.92	正态
Ag	μg/kg	46	0.41	43	1	23~82	正态
Au	μg/kg	1.0	0.50	0.9	1.6	0.4~2.2	正态
Cd	μg/kg	101	0.29	101	29	43~159	正态
Hg	μg/kg	85	0.44	74	17	41~108	正态
As	mg/kg	3.8	1.18	2.7	2.1	0.6~12.1	对数正态
B	mg/kg	22	0.68	18	2	5~63	正态
Ba	mg/kg	409	0.25	409	102	206~612	正态
Be	mg/kg	1.7	0.24	1.7	0.4	1.0~2.4	正态
Bi	mg/kg	0.44	0.36	0.44	0.16	0.12~0.75	正态
Br	mg/kg	3.3	0.82	2.4	0.8	0.9~4.0	正态
Ce	mg/kg	104	0.16	104	17	70~138	正态
Cl	mg/kg	50	0.32	50	16	17~83	正态
Co	mg/kg	6.1	0.34	6.1	2.1	1.8~10.4	正态
Cr	mg/kg	36	0.44	36	16	5~68	正态
Cu	mg/kg	14	0.36	14	5	4~23	正态
F	mg/kg	415	0.22	415	92	231~598	正态
Ga	mg/kg	18.7	0.10	18.7	1.8	15.2~22.2	正态
Ge	mg/kg	1.4	0.07	1.4	0.1	1.1~1.7	正态
I	mg/kg	2.8	1.00	2.1	2.0	0.5~8.4	正态
La	mg/kg	46	0.15	46	7	31~60	正态
Li	mg/kg	25	0.44	25	11	3~47	正态
Mn	mg/kg	195	0.47	177	2.0	73~428	正态
Mo	mg/kg	0.74	0.32	0.74	0.24	0.26~1.21	正态
N	mg/kg	1230	0.18	1230	226	777~1682	正态
Nb	mg/kg	16	0.44	15	2	12~18	正态
Ni	mg/kg	15	0.47	15	7	2~28	正态
P	mg/kg	597	0.23	597	138	321~874	正态
Pb	mg/kg	37	0.16	37	6	24~50	正态
Rb	mg/kg	131	0.21	131	28	74~188	正态
S	mg/kg	275	0.23	275	62	151~400	正态
Sb	mg/kg	0.42	0.52	0.38	1.46	0.18~0.82	正态
Sc	mg/kg	9.2	0.22	9.2	2.0	5.2~13.2	正态
Se	mg/kg	0.36	0.33	0.34	1.34	0.19~0.62	正态
Sn	mg/kg	6.1	0.23	6.1	1.4	3.4~8.9	正态
Sr	mg/kg	29	0.62	27	1	12~58	正态
Th	mg/kg	22.7	0.17	22.7	3.8	15.0~30.3	正态
Ti	mg/kg	3064	0.26	3064	784	1496~4633	正态
Tl	mg/kg	0.81	0.17	0.81	0.14	0.54~1.09	正态
U	mg/kg	4.7	0.21	4.7	1.0	2.7~6.7	正态
V	mg/kg	53	0.32	53	17	19~87	正态
W	mg/kg	1.91	0.38	1.91	0.73	0.46~3.36	正态
Y	mg/kg	40.2	0.22	40.2	8.7	22.8~57.5	正态
Zn	mg/kg	56	0.25	56	14	27~84	正态
Zr	mg/kg	249	0.19	249	48	153~346	正态
pH		5.09	0.05	5.09	0.24	4.61~5.58	正态

表 5-3-5 副变质岩成土母质土壤地球化学背景值参数统计表（n=53）

指标	单位	原始值统计		背景值统计			
		算术平均值	变异系数	背景值	标准离差	变化范围	正态分布检验
Al_2O_3	%	14.98	0.16	14.98	2.38	10.23~19.73	正态
CaO	%	0.14	0.64	0.13	1.51	0.06~0.29	正态
Corg	%	1.49	0.21	1.49	0.31	0.86~2.11	正态
TFe_2O_3	%	4.16	0.25	4.16	1.06	2.04~6.27	正态
K_2O	%	1.83	0.22	1.83	0.40	1.03~2.62	正态
MgO	%	0.43	0.26	0.43	0.11	0.21~0.65	正态
Na_2O	%	0.13	0.38	0.13	1.36	0.07~0.24	正态
SiO_2	%	68.79	0.06	68.79	4.47	59.85~77.74	正态
TC	%	1.54	0.21	1.54	0.32	0.91~2.17	正态
Ag	μg/kg	81	1.00	65	15	34~95	正态
Au	μg/kg	2.9	2.00	1.8	0.7	0.5~3.2	正态
Cd	μg/kg	119	0.33	119	39	41~197	正态
Hg	μg/kg	91	0.69	82	1	38~179	正态
As	mg/kg	12.5	1.15	9.6	1.9	2.5~36.6	正态
B	mg/kg	71	0.34	71	24	22~120	正态
Ba	mg/kg	352	0.22	352	77	198~507	正态
Be	mg/kg	1.7	0.24	1.7	0.4	0.9~2.5	正态
Bi	mg/kg	0.52	0.44	0.49	1.42	0.24~0.99	对数正态
Br	mg/kg	3.2	0.47	2.9	1.5	1.3~6.5	对数正态
Ce	mg/kg	101	0.20	101	20	61~140	正态
Cl	mg/kg	57	0.25	57	14	29~84	正态
Co	mg/kg	8.2	0.43	8.2	3.5	1.2~15.1	正态
Cr	mg/kg	56	0.13	56	7	41~71	正态
Cu	mg/kg	23	0.57	21	1	11~41	正态
F	mg/kg	393	0.19	393	74	244~542	正态
Ga	mg/kg	17.5	0.17	17.5	3.0	11.5~23.4	正态
Ge	mg/kg	1.4	0.14	1.4	0.2	1.0~1.7	正态
I	mg/kg	2.6	0.58	2.2	1.7	0.7~6.5	对数正态
La	mg/kg	38	0.18	38	7	23~52	正态
Li	mg/kg	21	0.33	21	7	8~34	正态
Mn	mg/kg	291	1.00	243	2	89~668	正态
Mo	mg/kg	0.67	0.58	0.60	1.54	0.25~1.42	正态
N	mg/kg	1299	0.21	1299	271	756~1841	正态
Nb	mg/kg	18	0.17	18	3	12~24	正态
Ni	mg/kg	20	0.25	20	5	10~31	正态
P	mg/kg	654	0.29	654	191	273~1036	正态
Pb	mg/kg	35	0.37	35	13	10~60	正态
Rb	mg/kg	96	0.27	96	26	43~148	正态
S	mg/kg	270	0.33	270	90	90~450	正态
Sb	mg/kg	1.57	2.26	0.88	0.30	0.28~1.48	正态
Sc	mg/kg	11.2	0.24	11.2	2.7	5.9~16.6	正态
Se	mg/kg	0.38	0.21	0.38	0.08	0.22~0.54	正态
Sn	mg/kg	4.6	0.33	4.6	1.5	1.6~7.5	正态
Sr	mg/kg	21	0.33	20	1	11~36	正态
Th	mg/kg	18.5	0.15	18.5	2.7	13.1~23.9	正态
Ti	mg/kg	4367	0.16	4367	692	2982~5751	正态
Tl	mg/kg	0.71	0.38	0.63	0.08	0.47~0.79	正态
U	mg/kg	3.8	0.21	3.8	0.8	2.2~5.4	正态
V	mg/kg	75	0.19	75	14	47~103	正态
W	mg/kg	2.45	0.41	2.31	1.38	1.21~4.41	正态
Y	mg/kg	26.1	0.16	26.1	4.3	17.4~34.8	正态
Zn	mg/kg	61	0.25	61	15	32~90	正态
Zr	mg/kg	316	0.16	316	50	217~415	正态
pH		5.12	0.07	5.11	1.07	4.49~5.81	正态

表 5-3-6 沉积岩(一级分类)成土母质土壤地球化学背景值参数统计表($n=9479$)

指标	单位	原始值统计		背景值统计			
		算术平均值	变异系数	背景值	标准离差	变化范围	正态分布检验
Al_2O_3	%	11.99	0.41	12.03	4.94	2.15~21.91	非正态
CaO	%	0.67	2.03	0.29	1.36	<3.02	非正态
Corg	%	1.49	0.34	1.41	1.35	0.78~2.56	对数正态
TFe_2O_3	%	4.88	0.48	4.34	2.34	<9.02	非正态
K_2O	%	1.22	0.66	1.10	0.80	<2.69	非正态
MgO	%	0.56	0.66	0.49	0.37	<1.23	非正态
Na_2O	%	0.10	0.80	0.07	0.08	<0.23	非正态
SiO_2	%	71.52	0.15	72.01	10.84	50.33~93.70	非正态
TC	%	1.72	0.39	1.57	0.67	0.23~2.91	非正态
Ag	μg/kg	148	1.20	109	178	<465	非正态
Au	μg/kg	2.1	5.00	1.3	10.5	<22.3	非正态
Cd	μg/kg	1087	2.01	285	2188	<4661	非正态
Hg	μg/kg	162	1.17	127	190	<506	非正态
As	mg/kg	20.6	1.52	14.4	2.2	3.1~66.9	对数正态
B	mg/kg	62	0.56	58	35	<128	非正态
Ba	mg/kg	299	2.96	232	886	<2004	非正态
Be	mg/kg	1.6	0.56	1.5	0.9	<3.2	非正态
Bi	mg/kg	0.64	1.38	0.51	0.88	<2.28	非正态
Br	mg/kg	4.8	0.54	4.2	2.6	<9.4	非正态
Ce	mg/kg	81	0.43	76	35	5~146	非正态
Cl	mg/kg	55	0.38	52	21	10~93	非正态
Co	mg/kg	11.2	0.68	9.1	7.6	<24.3	非正态
Cr	mg/kg	107	0.79	78	84	<246	非正态
Cu	mg/kg	26	0.54	23	14	<51	非正态
F	mg/kg	510	0.48	465	1	228~948	对数正态
Ga	mg/kg	15.5	0.38	14.9	5.9	3.2~26.7	非正态
Ge	mg/kg	1.3	0.31	1.4	0.4	0.6~2.1	非正态
I	mg/kg	4.5	0.71	3.7	3.2	<10.2	非正态
La	mg/kg	41	0.44	37	18	0~73	非正态
Li	mg/kg	31	0.55	27	17	<62	非正态
Mn	mg/kg	719	1.59	352	1142	<2637	非正态
Mo	mg/kg	1.68	1.02	1.22	1.71	<4.65	非正态
N	mg/kg	1497	0.32	1428	1	768~2654	对数正态
Nb	mg/kg	19	0.42	17	8	2~32	非正态
Ni	mg/kg	32	0.78	24	25	<75	非正态
P	mg/kg	688	0.43	618	294	31~1205	非正态
Pb	mg/kg	42	2.02	30	85	<200	非正态
Rb	mg/kg	76	0.54	74	41	<155	非正态
S	mg/kg	303	0.85	267	258	<782	非正态
Sb	mg/kg	3.11	1.98	1.84	6.17	<14.18	非正态
Sc	mg/kg	10.9	0.47	10.0	5.1	<20.2	非正态
Se	mg/kg	0.66	0.47	0.6	0.31	<1.23	非正态
Sn	mg/kg	4.3	0.70	3.8	3.0	<9.8	非正态
Sr	mg/kg	55	0.76	48	42	<133	非正态
Th	mg/kg	15.1	0.40	14.5	6.0	2.4~26.6	非正态
Ti	mg/kg	5214	0.45	4638	2349	<9337	非正态
Tl	mg/kg	0.74	0.57	0.68	0.42	<1.52	非正态
U	mg/kg	4.0	0.45	3.6	1.8	0.1~7.1	非正态
V	mg/kg	108	0.52	93	56	<205	非正态
W	mg/kg	2.30	0.90	1.96	2.07	<6.10	非正态
Y	mg/kg	33.6	0.61	27.9	20.5	<68.9	非正态
Zn	mg/kg	109	1.08	73	118	<309	非正态
Zr	mg/kg	319	0.45	303	144	14~592	非正态
pH		5.72	0.17	5.42	0.98	3.46~7.38	非正态

表 5-3-7 化学沉积岩成土母质土壤地球化学背景值参数统计表（$n=807$）

指标	单位	原始值统计		背景值统计			
		算术平均值	变异系数	背景值	标准离差	变化范围	正态分布检验
Al_2O_3	%	11.49	0.48	10.30	1.60	4.01~26.45	对数正态
CaO	%	0.63	1.48	0.32	0.93	<2.18	非正态
Corg	%	1.43	0.36	1.36	1.39	0.70~2.63	对数正态
TFe_2O_3	%	5.10	0.46	4.62	1.57	1.87~11.42	对数正态
K_2O	%	0.81	0.72	0.68	0.58	<1.84	非正态
MgO	%	0.45	0.56	0.40	1.66	0.14~1.09	对数正态
Na_2O	%	0.09	0.89	0.07	0.08	<0.23	非正态
SiO_2	%	72.37	0.16	74.12	11.31	51.5~96.74	非正态
TC	%	1.66	0.37	1.54	0.61	0.31~2.77	非正态
Ag	μg/kg	189	0.66	151	124	<399	非正态
Au	μg/kg	1.7	0.76	1.4	1.9	0.4~4.9	对数正态
Cd	μg/kg	691	1.13	448	2	74~2697	对数正态
Hg	μg/kg	167	0.67	137	112	<361	非正态
As	mg/kg	23.1	0.72	19.3	1.8	6.0~61.7	对数正态
B	mg/kg	59	0.42	56	25	6~105	非正态
Ba	mg/kg	219	0.96	171	2	43~677	对数正态
Be	mg/kg	1.3	0.54	1.2	0.7	<2.6	非正态
Bi	mg/kg	0.71	0.61	0.59	0.43	<1.45	非正态
Br	mg/kg	5.2	0.48	4.7	1.5	2.0~11.2	对数正态
Ce	mg/kg	70	0.43	65	2	28~147	对数正态
Cl	mg/kg	55	0.27	52	15	21~82	非正态
Co	mg/kg	11.5	0.70	9.9	8.0	<25.9	非正态
Cr	mg/kg	112	0.59	98	2	36~265	对数正态
Cu	mg/kg	30	0.53	27	2	10~72	对数正态
F	mg/kg	516	0.45	480	1	230~1005	对数正态
Ga	mg/kg	15.4	0.40	14.4	1.4	6.9~30.0	对数正态
Ge	mg/kg	1.3	0.31	1.3	0.4	0.6~2.1	非正态
I	mg/kg	5.0	0.60	4.5	3	<10.5	非正态
La	mg/kg	41	0.41	38	1	18~80	对数正态
Li	mg/kg	31	0.48	27	2	11~71	对数正态
Mn	mg/kg	975	1.93	498	3	58~4292	对数正态
Mo	mg/kg	2.78	0.79	1.99	2.20	<6.39	非正态
N	mg/kg	1450	0.32	1377	1	694~2732	对数正态
Nb	mg/kg	20	0.50	19	1	9~39	对数正态
Ni	mg/kg	37	0.73	31	2	9~105	对数正态
P	mg/kg	720	0.41	640	296	48~1232	非正态
Pb	mg/kg	36	1.03	29	37	<103	非正态
Rb	mg/kg	53	0.62	43	2	11~165	对数正态
S	mg/kg	339	1.10	270	372	<1015	非正态
Sb	mg/kg	3.65	0.96	2.6	3.51	<9.63	非正态
Sc	mg/kg	10.9	0.47	9.9	1.6	4.0~24.5	对数正态
Se	mg/kg	0.89	0.52	0.79	1.47	0.37~1.70	对数正态
Sn	mg/kg	5.2	1.19	4.1	6.2	<16.5	非正态
Sr	mg/kg	61	0.61	54	1	24~119	对数正态
Th	mg/kg	14.0	0.43	12.9	1.5	5.8~28.8	对数正态
Ti	mg/kg	5465	0.45	4881	2482	<9846	非正态
Tl	mg/kg	0.69	0.43	0.66	0.25	0.17~1.16	正态
U	mg/kg	4.5	0.47	4.0	2.1	<8.1	非正态
V	mg/kg	132	0.45	119	2	49~293	对数正态
W	mg/kg	2.41	0.64	2.01	1.54	<5.09	非正态
Y	mg/kg	30.8	0.44	28.3	1.5	12.6~63.5	对数正态
Zn	mg/kg	109	0.69	91	2	28~294	对数正态
Zr	mg/kg	296	0.48	267	2	109~656	对数正态
pH		5.83	0.16	5.54	0.96	3.61~7.47	非正态

表 5-3-8 化学沉积岩-碳酸盐岩成土母质土壤地球化学背景值参数统计表（$n=34$）

指标	单位	原始值统计		背景值统计			
		算术平均值	变异系数	背景值	标准离差	变化范围	正态分布检验
Al_2O_3	%	8.78	0.27	8.78	2.33	4.13~13.44	正态
CaO	%	0.76	2.22	0.42	2.20	0.09~2.03	正态
Corg	%	1.82	0.35	1.82	0.64	0.54~3.10	正态
TFe_2O_3	%	3.96	0.30	3.96	1.18	1.60~6.32	正态
K_2O	%	0.84	0.49	0.84	0.41	0.02~1.66	正态
MgO	%	0.48	0.38	0.48	0.18	0.11~0.84	正态
Na_2O	%	0.08	0.50	0.08	0.04	<0.17	正态
SiO_2	%	77.28	0.09	77.28	6.74	63.8~90.76	正态
TC	%	2.06	0.37	2.06	0.77	0.52~3.60	正态
Ag	μg/kg	112	0.28	112	31	51~174	正态
Au	μg/kg	1.1	0.82	1.1	0.9	<2.8	正态
Cd	μg/kg	454	0.66	454	298	<1049	正态
Hg	μg/kg	147	0.44	138	1	72~267	正态
As	mg/kg	15.2	0.44	15.2	6.7	1.9~28.5	正态
B	mg/kg	49	0.29	49	14	22~76	正态
Ba	mg/kg	155	0.36	155	56	42~268	正态
Be	mg/kg	1.3	0.31	1.3	0.4	0.4~2.2	正态
Bi	mg/kg	0.56	0.29	0.56	0.16	0.23~0.88	正态
Br	mg/kg	4.6	0.35	4.6	1.6	1.4~7.7	正态
Ce	mg/kg	60	0.23	60	14	33~88	正态
Cl	mg/kg	54	0.24	54	13	27~80	正态
Co	mg/kg	8.2	0.48	8.2	3.9	0.4~16.0	正态
Cr	mg/kg	100	0.32	100	32	36~164	正态
Cu	mg/kg	23	0.35	23	8	7~39	正态
F	mg/kg	568	0.25	568	143	282~854	正态
Ga	mg/kg	13.2	0.23	13.2	3.1	7.0~19.4	正态
Ge	mg/kg	1.1	0.18	1.1	0.2	0.7~1.5	正态
I	mg/kg	3.1	0.45	3.1	1.4	0.3~5.9	正态
La	mg/kg	35	0.26	35	9	17~52	正态
Li	mg/kg	25	0.32	25	8	9~41	正态
Mn	mg/kg	316	0.50	316	159	<634	正态
Mo	mg/kg	2.34	0.84	2.34	1.96	<6.27	正态
N	mg/kg	1693	0.22	1693	373	947~2439	正态
Nb	mg/kg	18	0.22	18	4	10~27	正态
Ni	mg/kg	21	0.29	21	6	9~33	正态
P	mg/kg	496	0.26	496	129	238~753	正态
Pb	mg/kg	26	0.23	26	6	13~38	正态
Rb	mg/kg	56	0.43	56	24	8~105	正态
S	mg/kg	524	1.20	402	2	118~1369	正态
Sb	mg/kg	2.80	0.65	2.42	1.64	0.90~6.54	正态
Sc	mg/kg	8.6	0.27	8.6	2.3	3.9~13.3	正态
Se	mg/kg	0.86	0.38	0.86	0.33	0.20~1.52	正态
Sn	mg/kg	3.9	0.21	3.9	0.8	2.3~5.4	正态
Sr	mg/kg	55	0.27	55	15	26~85	正态
Th	mg/kg	13.0	0.29	13.0	3.8	5.5~20.6	正态
Ti	mg/kg	4513	0.28	4513	1286	1941~7085	正态
Tl	mg/kg	0.55	0.24	0.55	0.13	0.29~0.80	正态
U	mg/kg	4.9	0.37	4.9	1.8	1.3~8.6	正态
V	mg/kg	101	0.24	101	24	52~149	正态
W	mg/kg	1.95	0.39	1.95	0.77	0.42~3.48	正态
Y	mg/kg	26.3	0.27	26.3	7.0	12.2~40.3	正态
Zn	mg/kg	63	0.25	63	16	31~96	正态
Zr	mg/kg	283	0.55	221	31	158~283	正态
pH		5.75	0.13	5.75	0.75	4.25~7.25	正态

表 5-3-9 碳酸盐岩成土母质土壤地球化学背景值参数统计表（$n=3847$）

指标	单位	原始值统计		背景值统计			
		算术平均值	变异系数	背景值	标准离差	变化范围	正态分布检验
Al_2O_3	%	11.02	0.54	9.72	5.96	<21.63	非正态
CaO	%	1.15	1.67	0.47	1.92	<4.31	非正态
Corg	%	1.47	0.33	1.38	0.48	0.42~2.34	非正态
TFe_2O_3	%	5.36	0.55	4.53	2.95	<10.43	非正态
K_2O	%	0.69	0.81	0.53	0.56	<1.66	非正态
MgO	%	0.58	0.84	0.46	0.49	<1.44	非正态
Na_2O	%	0.07	0.71	0.06	0.05	<0.16	非正态
SiO_2	%	71.80	0.20	74.61	14.06	46.49~102.73	非正态
TC	%	1.83	0.43	1.61	0.78	0.04~3.18	非正态
Ag	μg/kg	182	0.61	160	2	64~401	对数正态
Au	μg/kg	1.4	0.86	1.1	1.2	<3.4	非正态
Cd	μg/kg	2171	1.40	981	3032	<7045	非正态
Hg	μg/kg	215	1.24	179	266	<712	非正态
As	mg/kg	24.6	0.92	18.8	22.6	<64.1	非正态
B	mg/kg	61	0.49	57	30	<116	非正态
Ba	mg/kg	206	2.84	139	586	<1311	非正态
Be	mg/kg	1.7	0.65	1.4	1.1	<3.6	非正态
Bi	mg/kg	0.70	0.59	0.58	0.41	<1.40	非正态
Br	mg/kg	5.3	0.40	4.9	1.5	2.3~10.4	对数正态
Ce	mg/kg	83	0.53	71	44	<159	非正态
Cl	mg/kg	52	0.33	49	17	15~83	非正态
Co	mg/kg	14.6	0.57	12.8	8.3	<29.5	非正态
Cr	mg/kg	155	0.68	124	105	<335	非正态
Cu	mg/kg	28	0.54	25	2	10~64	对数正态
F	mg/kg	524	0.58	469	2	190~1155	对数正态
Ga	mg/kg	15.2	0.48	13.5	7.3	<28.0	非正态
Ge	mg/kg	1.2	0.33	1.1	0.4	0.3~2.0	非正态
I	mg/kg	5.7	0.61	4.8	1.8	1.4~16.2	对数正态
La	mg/kg	45	0.51	39	23	<84	非正态
Li	mg/kg	36	0.56	31	20	<72	非正态
Mn	mg/kg	1125	1.10	779	1243	<3266	非正态
Mo	mg/kg	1.87	0.82	1.47	1.54	<4.55	非正态
N	mg/kg	1561	0.32	1461	504	453~2469	非正态
Nb	mg/kg	20	0.45	18	9	0~36	非正态
Ni	mg/kg	45	0.64	36	29	<94	非正态
P	mg/kg	758	0.45	660	343	<1346	非正态
Pb	mg/kg	47	2.23	32	105	<241	非正态
Rb	mg/kg	59	0.66	47	39	<125	非正态
S	mg/kg	307	0.88	262	270	<802	非正态
Sb	mg/kg	3.45	1.50	2.17	5.18	<12.53	非正态
Sc	mg/kg	11.7	0.56	9.9	6.5	<23.0	非正态
Se	mg/kg	0.71	0.34	0.67	0.24	0.19~1.15	非正态
Sn	mg/kg	4.3	0.58	3.9	2.5	<8.8	非正态
Sr	mg/kg	71	0.65	61	46	<153	非正态
Th	mg/kg	14.6	0.51	12.9	7.4	<27.7	非正态
Ti	mg/kg	5869	0.51	5172	2	1870~14 307	对数正态
Tl	mg/kg	0.78	0.71	0.67	0.55	<1.77	非正态
U	mg/kg	4.4	0.48	3.8	2.1	<8.0	非正态
V	mg/kg	122	0.53	107	65	<237	非正态
W	mg/kg	2.26	0.58	1.89	1.32	<4.53	非正态
Y	mg/kg	41.2	0.68	31.2	28.1	<87.4	非正态
Zn	mg/kg	160	0.90	110	144	<398	非正态
Zr	mg/kg	315	0.59	272	2	93~795	对数正态
pH		6.21	0.16	6.04	1.00	4.04~8.04	非正态

表 5-3-10 碳酸盐岩-陆源碎屑岩成土母质土壤地球化学背景值参数统计表（$n=141$）

指标	单位	原始值统计		背景值统计			
		算术平均值	变异系数	背景值	标准离差	变化范围	正态分布检验
Al_2O_3	%	13.07	0.36	13.07	4.65	3.77～22.36	正态
CaO	%	0.77	1.40	0.37	0.16	0.04～0.70	正态
Corg	%	1.61	0.24	1.61	0.38	0.86～2.37	正态
TFe_2O_3	%	5.59	0.49	4.99	1.61	1.92～12.99	对数正态
K_2O	%	1.48	0.64	1.22	1.87	0.35～4.30	对数正态
MgO	%	0.66	0.47	0.60	1.54	0.25～1.42	对数正态
Na_2O	%	0.10	0.60	0.08	0.06	<0.19	非正态
SiO_2	%	67.88	0.15	67.88	9.87	48.14～87.63	正态
TC	%	1.85	0.28	1.85	0.52	0.82～2.89	正态
Ag	μg/kg	148	0.66	124	2	49～312	对数正态
Au	μg/kg	1.9	0.74	1.5	2.0	0.4～6.0	正态
Cd	μg/kg	638	1.28	400	3	62～2559	对数正态
Hg	μg/kg	210	1.07	163	2	46～575	正态
As	mg/kg	37.3	1.76	22.4	2.4	3.9～127.7	对数正态
B	mg/kg	91	0.37	86	1	44～167	正态
Ba	mg/kg	349	0.66	295	2	94～928	正态
Be	mg/kg	1.9	0.47	1.7	1.6	0.6～4.5	对数正态
Bi	mg/kg	0.64	0.77	0.55	1.54	0.23～1.31	对数正态
Br	mg/kg	4.2	0.48	3.8	1.5	1.6～9.1	对数正态
Ce	mg/kg	85	0.34	85	29	27～143	正态
Cl	mg/kg	54	0.33	52	1	30～89	正态
Co	mg/kg	11.8	0.55	11.8	6.5	<24.8	正态
Cr	mg/kg	97	0.53	87	2	36～209	正态
Cu	mg/kg	33	0.82	28	2	9～86	正态
F	mg/kg	781	0.57	606	442	<1490	非正态
Ga	mg/kg	16.8	0.35	15.9	1.4	8.0～31.5	对数正态
Ge	mg/kg	1.5	0.20	1.5	0.3	1.0～2.0	正态
I	mg/kg	4.1	0.80	3.1	2.2	0.6～14.6	对数正态
La	mg/kg	42	0.36	42	15	13～71	正态
Li	mg/kg	31	0.48	31	15	1～61	正态
Mn	mg/kg	754	1.39	433	3	57～3266	对数正态
Mo	mg/kg	2.19	1.53	1.47	2.16	0.32～6.87	正态
N	mg/kg	1645	0.25	1645	415	815～2474	正态
Nb	mg/kg	19	0.37	18	1	11～29	对数正态
Ni	mg/kg	31	0.58	27	2	10～73	对数正态
P	mg/kg	722	0.35	722	255	212～1232	正态
Pb	mg/kg	90	2.19	41	2	12～140	对数正态
Rb	mg/kg	90	0.52	78	2	27～225	对数正态
S	mg/kg	329	0.36	313	1	173～568	正态
Sb	mg/kg	8.56	1.65	4.65	2.71	0.63～34.20	对数正态
Sc	mg/kg	12.2	0.41	11.3	1.5	5.1～24.8	正态
Se	mg/kg	0.66	0.38	0.62	1.43	0.30～1.27	正态
Sn	mg/kg	4.7	0.83	4.1	0.9	2.2～6.0	正态
Sr	mg/kg	48	0.44	48	21	6～90	正态
Th	mg/kg	15.3	0.33	14.5	1.4	7.6～27.8	正态
Ti	mg/kg	5642	0.42	5280	1	2644～10 545	对数正态
Tl	mg/kg	0.96	1.06	0.73	0.24	0.26～1.20	正态
U	mg/kg	4.1	0.46	3.8	1.5	1.7～8.5	对数正态
V	mg/kg	123	0.55	110	2	45～270	正态
W	mg/kg	2.50	0.67	2.17	1.65	0.80～5.88	对数正态
Y	mg/kg	31.0	0.36	28.6	1.3	17.9～45.9	对数正态
Zn	mg/kg	151	1.43	106	2	26～432	正态
Zr	mg/kg	355	0.45	330	1	157～692	正态
pH		6.19	0.14	6.19	0.89	4.41～7.96	正态

表 5-3-11 陆源碎屑岩成土母质土壤地球化学背景值参数统计表（n=3823）

指标	单位	原始值统计		背景值统计			
		算术平均值	变异系数	背景值	标准离差	变化范围	正态分布检验
Al_2O_3	%	12.75	0.26	13.04	3.31	6.41～19.67	非正态
CaO	%	0.24	1.75	0.14	0.42	<0.98	非正态
Corg	%	1.51	0.34	1.43	1.34	0.80～2.56	对数正态
TFe_2O_3	%	4.27	0.31	4.17	1.12	1.92～6.42	正态
K_2O	%	1.80	0.35	1.88	0.63	0.61～3.14	非正态
MgO	%	0.57	0.47	0.51	0.27	<1.05	非正态
Na_2O	%	0.11	0.82	0.08	0.09	<0.26	非正态
SiO_2	%	71.64	0.09	71.46	6.48	58.5～84.42	非正态
TC	%	1.63	0.34	1.54	1.33	0.87～2.73	对数正态
Ag	μg/kg	111	2.11	71	234	<539	非正态
Au	μg/kg	2.7	6.04	1.3	16.3	<33.9	非正态
Cd	μg/kg	249	2.21	136	550	<1236	非正态
Hg	μg/kg	107	0.70	94	1	46～190	对数正态
As	mg/kg	15.4	2.48	9.3	38.2	<85.8	非正态
B	mg/kg	61	0.67	57	1	33～99	对数正态
Ba	mg/kg	373	0.74	345	277	<900	非正态
Be	mg/kg	1.6	0.38	1.6	0.6	0.4～2.8	非正态
Bi	mg/kg	0.55	2.11	0.44	1.16	<2.76	非正态
Br	mg/kg	4.4	0.68	3.4	3.0	<9.4	非正态
Ce	mg/kg	82	0.33	80	27	27～133	非正态
Cl	mg/kg	57	0.40	53	23	6～99	非正态
Co	mg/kg	8.3	0.65	6.9	1.8	2.0～23.4	对数正态
Cr	mg/kg	64	0.36	62	17	28～96	正态
Cu	mg/kg	22	0.55	21	12	<45	非正态
F	mg/kg	485	0.33	460	1	259～819	对数正态
Ga	mg/kg	15.4	0.25	15.4	3.9	7.6～23.3	正态
Ge	mg/kg	1.4	0.14	1.4	0.2	0.9～1.8	非正态
I	mg/kg	3.6	0.78	2.7	2.8	<8.3	非正态
La	mg/kg	37	0.32	35	12	10～60	非正态
Li	mg/kg	25	0.56	22	2	8～62	对数正态
Mn	mg/kg	327	2.05	193	669	<1532	非正态
Mo	mg/kg	1.25	1.28	0.90	1.60	<4.10	非正态
N	mg/kg	1437	0.30	1379	1	792～2400	对数正态
Nb	mg/kg	17	0.24	17	4	8～25	非正态
Ni	mg/kg	20	0.70	17	14	<45	非正态
P	mg/kg	587	0.35	555	1	289～1069	对数正态
Pb	mg/kg	36	1.69	28	61	<150	非正态
Rb	mg/kg	98	0.35	98	34	30～167	非正态
S	mg/kg	279	0.38	262	1	147～468	对数正态
Sb	mg/kg	2.38	3.06	1.31	7.28	<15.87	非正态
Sc	mg/kg	10.1	0.31	9.8	2.7	4.4～15.2	正态
Se	mg/kg	0.58	0.55	0.50	0.32	<1.13	非正态
Sn	mg/kg	3.9	0.41	3.7	1.6	0.4～6.9	非正态
Sr	mg/kg	38	0.74	33	28	<89	非正态
Th	mg/kg	15.4	0.27	15.2	4.1	7.0～23.5	非正态
Ti	mg/kg	4398	0.24	4421	1053	2315～6527	非正态
Tl	mg/kg	0.71	0.32	0.69	0.23	0.23～1.15	非正态
U	mg/kg	3.4	0.29	3.4	0.8	1.8～5.0	正态
V	mg/kg	88	0.42	82	23	37～127	正态
W	mg/kg	2.18	1.25	1.91	1.36	1.04～3.51	对数正态
Y	mg/kg	27.1	0.32	26.6	8.7	9.2～44.0	非正态
Zn	mg/kg	60	0.83	50	50	<151	非正态
Zr	mg/kg	314	0.25	310	80	149～471	非正态
pH		5.20	0.13	5.03	0.69	3.64～6.42	非正态

表 5-3-12 砂岩成土母质土壤地球化学背景值参数统计表（n=43）

指标	单位	原始值统计		背景值统计			正态分布检验
		算术平均值	变异系数	背景值	标准离差	变化范围	
Al_2O_3	%	13.24	0.12	13.24	1.64	9.96~16.52	正态
CaO	%	0.10	0.30	0.10	0.03	0.03~0.16	正态
Corg	%	1.67	0.18	1.67	0.30	1.07~2.26	正态
TFe_2O_3	%	4.33	0.15	4.33	0.66	3.00~5.65	正态
K_2O	%	1.96	0.11	1.96	0.21	1.54~2.38	正态
MgO	%	0.58	0.10	0.58	0.06	0.45~0.71	正态
Na_2O	%	0.08	0.25	0.08	0.02	0.04~0.12	正态
SiO_2	%	70.12	0.04	70.12	2.58	64.95~75.28	正态
TC	%	1.72	0.19	1.72	0.33	1.05~2.38	正态
Ag	μg/kg	84	1.93	57	10	37~77	正态
Au	μg/kg	3.6	2.06	2.0	2.3	0.4~10.5	正态
Cd	μg/kg	122	0.36	122	44	35~210	正态
Hg	μg/kg	91	0.20	91	18	56~126	正态
As	mg/kg	15.4	0.52	15.4	8.0	<31.4	正态
B	mg/kg	49	0.16	49	8	33~64	正态
Ba	mg/kg	516	0.21	516	107	301~731	正态
Be	mg/kg	1.6	0.13	1.6	0.2	1.3~2.0	正态
Bi	mg/kg	0.40	0.18	0.40	0.07	0.26~0.54	正态
Br	mg/kg	4.6	0.50	4.6	2.3	0~9.2	正态
Ce	mg/kg	90	0.18	90	16	59~121	正态
Cl	mg/kg	48	0.15	48	7	34~62	正态
Co	mg/kg	8.3	0.27	8.3	2.2	3.9~12.7	正态
Cr	mg/kg	78	0.10	78	8	62~93	正态
Cu	mg/kg	22	0.14	22	3	17~28	正态
F	mg/kg	424	0.12	424	52	320~528	正态
Ga	mg/kg	15.3	0.13	15.3	2.0	11.3~19.4	正态
Ge	mg/kg	1.3	0.08	1.3	0.1	1.0~1.5	正态
I	mg/kg	3.6	0.56	3.6	2.0	<7.7	正态
La	mg/kg	30	0.17	30	5	20~40	正态
Li	mg/kg	27	0.22	26	1	18~38	正态
Mn	mg/kg	271	0.45	271	121	29~513	正态
Mo	mg/kg	0.83	0.25	0.83	0.21	0.40~1.26	正态
N	mg/kg	1452	0.17	1452	243	966~1938	正态
Nb	mg/kg	14	0.07	14	1	12~17	正态
Ni	mg/kg	23	0.13	23	3	17~28	正态
P	mg/kg	624	0.28	624	174	276~971	正态
Pb	mg/kg	31	0.13	31	4	22~40	正态
Rb	mg/kg	95	0.14	95	13	69~120	正态
S	mg/kg	300	0.28	300	83	133~467	正态
Sb	mg/kg	0.96	0.76	0.82	1.64	0.30~2.22	正态
Sc	mg/kg	11.0	0.10	11.0	1.1	8.8~13.2	正态
Se	mg/kg	0.46	0.26	0.46	0.12	0.21~0.71	正态
Sn	mg/kg	3.8	0.18	3.8	0.7	2.4~5.3	正态
Sr	mg/kg	26	0.35	26	9	7~45	正态
Th	mg/kg	13.8	0.12	13.8	1.6	10.5~17.0	正态
Ti	mg/kg	4802	0.07	4802	322	4158~5447	正态
Tl	mg/kg	0.65	0.14	0.65	0.09	0.46~0.83	正态
U	mg/kg	3.1	0.13	3.1	0.4	2.3~3.9	正态
V	mg/kg	89	0.13	89	12	66~112	正态
W	mg/kg	2.25	0.14	2.25	0.32	1.61~2.89	正态
Y	mg/kg	28.7	0.07	28.7	2.1	24.4~32.9	正态
Zn	mg/kg	51	0.16	51	8	35~67	正态
Zr	mg/kg	278	0.05	278	15	248~307	正态
pH		5.00	0.04	5.00	0.20	4.60~5.40	正态

表 5-3-13　第四系沉积物成土母质土壤地球化学背景值参数统计表（$n=776$）

指标	单位	原始值统计		背景值统计			
		算术平均值	变异系数	背景值	标准离差	变化范围	正态分布检验
Al_2O_3	%	13.42	0.35	13.42	4.63	4.16～22.69	正态
CaO	%	0.39	1.23	0.26	0.48	<1.22	非正态
Corg	%	1.48	0.34	1.39	1.44	0.67～2.87	对数正态
TFe_2O_3	%	5.18	0.42	4.72	1.56	1.94～11.50	对数正态
K_2O	%	1.32	0.46	1.32	0.61	0.11～2.53	正态
MgO	%	0.50	0.42	0.45	1.56	0.19～1.09	对数正态
Na_2O	%	0.13	0.77	0.10	0.10	<0.30	非正态
SiO_2	%	69.14	0.13	69.14	9.20	50.74～87.54	正态
TC	%	1.62	0.34	1.53	1.42	0.76～3.06	对数正态
Ag	μg/kg	130	1.11	94	144	<382	非正态
Au	μg/kg	2.3	1.91	1.7	4.4	<10.5	非正态
Cd	μg/kg	423	1.90	221	803	<1828	非正态
Hg	μg/kg	158	0.52	141	2	55～363	对数正态
As	mg/kg	20.7	1.51	15.0	1.9	4.0～55.7	对数正态
B	mg/kg	71	0.48	66	16	34～97	正态
Ba	mg/kg	469	5.78	323	139	45～601	正态
Be	mg/kg	1.6	0.44	1.6	0.6	0.3～2.9	正态
Bi	mg/kg	0.79	1.68	0.60	1.33	<3.25	非正态
Br	mg/kg	3.9	0.56	3.2	2.2	<7.5	非正态
Ce	mg/kg	77	0.35	72	1	37～142	对数正态
Cl	mg/kg	67	0.34	63	1	36～112	对数正态
Co	mg/kg	8.8	0.64	7.2	1.9	1.9～26.7	对数正态
Cr	mg/kg	84	0.54	76	2	31～184	对数正态
Cu	mg/kg	27	0.48	24	2	9～62	对数正态
F	mg/kg	508	0.34	496	148	200～791	正态
Ga	mg/kg	17.3	0.35	17.3	6.0	5.2～29.3	正态
Ge	mg/kg	1.5	0.13	1.5	0.2	1.1～1.9	正态
I	mg/kg	3.1	0.77	2.4	2.0	0.6～10.0	对数正态
La	mg/kg	41	0.39	38	1	19～77	对数正态
Li	mg/kg	31	0.39	31	12	7～54	正态
Mn	mg/kg	416	1.55	263	2	46～1500	对数正态
Mo	mg/kg	1.63	0.81	1.32	1.32	<3.97	非正态
N	mg/kg	1498	0.33	1418	1	718～2800	对数正态
Nb	mg/kg	21	0.38	20	1	11～34	对数正态
Ni	mg/kg	26	0.58	22	2	7～68	对数正态
P	mg/kg	818	0.29	785	1	441～1399	正态
Pb	mg/kg	47	1.70	34	2	14～82	对数正态
Rb	mg/kg	75	0.44	75	33	9～142	正态
S	mg/kg	349	1.34	305	1	162～574	对数正态
Sb	mg/kg	3.53	0.97	2.57	2.11	0.58～11.40	对数正态
Sc	mg/kg	11.3	0.36	10.6	1.4	5.1～22.0	对数正态
Se	mg/kg	0.60	0.47	0.55	1.52	0.24～1.25	对数正态
Sn	mg/kg	5.2	0.83	4.5	4.3	<13.2	非正态
Sr	mg/kg	50	1.08	47	16	14～80	正态
Th	mg/kg	16.6	0.38	15.1	6.3	2.5～27.7	非正态
Ti	mg/kg	5705	0.32	5427	1	2876～10 241	对数正态
Tl	mg/kg	0.70	0.43	0.68	0.22	0.23～1.13	正态
U	mg/kg	4.2	0.45	3.9	1.5	1.7～8.6	对数正态
V	mg/kg	111	0.45	101	2	41～248	对数正态
W	mg/kg	3.00	0.61	2.56	1.56	1.06～6.21	对数正态
Y	mg/kg	32.0	0.33	30.4	7.2	16.0～44.9	正态
Zn	mg/kg	96	1.28	75	2	27～211	对数正态
Zr	mg/kg	382	0.38	358	1	199～644	对数正态
pH		5.73	0.14	5.52	0.80	3.91～7.13	非正态

表 5-4-1 第四系土壤地球化学背景值参数统计表（$n=1224$）

指标	单位	原始值统计		背景值统计			
		算术平均值	变异系数	背景值	标准离差	变化范围	正态分布检验
Al_2O_3	%	13.17	0.40	12.79	5.32	2.14~23.44	非正态
CaO	%	0.48	1.38	0.29	0.66	<1.62	非正态
Corg	%	1.45	0.34	1.37	1.41	0.68~2.73	对数正态
TFe_2O_3	%	5.32	0.45	4.81	1.59	1.90~12.17	对数正态
K_2O	%	1.08	0.60	1.01	0.65	<2.31	非正态
MgO	%	0.47	0.51	0.44	0.24	<0.92	非正态
Na_2O	%	0.12	0.83	0.08	0.10	<0.28	非正态
SiO_2	%	69.40	0.15	69.40	10.73	47.94~90.86	正态
TC	%	1.62	0.35	1.53	1.40	0.78~3.02	对数正态
Ag	μg/kg	146	0.93	104	136	<376	非正态
Au	μg/kg	2.1	1.71	1.6	3.6	<8.7	非正态
Cd	μg/kg	532	1.52	274	806	<1886	非正态
Hg	μg/kg	164	0.61	145	2	55~380	对数正态
As	mg/kg	22.2	1.22	16.8	1.9	4.6~62.0	对数正态
B	mg/kg	69	0.46	65	20	26~104	正态
Ba	mg/kg	367	5.90	258	2164	<4587	非正态
Be	mg/kg	1.5	0.53	1.5	0.7	0.1~2.8	正态
Bi	mg/kg	0.77	1.42	0.61	1.09	<2.80	非正态
Br	mg/kg	4.5	0.58	3.8	2.6	<9.0	非正态
Ce	mg/kg	76	0.39	70	1	32~154	对数正态
Cl	mg/kg	64	0.33	59	21	18~101	非正态
Co	mg/kg	9.4	0.66	7.6	2.0	2.0~29.5	对数正态
Cr	mg/kg	103	0.60	89	2	32~250	对数正态
Cu	mg/kg	27	0.48	24	2	9~62	对数正态
F	mg/kg	489	0.39	460	1	229~922	正态
Ga	mg/kg	17	0.38	16.4	6.4	3.5~29.3	非正态
Ge	mg/kg	1.4	0.21	1.4	0.3	0.8~2.1	非正态
I	mg/kg	3.9	0.74	3.0	2.1	0.7~13.3	对数正态
La	mg/kg	41	0.44	38	1	18~82	对数正态
Li	mg/kg	32	0.44	31	14	3~58	非正态
Mn	mg/kg	484	1.63	303	2	50~1829	对数正态
Mo	mg/kg	1.81	0.77	1.42	1.40	<4.21	非正态
N	mg/kg	1461	0.33	1385	1	717~2676	对数正态
Nb	mg/kg	22	0.41	20	1	11~37	对数正态
Ni	mg/kg	31	0.68	25	2	8~86	对数正态
P	mg/kg	817	0.33	775	1	407~1477	对数正态
Pb	mg/kg	43	1.58	32	2	13~82	对数正态
Rb	mg/kg	64	0.55	60	35	<130	非正态
S	mg/kg	335	1.13	300	1	159~565	对数正态
Sb	mg/kg	3.45	1.00	2.32	3.46	<9.23	非正态
Sc	mg/kg	11.4	0.43	10.6	4.9	0.9~20.3	非正态
Se	mg/kg	0.66	0.44	0.61	1.51	0.27~1.38	对数正态
Sn	mg/kg	5.6	1.07	4.6	6.0	<16.6	非正态
Sr	mg/kg	56	0.91	50	18	15~85	正态
Th	mg/kg	16.2	0.41	15.0	1.5	6.9~32.6	对数正态
Ti	mg/kg	5976	0.37	5589	1	2676~11 676	对数正态
Tl	mg/kg	0.68	0.44	0.66	0.23	0.19~1.13	正态
U	mg/kg	4.4	0.48	3.9	2.1	<8.0	非正态
V	mg/kg	118	0.47	106	2	42~269	对数正态
W	mg/kg	2.88	0.64	2.43	1.60	0.94~6.25	对数正态
Y	mg/kg	32.4	0.39	30.5	12.7	5.1~55.9	非正态
Zn	mg/kg	106	1.05	81	111	<304	非正态
Zr	mg/kg	370	0.40	355	149	58~652	非正态
pH		5.81	0.15	5.58	0.89	3.81~7.35	非正态

表 5-4-2 古近系土壤地球化学背景值参数统计表（$n=34$）

指标	单位	原始值统计		背景值统计			
		算术平均值	变异系数	背景值	标准离差	变化范围	正态分布检验
Al_2O_3	%	11.48	0.52	11.48	5.94	<23.36	正态
CaO	%	0.17	0.47	0.17	0.08	0.01~0.33	正态
Corg	%	1.21	0.40	1.21	0.48	0.25~2.16	正态
TFe_2O_3	%	3.36	0.41	3.36	1.39	0.58~6.15	正态
K_2O	%	1.52	0.76	1.52	1.16	<3.83	正态
MgO	%	0.40	0.53	0.40	0.21	<0.83	正态
Na_2O	%	0.16	1.06	0.16	0.17	<0.51	正态
SiO_2	%	75.19	0.14	75.19	10.38	54.42~95.96	正态
TC	%	1.29	0.40	1.29	0.51	0.27~2.32	正态
Ag	μg/kg	87	0.62	78	2	33~182	正态
Au	μg/kg	1.5	1.07	1.1	2.1	0.2~4.8	对数正态
Cd	μg/kg	136	0.43	136	58	21~251	正态
Hg	μg/kg	109	1.04	85	2	25~290	正态
As	mg/kg	13.7	1.15	8.9	2.4	1.6~50.6	正态
B	mg/kg	40	0.35	40	14	13~68	正态
Ba	mg/kg	236	0.67	236	159	<553	正态
Be	mg/kg	1.4	0.64	1.4	0.9	<3.2	正态
Bi	mg/kg	0.36	0.33	0.36	0.12	0.13~0.60	正态
Br	mg/kg	2.7	0.37	2.7	1.0	0.8~4.6	正态
Ce	mg/kg	74	0.58	74	43	<161	正态
Cl	mg/kg	60	0.45	55	1	27~116	正态
Co	mg/kg	5.6	0.73	5.6	4.1	<13.8	正态
Cr	mg/kg	43	0.49	43	21	2~84	正态
Cu	mg/kg	17	0.59	17	10	<36	正态
F	mg/kg	418	0.45	418	190	38~798	正态
Ga	mg/kg	14.8	0.54	14.8	8.0	<30.9	正态
Ge	mg/kg	1.5	0.20	1.5	0.3	0.9~2.2	正态
I	mg/kg	2.6	1.15	1.9	1.9	0.5~7.1	对数正态
La	mg/kg	37	0.54	37	20	<77	正态
Li	mg/kg	25	0.48	25	12	0~49	正态
Mn	mg/kg	206	0.76	206	157	<520	正态
Mo	mg/kg	0.98	0.84	0.81	1.74	0.27~2.46	正态
N	mg/kg	1152	0.38	1152	438	275~2028	正态
Nb	mg/kg	23	0.96	18	2	5~69	正态
Ni	mg/kg	13	0.69	13	9	<31	正态
P	mg/kg	582	0.42	582	244	93~1070	正态
Pb	mg/kg	34	1.06	25	2	6~105	正态
Rb	mg/kg	83	0.76	83	63	<209	正态
S	mg/kg	248	0.33	248	83	82~414	正态
Sb	mg/kg	2.42	0.88	2.42	2.14	<6.70	正态
Sc	mg/kg	6.9	0.43	6.9	3.0	0.9~12.9	正态
Se	mg/kg	0.43	0.60	0.43	0.26	<0.95	正态
Sn	mg/kg	3.6	0.47	3.6	1.7	0.2~6.9	正态
Sr	mg/kg	48	0.65	48	31	<110	正态
Th	mg/kg	15.3	0.62	15.3	9.5	<34.4	正态
Ti	mg/kg	3588	0.33	3588	1191	1205~5970	正态
Tl	mg/kg	0.68	0.71	0.68	0.48	<1.65	正态
U	mg/kg	3.2	0.56	3.2	1.8	<6.8	正态
V	mg/kg	61	0.44	61	27	7~114	正态
W	mg/kg	1.82	0.59	1.82	1.07	<3.97	正态
Y	mg/kg	25.5	0.48	25.5	12.2	1.1~50.0	正态
Zn	mg/kg	50	0.52	50	26	<102	正态
Zr	mg/kg	354	0.31	354	110	135~574	正态
pH		5.22	0.06	5.22	0.33	4.56~5.88	正态

表 5-4-3　白垩系土壤地球化学背景值参数统计表（$n=1279$）

指标	单位	原始值统计		背景值统计			
		算术平均值	变异系数	背景值	标准离差	变化范围	正态分布检验
Al_2O_3	%	13.73	0.25	13.60	3.25	7.11～20.10	正态
CaO	%	0.29	1.21	0.19	0.35	<0.88	非正态
Corg	%	1.43	0.28	1.38	1.33	0.78～2.44	正态
TFe_2O_3	%	4.12	0.34	4.12	1.42	1.27～6.97	正态
K_2O	%	1.83	0.37	1.83	0.68	0.46～3.19	正态
MgO	%	0.66	0.56	0.57	1.74	0.19～1.72	对数正态
Na_2O	%	0.18	0.83	0.13	2.10	0.03～0.59	对数正态
SiO_2	%	71.24	0.09	71.24	6.06	59.12～83.36	正态
TC	%	1.54	0.26	1.52	0.37	0.78～2.27	正态
Ag	μg/kg	91	3.38	69	308	<685	非正态
Au	μg/kg	1.6	3.81	1.2	6.1	<13.4	非正态
Cd	μg/kg	180	1.20	138	216	<570	非正态
Hg	μg/kg	97	0.59	89	1	41～195	对数正态
As	mg/kg	9.4	6.64	5.1	62.4	<129.9	非正态
B	mg/kg	54	1.04	53	56	<164	非正态
Ba	mg/kg	285	0.48	265	86	92～437	正态
Be	mg/kg	1.6	0.5	1.5	1.6	0.6～3.5	对数正态
Bi	mg/kg	0.60	5.17	0.42	1.38	0.22～0.80	对数正态
Br	mg/kg	3.1	0.48	2.8	1.5	<5.8	非正态
Ce	mg/kg	79	0.30	76	24	27～125	非正态
Cl	mg/kg	55	0.33	52	1	36～75	对数正态
Co	mg/kg	7.6	0.70	6.0	5.3	<16.5	非正态
Cr	mg/kg	53	0.45	51	20	12～90	正态
Cu	mg/kg	20	0.50	19	10	<38	非正态
F	mg/kg	479	0.27	474	129	216～732	非正态
Ga	mg/kg	15.9	0.28	15.3	1.3	8.8～26.7	正态
Ge	mg/kg	1.4	0.14	1.4	0.2	1.1～1.7	正态
I	mg/kg	2.4	0.63	1.9	1.5	<4.9	非正态
La	mg/kg	37	0.30	36	8	19～52	正态
Li	mg/kg	30	0.40	29	11	8～50	正态
Mn	mg/kg	225	0.73	184	2	61～556	对数正态
Mo	mg/kg	0.81	0.63	0.72	1.60	0.28～1.84	对数正态
N	mg/kg	1330	0.27	1282	1	738～2227	正态
Nb	mg/kg	17	0.35	16	6	5～28	非正态
Ni	mg/kg	16	0.50	14	2	5～38	对数正态
P	mg/kg	588	0.36	554	1	273～1127	对数正态
Pb	mg/kg	33	0.82	29	27	<82	非正态
Rb	mg/kg	100	0.43	94	32	30～159	正态
S	mg/kg	283	0.31	270	1	147～497	正态
Sb	mg/kg	1.59	2.26	1.07	3.59	<8.24	非正态
Sc	mg/kg	9.1	0.33	9.0	2.6	3.9～14.1	正态
Se	mg/kg	0.40	0.38	0.38	1.40	0.19～0.75	对数正态
Sn	mg/kg	4.2	0.45	3.7	1.9	<7.5	非正态
Sr	mg/kg	41	0.59	38	15	8～67	正态
Th	mg/kg	16.3	0.34	14.8	5.6	3.7～26.0	非正态
Ti	mg/kg	4237	0.31	4253	1294	1664～6842	非正态
Tl	mg/kg	0.71	0.37	0.67	0.18	0.30～1.04	正态
U	mg/kg	3.6	0.47	3.3	1.7	<6.7	非正态
V	mg/kg	78	0.40	76	25	26～126	正态
W	mg/kg	2.28	0.83	1.99	1.89	<5.78	非正态
Y	mg/kg	25.5	0.24	25.2	5.3	14.5～35.8	正态
Zn	mg/kg	58	0.43	55	17	21～89	正态
Zr	mg/kg	329	0.29	310	97	117～503	非正态
pH		5.37	0.13	5.15	0.69	3.78～6.52	非正态

表 5-4-4 侏罗系土壤地球化学背景值参数统计表（$n=230$）

指标	单位	原始值统计		背景值统计			
		算术平均值	变异系数	背景值	标准离差	变化范围	正态分布检验
Al_2O_3	%	19.41	0.20	19.41	3.86	11.70～27.12	正态
CaO	%	0.23	0.74	0.19	1.80	0.06～0.61	对数正态
Corg	%	1.63	0.26	1.63	0.42	0.80～2.46	正态
TFe_2O_3	%	4.52	0.36	4.29	1.38	2.25～8.16	正态
K_2O	%	2.51	0.35	2.51	0.88	0.75～4.27	正态
MgO	%	0.40	0.50	0.36	1.60	0.14～0.93	对数正态
Na_2O	%	0.32	0.75	0.25	1.94	0.07～0.95	对数正态
SiO_2	%	62.75	0.11	62.75	6.73	49.29～76.21	正态
TC	%	1.68	0.26	1.68	0.44	0.81～2.56	正态
Ag	μg/kg	69	0.84	61	20	22～100	正态
Au	μg/kg	1.3	1.15	1.1	1.7	0.4～3.2	对数正态
Cd	μg/kg	185	2.81	142	39	64～221	正态
Hg	μg/kg	96	0.55	90	1	47～174	正态
As	mg/kg	7.9	1.00	6.3	1.8	1.9～21.2	正态
B	mg/kg	26	0.62	22	2	7～72	对数正态
Ba	mg/kg	364	0.44	335	1	151～745	正态
Be	mg/kg	2.5	0.40	2.3	1.5	1.0～5.3	对数正态
Bi	mg/kg	0.63	0.78	0.53	1.69	0.18～1.52	对数正态
Br	mg/kg	3.1	0.55	2.6	1.7	<6.0	非正态
Ce	mg/kg	126	0.45	115	2	51～261	对数正态
Cl	mg/kg	85	0.49	71	42	<156	非正态
Co	mg/kg	7.0	0.66	6.1	1.6	2.3～16.2	对数正态
Cr	mg/kg	32	0.56	28	2	10～80	对数正态
Cu	mg/kg	16	0.63	13	2	5～39	正态
F	mg/kg	478	0.31	478	147	184～772	正态
Ga	mg/kg	24.6	0.28	24.6	6.9	10.8～38.4	正态
Ge	mg/kg	1.5	0.13	1.5	0.2	1.0～2.0	正态
I	mg/kg	3.1	0.71	2.3	2.2	<6.7	非正态
La	mg/kg	55	0.58	47	2	15～144	对数正态
Li	mg/kg	25	0.48	23	2	10～54	正态
Mn	mg/kg	350	0.61	299	2	99～904	对数正态
Mo	mg/kg	1.76	0.96	1.35	2.04	0.32～5.62	正态
N	mg/kg	1466	0.26	1466	379	709～2224	正态
Nb	mg/kg	47	0.70	35	33	<102	非正态
Ni	mg/kg	12	0.50	11	2	5～25	正态
P	mg/kg	763	0.39	763	300	164～1362	正态
Pb	mg/kg	45	1.09	40	1	23～69	对数正态
Rb	mg/kg	149	0.38	149	56	37～261	正态
S	mg/kg	339	0.27	339	93	153～525	正态
Sb	mg/kg	0.91	1.29	0.75	1.64	0.28～2.02	对数正态
Sc	mg/kg	9.4	0.43	8.8	1.4	4.2～18.4	对数正态
Se	mg/kg	0.41	0.29	0.41	0.12	0.16～0.66	正态
Sn	mg/kg	6.2	0.35	6.2	2.2	1.9～10.5	正态
Sr	mg/kg	62	0.98	42	2	8～234	对数正态
Th	mg/kg	26.7	0.36	25.1	1.4	12.2～51.5	正态
Ti	mg/kg	4534	0.44	4040	1982	76～8003	非正态
Tl	mg/kg	0.93	0.29	0.93	0.27	0.39～1.46	正态
U	mg/kg	6.0	0.40	5.6	1.5	2.6～11.8	对数正态
V	mg/kg	69	0.54	62	2	24～158	对数正态
W	mg/kg	4.11	1.15	2.71	0.89	0.92～4.49	正态
Y	mg/kg	34.7	0.36	32.7	1.4	16.5～64.9	正态
Zn	mg/kg	79	0.62	73	1	37～145	正态
Zr	mg/kg	380	0.38	356	1	175～724	对数正态
pH		5.05	0.07	4.99	0.34	4.31～5.68	非正态

表 5-4-5 三叠系土壤地球化学背景值参数统计表（n=833）

指标	单位	原始值统计		背景值统计			
		算术平均值	变异系数	背景值	标准离差	变化范围	正态分布检验
Al_2O_3	%	17.79	0.25	18.71	4.37	9.96~27.45	非正态
CaO	%	0.31	2.16	0.16	0.67	<1.50	非正态
Corg	%	1.87	0.26	1.87	0.49	0.88~2.85	正态
TFe_2O_3	%	4.77	0.25	4.77	1.21	2.35~7.19	正态
K_2O	%	2.14	0.37	2.10	0.72	0.65~3.54	正态
MgO	%	0.48	0.40	0.43	0.19	0.05~0.81	非正态
Na_2O	%	0.15	0.53	0.14	0.08	<0.29	非正态
SiO_2	%	64.49	0.09	64.23	1.09	53.66~76.88	对数正态
TC	%	1.97	0.27	1.90	1.31	1.10~3.27	正态
Ag	μg/kg	76	0.59	66	45	<157	非正态
Au	μg/kg	1.4	1.57	1.1	1.6	0.4~2.9	对数正态
Cd	μg/kg	257	2.04	161	523	<1207	非正态
Hg	μg/kg	110	0.38	103	1	51~206	对数正态
As	mg/kg	12.7	0.71	10.9	1.7	3.8~31.5	对数正态
B	mg/kg	54	0.43	52	18	15~89	正态
Ba	mg/kg	269	0.42	251	1	119~526	对数正态
Be	mg/kg	2.1	0.24	2.1	0.5	1.1~3.0	正态
Bi	mg/kg	0.75	0.47	0.66	0.35	<1.36	非正态
Br	mg/kg	4.2	0.62	3.6	2.6	<8.9	非正态
Ce	mg/kg	104	0.31	100	1	55~182	对数正态
Cl	mg/kg	64	0.42	57	27	4~110	非正态
Co	mg/kg	8.8	0.44	8.0	1.6	3.2~19.5	正态
Cr	mg/kg	57	0.51	54	29	<113	非正态
Cu	mg/kg	22	0.32	21	7	8~35	正态
F	mg/kg	663	0.31	634	1	350~1149	对数正态
Ga	mg/kg	21.9	0.21	22.5	4.6	13.3~31.7	非正态
Ge	mg/kg	1.5	0.13	1.5	0.2	1.1~1.8	正态
I	mg/kg	3.5	0.74	2.9	1.8	0.9~8.9	对数正态
La	mg/kg	47	0.32	44	15	15~73	非正态
Li	mg/kg	36	0.36	34	1	17~69	对数正态
Mn	mg/kg	273	0.89	203	242	<688	非正态
Mo	mg/kg	1.07	0.73	0.87	1.52	0.38~2.02	对数正态
N	mg/kg	1692	0.24	1687	384	919~2456	正态
Nb	mg/kg	20	0.25	20	3	14~25	正态
Ni	mg/kg	20	0.40	20	7	6~34	正态
P	mg/kg	778	0.33	737	1	378~1439	对数正态
Pb	mg/kg	48	1.42	44	12	20~68	正态
Rb	mg/kg	140	0.41	128	2	54~302	对数正态
S	mg/kg	391	0.45	367	1	186~723	正态
Sb	mg/kg	1.32	1.42	1.00	1.68	0.36~2.82	对数正态
Sc	mg/kg	11.3	0.25	11.3	2.8	5.7~16.9	正态
Se	mg/kg	0.58	0.43	0.51	0.25	0.02~1.01	非正态
Sn	mg/kg	7.0	0.51	6.0	3.6	<13.1	非正态
Sr	mg/kg	35	0.69	24	24	<73	非正态
Th	mg/kg	23.4	0.30	22.4	1.3	12.5~40.1	正态
Ti	mg/kg	4738	0.25	4739	1202	2335~7144	非正态
Tl	mg/kg	1.00	0.32	0.95	1.38	0.50~1.80	对数正态
U	mg/kg	5.4	0.26	5.3	1.3	3.2~8.7	对数正态
V	mg/kg	83	0.33	83	27	28~138	正态
W	mg/kg	3.03	0.40	2.78	1.22	0.34~5.22	非正态
Y	mg/kg	38.0	0.37	34.5	14.1	6.4~62.6	非正态
Zn	mg/kg	79	0.61	74	1	47~116	对数正态
Zr	mg/kg	315	0.26	305	1	180~515	正态
pH		5.21	0.12	5.03	0.62	3.79~6.27	非正态

表 5-4-6　二叠系土壤地球化学背景值参数统计表（$n=1080$）

指标	单位	原始值统计		背景值统计			
		算术平均值	变异系数	背景值	标准离差	变化范围	正态分布检验
Al_2O_3	%	9.11	0.51	8.12	1.60	3.15~20.93	对数正态
CaO	%	0.89	1.98	0.37	1.76	<3.90	非正态
Corg	%	1.43	0.34	1.32	0.49	0.34~2.30	非正态
TFe_2O_3	%	4.12	0.38	3.83	1.48	1.75~8.37	对数正态
K_2O	%	0.66	0.92	0.45	0.61	<1.67	非正态
MgO	%	0.44	0.57	0.38	1.67	0.14~1.08	对数正态
Na_2O	%	0.07	0.71	0.05	0.05	<0.15	非正态
SiO_2	%	76.31	0.12	78.03	9.00	60.04~96.02	非正态
TC	%	1.71	0.39	1.52	0.67	0.17~2.87	非正态
Ag	μg/kg	145	0.40	134	1	61~293	对数正态
Au	μg/kg	1.1	0.64	0.9	0.7	<2.4	非正态
Cd	μg/kg	1606	1.52	703	2434	<5571	非正态
Hg	μg/kg	195	0.63	172	2	67~445	对数正态
As	mg/kg	19.4	0.62	16.7	1.7	5.6~49.6	对数正态
B	mg/kg	47	0.40	44	1	21~91	对数正态
Ba	mg/kg	139	0.73	109	102	<313	非正态
Be	mg/kg	1.3	0.54	1.1	1.8	0.4~3.4	对数正态
Bi	mg/kg	0.61	0.36	0.56	0.22	0.12~1.00	非正态
Br	mg/kg	5	0.34	4.7	1.4	2.4~9.3	对数正态
Ce	mg/kg	72	0.54	63	2	24~168	对数正态
Cl	mg/kg	51	0.35	47	18	12~83	非正态
Co	mg/kg	10.4	0.57	8.9	1.8	2.8~28.8	对数正态
Cr	mg/kg	143	0.62	125	2	42~376	对数正态
Cu	mg/kg	22	0.41	20	2	8~48	对数正态
F	mg/kg	502	0.37	472	1	233~954	对数正态
Ga	mg/kg	13.5	0.41	12.6	1.5	5.9~26.7	对数正态
Ge	mg/kg	1.0	0.30	1.0	0.3	0.4~1.6	非正态
I	mg/kg	4.8	0.52	4.2	1.7	1.4~12.5	对数正态
La	mg/kg	38	0.50	35	2	15~83	对数正态
Li	mg/kg	28	0.43	26	2	11~59	对数正态
Mn	mg/kg	934	1.51	559	3	75~4158	对数正态
Mo	mg/kg	2.24	0.83	1.78	1.82	0.53~5.89	对数正态
N	mg/kg	1445	0.28	1363	400	562~2163	非正态
Nb	mg/kg	18	0.33	18	1	10~32	对数正态
Ni	mg/kg	32	0.66	27	2	9~85	对数正态
P	mg/kg	606	0.33	576	1	309~1076	对数正态
Pb	mg/kg	33	0.70	28	23	<74	非正态
Rb	mg/kg	54	0.81	43	2	11~166	对数正态
S	mg/kg	333	1.18	248	392	<1032	非正态
Sb	mg/kg	2.76	0.78	2.24	1.86	0.65~7.73	对数正态
Sc	mg/kg	8.8	0.42	8.1	1.5	3.5~18.5	对数正态
Se	mg/kg	0.79	0.48	0.71	0.38	<1.47	非正态
Sn	mg/kg	4.3	0.74	3.6	3.2	<10.1	非正态
Sr	mg/kg	59	0.42	56	20	17~96	正态
Th	mg/kg	13.2	0.55	11.6	1.5	5.1~26.5	对数正态
Ti	mg/kg	4673	0.38	4374	1	2104~9097	对数正态
Tl	mg/kg	0.67	0.54	0.59	0.36	<1.31	非正态
U	mg/kg	4.4	0.41	4.1	1.5	1.9~8.8	对数正态
V	mg/kg	112	0.45	102	2	41~252	对数正态
W	mg/kg	1.90	0.51	1.71	1.58	0.68~4.27	对数正态
Y	mg/kg	35.3	0.71	27.1	24.9	<76.8	非正态
Zn	mg/kg	103	0.85	80	88	<256	非正态
Zr	mg/kg	279	0.52	240	145	<531	非正态
pH		5.80	0.16	5.55	0.93	3.69~7.41	非正态

表 5-4-7　石炭系土壤地球化学背景值参数统计表（$n=2891$）

指标	单位	原始值统计		背景值统计			
		算术平均值	变异系数	背景值	标准离差	变化范围	正态分布检验
Al_2O_3	%	10.81	0.54	9.59	5.89	<21.37	非正态
CaO	%	1.11	1.67	0.44	1.85	<4.15	非正态
Corg	%	1.41	0.31	1.32	0.44	0.44~2.20	非正态
TFe_2O_3	%	5.12	0.56	4.19	2.85	<9.90	非正态
K_2O	%	0.61	0.64	0.53	0.39	<1.31	非正态
MgO	%	0.56	0.95	0.41	0.53	<1.47	非正态
Na_2O	%	0.07	0.71	0.06	0.05	<0.16	非正态
SiO_2	%	72.94	0.19	75.89	14.08	47.74~100.00	非正态
TC	%	1.76	0.44	1.53	0.77	0~3.06	非正态
Ag	μg/kg	200	0.64	170	127	<425	非正态
Au	μg/kg	1.3	0.85	1.1	1.1	<3.3	非正态
Cd	μg/kg	2278	1.40	994	3178	<7350	非正态
Hg	μg/kg	205	1.20	171	245	<662	非正态
As	mg/kg	22.1	0.69	17.6	15.2	<47.9	非正态
B	mg/kg	61	0.44	59	27	5~113	非正态
Ba	mg/kg	167	1.01	146	169	<484	非正态
Be	mg/kg	1.6	0.69	1.3	1.1	<3.5	非正态
Bi	mg/kg	0.67	0.51	0.54	0.34	<1.22	非正态
Br	mg/kg	5.3	0.38	5.0	1.4	2.4~10.2	对数正态
Ce	mg/kg	80	0.55	65	44	<153	非正态
Cl	mg/kg	53	0.32	50	1	31~81	对数正态
Co	mg/kg	14.6	0.60	12.5	8.7	<29.9	非正态
Cr	mg/kg	148	0.74	109	110	<329	非正态
Cu	mg/kg	28	0.46	24	13	<50	非正态
F	mg/kg	460	0.40	427	184	58~796	非正态
Ga	mg/kg	14.6	0.49	12.6	7.1	<26.9	非正态
Ge	mg/kg	1.2	0.33	1.2	0.4	0.3~2.0	非正态
I	mg/kg	5.7	0.58	4.8	1.8	1.5~15.7	对数正态
La	mg/kg	45	0.53	37	24	<84	非正态
Li	mg/kg	36	0.58	31	21	<74	非正态
Mn	mg/kg	1165	1.17	778	1361	<3500	非正态
Mo	mg/kg	1.73	0.83	1.37	1.44	<4.25	非正态
N	mg/kg	1514	0.32	1414	492	431~2397	非正态
Nb	mg/kg	19	0.47	17	9	0~35	非正态
Ni	mg/kg	48	0.67	36	32	<101	非正态
P	mg/kg	767	0.48	664	366	<1396	非正态
Pb	mg/kg	36	0.67	28	24	<75	非正态
Rb	mg/kg	53	0.58	44	2	13~148	对数正态
S	mg/kg	282	0.49	254	139	<532	非正态
Sb	mg/kg	2.87	0.98	2.03	2.80	<7.62	非正态
Sc	mg/kg	11.4	0.57	9.5	6.5	<22.6	非正态
Se	mg/kg	0.71	0.41	0.65	0.29	0.07~1.24	非正态
Sn	mg/kg	4.1	0.54	3.7	2.2	<8.1	非正态
Sr	mg/kg	74	0.72	61	53	<166	非正态
Th	mg/kg	13.9	0.52	11.9	7.2	<26.4	非正态
Ti	mg/kg	5659	0.52	5046	2967	<10 979	非正态
Tl	mg/kg	0.73	0.52	0.64	0.38	<1.40	非正态
U	mg/kg	4.1	0.44	3.6	1.8	0~7.2	非正态
V	mg/kg	117	0.56	99	65	<228	非正态
W	mg/kg	2.16	0.59	1.76	1.27	<4.30	非正态
Y	mg/kg	42.2	0.72	30.6	30.5	<91.6	非正态
Zn	mg/kg	162	0.79	113	128	<369	非正态
Zr	mg/kg	301	0.59	270	179	<628	非正态
pH		6.16	0.17	5.97	1.02	3.93~8.01	非正态

表 5-4-8 泥盆系土壤地球化学背景值参数统计表（$n=1539$）

指标	单位	原始值统计		背景值统计			
		算术平均值	变异系数	背景值	标准离差	变化范围	正态分布检验
Al_2O_3	%	12.94	0.37	12.11	1.45	5.80～25.28	对数正态
CaO	%	0.59	1.98	0.25	3.63	0.02～3.30	对数正态
Corg	%	1.71	0.39	1.60	1.43	0.78～3.30	对数正态
TFe_2O_3	%	5.47	0.52	4.57	2.84	<10.25	非正态
K_2O	%	1.67	0.45	1.59	0.75	0.10～3.08	非正态
MgO	%	0.61	0.46	0.54	0.28	<1.11	非正态
Na_2O	%	0.10	0.80	0.08	0.08	<0.23	非正态
SiO_2	%	68.46	0.16	70.80	10.90	49.01～92.59	非正态
TC	%	1.96	0.41	1.83	1.45	0.87～3.83	对数正态
Ag	μg/kg	154	1.18	102	182	<466	非正态
Au	μg/kg	1.9	1.95	1.3	3.7	<8.8	非正态
Cd	μg/kg	505	1.70	196	857	<1909	非正态
Hg	μg/kg	162	1.67	117	271	<658	非正态
As	mg/kg	27.6	1.57	15.9	43.2	<102.3	非正态
B	mg/kg	78	0.64	71	1	35～144	对数正态
Ba	mg/kg	492	1.92	340	2	128～904	对数正态
Be	mg/kg	1.9	0.53	1.6	1.0	<3.6	非正态
Bi	mg/kg	0.69	1.22	0.50	0.84	<2.17	非正态
Br	mg/kg	5.6	0.64	4.4	3.6	<11.6	非正态
Ce	mg/kg	86	0.43	78	37	4～152	非正态
Cl	mg/kg	60	0.52	55	31	<117	非正态
Co	mg/kg	11.9	0.72	9.7	8.6	<27.0	非正态
Cr	mg/kg	86	0.72	68	62	<192	非正态
Cu	mg/kg	30	0.77	24	2	7～86	对数正态
F	mg/kg	666	0.65	569	2	220～1471	对数正态
Ga	mg/kg	16.7	0.38	15.6	1.4	7.5～32.4	对数正态
Ge	mg/kg	1.5	0.20	1.5	1.2	1.1～2.0	对数正态
I	mg/kg	5.3	0.74	4.0	2.2	0.8～18.9	对数正态
La	mg/kg	43	0.42	40	18	4～75	非正态
Li	mg/kg	32	0.63	26	20	<67	非正态
Mn	mg/kg	763	1.73	342	1320	<2982	非正态
Mo	mg/kg	2.11	1.15	1.19	2.42	<6.04	非正态
N	mg/kg	1696	0.33	1617	1	850～3076	对数正态
Nb	mg/kg	19	0.47	17	9	0～34	非正态
Ni	mg/kg	29	0.76	22	22	<66	非正态
P	mg/kg	667	0.41	588	275	38～1138	非正态
Pb	mg/kg	70	2.49	34	174	<383	非正态
Rb	mg/kg	101	0.43	93	2	39～223	对数正态
S	mg/kg	320	1.10	278	1	142～545	对数正态
Sb	mg/kg	5.72	2.36	2.81	13.51	<29.83	非正态
Sc	mg/kg	12.1	0.46	10.9	1.6	4.4～26.8	对数正态
Se	mg/kg	0.72	0.50	0.63	0.36	<1.35	非正态
Sn	mg/kg	4.1	0.51	3.7	2.1	<7.8	非正态
Sr	mg/kg	51	0.61	45	2	16～126	对数正态
Th	mg/kg	16.4	0.37	15.3	6.0	3.2～27.4	非正态
Ti	mg/kg	5363	0.51	4487	2756	<10 000	非正态
Tl	mg/kg	0.90	0.84	0.76	0.76	<2.28	非正态
U	mg/kg	4.1	0.56	3.3	2.3	<7.9	非正态
V	mg/kg	120	0.58	99	70	<240	非正态
W	mg/kg	2.47	0.70	1.94	1.73	<5.41	非正态
Y	mg/kg	31.1	0.40	28.2	12.3	3.6～52.8	非正态
Zn	mg/kg	111	1.44	73	160	<393	非正态
Zr	mg/kg	342	0.45	333	154	25～642	非正态
pH		5.69	0.19	5.46	1.08	3.30～7.62	非正态

表 5-4-9 志留系土壤地球化学背景值参数统计表（$n=258$）

指标	单位	原始值统计		背景值统计			正态分布检验
		算术平均值	变异系数	背景值	标准离差	变化范围	
Al_2O_3	%	16.40	0.19	16.40	3.10	10.20~22.61	正态
CaO	%	0.21	0.57	0.18	1.63	0.07~0.48	正态
Corg	%	1.46	0.24	1.46	0.35	0.76~2.16	正态
TFe_2O_3	%	3.92	0.31	3.74	1.36	2.02~6.94	正态
K_2O	%	2.61	0.30	2.61	0.77	1.06~4.15	正态
MgO	%	0.56	0.43	0.56	0.24	0.07~1.05	正态
Na_2O	%	0.26	0.69	0.20	0.18	<0.55	非正态
SiO_2	%	66.25	0.08	66.25	5.56	55.13~77.38	正态
TC	%	1.51	0.25	1.51	0.37	0.77~2.25	正态
Ag	μg/kg	102	1.69	66	23	20~112	正态
Au	μg/kg	1.9	1.53	1.3	2.2	0.3~6.1	对数正态
Cd	μg/kg	193	2.67	121	1	58~252	对数正态
Hg	μg/kg	92	0.46	85	1	41~179	正态
As	mg/kg	13.5	1.03	8.7	2.7	1.2~64.0	对数正态
B	mg/kg	48	0.77	37	37	<110	非正态
Ba	mg/kg	443	0.30	443	135	173~712	正态
Be	mg/kg	2.5	0.48	2.0	1.2	<4.3	非正态
Bi	mg/kg	1.29	1.95	0.57	2.51	<5.58	非正态
Br	mg/kg	3.7	0.68	3.1	1.5	1.3~7.2	对数正态
Ce	mg/kg	106	0.25	106	27	52~159	正态
Cl	mg/kg	64	0.47	54	30	<113	非正态
Co	mg/kg	7.6	0.45	6.9	1.6	2.9~16.7	正态
Cr	mg/kg	47	0.38	47	18	11~84	正态
Cu	mg/kg	18	0.56	17	6	5~29	正态
F	mg/kg	556	0.36	523	1	259~1054	对数正态
Ga	mg/kg	19.9	0.18	19.9	3.5	12.9~27.0	正态
Ge	mg/kg	1.6	0.13	1.6	0.2	1.1~2.0	正态
I	mg/kg	3.1	0.77	2.4	1.8	0.8~7.9	对数正态
La	mg/kg	48	0.35	45	1	22~95	对数正态
Li	mg/kg	35	0.63	30	2	10~89	对数正态
Mn	mg/kg	284	0.67	242	2	80~730	正态
Mo	mg/kg	1.41	2.41	1.00	1.85	0.29~3.44	对数正态
N	mg/kg	1383	0.23	1383	323	737~2028	正态
Nb	mg/kg	21	0.48	18	10	<38	非正态
Ni	mg/kg	17	0.35	17	6	5~30	正态
P	mg/kg	646	0.31	618	1	342~1117	正态
Pb	mg/kg	56	1.71	42	1	22~82	对数正态
Rb	mg/kg	145	0.32	145	46	52~237	正态
S	mg/kg	292	0.39	279	1	154~503	正态
Sb	mg/kg	1.67	1.40	1.10	2.40	0.19~6.30	对数正态
Sc	mg/kg	10.5	0.26	10.2	1.3	6.1~17.0	正态
Se	mg/kg	0.45	0.36	0.43	1.39	0.22~0.83	正态
Sn	mg/kg	5.7	0.40	5.4	1.4	2.8~10.2	正态
Sr	mg/kg	48	0.75	32	36	<105	非正态
Th	mg/kg	25.4	0.39	21.5	9.8	1.8~41.2	非正态
Ti	mg/kg	3977	0.27	3987	1061	1865~6109	非正态
Tl	mg/kg	0.99	0.33	0.88	0.33	0.22~1.54	非正态
U	mg/kg	5.9	0.58	4.3	3.4	<11.0	非正态
V	mg/kg	72	0.36	70	23	24~116	正态
W	mg/kg	5.53	1.84	2.81	10.16	<23.14	非正态
Y	mg/kg	30.8	0.28	29.8	1.3	18.1~49.3	正态
Zn	mg/kg	75	1.36	62	1	35~109	对数正态
Zr	mg/kg	302	0.23	295	1	198~441	正态
pH		5.10	0.06	5.10	0.31	4.48~5.72	正态

表 5-4-10 奥陶系土壤地球化学背景值参数统计表（n=284）

指标	单位	原始值统计		背景值统计			
		算术平均值	变异系数	背景值	标准离差	变化范围	正态分布检验
Al_2O_3	%	14.71	0.18	14.71	2.67	9.38~20.04	正态
CaO	%	0.14	0.57	0.12	1.45	0.06~0.26	对数正态
Corg	%	1.50	0.25	1.50	0.38	0.73~2.27	正态
TFe_2O_3	%	4.34	0.27	4.34	1.18	1.97~6.70	正态
K_2O	%	2.13	0.22	2.13	0.47	1.19~3.08	正态
MgO	%	0.52	0.29	0.52	0.15	0.23~0.81	正态
Na_2O	%	0.11	0.55	0.10	1.59	0.04~0.25	对数正态
SiO_2	%	69.61	0.08	69.61	5.57	58.47~80.75	正态
TC	%	1.56	0.26	1.56	0.40	0.76~2.36	正态
Ag	μg/kg	101	2.27	61	1	30~125	对数正态
Au	μg/kg	2.7	2.59	1.4	0.5	0.3~2.4	正态
Cd	μg/kg	166	1.10	123	35	52~194	正态
Hg	μg/kg	106	0.92	92	26	41~144	正态
As	mg/kg	10.6	1.27	7.0	2.4	1.2~41.8	对数正态
B	mg/kg	63	0.38	60	18	24~97	正态
Ba	mg/kg	356	0.46	338	1	186~614	对数正态
Be	mg/kg	1.8	0.39	1.8	1.3	1.0~3.1	正态
Bi	mg/kg	0.48	0.52	0.44	1.49	0.20~0.98	正态
Br	mg/kg	3.0	0.43	2.5	1.3	0~5.0	非正态
Ce	mg/kg	98	0.23	98	23	53~143	正态
Cl	mg/kg	58	0.40	54	11	31~77	正态
Co	mg/kg	7.8	0.54	7.2	1.5	3.1~16.4	对数正态
Cr	mg/kg	60	0.25	59	1	37~93	正态
Cu	mg/kg	22	0.77	20	5	9~31	正态
F	mg/kg	470	0.22	470	104	263~678	正态
Ga	mg/kg	17.7	0.19	17.7	3.4	11.0~24.5	正态
Ge	mg/kg	1.4	0.14	1.4	1.1	1.1~1.7	正态
I	mg/kg	2.5	0.56	2.2	1.7	0.8~6.0	对数正态
La	mg/kg	37	0.27	37	10	18~56	正态
Li	mg/kg	19	0.42	17	8	2~33	非正态
Mn	mg/kg	264	1.44	199	2	76~520	对数正态
Mo	mg/kg	0.72	0.60	0.62	1.72	0.21~1.81	对数正态
N	mg/kg	1365	0.25	1365	340	684~2045	正态
Nb	mg/kg	18	0.22	17	2	13~22	正态
Ni	mg/kg	18	0.39	17	1	9~33	对数正态
P	mg/kg	616	0.33	616	205	206~1026	正态
Pb	mg/kg	36	0.81	32	2	14~76	正态
Rb	mg/kg	111	0.23	111	26	60~163	正态
S	mg/kg	284	0.32	270	1	143~509	正态
Sb	mg/kg	1.61	1.90	0.88	3.06	<6.99	非正态
Sc	mg/kg	10.8	0.24	10.8	2.6	5.7~15.9	正态
Se	mg/kg	0.41	0.24	0.40	1.27	0.25~0.65	对数正态
Sn	mg/kg	4.5	0.38	4.3	1.4	2.3~7.8	正态
Sr	mg/kg	27	0.48	24	2	11~55	对数正态
Th	mg/kg	17.6	0.17	17.4	1.2	12.5~24.2	正态
Ti	mg/kg	4486	0.16	4428	1	3204~6118	对数正态
Tl	mg/kg	0.75	0.41	0.71	0.13	0.45~0.97	正态
U	mg/kg	3.7	0.22	3.6	1.2	2.5~5.3	正态
V	mg/kg	79	0.25	77	1	46~126	正态
W	mg/kg	2.19	0.48	2.03	1.44	0.99~4.19	正态
Y	mg/kg	27.1	0.22	26.5	1.2	17.9~39.3	正态
Zn	mg/kg	58	0.57	53	1	25~112	对数正态
Zr	mg/kg	316	0.16	316	49	218~414	正态
pH		5.01	0.06	4.97	0.22	4.53~5.40	正态

表 5-4-11 寒武系土壤地球化学背景值参数统计表（$n=1019$）

指标	单位	原始值统计		背景值统计			
		算术平均值	变异系数	背景值	标准离差	变化范围	正态分布检验
Al_2O_3	%	13.70	0.17	13.70	2.36	8.97～18.42	正态
CaO	%	0.12	1.58	0.09	0.19	<0.47	非正态
Corg	%	1.51	0.28	1.48	0.35	0.77～2.19	正态
TFe_2O_3	%	4.44	0.23	4.38	0.89	2.61～6.15	正态
K_2O	%	2.03	0.19	2.05	0.39	1.27～2.83	非正态
MgO	%	0.53	0.23	0.52	0.09	0.34～0.71	正态
Na_2O	%	0.09	0.56	0.07	0.05	<0.18	非正态
SiO_2	%	69.99	0.07	70.07	4.27	61.53～78.61	正态
TC	%	1.60	0.28	1.55	1.30	0.91～2.63	对数正态
Ag	μg/kg	96	1.73	70	166	<401	非正态
Au	μg/kg	4.6	4.26	1.7	19.6	<40.9	非正态
Cd	μg/kg	171	1.30	121	1	57～256	对数正态
Hg	μg/kg	104	0.44	95	46	3～186	非正态
As	mg/kg	22.8	2.84	12.3	64.7	<141.6	非正态
B	mg/kg	57	0.93	53	10	34～72	正态
Ba	mg/kg	472	0.37	456	86	283～628	正态
Be	mg/kg	1.8	0.22	1.8	0.4	1.0～2.6	正态
Bi	mg/kg	0.68	2.91	0.46	1.98	<4.42	非正态
Br	mg/kg	5.0	0.64	4.0	3.2	<10.3	非正态
Ce	mg/kg	97	0.23	94	1	60～150	正态
Cl	mg/kg	55	0.29	52	16	20～83	非正态
Co	mg/kg	8.3	0.54	7.5	1.6	3.1～18.1	对数正态
Cr	mg/kg	69	0.17	70	12	46～94	非正态
Cu	mg/kg	24	0.42	22	5	12～33	正态
F	mg/kg	459	0.19	451	1	311～654	正态
Ga	mg/kg	16.7	0.17	16.7	2.9	11.0～22.4	正态
Ge	mg/kg	1.3	0.15	1.3	1.1	1.1～1.7	正态
I	mg/kg	4.3	0.74	3.3	3.2	<9.7	非正态
La	mg/kg	36	0.28	35	1	21～59	对数正态
Li	mg/kg	20	0.45	18	1	8～39	对数正态
Mn	mg/kg	242	0.66	194	160	<513	非正态
Mo	mg/kg	1.57	0.80	1.34	1.62	0.51～3.49	对数正态
N	mg/kg	1441	0.23	1425	300	826～2024	正态
Nb	mg/kg	17	0.12	17	2	13～22	非正态
Ni	mg/kg	19	0.26	19	5	10～28	正态
P	mg/kg	582	0.31	558	1	313～993	对数正态
Pb	mg/kg	39	2.00	30	78	<186	非正态
Rb	mg/kg	109	0.22	109	24	61～157	正态
S	mg/kg	286	0.37	273	1	149～497	对数正态
Sb	mg/kg	2.20	1.60	1.38	1.99	0.35～5.49	对数正态
Sc	mg/kg	11.1	0.21	11.0	1.2	7.5～16.0	对数正态
Se	mg/kg	0.65	0.38	0.61	1.41	0.31～1.20	对数正态
Sn	mg/kg	4.3	0.35	4.0	1.2	2.8～5.8	对数正态
Sr	mg/kg	24	0.63	19	15	<49	非正态
Th	mg/kg	17.1	0.20	16.5	3.4	9.7～23.3	非正态
Ti	mg/kg	4556	0.15	4544	668	3208～5880	非正态
Tl	mg/kg	0.76	0.22	0.74	1.24	0.48～1.14	对数正态
U	mg/kg	3.8	0.21	3.7	0.6	2.6～4.8	正态
V	mg/kg	89	0.24	87	17	53～121	正态
W	mg/kg	2.38	1.17	2.00	1.29	1.20～3.35	对数正态
Y	mg/kg	27.4	0.15	27.2	3.3	20.6～33.9	正态
Zn	mg/kg	49	0.47	44	1	25～77	对数正态
Zr	mg/kg	309	0.11	307	1	246～384	正态
pH		4.94	0.08	4.89	0.24	4.41～5.37	正态

表 5-4-12 震旦系土壤地球化学背景值参数统计表（$n=60$）

指标	单位	原始值统计		背景值统计			
		算术平均值	变异系数	背景值	标准离差	变化范围	正态分布检验
Al_2O_3	%	13.56	0.12	13.56	1.57	10.42~16.69	正态
CaO	%	0.11	0.82	0.10	1.51	0.04~0.23	正态
Corg	%	1.59	0.24	1.59	0.38	0.82~2.36	正态
TFe_2O_3	%	4.60	0.25	4.50	1.21	3.06~6.62	正态
K_2O	%	1.92	0.11	1.95	0.16	1.63~2.28	正态
MgO	%	0.59	0.15	0.59	0.09	0.42~0.77	正态
Na_2O	%	0.09	0.33	0.09	0.03	0.03~0.14	正态
SiO_2	%	69.25	0.06	69.25	3.96	61.33~77.16	正态
TC	%	1.63	0.24	1.63	0.39	0.85~2.40	正态
Ag	μg/kg	75	0.47	70	1	34~144	正态
Au	μg/kg	21.9	4.42	2.2	96.8	<195.8	非正态
Cd	μg/kg	149	0.64	133	2	58~306	正态
Hg	μg/kg	109	0.63	99	1	46~212	正态
As	mg/kg	15.3	0.81	12.7	1.8	4.1~39.3	正态
B	mg/kg	54	0.20	54	11	33~76	正态
Ba	mg/kg	596	0.45	559	1	287~1086	正态
Be	mg/kg	1.7	0.12	1.7	0.2	1.3~2.2	正态
Bi	mg/kg	0.40	0.15	0.40	0.06	0.28~0.53	正态
Br	mg/kg	3.5	0.43	3.5	1.5	0.5~6.5	正态
Ce	mg/kg	90	0.19	90	17	57~124	正态
Cl	mg/kg	49	0.22	49	11	27~71	正态
Co	mg/kg	9.6	0.50	9.6	4.8	0~19.2	正态
Cr	mg/kg	80	0.13	80	10	60~100	正态
Cu	mg/kg	25	0.20	25	5	14~36	正态
F	mg/kg	431	0.10	431	44	343~518	正态
Ga	mg/kg	16.0	0.14	16.0	2.2	11.6~20.5	正态
Ge	mg/kg	1.3	0.08	1.3	0.1	1.0~1.5	正态
I	mg/kg	2.8	0.57	2.8	1.6	<5.9	正态
La	mg/kg	29	0.17	29	5	18~39	正态
Li	mg/kg	25	0.20	25	5	16~35	正态
Mn	mg/kg	292	0.61	292	179	<650	正态
Mo	mg/kg	1.17	0.75	1.01	1.62	0.38~2.66	正态
N	mg/kg	1408	0.20	1408	280	849~1967	正态
Nb	mg/kg	15	0.07	15	1	13~17	正态
Ni	mg/kg	24	0.17	24	4	15~32	正态
P	mg/kg	722	0.41	682	1	363~1281	正态
Pb	mg/kg	31	0.23	31	7	18~44	正态
Rb	mg/kg	92	0.13	92	12	69~115	正态
S	mg/kg	317	0.26	317	82	153~481	正态
Sb	mg/kg	0.90	0.68	0.78	1.61	0.30~2.01	正态
Sc	mg/kg	11.7	0.21	11.5	1.2	8.3~16.1	正态
Se	mg/kg	0.48	0.33	0.48	0.16	0.16~0.79	正态
Sn	mg/kg	3.9	0.18	3.9	0.7	2.5~5.2	正态
Sr	mg/kg	27	0.33	27	9	10~44	正态
Th	mg/kg	13.6	0.13	13.6	1.7	10.3~17.0	正态
Ti	mg/kg	4883	0.12	4808	273	4262~5355	正态
Tl	mg/kg	0.62	0.11	0.62	0.07	0.47~0.77	正态
U	mg/kg	3.3	0.15	3.3	0.5	2.2~4.3	正态
V	mg/kg	104	0.31	101	1	63~162	正态
W	mg/kg	2.41	0.25	2.41	0.61	1.19~3.63	正态
Y	mg/kg	28.1	0.10	28.1	2.9	22.4~33.8	正态
Zn	mg/kg	57	0.26	56	1	36~88	正态
Zr	mg/kg	280	0.09	283	17	248~318	正态
pH		5.03	0.05	5.03	0.24	4.55~5.50	正态

表 5-4-13 南华系土壤地球化学背景值参数统计表(n=43)

指标	单位	原始值统计		背景值统计			
		算术平均值	变异系数	背景值	标准离差	变化范围	正态分布检验
Al_2O_3	%	13.24	0.12	13.24	1.64	9.96~16.52	正态
CaO	%	0.10	0.30	0.10	0.03	0.03~0.16	正态
Corg	%	1.67	0.18	1.67	0.30	1.07~2.26	正态
TFe_2O_3	%	4.33	0.15	4.33	0.66	3.00~5.65	正态
K_2O	%	1.96	0.11	1.96	0.21	1.54~2.38	正态
MgO	%	0.58	0.10	0.58	0.06	0.45~0.71	正态
Na_2O	%	0.08	0.25	0.08	0.02	0.04~0.12	正态
SiO_2	%	70.12	0.04	70.12	2.58	64.95~75.28	正态
TC	%	1.72	0.19	1.72	0.33	1.05~2.38	正态
Ag	μg/kg	84	1.93	57	10	37~77	正态
Au	μg/kg	3.6	2.06	2.0	2.3	0.4~10.5	正态
Cd	μg/kg	122	0.36	122	44	35~210	正态
Hg	μg/kg	91	0.20	91	18	56~126	正态
As	mg/kg	15.4	0.52	15.4	8.0	<31.4	正态
B	mg/kg	49	0.16	49	8	33~64	正态
Ba	mg/kg	516	0.21	516	107	301~731	正态
Be	mg/kg	1.6	0.13	1.6	0.2	1.3~2.0	正态
Bi	mg/kg	0.40	0.18	0.4	0.07	0.26~0.54	正态
Br	mg/kg	4.6	0.50	4.6	2.3	0~9.2	正态
Ce	mg/kg	90	0.18	90	16	59~121	正态
Cl	mg/kg	48	0.15	48	7	34~62	正态
Co	mg/kg	8.3	0.27	8.3	2.2	3.9~12.7	正态
Cr	mg/kg	78	0.10	78	8	62~93	正态
Cu	mg/kg	22	0.14	22	3	17~28	正态
F	mg/kg	424	0.12	424	52	320~528	正态
Ga	mg/kg	15.3	0.13	15.3	2.0	11.3~19.4	正态
Ge	mg/kg	1.3	0.08	1.3	0.1	1.0~1.5	正态
I	mg/kg	3.6	0.56	3.6	2.0	<7.7	正态
La	mg/kg	30	0.17	30	5	20~40	正态
Li	mg/kg	27	0.22	26	1	18~38	正态
Mn	mg/kg	271	0.45	271	121	29~513	正态
Mo	mg/kg	0.83	0.25	0.83	0.21	0.40~1.26	正态
N	mg/kg	1452	0.17	1452	243	966~1938	正态
Nb	mg/kg	14	0.07	14	1	12~17	正态
Ni	mg/kg	23	0.13	23	3	17~28	正态
P	mg/kg	624	0.28	624	174	276~971	正态
Pb	mg/kg	31	0.13	31	4	22~40	正态
Rb	mg/kg	95	0.14	95	13	69~120	正态
S	mg/kg	300	0.28	300	83	133~467	正态
Sb	mg/kg	0.96	0.76	0.82	1.64	0.30~2.22	正态
Sc	mg/kg	11.0	0.10	11.0	1.1	8.8~13.2	正态
Se	mg/kg	0.46	0.26	0.46	0.12	0.21~0.71	正态
Sn	mg/kg	3.8	0.18	3.8	0.7	2.4~5.3	正态
Sr	mg/kg	26	0.35	26	9	7~45	正态
Th	mg/kg	13.8	0.12	13.8	1.6	10.5~17.0	正态
Ti	mg/kg	4802	0.07	4802	322	4158~5447	正态
Tl	mg/kg	0.65	0.14	0.65	0.09	0.46~0.83	正态
U	mg/kg	3.1	0.13	3.1	0.4	2.3~3.9	正态
V	mg/kg	89	0.13	89	12	66~112	正态
W	mg/kg	2.25	0.14	2.25	0.32	1.61~2.89	正态
Y	mg/kg	28.7	0.07	28.7	2.1	24.4~32.9	正态
Zn	mg/kg	51	0.16	51	8	35~67	正态
Zr	mg/kg	278	0.05	278	15	248~307	正态
pH		5.00	0.04	5.00	0.20	4.60~5.40	正态

表 5-4-14 丹洲群土壤地球化学背景值参数统计表（n=31）

指标	单位	原始值统计		背景值统计			
		算术平均值	变异系数	背景值	标准离差	变化范围	正态分布检验
Al_2O_3	%	22.14	0.11	22.14	2.53	17.07～27.20	正态
CaO	%	0.26	0.50	0.26	0.13	0～0.53	正态
Corg	%	1.46	0.25	1.46	0.36	0.75～2.17	正态
TFe_2O_3	%	4.09	0.74	2.85	0.59	1.67～4.03	正态
K_2O	%	3.05	0.33	3.05	1.00	1.04～5.06	正态
MgO	%	0.51	0.31	0.51	0.16	0.20～0.83	正态
Na_2O	%	0.42	0.62	0.42	0.26	<0.94	正态
SiO_2	%	61.83	0.09	61.83	5.44	50.95～72.70	正态
TC	%	1.49	0.25	1.49	0.37	0.75～2.24	正态
Ag	μg/kg	105	0.50	105	53	0～211	正态
Au	μg/kg	1.3	1.62	0.9	2.0	0.2～3.5	对数正态
Cd	μg/kg	146	0.67	129	2	54～306	正态
Hg	μg/kg	83	0.25	83	21	41～124	正态
As	mg/kg	4.2	1.62	2.0	1.0	0.1～4.0	正态
B	mg/kg	15	0.87	12	2	3～42	对数正态
Ba	mg/kg	343	0.23	343	80	184～503	正态
Be	mg/kg	4.3	0.30	4.3	1.3	1.8～6.9	正态
Bi	mg/kg	0.73	0.52	0.73	0.38	<1.48	正态
Br	mg/kg	3.1	0.35	3.1	1.1	0.9～5.2	正态
Ce	mg/kg	85	0.13	85	11	63～107	正态
Cl	mg/kg	63	0.29	63	18	27～98	正态
Co	mg/kg	9.1	0.85	5.8	1.2	3.4～8.3	正态
Cr	mg/kg	26	0.77	18	20	<57	非正态
Cu	mg/kg	13	0.62	11	2	4～32	对数正态
F	mg/kg	463	0.20	463	92	280～646	正态
Ga	mg/kg	27.3	0.11	27.3	2.9	21.4～33.1	正态
Ge	mg/kg	1.5	0.13	1.5	0.2	1.2～1.9	正态
I	mg/kg	2.2	0.55	2.2	1.2	<4.6	正态
La	mg/kg	39	0.15	39	6	26～51	正态
Li	mg/kg	30	0.20	30	6	17～43	正态
Mn	mg/kg	432	0.66	374	2	140～999	正态
Mo	mg/kg	0.67	0.46	0.67	0.31	0.05～1.30	正态
N	mg/kg	1302	0.24	1302	307	688～1916	正态
Nb	mg/kg	26	0.19	26	5	16～37	正态
Ni	mg/kg	12	0.67	8	8	<23	非正态
P	mg/kg	730	0.80	620	2	232～1657	正态
Pb	mg/kg	54	0.22	56	9	37～74	正态
Rb	mg/kg	228	0.36	228	81	66～390	正态
S	mg/kg	326	0.25	326	83	161～492	正态
Sb	mg/kg	0.73	1.86	0.39	0.06	0.27～0.50	正态
Sc	mg/kg	11.1	0.70	8.1	1.3	5.6～10.6	正态
Se	mg/kg	0.32	0.28	0.32	0.09	0.13～0.51	正态
Sn	mg/kg	6.4	0.25	6.4	1.6	3.1～9.6	正态
Sr	mg/kg	51	0.35	51	18	16～86	正态
Th	mg/kg	27.8	0.28	27.8	7.7	12.5～43.1	正态
Ti	mg/kg	4067	0.58	3149	355	2438～3860	正态
Tl	mg/kg	1.54	0.30	1.54	0.46	0.62～2.46	正态
U	mg/kg	10.6	0.36	10.6	3.8	3.1～18.1	正态
V	mg/kg	82	0.76	58	10	37～79	正态
W	mg/kg	3.82	0.62	3.82	2.35	<8.53	正态
Y	mg/kg	26.1	0.16	26.1	4.2	17.6～34.6	正态
Zn	mg/kg	79	0.30	76	1	46～127	正态
Zr	mg/kg	257	0.20	257	51	154～360	正态
pH		5.02	0.07	5.02	0.34	4.34～5.70	正态

表 5-4-15 新元古界土壤地球化学背景值参数统计表（n=40）

指标	单位	原始值统计		背景值统计			
		算术平均值	变异系数	背景值	标准离差	变化范围	正态分布检验
Al_2O_3	%	16.4	0.07	16.40	1.17	14.05～18.75	正态
CaO	%	0.16	0.38	0.16	0.06	0.05～0.27	正态
Corg	%	1.38	0.22	1.38	0.31	0.77～1.99	正态
TFe_2O_3	%	3.43	0.22	3.43	0.75	1.94～4.93	正态
K_2O	%	2.45	0.15	2.45	0.37	1.71～3.19	正态
MgO	%	0.51	0.53	0.51	0.27	<1.05	正态
Na_2O	%	0.23	0.26	0.23	0.06	0.10～0.36	正态
SiO_2	%	65.85	0.04	65.85	2.80	60.25～71.45	正态
TC	%	1.41	0.23	1.41	0.32	0.78～2.04	正态
Ag	μg/kg	42	0.21	42	9	23～60	正态
Au	μg/kg	1.0	0.40	0.9	1.4	0.5～1.9	正态
Cd	μg/kg	97	0.23	97	22	53～142	正态
Hg	μg/kg	86	0.43	81	1	42～157	正态
As	mg/kg	3.9	0.56	3.9	2.2	<8.4	正态
B	mg/kg	24	0.58	24	14	<51	正态
Ba	mg/kg	383	0.22	383	85	212～553	正态
Be	mg/kg	1.7	0.18	1.7	0.3	1.2～2.3	正态
Bi	mg/kg	0.46	0.35	0.46	0.16	0.15～0.77	正态
Br	mg/kg	4.1	0.83	3.3	1.8	1.0～10.9	正态
Ce	mg/kg	102	0.17	102	17	68～136	正态
Cl	mg/kg	51	0.29	51	15	22～80	正态
Co	mg/kg	6.9	0.29	6.9	2.0	2.9～10.8	正态
Cr	mg/kg	43	0.37	43	16	11～75	正态
Cu	mg/kg	16	0.31	16	5	6～25	正态
F	mg/kg	441	0.21	441	93	255～627	正态
Ga	mg/kg	19.0	0.09	19.0	1.7	15.7～22.3	正态
Ge	mg/kg	1.4	0.07	1.4	0.1	1.1～1.7	正态
I	mg/kg	3.7	0.95	2.6	2.1	0.6～12.1	对数正态
La	mg/kg	44	0.14	44	6	31～57	正态
Li	mg/kg	28	0.43	28	12	4～53	正态
Mn	mg/kg	215	0.39	215	84	48～382	正态
Mo	mg/kg	0.80	0.29	0.80	0.23	0.33～1.26	正态
N	mg/kg	1264	0.19	1264	235	794～1735	正态
Nb	mg/kg	15	0.07	15	1	13～18	正态
Ni	mg/kg	18	0.39	18	7	4～31	正态
P	mg/kg	624	0.21	624	131	362～886	正态
Pb	mg/kg	37	0.16	37	6	25～50	正态
Rb	mg/kg	130	0.17	130	22	85～175	正态
S	mg/kg	272	0.24	272	64	144～400	正态
Sb	mg/kg	0.40	0.38	0.40	0.15	0.11～0.70	正态
Sc	mg/kg	9.9	0.18	9.9	1.8	6.4～13.5	正态
Se	mg/kg	0.41	0.32	0.41	0.13	0.15～0.67	正态
Sn	mg/kg	5.9	0.25	5.9	1.5	3.0～8.9	正态
Sr	mg/kg	28	0.36	28	10	7～48	正态
Th	mg/kg	22.1	0.14	22.1	3.2	15.7～28.4	正态
Ti	mg/kg	3279	0.17	3279	555	2168～4390	正态
Tl	mg/kg	0.81	0.15	0.81	0.12	0.56～1.06	正态
U	mg/kg	5.1	0.2	5.1	1.0	3.1～7.1	正态
V	mg/kg	60	0.25	60	15	30～90	正态
W	mg/kg	2.06	0.32	2.06	0.66	0.74～3.38	正态
Y	mg/kg	36.9	0.18	36.9	6.5	24.0～49.9	正态
Zn	mg/kg	59	0.22	59	13	34～85	正态
Zr	mg/kg	249	0.18	249	44	161～337	正态
pH		4.93	0.01	5.05	0.24	4.57～5.52	正态

表5-4-16 云开群土壤地球化学背景值参数统计表（$n=60$）

指标	单位	原始值统计		背景值统计			
		算术平均值	变异系数	背景值	标准离差	变化范围	正态分布检验
Al_2O_3	%	15.22	0.13	15.22	2.01	11.20～19.25	正态
CaO	%	0.13	0.69	0.11	1.62	0.04～0.29	正态
Corg	%	1.42	0.19	1.42	0.27	0.89～1.96	正态
TFe_2O_3	%	4.07	0.21	4.07	0.84	2.39～5.74	正态
K_2O	%	1.64	0.15	1.64	0.25	1.14～2.14	正态
MgO	%	0.36	0.39	0.36	0.14	0.09～0.63	正态
Na_2O	%	0.14	0.21	0.14	0.03	0.07～0.20	正态
SiO_2	%	68.27	0.05	68.27	3.21	61.84～74.69	正态
TC	%	1.47	0.18	1.47	0.27	0.93～2.01	正态
Ag	μg/kg	63	0.43	63	27	10～117	正态
Au	μg/kg	1.3	0.46	1.3	0.6	0.1～2.5	正态
Cd	μg/kg	118	0.60	109	1	53～223	正态
Hg	μg/kg	69	0.33	69	23	24～115	正态
As	mg/kg	9.0	0.44	9.0	4.0	0.9～17.0	正态
B	mg/kg	53	0.38	53	20	14～92	正态
Ba	mg/kg	295	0.12	295	34	227～363	正态
Be	mg/kg	1.6	0.19	1.6	0.3	0.9～2.2	正态
Bi	mg/kg	0.49	0.35	0.49	0.17	0.16～0.83	正态
Br	mg/kg	3.5	0.37	3.0	1.3	0.3～5.6	非正态
Ce	mg/kg	101	0.23	101	23	55～147	正态
Cl	mg/kg	53	0.26	53	14	25～81	正态
Co	mg/kg	7.2	0.43	6.7	1.4	3.4～13.3	正态
Cr	mg/kg	54	0.24	54	13	29～80	正态
Cu	mg/kg	20	0.25	20	5	11～30	正态
F	mg/kg	387	0.18	387	69	250～525	正态
Ga	mg/kg	17.4	0.14	17.4	2.5	12.5～22.3	正态
Ge	mg/kg	1.4	0.14	1.4	0.2	1.0～1.7	正态
I	mg/kg	2.8	0.54	2.4	1.6	0.9～6.3	正态
La	mg/kg	41	0.24	41	10	20～62	正态
Li	mg/kg	24	0.25	24	6	12～36	正态
Mn	mg/kg	184	0.45	171	1	82～353	正态
Mo	mg/kg	0.77	0.29	0.77	0.22	0.33～1.22	正态
N	mg/kg	1200	0.19	1200	233	735～1665	正态
Nb	mg/kg	17	0.24	17	4	8～25	正态
Ni	mg/kg	21	0.29	21	6	10～33	正态
P	mg/kg	673	0.27	673	184	305～1040	正态
Pb	mg/kg	34	0.26	34	9	15～53	正态
Rb	mg/kg	83	0.19	83	16	52～114	正态
S	mg/kg	262	0.21	262	55	151～373	正态
Sb	mg/kg	0.77	0.53	0.69	1.50	0.31～1.57	正态
Sc	mg/kg	11.3	0.19	11.3	2.1	7.0～15.5	正态
Se	mg/kg	0.40	0.15	0.40	0.06	0.28～0.52	正态
Sn	mg/kg	4.4	0.27	4.4	1.2	2.1～6.7	正态
Sr	mg/kg	18	0.28	18	5	9～28	正态
Th	mg/kg	19.5	0.21	19.5	4.1	11.4～27.6	正态
Ti	mg/kg	3958	0.17	3958	673	2613～5303	正态
Tl	mg/kg	0.62	0.18	0.62	0.11	0.41～0.83	正态
U	mg/kg	3.8	0.24	3.8	0.9	2.0～5.5	正态
V	mg/kg	81	0.26	76	8	60～93	正态
W	mg/kg	2.24	0.33	2.24	0.73	0.79～3.69	正态
Y	mg/kg	27.3	0.19	27.3	5.3	16.7～37.8	正态
Zn	mg/kg	62	0.23	62	14	34～90	正态
Zr	mg/kg	293	0.18	293	52	190～396	正态
pH		5.13	0.05	5.13	0.25	4.63～5.63	正态

表 5-4-17　天堂山岩群土壤地球化学背景值参数统计表（n=69）

指标	单位	原始值统计		背景值统计			
		算术平均值	变异系数	背景值	标准离差	变化范围	正态分布检验
Al_2O_3	%	16.00	0.15	16.00	2.45	11.10~20.89	正态
CaO	%	0.13	0.62	0.13	0.08	<0.29	正态
Corg	%	1.47	0.20	1.47	0.30	0.87~2.06	正态
TFe_2O_3	%	3.97	0.23	3.97	0.91	2.16~5.79	正态
K_2O	%	1.99	0.21	1.99	0.41	1.17~2.81	正态
MgO	%	0.44	0.39	0.42	1.36	0.23~0.78	正态
Na_2O	%	0.18	0.39	0.17	1.40	0.09~0.33	对数正态
SiO_2	%	67.78	0.07	67.78	4.82	58.13~77.42	正态
TC	%	1.50	0.21	1.50	0.31	0.89~2.11	正态
Ag	μg/kg	60	0.63	54	2	22~129	正态
Au	μg/kg	2.3	0.91	1.9	1.8	0.6~6.0	正态
Cd	μg/kg	108	0.41	102	1	54~195	正态
Hg	μg/kg	80	0.48	74	1	35~154	正态
As	mg/kg	12.0	1.13	8.4	2.2	1.7~41.0	正态
B	mg/kg	70	0.67	70	47	<164	正态
Ba	mg/kg	319	0.33	319	104	111~526	正态
Be	mg/kg	1.7	0.18	1.7	0.3	1.0~2.4	正态
Bi	mg/kg	0.55	0.47	0.55	0.26	0.02~1.07	正态
Br	mg/kg	3.4	0.38	3.4	1.3	0.8~6.0	正态
Ce	mg/kg	100	0.22	100	22	55~144	正态
Cl	mg/kg	53	0.43	53	23	7~99	正态
Co	mg/kg	7.9	0.33	7.9	2.6	2.7~13.0	正态
Cr	mg/kg	56	0.27	56	15	27~86	正态
Cu	mg/kg	21	0.38	21	8	4~38	正态
F	mg/kg	424	0.21	424	90	245~604	正态
Ga	mg/kg	18.4	0.18	18.4	3.3	11.8~25.0	正态
Ge	mg/kg	1.4	0.14	1.4	0.2	1.1~1.7	正态
I	mg/kg	2.7	0.63	2.7	1.7	<6.0	正态
La	mg/kg	41	0.27	41	11	19~64	正态
Li	mg/kg	26	0.31	26	8	11~42	正态
Mn	mg/kg	217	0.99	181	2	64~511	正态
Mo	mg/kg	0.77	0.34	0.77	0.26	0.25~1.28	正态
N	mg/kg	1262	0.21	1262	260	742~1781	正态
Nb	mg/kg	17	0.47	17	1	9~29	正态
Ni	mg/kg	22	0.32	22	7	9~35	正态
P	mg/kg	686	0.30	686	209	269~1104	正态
Pb	mg/kg	35	0.31	35	11	13~57	正态
Rb	mg/kg	103	0.22	103	23	58~149	正态
S	mg/kg	282	0.26	282	74	134~429	正态
Sb	mg/kg	0.88	1.98	0.49	0.14	0.20~0.78	正态
Sc	mg/kg	11.2	0.22	11.2	2.5	6.3~16.2	正态
Se	mg/kg	0.40	0.25	0.40	0.10	0.20~0.60	正态
Sn	mg/kg	5.4	0.30	5.4	1.6	2.3~8.6	正态
Sr	mg/kg	23	0.74	20	2	8~50	正态
Th	mg/kg	19.9	0.21	19.9	4.1	11.7~28.1	正态
Ti	mg/kg	3911	0.22	3911	876	2159~5662	正态
Tl	mg/kg	0.72	0.22	0.72	0.16	0.40~1.03	正态
U	mg/kg	4.2	0.24	4.2	1.0	2.2~6.1	正态
V	mg/kg	77	0.25	77	19	40~114	正态
W	mg/kg	2.65	0.37	2.65	0.97	0.70~4.59	正态
Y	mg/kg	29.5	0.25	29.5	7.4	14.8~44.2	正态
Zn	mg/kg	59	0.29	59	17	25~93	正态
Zr	mg/kg	272	0.17	272	46	180~365	正态
pH		5.04	0.05	5.04	0.27	4.50~5.58	正态

为研究区背景值的 2 倍以上。部分指标则贫化现象明显,表现为:奥陶系、寒武系、震旦系、南华系、云开群的 CaO,新元古界的 Ag,白垩系、侏罗系、丹洲群、新元古界的 As,侏罗系、丹洲群、新元古界、四堡群的 B,侏罗系、丹洲群的 Cr,丹洲群的 Cu,侏罗系、丹洲群的 Ni,侏罗系、震旦系、丹洲群、新元古界、云开群、天堂山岩群的 Sb 及寒武系、四堡群、云开群、天堂山岩群的 Sr 的背景值不足研究区对应指标背景值的 50%。部分指标在不同地质单元中则表现明显的两极分化状况,包括 K_2O、Ba、Cd。其中,志留系、丹洲群 K_2O 的背景值分别为 2.61%、3.05%,而二叠系、石炭系 K_2O 的背景值分别为 0.45%、0.53%,前者为研究区背景值的 2 倍以上,后者仅为研究区背景值的 40%。其他指标富集贫化特征相对较弱。

从不同地质单元纵向上看。第四系、泥盆系土壤背景值统计结果相似,除 Sb 外,大部分指标的背景值与研究区背景值差别较小,包括 Al_2O_3、CaO、Corg、TFe_2O_3、MgO、Na_2O、SiO_2、TC、Ag、Hg、Be、Bi、Br、Cl、Cu、Ga、Ge、La、Li、Mn、N、Nb、Ni、Pb、S、Sc、Se、Sn、Sr、Th、Tl、V、W、Y、Zn、Zr、pH,以上指标与研究区 I 背景值的比值范围为 0.9~1.2。第四系、泥盆系的 Sb 的背景值分别是研究区 Sb 的背景值的 1.4 倍、1.73 倍,呈现一定富集。

古近系与白垩系绝大部分指标表现出贫化状态,除 Al_2O_3、K_2O、MgO、Na_2O、SiO_2、Ba、Cl、F、Ge、Li、Rb、Sb、Sr、Zr,其余指标背景值均小于研究区背景值,以 As、Cd、Cr、I、Mn、Ni 贫化现象最为明显,其中白垩系 I 的背景值仅为研究区背景值的 38%。

侏罗系、丹洲群、新元古界土壤背景值统计结果相似,指标背景值表现出明显两极分化的情况,Na_2O、K_2O、Rb、Th、Sn 等的背景值超过研究区背景值的 1.5 倍以上,其中侏罗系、丹洲群、新元古界的 Na_2O 背景值分别是研究区 Na_2O 背景值的 3.1 倍、5.3 倍、2.9 倍,K_2O 背景值分别是研究区 K_2O 背景值的 1.9 倍、2.3 倍、1.9 倍;As、B、Cr、Ni、Sb 背景值则不足研究区背景值的 50%。

三叠系除 Sr 外,其余指标的背景值与研究区背景值接近。

二叠系、石炭系中的 Cd、Cr、Mn 含量明显较高,其中 Cd 背景值分别是研究区背景值的 3.1 倍、4.4 倍,K_2O、Ba 背景值明显低于研究区背景值,如 K_2O 背景值仅分别为研究区背景值的 0.35 倍、0.41 倍,其他指标背景值与研究区背景值接近。

志留系、云开群、天堂山岩群与二叠系、石炭系表现出相反的富集贫化特征。K_2O、Na_2O、Rb 富集,志留系、天堂山岩群的 Na_2O 背景值分别为 0.2%、0.17%,为研究区背景值的 2 倍以上;Ag、Cd、As、Cr、Sb 等含量较低,贫化特征明显,其中志留系、云开群、天堂山岩群 Cd 含量最低,不到研究区的 50%。

奥陶系、寒武系中的 K_2O、Ba、Rb 背景值略高于研究区背景值,其中 K_2O 背景值为研究区背景值的 1.6 倍,其他大部分指标的背景值普遍低于研究区背景值,其中 CaO 含量分别为 0.12%、0.09%,仅分别为研究区背景值的 0.48 倍、0.4 倍,表明大部分指标在奥陶系、寒武系中较为贫乏。

震旦系、南华系及四堡群中的 Au 及震旦系、南华系中的 Ba 明显高于研究区背景值,其中四堡群 Au 含量高达 3.3μg/kg,为研究区背景值的 2.75 倍以上;震旦系、南华系中的 Sb、CaO,四堡群中的 B、Sr 背景值则显著低于研究区背景值,其他指标背景值与研究区背景值接近。

在不同地质单元中,Au、Cd 分布最为不均匀,其多数地质单元中的变异系数均超过 1,其中 Au 在白垩系、寒武系、震旦系的变异系数最大,分别达 3.81、4.26、4.42,表现出极强的分异性及离散性。CaO、Na_2O、Hg、As、B、I、Li、Mn、Mo、Pb、Sb 离散程度中等,大部分地质单元变异系数范围在 0.4~1,少量地质单元大于 1。其余指标多数地质单位变异系数小于 0.4,离散型较低,分布较为均匀。

5.5 不同土壤类型地球化学背景值

研究区范围内土壤类型可分为石灰岩土、新积土、紫色土、水稻土、赤红壤、红壤、黄壤、硅质土。统计研究区不同土壤类型地球化学背景值,结果列于表 5-5-1 至表 5-5-8。

石灰岩土中大部分指标的背景值高于研究区背景值,其中 CaO、Ag、Cd、Hg、As、Co、Cr、I、Mn、Ni、Sb、Zn 呈中度富集,富集作用最显著的为 Cd,其背景值为 1900μg/kg,是研究区背景值的 8.41 倍。黄壤中指标背景值则表现出明显两极分化情况,Corg、K_2O、TC、Ba、Bi、Br、I、N、Rb、Se、W 的背景值均高于研究区背景值 2 倍,CaO、Sr 相对研究区则相对较为贫乏。紫色土大部分指标背景值低于研究区背景值,其中 Al_2O_3、K_2O、Ba、Rb 不到研究区背景值的 50%。新积土、紫色土、水稻土、赤红壤、红壤各指标与研究区背景值相差不大。

表 5-5-1　石灰岩土土壤地球化学背景值参数统计表（$n=1867$）

指标	单位	原始值统计		背景值统计			
		算术平均值	变异系数	背景值	标准离差	变化范围	正态分布检验
Al_2O_3	%	11.63	0.50	10.42	5.83	<22.09	非正态
CaO	%	1.45	1.52	0.59	2.21	<5.01	非正态
Corg	%	1.47	0.32	1.38	0.47	0.44~2.32	非正态
TFe_2O_3	%	5.55	0.51	4.84	2.81	<10.47	非正态
K_2O	%	0.65	0.58	0.57	0.38	<1.33	非正态
MgO	%	0.69	0.87	0.54	1.96	0.14~2.07	对数正态
Na_2O	%	0.07	0.57	0.06	0.04	<0.15	非正态
SiO_2	%	69.74	0.20	72.45	14.09	44.28~100.00	非正态
TC	%	1.89	0.46	1.65	0.86	<3.37	非正态
Ag	μg/kg	179	0.42	166	1	76~362	对数正态
Au	μg/kg	1.4	0.86	1.1	1.2	<3.5	非正态
Cd	μg/kg	3396	1.10	1900	3737	<9375	非正态
Hg	μg/kg	251	0.66	210	165	<541	非正态
As	mg/kg	24.5	0.62	21.0	15.2	<51.4	非正态
B	mg/kg	63	0.40	58	1	26~130	对数正态
Ba	mg/kg	155	0.51	142	79	<300	非正态
Be	mg/kg	1.9	0.58	1.6	1.1	<3.9	非正态
Bi	mg/kg	0.74	0.43	0.65	0.32	0~1.30	非正态
Br	mg/kg	5.4	0.39	5.0	1.4	2.5~10.0	对数正态
Ce	mg/kg	95	0.49	83	47	<177	非正态
Cl	mg/kg	50	0.32	47	1	29~76	对数正态
Co	mg/kg	17.3	0.51	15.5	8.9	<33.4	非正态
Cr	mg/kg	173	0.62	147	2	46~466	对数正态
Cu	mg/kg	30	0.43	27	13	2~53	非正态
F	mg/kg	524	0.44	482	1	216~1077	对数正态
Ga	mg/kg	15.8	0.44	14.4	7.0	0.4~28.4	非正态
Ge	mg/kg	1.2	0.33	1.2	0.4	0.4~1.9	非正态
I	mg/kg	6.4	0.59	5.3	1.9	1.5~18.4	对数正态
La	mg/kg	52	0.50	43	26	<95	非正态
Li	mg/kg	41	0.54	35	2	12~105	对数正态
Mn	mg/kg	1461	0.90	1158	1310	<3778	非正态
Mo	mg/kg	1.69	0.76	1.35	1.29	<3.92	非正态
N	mg/kg	1637	0.31	1553	501	552~2554	非正态
Nb	mg/kg	21	0.38	20	1	10~42	对数正态
Ni	mg/kg	53	0.62	43	33	<110	非正态
P	mg/kg	851	0.46	736	395	<1526	非正态
Pb	mg/kg	43	0.56	38	24	<86	非正态
Rb	mg/kg	63	0.56	54	2	18~168	对数正态
S	mg/kg	317	0.91	267	289	<845	非正态
Sb	mg/kg	3.37	0.89	2.46	3.00	<8.47	非正态
Sc	mg/kg	12.8	0.53	11.0	6.8	<24.7	非正态
Se	mg/kg	0.70	0.39	0.65	0.27	0.12~1.18	非正态
Sn	mg/kg	4.3	0.53	4.0	1.4	1.9~8.3	对数正态
Sr	mg/kg	70	0.44	63	31	0~126	非正态
Th	mg/kg	15.7	0.47	14.0	1.6	5.3~36.8	对数正态
Ti	mg/kg	6200	0.45	5597	2	2217~14 133	对数正态
Tl	mg/kg	0.86	0.53	0.74	0.46	<1.65	非正态
U	mg/kg	4.6	0.43	4.2	1.5	1.9~9.4	对数正态
V	mg/kg	126	0.47	117	59	<236	非正态
W	mg/kg	2.38	0.51	2.11	1.21	<4.54	非正态
Y	mg/kg	51.5	0.66	39.2	33.8	<106.9	非正态
Zn	mg/kg	196	0.73	148	143	<434	非正态
Zr	mg/kg	323	0.47	292	2	117~729	对数正态
pH		6.43	0.15	6.36	0.99	4.38~8.34	非正态

表 5-5-2 新积土土壤地球化学背景值参数统计表（n=44）

指标	单位	原始值统计		背景值统计			
		算术平均值	变异系数	背景值	标准离差	变化范围	正态分布检验
Al_2O_3	%	10.13	0.40	10.13	4.04	2.05～18.20	正态
CaO	%	0.21	0.62	0.21	0.13	<0.47	正态
Corg	%	1.34	0.28	1.34	0.37	0.60～2.08	正态
TFe_2O_3	%	3.51	0.21	3.51	0.75	2.01～5.01	正态
K_2O	%	1.44	0.56	1.44	0.81	<3.06	正态
MgO	%	0.42	0.38	0.42	0.16	0.10～0.74	正态
Na_2O	%	0.10	0.60	0.10	0.06	<0.23	正态
SiO_2	%	76.44	0.08	76.44	6.42	63.61～89.28	正态
TC	%	1.41	0.26	1.41	0.36	0.68～2.14	正态
Ag	μg/kg	128	1.10	89	2	20～403	正态
Au	μg/kg	1.6	0.69	1.6	1.1	<3.9	正态
Cd	μg/kg	202	1.17	147	2	38～566	正态
Hg	μg/kg	106	0.43	106	46	13～198	正态
As	mg/kg	12.6	0.67	12.6	8.4	<29.4	正态
B	mg/kg	52	0.37	52	19	13～91	正态
Ba	mg/kg	248	0.59	248	146	<541	正态
Be	mg/kg	1.2	0.42	1.2	0.5	0.1～2.2	正态
Bi	mg/kg	0.48	0.40	0.48	0.19	0.10～0.87	正态
Br	mg/kg	4.4	0.50	4.4	2.2	0～8.7	正态
Ce	mg/kg	66	0.35	66	23	20～112	正态
Cl	mg/kg	52	0.29	52	15	21～82	正态
Co	mg/kg	4.8	0.44	4.8	2.1	0.6～9.0	正态
Cr	mg/kg	68	0.71	56	12	33～79	正态
Cu	mg/kg	19	0.37	19	7	6～33	正态
F	mg/kg	481	0.29	481	139	203～759	正态
Ga	mg/kg	13.2	0.33	13.2	4.3	4.6～21.9	正态
Ge	mg/kg	1.4	0.29	1.4	0.4	0.5～2.3	正态
I	mg/kg	3.5	0.57	3.5	2.0	<7.5	正态
La	mg/kg	33	0.24	33	8	17～49	正态
Li	mg/kg	25	0.40	25	10	4～45	正态
Mn	mg/kg	190	0.72	190	137	<464	正态
Mo	mg/kg	1.17	1.13	0.59	0.15	0.29～0.88	正态
N	mg/kg	1235	0.25	1235	312	610～1860	正态
Nb	mg/kg	15	0.20	15	3	8～22	正态
Ni	mg/kg	17	0.41	17	7	3～31	正态
P	mg/kg	632	0.40	632	255	122～1141	正态
Pb	mg/kg	34	1.03	28	2	10～79	正态
Rb	mg/kg	83	0.54	83	45	<173	正态
S	mg/kg	239	0.40	239	96	46～432	正态
Sb	mg/kg	2.43	0.85	2.43	2.07	<6.58	正态
Sc	mg/kg	7.7	0.25	7.7	1.9	3.8～11.5	正态
Se	mg/kg	0.51	0.33	0.51	0.17	0.17～0.85	正态
Sn	mg/kg	3.8	0.42	3.5	1.5	1.6～7.5	对数正态
Sr	mg/kg	42	0.36	42	15	11～72	正态
Th	mg/kg	14.5	0.39	14.5	5.6	3.2～25.7	正态
Ti	mg/kg	3590	0.19	3590	681	2229～4951	正态
Tl	mg/kg	0.65	0.37	0.65	0.24	0.16～1.14	正态
U	mg/kg	3.1	0.29	3.1	0.9	1.3～4.8	正态
V	mg/kg	90	0.59	68	12	43～92	正态
W	mg/kg	2.16	0.44	2.16	0.94	0.28～4.04	正态
Y	mg/kg	23.2	0.30	23.2	7.0	9.1～37.2	正态
Zn	mg/kg	56	0.41	56	23	10～102	正态
Zr	mg/kg	286	0.34	316	96	125～507	非正态
pH		5.19	0.11	5.19	0.57	4.06～6.32	正态

表 5-5-3　紫色土土壤地球化学背景值参数统计表($n=785$)

指标	单位	原始值统计		背景值统计			
		算术平均值	变异系数	背景值	标准离差	变化范围	正态分布检验
Al_2O_3	%	13.35	0.26	13.28	3.37	6.54~20.02	正态
CaO	%	0.25	1.36	0.16	0.34	<0.85	非正态
Corg	%	1.45	0.30	1.42	0.39	0.63~2.21	正态
TFe_2O_3	%	4.38	0.39	4.25	1.47	1.31~7.19	正态
K_2O	%	1.80	0.34	1.80	0.61	0.58~3.02	正态
MgO	%	0.63	0.59	0.54	1.77	0.17~1.68	对数正态
Na_2O	%	0.14	0.86	0.10	0.12	<0.33	非正态
SiO_2	%	71.34	0.10	71.56	6.63	58.29~84.82	正态
TC	%	1.55	0.30	1.48	1.36	0.80~2.73	正态
Ag	μg/kg	83	0.80	67	16	36~98	正态
Au	μg/kg	1.6	1.00	1.3	1.8	0.4~3.9	对数正态
Cd	μg/kg	194	1.18	136	2	55~334	对数正态
Hg	μg/kg	106	0.49	97	2	41~228	对数正态
As	mg/kg	8.9	1.29	5.8	2.1	1.3~26.1	对数正态
B	mg/kg	51	0.33	51	17	18~84	正态
Ba	mg/kg	315	0.55	296	106	84~508	正态
Be	mg/kg	1.5	0.33	1.5	0.5	0.4~2.5	正态
Bi	mg/kg	0.48	0.67	0.43	0.13	0.17~0.69	正态
Br	mg/kg	3.4	0.68	2.8	2.3	<7.5	非正态
Ce	mg/kg	78	0.31	75	1	42~135	对数正态
Cl	mg/kg	54	0.28	52	1	36~74	对数正态
Co	mg/kg	7.9	0.75	6.3	2.0	1.6~25.1	对数正态
Cr	mg/kg	55	0.40	55	22	10~100	正态
Cu	mg/kg	21	0.57	18	2	7~51	对数正态
F	mg/kg	459	0.29	459	134	191~726	正态
Ga	mg/kg	15.8	0.27	15.8	4.3	7.2~24.4	正态
Ge	mg/kg	1.4	0.14	1.4	0.1	1.1~1.7	正态
I	mg/kg	2.7	0.81	2.0	2.2	<6.5	非正态
La	mg/kg	35	0.29	34	8	17~50	正态
Li	mg/kg	26	0.46	24	2	9~60	对数正态
Mn	mg/kg	311	2.31	190	2	56~645	对数正态
Mo	mg/kg	0.91	0.95	0.71	1.63	0.27~1.89	对数正态
N	mg/kg	1353	0.28	1353	377	598~2107	正态
Nb	mg/kg	17	0.24	16	4	9~24	非正态
Ni	mg/kg	16	0.50	14	2	5~40	对数正态
P	mg/kg	584	0.44	542	1	253~1158	对数正态
Pb	mg/kg	33	1.00	29	1	15~56	对数正态
Rb	mg/kg	96	0.33	96	32	31~161	正态
S	mg/kg	285	0.33	271	1	142~515	正态
Sb	mg/kg	1.77	1.34	1.10	2.37	<5.84	非正态
Sc	mg/kg	9.6	0.39	9.3	2.9	3.4~15.2	正态
Se	mg/kg	0.45	0.60	0.41	1.50	0.18~0.93	对数正态
Sn	mg/kg	4.1	0.54	3.7	2.2	<8.0	非正态
Sr	mg/kg	37	0.49	33	2	13~86	对数正态
Th	mg/kg	15.5	0.31	14.7	4.8	5.2~24.3	非正态
Ti	mg/kg	4402	0.33	4245	1135	1974~6515	正态
Tl	mg/kg	0.68	0.28	0.68	0.19	0.29~1.06	正态
U	mg/kg	3.3	0.36	3.2	0.9	1.4~5.1	正态
V	mg/kg	83	0.45	80	30	21~139	正态
W	mg/kg	2.03	0.35	1.92	1.40	0.97~3.77	对数正态
Y	mg/kg	26.3	0.30	25.5	5.9	13.6~37.4	正态
Zn	mg/kg	57	0.51	52	2	22~123	对数正态
Zr	mg/kg	315	0.22	308	1	203~467	正态
pH		5.29	0.12	5.13	0.65	3.83~6.43	非正态

表 5-5-4 水稻土土壤地球化学背景值参数统计表（$n=1430$）

指标	单位	原始值统计		背景值统计			
		算术平均值	变异系数	背景值	标准离差	变化范围	正态分布检验
Al_2O_3	%	13.28	0.37	13.27	4.88	3.52~23.02	非正态
CaO	%	0.60	2.13	0.27	1.28	<2.83	非正态
Corg	%	1.55	0.33	1.47	1.39	0.75~2.85	对数正态
TFe_2O_3	%	4.83	0.44	4.41	1.54	1.86~10.45	对数正态
K_2O	%	1.47	0.54	1.46	0.80	<3.07	非正态
MgO	%	0.57	0.54	0.50	1.69	0.17~1.43	对数正态
Na_2O	%	0.14	1.00	0.09	0.14	<0.37	非正态
SiO_2	%	69.86	0.13	69.86	8.99	51.87~87.84	正态
TC	%	1.75	0.37	1.65	1.40	0.84~3.23	对数正态
Ag	μg/kg	123	0.85	89	105	<299	非正态
Au	μg/kg	2.0	2.20	1.4	4.4	<10.2	非正态
Cd	μg/kg	581	2.14	200	1243	<2686	非正态
Hg	μg/kg	147	0.71	125	2	48~324	对数正态
As	mg/kg	18.5	1.51	12.5	2.3	2.4~65.6	对数正态
B	mg/kg	61	0.43	60	26	8~112	非正态
Ba	mg/kg	323	1.37	282	128	26~539	正态
Be	mg/kg	1.8	0.50	1.7	0.7	0.2~3.2	正态
Bi	mg/kg	0.63	0.60	0.53	0.38	<1.28	非正态
Br	mg/kg	3.7	0.49	3.2	1.8	<6.7	非正态
Ce	mg/kg	84	0.40	78	34	10~146	非正态
Cl	mg/kg	63	0.40	57	25	7~107	非正态
Co	mg/kg	10.0	0.70	8.1	7.0	<22.2	非正态
Cr	mg/kg	84	0.75	68	63	<195	非正态
Cu	mg/kg	25	0.56	22	2	8~57	对数正态
F	mg/kg	534	0.39	501	1	248~1014	正态
Ga	mg/kg	16.7	0.37	15.6	1.5	7.3~33.2	对数正态
Ge	mg/kg	1.4	0.21	1.4	1.1	1.1~1.9	对数正态
I	mg/kg	3.1	0.74	2.4	2.3	<7	非正态
La	mg/kg	41	0.39	38	16	6~70	非正态
Li	mg/kg	30	0.43	29	13	2~55	非正态
Mn	mg/kg	506	2.08	258	1051	<2360	非正态
Mo	mg/kg	1.48	1.05	1.08	1.55	<4.18	非正态
N	mg/kg	1526	0.32	1462	1	784~2725	对数正态
Nb	mg/kg	21	0.57	18	12	<43	非正态
Ni	mg/kg	25	0.72	21	2	6~71	对数正态
P	mg/kg	752	0.35	710	1	360~1400	对数正态
Pb	mg/kg	43	1.47	32	63	<157	非正态
Rb	mg/kg	88	0.56	83	40	3~163	正态
S	mg/kg	330	0.50	309	1	154~619	对数正态
Sb	mg/kg	2.87	1.33	1.70	3.83	<9.35	非正态
Sc	mg/kg	10.5	0.39	10.1	4.1	1.8~18.3	非正态
Se	mg/kg	0.55	0.44	0.51	1.47	0.24~1.10	对数正态
Sn	mg/kg	4.7	0.77	4.1	3.6	<11.3	非正态
Sr	mg/kg	50	0.62	44	18	7~80	正态
Th	mg/kg	16.9	0.44	15.2	7.5	0.2~30.2	非正态
Ti	mg/kg	5214	0.40	4731	2085	561~8901	非正态
Tl	mg/kg	0.76	0.51	0.69	1.49	0.31~1.54	对数正态
U	mg/kg	4.3	0.47	3.7	2.0	<7.8	非正态
V	mg/kg	100	0.50	89	50	<188	非正态
W	mg/kg	2.79	0.84	2.19	2.33	<6.86	非正态
Y	mg/kg	32.4	0.45	28.8	14.7	<58.3	非正态
Zn	mg/kg	91	1.03	70	94	<258	非正态
Zr	mg/kg	357	0.40	337	142	54~620	非正态
pH		5.78	0.17	5.46	0.96	3.54~7.38	非正态

表 5-5-5 赤红壤土壤地球化学背景值参数统计表（$n=3788$）

指标	单位	原始值统计		背景值统计			
		算术平均值	变异系数	背景值	标准离差	变化范围	正态分布检验
Al_2O_3	%	15.24	0.32	14.92	4.85	5.22～24.62	非正态
CaO	%	0.32	2.19	0.17	0.70	<1.57	非正态
Corg	%	1.58	0.28	1.53	1.32	0.88～2.65	对数正态
TFe_2O_3	%	4.94	0.46	4.38	2.28	<8.93	非正态
K_2O	%	1.78	0.49	1.83	0.87	0.10～3.57	非正态
MgO	%	0.50	0.42	0.48	0.21	0.06～0.89	非正态
Na_2O	%	0.14	0.86	0.10	0.12	<0.34	非正态
SiO_2	%	67.40	0.13	68.09	8.82	50.46～85.73	非正态
TC	%	1.71	0.30	1.64	1.34	0.91～2.93	对数正态
Ag	μg/kg	119	2.01	77	239	<555	非正态
Au	μg/kg	2.5	4.32	1.4	10.8	<23.0	非正态
Cd	μg/kg	357	2.08	153	743	<1638	非正态
Hg	μg/kg	124	1.29	100	160	<420	非正态
As	mg/kg	20.0	2.36	11.5	47.1	<105.8	非正态
B	mg/kg	62	0.94	56	58	<171	非正态
Ba	mg/kg	364	3.55	311	1292	<2894	非正态
Be	mg/kg	2.0	0.45	1.8	0.9	0～3.6	非正态
Bi	mg/kg	0.81	2.78	0.54	2.25	<5.03	非正态
Br	mg/kg	4.2	0.57	3.5	2.4	<8.4	非正态
Ce	mg/kg	98	0.38	93	37	20～166	非正态
Cl	mg/kg	61	0.41	55	25	5～105	非正态
Co	mg/kg	8.7	0.66	7.4	1.7	2.5～22.4	对数正态
Cr	mg/kg	82	0.98	62	80	<221	非正态
Cu	mg/kg	24	0.54	21	13	<48	非正态
F	mg/kg	520	0.37	490	1	273～878	对数正态
Ga	mg/kg	19.0	0.32	18.3	6.1	6.0～30.6	非正态
Ge	mg/kg	1.4	0.14	1.4	1.2	1.1～1.9	对数正态
I	mg/kg	3.7	0.78	2.8	2.9	<8.6	非正态
La	mg/kg	44	0.43	40	19	2～78	非正态
Li	mg/kg	30	0.53	26	2	9～73	对数正态
Mn	mg/kg	353	1.56	211	550	<1311	非正态
Mo	mg/kg	1.47	1.12	1.09	1.65	<4.40	非正态
N	mg/kg	1482	0.28	1432	1	842～2434	对数正态
Nb	mg/kg	22	0.55	18	12	<42	非正态
Ni	mg/kg	24	0.75	19	18	<55	非正态
P	mg/kg	706	0.38	659	1	315～1381	对数正态
Pb	mg/kg	49	2.12	36	104	<245	非正态
Rb	mg/kg	105	0.50	100	53	<206	非正态
S	mg/kg	321	0.95	294	1	153～563	对数正态
Sb	mg/kg	2.99	2.87	1.39	8.58	<18.56	非正态
Sc	mg/kg	11.4	0.39	10.7	4.5	1.7～19.7	非正态
Se	mg/kg	0.58	0.45	0.51	0.26	<1.03	非正态
Sn	mg/kg	5.4	0.70	4.6	3.8	<12.1	非正态
Sr	mg/kg	40	0.88	34	35	<104	非正态
Th	mg/kg	20.0	0.38	18.2	7.6	3.0～33.4	非正态
Ti	mg/kg	5154	0.46	4549	2379	<9306	非正态
Tl	mg/kg	0.84	0.49	0.76	0.41	<1.58	非正态
U	mg/kg	4.8	0.46	4.2	2.2	<8.6	非正态
V	mg/kg	102	0.59	85	60	<205	非正态
W	mg/kg	3.04	1.15	2.38	3.51	<9.39	非正态
Y	mg/kg	32.9	0.47	29.0	15.4	<59.8	非正态
Zn	mg/kg	85	1.21	64	103	<269	非正态
Zr	mg/kg	352	0.43	317	151	14～620	非正态
pH		5.30	0.14	5.08	0.72	3.64～6.52	非正态

表 5-5-6 红壤土壤地球化学背景值参数统计表（$n=1894$）

指标	单位	原始值统计		背景值统计			
		算术平均值	变异系数	背景值	标准离差	变化范围	正态分布检验
Al_2O_3	%	12.42	0.34	12.42	4.21	4.00～20.83	正态
CaO	%	0.51	1.94	0.22	0.99	<2.20	非正态
Corg	%	1.51	0.39	1.42	1.43	0.69～2.91	对数正态
TFe_2O_3	%	4.59	0.37	4.31	1.68	0.95～7.67	非正态
K_2O	%	1.54	0.55	1.56	0.84	<3.24	非正态
MgO	%	0.53	0.53	0.49	0.28	<1.06	非正态
Na_2O	%	0.11	0.91	0.08	0.10	<0.27	非正态
SiO_2	%	71.20	0.12	71.71	8.88	53.96～89.46	非正态
TC	%	1.71	0.41	1.56	0.70	0.16～2.96	非正态
Ag	μg/kg	134	1.16	84	156	<396	非正态
Au	μg/kg	2.3	7.87	1.1	18.1	<37.4	非正态
Cd	μg/kg	500	1.83	189	914	<2017	非正态
Hg	μg/kg	144	1.98	107	285	<678	非正态
As	mg/kg	19.4	2.40	13.9	1.9	3.9～49.5	对数正态
B	mg/kg	65	0.37	63	1	32～121	对数正态
Ba	mg/kg	422	1.45	325	612	<1548	非正态
Be	mg/kg	1.6	0.44	1.5	0.7	0.2～2.9	非正态
Bi	mg/kg	0.57	1.49	0.48	0.85	<2.19	非正态
Br	mg/kg	5.5	0.62	4.5	3.4	<11.3	非正态
Ce	mg/kg	75	0.33	71	1	37～136	对数正态
Cl	mg/kg	57	0.46	53	26	0～105	非正态
Co	mg/kg	10.3	0.60	9.0	6.2	<21.4	非正态
Cr	mg/kg	82	0.50	74	41	<157	非正态
Cu	mg/kg	25	0.68	22	17	<56	非正态
F	mg/kg	555	0.65	459	362	<1184	非正态
Ga	mg/kg	15.4	0.31	15.1	4.7	5.6～24.6	非正态
Ge	mg/kg	1.4	0.21	1.4	0.3	0.8～2.0	非正态
I	mg/kg	4.9	0.65	4.2	3.2	<10.7	非正态
La	mg/kg	37	0.32	35	1	20～61	对数正态
Li	mg/kg	30	0.53	28	16	<60	非正态
Mn	mg/kg	620	1.68	329	1040	<2409	非正态
Mo	mg/kg	1.80	1.03	1.19	1.86	<4.91	非正态
N	mg/kg	1515	0.33	1438	1	753～2744	对数正态
Nb	mg/kg	17	0.35	17	6	4～29	非正态
Ni	mg/kg	29	0.66	23	19	<62	非正态
P	mg/kg	611	0.35	566	214	137～995	非正态
Pb	mg/kg	46	2.28	27	105	<238	非正态
Rb	mg/kg	89	0.55	84	49	<183	非正态
S	mg/kg	293	0.57	262	166	<594	非正态
Sb	mg/kg	3.00	1.77	1.68	5.31	<12.30	非正态
Sc	mg/kg	10.7	0.36	10.0	1.4	4.9～20.4	对数正态
Se	mg/kg	0.70	0.50	0.62	0.35	<1.33	非正态
Sn	mg/kg	4.1	0.61	3.7	2.5	<8.6	非正态
Sr	mg/kg	47	0.66	43	31	<105	非正态
Th	mg/kg	14.5	0.32	14.1	4.7	4.8～23.4	非正态
Ti	mg/kg	4651	0.29	4551	1357	1837～7264	非正态
Tl	mg/kg	0.73	0.74	0.65	1.46	0.31～1.39	对数正态
U	mg/kg	3.6	0.36	3.3	1.3	0.7～6.0	非正态
V	mg/kg	101	0.45	92	45	2～182	非正态
W	mg/kg	2.05	0.70	1.81	1.43	<4.67	非正态
Y	mg/kg	29.0	0.33	27.4	9.5	8.5～46.3	非正态
Zn	mg/kg	92	1.14	66	105	<276	非正态
Zr	mg/kg	288	0.32	289	92	106～472	非正态
pH		5.55	0.18	5.22	1.00	3.22～7.22	非正态

表 5-5-7 黄壤土壤地球化学背景值参数统计表（$n=38$）

指标	单位	原始值统计		背景值统计			
		算术平均值	变异系数	背景值	标准离差	变化范围	正态分布检验
Al_2O_3	%	14.63	0.33	14.63	4.88	4.88~24.39	正态
CaO	%	0.07	0.43	0.07	0.03	0~0.13	正态
Corg	%	2.96	0.38	2.96	1.12	0.71~5.20	正态
TFe_2O_3	%	3.58	0.44	3.58	1.58	0.42~6.73	正态
K_2O	%	2.53	0.27	2.53	0.68	1.17~3.88	正态
MgO	%	0.46	0.43	0.46	0.20	0.07~0.86	正态
Na_2O	%	0.14	0.71	0.11	2.15	0.02~0.49	对数正态
SiO_2	%	66.83	0.08	66.83	5.66	55.51~78.16	正态
TC	%	3.15	0.37	3.15	1.18	0.78~5.52	正态
Ag	μg/kg	68	0.32	68	22	23~112	正态
Au	μg/kg	1.0	0.70	1.0	0.7	<2.4	正态
Cd	μg/kg	125	0.22	125	27	70~180	正态
Hg	μg/kg	132	0.34	132	45	43~221	正态
As	mg/kg	13.2	0.74	13.2	9.8	<32.7	正态
B	mg/kg	52	0.37	52	19	13~90	正态
Ba	mg/kg	381	0.59	381	226	<833	正态
Be	mg/kg	1.7	0.24	1.7	0.4	0.9~2.5	正态
Bi	mg/kg	0.84	0.44	0.84	0.37	0.10~1.58	正态
Br	mg/kg	11.3	0.45	11.3	5.1	1.1~21.5	正态
Ce	mg/kg	76	0.25	76	19	38~115	正态
Cl	mg/kg	66	0.29	66	19	29~103	正态
Co	mg/kg	5.0	0.72	5.0	3.6	<12.1	正态
Cr	mg/kg	47	0.53	47	25	<96	正态
Cu	mg/kg	13	0.54	13	7	<27	正态
F	mg/kg	628	0.44	628	279	71~1185	正态
Ga	mg/kg	18.9	0.30	18.9	5.6	7.6~30.1	正态
Ge	mg/kg	1.5	0.13	1.5	0.2	1.0~2.0	正态
I	mg/kg	9.0	0.53	9.0	4.8	<18.5	正态
La	mg/kg	36	0.28	36	10	16~56	正态
Li	mg/kg	30	0.53	30	16	<62	正态
Mn	mg/kg	238	0.68	238	163	<563	正态
Mo	mg/kg	1.16	0.86	0.92	1.83	0.28~3.08	对数正态
N	mg/kg	2320	0.29	2320	667	987~3653	正态
Nb	mg/kg	17	0.18	17	3	12~22	正态
Ni	mg/kg	13	0.54	13	7	0~27	正态
P	mg/kg	647	0.28	647	179	289~1005	正态
Pb	mg/kg	34	0.32	34	11	11~56	正态
Rb	mg/kg	163	0.39	163	64	35~291	正态
S	mg/kg	363	0.25	363	89	186~541	正态
Sb	mg/kg	1.58	0.71	1.58	1.12	<3.83	正态
Sc	mg/kg	8.9	0.35	8.9	3.1	2.7~15.1	正态
Se	mg/kg	0.92	0.45	0.92	0.41	0.11~1.73	正态
Sn	mg/kg	7.1	0.63	5.7	1.9	1.5~21.2	对数正态
Sr	mg/kg	20	0.30	20	6	8~32	正态
Th	mg/kg	18.4	0.33	18.4	6.0	6.4~30.3	正态
Ti	mg/kg	3739	0.32	3739	1180	1380~6098	正态
Tl	mg/kg	1.00	0.36	1.00	0.36	0.27~1.72	正态
U	mg/kg	5.0	0.48	5.0	2.4	0.3~9.8	正态
V	mg/kg	64	0.55	64	35	<134	正态
W	mg/kg	3.49	0.44	3.49	1.54	0.42~6.57	正态
Y	mg/kg	32.3	0.21	32.3	6.7	19.0~45.7	正态
Zn	mg/kg	44	0.39	44	17	9~79	正态
Zr	mg/kg	275	0.29	275	79	118~433	正态
pH		4.50	0.09	4.50	0.39	3.72~5.27	正态

表 5-5-8 硅质土土壤地球化学背景值参数统计表（$n=1146$）

指标	单位	原始值统计		背景值统计			
		算术平均值	变异系数	背景值	标准离差	变化范围	正态分布检验
Al_2O_3	%	7.28	0.52	5.88	3.78	<13.45	非正态
CaO	%	0.57	1.58	0.35	0.90	<2.16	非正态
Corg	%	1.34	0.30	1.28	1.28	0.79~2.08	对数正态
TFe_2O_3	%	3.79	0.51	3.28	1.94	<7.15	非正态
K_2O	%	0.49	0.92	0.31	0.45	<1.21	非正态
MgO	%	0.36	0.67	0.28	0.24	<0.75	非正态
Na_2O	%	0.06	0.83	0.04	0.05	<0.15	非正态
SiO_2	%	81.16	0.11	83.35	8.91	65.53~101.17	非正态
TC	%	1.56	0.31	1.44	0.49	0.46~2.42	非正态
Ag	μg/kg	207	0.59	178	2	60~526	对数正态
Au	μg/kg	1.0	0.60	0.9	0.6	<2.1	非正态
Cd	μg/kg	799	1.15	545	2	100~2974	对数正态
Hg	μg/kg	150	0.48	139	1	65~296	对数正态
As	mg/kg	17.4	0.66	14.3	11.4	<37	非正态
B	mg/kg	44	0.43	39	19	1~76	非正态
Ba	mg/kg	126	0.83	86	105	<297	非正态
Be	mg/kg	1.0	0.60	0.8	0.6	<2.1	非正态
Bi	mg/kg	0.53	0.34	0.49	0.18	0.13~0.85	非正态
Br	mg/kg	5.3	0.36	5.0	1.4	2.5~10.2	对数正态
Ce	mg/kg	54	0.44	49	2	21~113	对数正态
Cl	mg/kg	52	0.29	49	1	33~75	对数正态
Co	mg/kg	10.2	0.58	9.0	5.9	<20.8	非正态
Cr	mg/kg	107	0.57	90	61	<211	非正态
Cu	mg/kg	23	0.48	21	2	9~50	对数正态
F	mg/kg	434	0.46	378	199	<776	非正态
Ga	mg/kg	11.1	0.42	9.6	4.7	0.2~19.0	非正态
Ge	mg/kg	0.9	0.44	0.8	0.4	0.1~1.5	非正态
I	mg/kg	4.9	0.45	4.7	2.2	0.3~9.1	非正态
La	mg/kg	33	0.36	31	1	15~62	对数正态
Li	mg/kg	24	0.50	20	12	<45	非正态
Mn	mg/kg	871	1.72	545	3	86~3446	对数正态
Mo	mg/kg	2.29	0.86	1.70	1.98	<5.65	非正态
N	mg/kg	1337	0.27	1292	1	770~2167	对数正态
Nb	mg/kg	15	0.40	14	6	2~26	非正态
Ni	mg/kg	33	0.70	27	23	<73	非正态
P	mg/kg	564	0.34	538	1	295~983	对数正态
Pb	mg/kg	25	0.40	23	1	12~44	对数正态
Rb	mg/kg	39	0.67	32	2	9~114	对数正态
S	mg/kg	269	0.78	228	210	<647	非正态
Sb	mg/kg	1.89	0.83	1.39	1.57	<4.53	非正态
Sc	mg/kg	7.7	0.49	6.5	3.8	<14.1	非正态
Se	mg/kg	0.80	0.49	0.70	0.39	<1.48	非正态
Sn	mg/kg	3.7	0.43	3.5	1.4	1.9~6.4	对数正态
Sr	mg/kg	87	0.86	64	75	<214	非正态
Th	mg/kg	10.0	0.45	8.6	4.5	<17.7	非正态
Ti	mg/kg	4105	0.50	3558	2041	<7639	非正态
Tl	mg/kg	0.59	0.42	0.54	1.49	0.24~1.21	对数正态
U	mg/kg	3.8	0.39	3.4	1.5	0.5~6.4	非正态
V	mg/kg	94	0.52	81	49	<179	非正态
W	mg/kg	1.50	0.47	1.32	0.70	<2.71	非正态
Y	mg/kg	25.1	0.45	23.0	1.4	11.2~47.4	对数正态
Zn	mg/kg	87	0.56	77	2	34~175	对数正态
Zr	mg/kg	213	0.54	183	115	<414	非正态
pH		5.63	0.14	5.48	0.80	3.88~7.08	非正态

大部分土壤中 CaO、Au、Cd、As、Mn、Mo、Pb、Sb 呈不均匀分布或极不均匀分布，其中以 CaO 离散性最为明显；Corg、SiO_2、Ge、pH 基本为均匀分布；其余指标介于以上两者之间，以呈均匀分布或较不均匀分布为主。

5.6 不同流域地球化学背景值

研究区范围内流域单元可分为龙江流域、融江流域、柳江流域、红水河流域、黔江流域、郁江流域、蒙江流域、浔江流域、北流河流域。

统计研究区不同流域土壤地球化学背景值，结果列于表 5-6-1 至表 5-6-9。将流域单元上、下游不同河段分类并横向进行比较，可以清晰地反映不同元素指标随河流冲积搬运的迁移特征。

龙江流域、融江流域、柳江流域和红水河流域处于研究区的上游，与深层土壤各指标背景值相类似，表层土壤仅个别指标表现出明显贫乏特征，如龙江流域、融江流域和红水河流域的 K_2O 背景值分别为研究区背景值的 0.4 倍、0.57 倍和 0.5 倍，Rb 背景值分别是分别为研究区背景值的 0.54 倍、0.57 倍和 0.58 倍，Ba 背景值分别为研究区背景值的 0.56 倍、0.69 倍和 0.76 倍。少量指标表现出明显富集特征，包括 CaO、Ag、Cd、Cr、Mn，其中龙江流域、融江流域、柳江流域和红水河流域的 Cd 背景值分别为研究区背景值的 5.3 倍、2.1 倍、1.8 倍和 2.7 倍，龙江流域、柳江流域和红水河流域的 Mn 背景值分别为研究区背景值的 2.6 倍、1.9 倍和 1.7 倍，龙江流域、融江流域、柳江流域和红水河流域 CaO 背景值分别为研究区背景值的 1.9 倍、1.8 倍、1.5 倍和 1.5 倍，其他指标的背景值与研究区背景值相差不大。

黔江流域、郁江流域处于研究区的中游，其指标背景值与研究区背景值差异普遍较小。黔江流域的 As、Ba、Br、I、Mn、Mo、Sb、Se 背景值略高于研究区背景值，富集现象最为显著的为 Sb，背景值为 3.27mg/kg，约为研究区背景值的 2 倍；郁江流域 K_2O、MgO、Na_2O、Ba、Sb 背景值为研究区背景值的 1.2～1.3 倍；黔江流域 Na_2O、Li 背景值略低于研究区背景值外，其他指标背景值皆与研究区背景值相差较小。

蒙江流域、浔江流域、北流河流域处于研究区的下游。蒙江流域、浔江流域各指标含量特征相似，除了 K_2O、Ba 等个别指标略高于研究区背景值外，大部分指标普遍低于研究区背景值，其中 CaO、Sr 仅为研究区背景值的 50%。北流河流域 Al_2O_3、K_2O、Na_2O、Ce、Ga、Rb、Sn、Th、W 表现出中度富集，CaO、Ag、Cd、Hg、As、Br、Co、Cr、I、Mn、Mo、Ni、Sb、Se、Sr、V 表现出中度贫化，其他指标与研究区相差较小。

各流域中 CaO、Au、Cd、Mn、Pb、Sb 变异系数普遍大于 1 或接近 1，属不均匀分布至极不均匀分布，其中黔江流域的 Au、Ba，郁江流域的 CaO、Au、As、Ba、Bi、Sb，蒙江流域的 Ag、Au、As、Bi、Pb，浔江流域的 Ag、Au、Mn 变异系数均超过 2，郁江流域的 Ba 及蒙江流域的 Au 的离散性最强，其变异系数分别为 5.14、5.41。

5.7 县域行政单元地球化学背景值

研究区范围内县域行政单元共涉及上林县等 20 个县（市、区）。统计研究区不同县域行政单元土壤地球化学背景值，结果列于表 5-7-1 至表 5-7-20。

与土壤背景值相类似，处于碳酸盐岩分布区的上林县、宾阳县、柳州市区、港北区、覃塘区、宜州区、兴宾区、象州县、武宣县和合山市中大部分指标的背景值高于研究区背景值，以 CaO、TFe_2O_3、MgO、TC、Ag、Cd、Hg、As、Bi、Br、Cr、Cu、I、Mn、Mo、Ni、P、Sb、Se、Sr、Ti、V、Y、Zn、pH 均较为显著。覃塘区仅 K_2O、SiO_2、Ba，上林县仅 K_2O、Na_2O、SiO_2、Ba、Zn 背景值略低于研究区背景值，其他指标背景值均高于研究区背景值。其中，覃塘区的 Cd、As、Cr、Mn、Ni 等背景值均高于研究区背景值的 2 倍，富集程度非常显著，表现出强烈的区域聚集特征。龙圩区、藤县、岑溪市、平南县、桂平市大部分指标背景值低于研究区背景值，尤以桂平市最为明显，仅 Al_2O_3、K_2O、MgO、Na_2O、SiO_2、Au、Ba、F、Rb、S、Zr 略高于研究区背景值。

表 5-6-1 龙江流域土壤地球化学背景值参数统计表（$n=959$）

指标	单位	原始值统计		背景值统计			
		算术平均值	变异系数	背景值	标准离差	变化范围	正态分布检验
Al_2O_3	%	9.24	0.46	8.34	1.58	3.33~20.87	对数正态
CaO	%	1.07	1.54	0.47	1.65	<3.78	非正态
Corg	%	1.41	0.34	1.30	0.48	0.33~2.27	非正态
TFe_2O_3	%	4.19	0.44	3.82	1.54	1.61~9.08	对数正态
K_2O	%	0.62	0.61	0.52	1.80	0.16~1.70	对数正态
MgO	%	0.50	0.80	0.42	1.80	0.13~1.34	对数正态
Na_2O	%	0.07	0.71	0.06	1.75	0.02~0.18	对数正态
SiO_2	%	75.94	0.13	77.54	9.62	58.31~96.77	非正态
TC	%	1.75	0.40	1.55	0.70	0.14~2.96	非正态
Ag	μg/kg	166	0.42	154	1	71~333	对数正态
Au	μg/kg	1.3	0.92	1.0	1.2	<3.5	非正态
Cd	μg/kg	2047	1.22	1206	3	154~9417	对数正态
Hg	μg/kg	245	0.79	200	193	<585	非正态
As	mg/kg	17.8	0.55	15.6	1.7	5.7~42.8	对数正态
B	mg/kg	59	0.37	55	1	25~119	对数正态
Ba	mg/kg	157	0.54	138	2	50~383	对数正态
Be	mg/kg	1.3	0.54	1.2	1.7	0.4~3.2	对数正态
Bi	mg/kg	0.58	0.36	0.53	0.21	0.11~0.95	非正态
Br	mg/kg	4.7	0.36	4.4	1.4	2.3~8.5	对数正态
Ce	mg/kg	72	0.43	66	2	29~151	对数正态
Cl	mg/kg	53	0.32	50	1	30~84	对数正态
Co	mg/kg	13.6	0.55	11.7	1.8	3.8~36.3	对数正态
Cr	mg/kg	124	0.51	110	2	42~287	对数正态
Cu	mg/kg	26	0.46	24	2	10~55	对数正态
F	mg/kg	459	0.37	430	1	206~897	对数正态
Ga	mg/kg	12.8	0.38	12.0	1.4	5.8~24.8	对数正态
Ge	mg/kg	1.1	0.27	1.0	0.3	0.4~1.7	非正态
I	mg/kg	4.4	0.52	3.8	1.7	1.3~11.4	对数正态
La	mg/kg	41	0.46	36	19	<74	非正态
Li	mg/kg	30	0.43	28	2	11~67	对数正态
Mn	mg/kg	1289	1.34	815	3	127~5234	对数正态
Mo	mg/kg	1.42	0.89	1.05	1.26	<3.58	非正态
N	mg/kg	1512	0.28	1458	1	856~2486	对数正态
Nb	mg/kg	18	0.33	17	1	9~33	对数正态
Ni	mg/kg	38	0.58	31	22	<75	非正态
P	mg/kg	716	0.48	621	342	<1306	非正态
Pb	mg/kg	33	0.45	30	2	13~69	对数正态
Rb	mg/kg	50	0.48	44	2	16~126	对数正态
S	mg/kg	324	1.20	258	388	<1035	非正态
Sb	mg/kg	2.61	0.64	2.25	1.68	0.80~6.34	对数正态
Sc	mg/kg	9.7	0.47	8.8	1.6	3.6~21.5	对数正态
Se	mg/kg	0.66	0.45	0.58	0.30	<1.18	非正态
Sn	mg/kg	4.0	0.85	3.5	1.4	1.9~6.4	对数正态
Sr	mg/kg	64	0.42	59	1	33~106	对数正态
Th	mg/kg	12.1	0.40	11.2	1.5	5.0~24.9	对数正态
Ti	mg/kg	5066	0.41	4662	2	2023~10 747	对数正态
Tl	mg/kg	0.63	0.41	0.58	1.48	0.27~1.26	对数正态
U	mg/kg	3.8	0.42	3.5	1.4	1.7~7.2	对数正态
V	mg/kg	99	0.40	91	1	42~198	对数正态
W	mg/kg	1.93	0.49	1.73	1.59	0.69~4.35	对数正态
Y	mg/kg	37.5	0.56	30.8	20.9	<72.6	非正态
Zn	mg/kg	134	0.64	106	86	<278	非正态
Zr	mg/kg	278	0.41	254	2	106~608	对数正态
pH		6.16	0.16	6.00	0.97	4.06~7.94	非正态

表 5-6-2 融江流域土壤地球化学背景值参数统计表（$n=356$）

指标	单位	原始值统计		背景值统计			
		算术平均值	变异系数	背景值	标准离差	变化范围	正态分布检验
Al_2O_3	%	12.03	0.32	12.03	3.83	4.37~19.69	正态
CaO	%	1.16	1.50	0.45	1.74	<3.93	非正态
Corg	%	1.38	0.36	1.24	0.50	0.24~2.24	非正态
TFe_2O_3	%	4.44	0.35	4.19	1.39	2.17~8.11	对数正态
K_2O	%	0.84	0.51	0.74	1.61	0.29~1.94	对数正态
MgO	%	0.57	0.81	0.46	1.58	0.18~1.14	对数正态
Na_2O	%	0.08	0.75	0.07	0.06	<0.18	非正态
SiO_2	%	71.71	0.12	72.06	7.76	56.53~87.59	正态
TC	%	1.73	0.49	1.42	0.85	<3.12	非正态
Ag	μg/kg	91	0.38	84	1	39~183	对数正态
Au	μg/kg	0.9	1.00	0.8	0.9	<2.5	非正态
Cd	μg/kg	891	1.20	470	1067	<2604	非正态
Hg	μg/kg	179	3.16	134	2	46~391	对数正态
As	mg/kg	18.7	0.66	16.0	1.7	5.3~47.9	对数正态
B	mg/kg	69	0.23	68	1	43~106	正态
Ba	mg/kg	188	0.49	170	2	71~406	对数正态
Be	mg/kg	1.4	0.43	1.3	1.5	0.5~2.9	正态
Bi	mg/kg	0.54	0.37	0.50	1.41	0.25~1.00	对数正态
Br	mg/kg	5.2	0.46	4.7	1.5	2.1~10.7	对数正态
Ce	mg/kg	71	0.42	64	30	3~124	非正态
Cl	mg/kg	54	0.28	51	1	34~76	对数正态
Co	mg/kg	11.2	0.58	9.6	1.7	3.2~29.1	对数正态
Cr	mg/kg	121	0.50	108	2	42~276	对数正态
Cu	mg/kg	19	0.42	17	2	7~42	对数正态
F	mg/kg	472	0.39	442	1	216~905	对数正态
Ga	mg/kg	13.7	0.29	13.1	1.3	7.4~23.2	正态
Ge	mg/kg	1.3	0.15	1.3	0.2	0.8~1.7	正态
I	mg/kg	4.7	0.68	3.9	1.9	1.1~13.7	对数正态
La	mg/kg	33	0.36	31	1	16~62	对数正态
Li	mg/kg	37	0.32	35	1	19~67	对数正态
Mn	mg/kg	615	1.00	421	2	77~2297	对数正态
Mo	mg/kg	1.10	0.55	0.99	1.55	0.41~2.37	对数正态
N	mg/kg	1483	0.37	1398	1	715~2734	对数正态
Nb	mg/kg	19	0.26	18	1	12~29	正态
Ni	mg/kg	35	0.60	30	2	10~91	对数正态
P	mg/kg	680	0.33	645	1	334~1244	正态
Pb	mg/kg	28	0.46	26	2	11~60	对数正态
Rb	mg/kg	54	0.50	46	27	<100	非正态
S	mg/kg	290	0.30	269	86	96~441	非正态
Sb	mg/kg	1.88	0.77	1.58	1.77	0.51~4.95	对数正态
Sc	mg/kg	10.2	0.37	9.5	1.4	4.6~19.5	对数正态
Se	mg/kg	0.57	0.25	0.55	1.26	0.35~0.88	对数正态
Sn	mg/kg	3.6	0.33	3.5	1.3	2.0~6.1	对数正态
Sr	mg/kg	57	0.42	52	1	30~89	对数正态
Th	mg/kg	13.4	0.34	12.8	1.4	6.9~23.8	对数正态
Ti	mg/kg	5819	0.28	5609	1	3292~9558	对数正态
Tl	mg/kg	0.59	0.42	0.52	0.25	0.01~1.03	非正态
U	mg/kg	3.4	0.35	3.1	1.2	0.8~5.4	非正态
V	mg/kg	96	0.35	90	1	46~177	对数正态
W	mg/kg	1.85	0.43	1.69	1.54	0.71~4.02	对数正态
Y	mg/kg	29.4	0.37	26.8	10.9	5.1~48.5	非正态
Zn	mg/kg	114	0.61	96	2	30~306	对数正态
Zr	mg/kg	323	0.29	323	94	136~511	正态
pH		6.37	0.16	6.13	1.04	4.04~8.21	非正态

表 5-6-3 柳江流域土壤地球化学背景值参数统计表（$n=1133$）

指标	单位	原始值统计		背景值统计			
		算术平均值	变异系数	背景值	标准离差	变化范围	正态分布检验
Al_2O_3	%	12.27	0.39	12.27	4.78	2.71~21.83	正态
CaO	%	0.81	1.68	0.38	1.36	<3.10	非正态
Corg	%	1.42	0.33	1.35	1.38	0.70~2.58	对数正态
TFe_2O_3	%	5.13	0.38	4.77	1.47	2.21~10.31	对数正态
K_2O	%	1.32	0.62	1.15	0.82	<2.78	非正态
MgO	%	0.54	0.52	0.48	1.64	0.18~1.29	对数正态
Na_2O	%	0.11	0.64	0.09	0.07	<0.23	非正态
SiO_2	%	70.99	0.16	70.99	11.24	48.51~93.48	正态
TC	%	1.66	0.41	1.50	0.68	0.14~2.86	非正态
Ag	μg/kg	198	0.80	151	158	<466	非正态
Au	μg/kg	1.5	1.80	1.2	2.7	<6.5	非正态
Cd	μg/kg	883	1.90	396	1682	<3760	非正态
Hg	μg/kg	145	1.03	118	2	44~316	对数正态
As	mg/kg	19.9	0.76	15.6	15.1	<45.7	非正态
B	mg/kg	71	0.34	71	24	23~119	正态
Ba	mg/kg	437	1.73	290	758	<1806	非正态
Be	mg/kg	1.7	0.47	1.5	0.8	0~3.1	非正态
Bi	mg/kg	0.60	0.47	0.51	0.28	<1.07	非正态
Br	mg/kg	4.7	0.40	4.3	1.5	2.0~9.6	对数正态
Ce	mg/kg	73	0.37	69	19	30~107	正态
Cl	mg/kg	59	0.36	55	21	12~98	非正态
Co	mg/kg	13.7	0.53	11.8	1.7	3.9~36.0	对数正态
Cr	mg/kg	90	0.44	79	40	<160	非正态
Cu	mg/kg	32	0.53	29	2	11~72	对数正态
F	mg/kg	622	0.65	534	2	218~1310	对数正态
Ga	mg/kg	15.3	0.34	14.7	5.2	4.3~25.1	非正态
Ge	mg/kg	1.4	0.21	1.5	0.3	0.8~2.2	非正态
I	mg/kg	4.9	0.57	4.6	2.8	<10.3	非正态
La	mg/kg	42	0.33	38	9	21~56	正态
Li	mg/kg	37	0.49	35	18	0~71	非正态
Mn	mg/kg	889	1.04	589	2	95~3655	对数正态
Mo	mg/kg	2.23	1.01	1.46	2.26	<5.99	非正态
N	mg/kg	1549	0.34	1446	519	407~2485	非正态
Nb	mg/kg	17	0.29	16	5	6~26	非正态
Ni	mg/kg	40	0.63	34	2	11~103	对数正态
P	mg/kg	674	0.49	575	327	<1228	非正态
Pb	mg/kg	49	1.88	28	92	<212	非正态
Rb	mg/kg	82	0.60	68	2	19~245	对数正态
S	mg/kg	298	0.54	260	162	<583	非正态
Sb	mg/kg	3.44	1.47	2.17	2.06	0.51~9.24	对数正态
Sc	mg/kg	11.8	0.39	11.0	1.5	5.0~24.0	对数正态
Se	mg/kg	0.78	0.55	0.68	0.43	<1.53	非正态
Sn	mg/kg	4.2	0.45	3.8	1.4	1.9~7.5	对数正态
Sr	mg/kg	68	0.59	56	40	<136	非正态
Th	mg/kg	13.5	0.33	13.3	4.1	5.2~21.4	正态
Ti	mg/kg	4844	0.35	4573	1	2319~9019	对数正态
Tl	mg/kg	0.75	0.40	0.69	1.48	0.32~1.52	对数正态
U	mg/kg	3.7	0.32	3.3	1.2	0.9~5.8	非正态
V	mg/kg	115	0.43	105	2	46~243	对数正态
W	mg/kg	2.00	0.42	1.78	0.83	0.12~3.44	非正态
Y	mg/kg	32.3	0.49	28.4	15.7	<59.8	非正态
Zn	mg/kg	124	0.80	97	99	<295	非正态
Zr	mg/kg	257	0.38	251	98	55~447	非正态
pH		6.03	0.17	5.80	1.04	3.72~7.88	非正态

表 5－6－4　红水河流域土壤地球化学背景值参数统计表（$n=2872$）

指标	单位	原始值统计		背景值统计			
		算术平均值	变异系数	背景值	标准离差	变化范围	正态分布检验
Al_2O_3	%	10.77	0.54	9.76	5.85	<21.45	非正态
CaO	%	0.91	1.91	0.38	1.74	<3.86	非正态
Corg	%	1.49	0.34	1.39	0.51	0.37~2.41	非正态
TFe_2O_3	%	5.06	0.55	4.30	2.80	<9.89	非正态
K_2O	%	0.77	0.91	0.52	0.70	<1.92	非正态
MgO	%	0.55	0.89	0.45	0.49	<1.42	非正态
Na_2O	%	0.07	1.00	0.06	0.07	<0.20	非正态
SiO_2	%	72.39	0.19	74.55	13.73	47.10~102.00	非正态
TC	%	1.79	0.41	1.59	0.74	0.11~3.07	非正态
Ag	μg/kg	175	0.63	150	2	51~444	对数正态
Au	μg/kg	1.4	1.00	1.1	1.4	<3.8	非正态
Cd	μg/kg	1956	1.61	614	3140	<6895	非正态
Hg	μg/kg	184	0.63	156	115	<386	非正态
As	mg/kg	22.8	0.75	17.6	17.0	<51.6	非正态
B	mg/kg	58	0.52	53	30	<112	非正态
Ba	mg/kg	173	0.77	136	133	<401	非正态
Be	mg/kg	1.6	0.69	1.3	1.1	<3.6	非正态
Bi	mg/kg	0.71	0.62	0.57	0.44	<1.44	非正态
Br	mg/kg	5.6	0.46	5.1	1.5	2.2~11.8	对数正态
Ce	mg/kg	82	0.56	71	46	<163	非正态
Cl	mg/kg	53	0.36	50	19	13~87	非正态
Co	mg/kg	12.5	0.68	9.9	2.0	2.4~40.9	对数正态
Cr	mg/kg	148	0.73	112	108	<328	非正态
Cu	mg/kg	25	0.48	23	2	9~58	对数正态
F	mg/kg	508	0.43	476	216	43~908	非正态
Ga	mg/kg	15.3	0.46	14.2	7.1	0~28.4	非正态
Ge	mg/kg	1.2	0.33	1.2	0.4	0.3~2.1	非正态
I	mg/kg	5.6	0.63	4.8	3.5	<11.8	非正态
La	mg/kg	46	0.52	39	24	<88	非正态
Li	mg/kg	34	0.62	28	21	<70	非正态
Mn	mg/kg	912	1.40	520	1275	<3069	非正态
Mo	mg/kg	1.93	0.74	1.59	1.77	0.51~4.95	对数正态
N	mg/kg	1553	0.32	1454	501	452~2456	非正态
Nb	mg/kg	20	0.45	18	9	0~36	非正态
Ni	mg/kg	40	0.78	29	31	<91	非正态
P	mg/kg	724	0.45	632	324	<1280	非正态
Pb	mg/kg	37	1.14	29	42	<114	非正态
Rb	mg/kg	60	0.70	47	42	<131	非正态
S	mg/kg	299	0.60	261	179	<619	非正态
Sb	mg/kg	3.20	1.14	1.99	3.64	<9.28	非正态
Sc	mg/kg	11.1	0.58	9.6	6.4	<22.3	非正态
Se	mg/kg	0.76	0.38	0.70	0.29	0.11~1.29	非正态
Sn	mg/kg	4.7	0.81	4.1	1.4	2.0~8.3	对数正态
Sr	mg/kg	72	0.74	62	53	<167	非正态
Th	mg/kg	15.3	0.54	13.7	8.3	<30.3	非正态
Ti	mg/kg	5649	0.53	4958	2	1782~13798	对数正态
Tl	mg/kg	0.76	0.53	0.68	1.64	0.25~1.82	对数正态
U	mg/kg	4.6	0.46	4.1	2.1	<8.3	非正态
V	mg/kg	121	0.54	105	65	<234	非正态
W	mg/kg	2.38	0.75	1.87	1.79	<5.45	非正态
Y	mg/kg	39.8	0.75	29.4	29.7	<88.9	非正态
Zn	mg/kg	136	0.95	85	129	<343	非正态
Zr	mg/kg	323	0.63	275	2	89~848	对数正态
pH		5.88	0.17	5.64	0.98	3.68~7.60	非正态

表 5-6-5 黔江流域土壤地球化学背景值参数统计表（$n=611$）

指标	单位	原始值统计		背景值统计			
		算术平均值	变异系数	背景值	标准离差	变化范围	正态分布检验
Al_2O_3	%	12.23	0.40	11.32	1.49	5.13~24.98	对数正态
CaO	%	0.49	1.71	0.21	3.67	0.02~2.82	对数正态
Corg	%	1.60	0.36	1.52	1.37	0.80~2.87	对数正态
TFe_2O_3	%	5.32	0.47	4.46	2.50	<9.47	非正态
K_2O	%	1.34	0.65	1.30	0.87	<3.04	非正态
MgO	%	0.53	0.49	0.48	0.26	<0.99	非正态
Na_2O	%	0.09	1.33	0.06	1.48	0.03~0.12	对数正态
SiO_2	%	69.43	0.14	71.76	9.93	51.91~91.61	非正态
TC	%	1.83	0.38	1.65	0.69	0.28~3.02	非正态
Ag	μg/kg	168	0.96	115	162	<439	非正态
Au	μg/kg	2.9	3.31	1.4	1.9	0.4~5.1	对数正态
Cd	μg/kg	706	1.51	248	1068	<2384	非正态
Hg	μg/kg	196	1.83	134	359	<853	非正态
As	mg/kg	31.6	1.78	18.7	2.0	4.7~75.3	对数正态
B	mg/kg	65	0.51	59	1	29~122	对数正态
Ba	mg/kg	458	2.54	340	1165	<2670	非正态
Be	mg/kg	1.5	0.53	1.4	1.6	0.5~3.6	对数正态
Bi	mg/kg	0.64	0.53	0.54	0.34	<1.23	非正态
Br	mg/kg	6.2	0.55	5.7	2.6	0.6~10.9	正态
Ce	mg/kg	81	0.36	76	1	38~154	对数正态
Cl	mg/kg	57	0.40	52	10	32~72	正态
Co	mg/kg	10.4	0.67	8.3	2.0	2.0~33.9	对数正态
Cr	mg/kg	106	0.82	75	87	<250	非正态
Cu	mg/kg	30	0.80	25	2	7~84	对数正态
F	mg/kg	527	0.73	426	1	241~752	对数正态
Ga	mg/kg	16.5	0.36	15.5	1.4	7.7~31.3	对数正态
Ge	mg/kg	1.4	0.21	1.4	0.3	0.9~1.9	非正态
I	mg/kg	6.0	0.55	6.0	3.3	<12.5	正态
La	mg/kg	44	0.41	40	18	3~76	非正态
Li	mg/kg	25	0.56	21	2	7~64	对数正态
Mn	mg/kg	867	1.38	429	1196	<2821	非正态
Mo	mg/kg	2.41	1.10	1.77	2.09	0.41~7.72	对数正态
N	mg/kg	1566	0.33	1482	1	748~2939	对数正态
Nb	mg/kg	19	0.53	17	10	<37	非正态
Ni	mg/kg	34	0.85	22	29	<80	非正态
P	mg/kg	641	0.42	561	269	23~1099	非正态
Pb	mg/kg	87	2.79	33	243	<519	非正态
Rb	mg/kg	78	0.59	73	46	<165	非正态
S	mg/kg	307	1.65	241	508	<1257	非正态
Sb	mg/kg	5.72	1.89	3.27	2.01	0.81~13.16	对数正态
Sc	mg/kg	11.8	0.43	10.9	1.5	4.8~24.6	对数正态
Se	mg/kg	0.77	0.34	0.73	1.37	0.39~1.37	对数正态
Sn	mg/kg	4.2	0.57	3.8	2.4	<8.5	非正态
Sr	mg/kg	43	0.63	39	27	<92	非正态
Th	mg/kg	15.9	0.36	15.0	1.4	7.5~29.8	正态
Ti	mg/kg	5054	0.42	4606	2146	314~8898	非正态
Tl	mg/kg	0.92	1.15	0.73	1.40	0.37~1.42	对数正态
U	mg/kg	4.2	0.48	3.7	1.0	1.6~5.7	正态
V	mg/kg	120	0.50	99	60	<219	非正态
W	mg/kg	2.27	0.77	1.82	1.74	<5.31	非正态
Y	mg/kg	31.6	0.43	27.4	13.5	0.4~54.4	非正态
Zn	mg/kg	139	1.65	70	230	<530	非正态
Zr	mg/kg	318	0.32	310	91	128~493	正态
pH		5.42	0.19	5.08	1.01	3.06~7.10	非正态

表 5-6-6 郁江流域土壤地球化学背景值参数统计表（$n=1397$）

指标	单位	原始值统计		背景值统计			
		算术平均值	变异系数	背景值	标准离差	变化范围	正态分布检验
Al_2O_3	%	14.53	0.30	14.24	4.41	5.43~23.05	非正态
CaO	%	0.52	2.08	0.27	2.48	0.04~1.68	对数正态
Corg	%	1.50	0.33	1.43	1.36	0.78~2.65	对数正态
TFe_2O_3	%	5.45	0.51	4.74	2.79	<10.31	非正态
K_2O	%	1.62	0.48	1.57	0.69	0.20~2.94	正态
MgO	%	0.70	0.49	0.60	0.34	<1.28	非正态
Na_2O	%	0.16	0.88	0.10	0.14	<0.38	非正态
SiO_2	%	67.46	0.15	68.57	9.82	48.93~88.21	非正态
TC	%	1.75	0.37	1.64	1.34	0.92~2.94	对数正态
Ag	μg/kg	130	1.55	86	202	<489	非正态
Au	μg/kg	2.2	3.23	1.4	7.1	<15.6	非正态
Cd	μg/kg	411	1.96	180	804	<1788	非正态
Hg	μg/kg	133	1.00	105	133	<371	非正态
As	mg/kg	27.5	2.60	13.7	71.4	<156.6	非正态
B	mg/kg	73	1.15	61	84	<228	非正态
Ba	mg/kg	385	5.14	327	120	88~566	正态
Be	mg/kg	2.1	0.48	1.9	1.0	0~3.8	非正态
Bi	mg/kg	1.02	3.42	0.51	3.49	<7.49	非正态
Br	mg/kg	4.5	0.62	3.7	2.8	<9.3	非正态
Ce	mg/kg	92	0.36	84	33	18~150	非正态
Cl	mg/kg	60	0.42	54	25	3~104	非正态
Co	mg/kg	11.2	0.67	9.7	7.5	<24.6	非正态
Cr	mg/kg	93	0.95	65	88	<241	非正态
Cu	mg/kg	27	0.52	24	2	11~55	对数正态
F	mg/kg	568	0.39	530	143	245~815	正态
Ga	mg/kg	17.7	0.36	16.6	6.4	3.9~29.3	非正态
Ge	mg/kg	1.5	0.13	1.5	0.2	1.0~1.9	非正态
I	mg/kg	4.1	0.85	3.0	3.5	<10	非正态
La	mg/kg	44	0.34	40	15	11~70	非正态
Li	mg/kg	34	0.50	31	17	<66	非正态
Mn	mg/kg	418	1.10	263	458	<1179	非正态
Mo	mg/kg	1.74	1.00	1.11	1.74	<4.58	非正态
N	mg/kg	1418	0.30	1360	1	764~2422	对数正态
Nb	mg/kg	22	0.59	18	13	<43	非正态
Ni	mg/kg	27	0.81	20	22	<64	非正态
P	mg/kg	700	0.37	655	1	317~1355	对数正态
Pb	mg/kg	47	1.51	32	71	<173	非正态
Rb	mg/kg	98	0.46	91	32	27~154	正态
S	mg/kg	316	1.15	283	1	155~519	对数正态
Sb	mg/kg	4.40	2.78	2.18	12.24	<26.65	非正态
Sc	mg/kg	12.1	0.44	11.0	5.3	0.4~21.6	非正态
Se	mg/kg	0.61	0.46	0.53	0.28	<1.10	非正态
Sn	mg/kg	4.5	0.76	3.8	3.4	<10.7	非正态
Sr	mg/kg	48	0.92	44	15	14~73	正态
Th	mg/kg	18.8	0.40	16.3	7.5	1.4~31.2	非正态
Ti	mg/kg	5772	0.47	4791	2728	<10 246	非正态
Tl	mg/kg	0.85	0.49	0.74	0.42	<1.58	非正态
U	mg/kg	4.8	0.54	3.8	2.6	<9.0	非正态
V	mg/kg	114	0.62	91	71	<233	非正态
W	mg/kg	3.27	1.20	2.27	3.91	<10.09	非正态
Y	mg/kg	33.0	0.41	29.1	13.5	2.1~56.1	非正态
Zn	mg/kg	93	1.19	64	111	<287	非正态
Zr	mg/kg	385	0.36	354	137	81~627	非正态
pH		5.77	0.17	5.48	0.96	3.56~7.40	非正态

表 5-6-7 蒙江流域土壤地球化学背景值参数统计表（$n=552$）

指标	单位	原始值统计		背景值统计			
		算术平均值	变异系数	背景值	标准离差	变化范围	正态分布检验
Al_2O_3	%	13.51	0.14	13.62	1.68	10.27～16.98	正态
CaO	%	0.11	0.45	0.10	1.42	0.05～0.20	对数正态
Corg	%	1.58	0.25	1.56	0.35	0.87～2.25	正态
TFe_2O_3	%	4.46	0.17	4.46	0.76	2.93～5.99	正态
K_2O	%	2.01	0.16	2.01	0.32	1.37～2.65	正态
MgO	%	0.55	0.22	0.54	0.09	0.37～0.72	正态
Na_2O	%	0.08	0.25	0.07	0.02	0.03～0.12	非正态
SiO_2	%	70.56	0.05	70.47	1.05	63.76～77.89	正态
TC	%	1.63	0.26	1.60	0.36	0.89～2.31	正态
Ag	μg/kg	95	2.02	68	192	<451	非正态
Au	μg/kg	7.4	5.41	1.9	40.0	<82	非正态
Cd	μg/kg	151	0.68	133	38	58～209	正态
Hg	μg/kg	105	0.46	97	25	48～147	正态
As	mg/kg	19.5	3.99	10.4	77.8	<165.9	非正态
B	mg/kg	55	0.22	53	1	35～82	正态
Ba	mg/kg	479	0.33	457	158	141～773	非正态
Be	mg/kg	1.7	0.18	1.7	0.3	1.1～2.4	非正态
Bi	mg/kg	0.60	3.33	0.42	0.08	0.26～0.59	正态
Br	mg/kg	4.1	0.56	3.2	2.3	<7.8	非正态
Ce	mg/kg	91	0.23	91	21	48～133	正态
Cl	mg/kg	54	0.28	53	8	37～69	正态
Co	mg/kg	8.0	0.40	7.7	2.9	2.0～13.5	正态
Cr	mg/kg	72	0.15	73	9	54～92	正态
Cu	mg/kg	24	0.33	22	5	13～32	正态
F	mg/kg	452	0.17	446	1	324～614	正态
Ga	mg/kg	16.0	0.16	16.1	2.3	11.5～20.7	正态
Ge	mg/kg	1.3	0.08	1.3	1.1	1.0～1.6	正态
I	mg/kg	3.3	0.76	2.5	2.5	<7.4	非正态
La	mg/kg	30	0.17	30	5	19～40	正态
Li	mg/kg	20	0.40	19	1	9～39	对数正态
Mn	mg/kg	229	0.59	184	134	<453	非正态
Mo	mg/kg	1.37	0.56	1.21	1.63	0.46～3.23	对数正态
N	mg/kg	1464	0.21	1464	305	855～2073	正态
Nb	mg/kg	16	0.13	17	2	13～20	非正态
Ni	mg/kg	20	0.25	20	5	10～31	正态
P	mg/kg	670	0.26	670	173	324～1016	正态
Pb	mg/kg	39	2.59	29	7	16～42	正态
Rb	mg/kg	100	0.18	100	18	65～135	正态
S	mg/kg	311	0.29	299	1	170～524	正态
Sb	mg/kg	1.24	1.15	0.95	1.67	0.34～2.66	对数正态
Sc	mg/kg	10.3	0.16	10.4	1.4	7.7～13.2	正态
Se	mg/kg	0.57	0.37	0.53	1.34	0.30～0.95	对数正态
Sn	mg/kg	4.1	0.34	4.0	0.7	2.6～5.5	正态
Sr	mg/kg	23	0.57	19	13	<44	非正态
Th	mg/kg	14.7	0.14	14.7	2.0	10.7～18.7	正态
Ti	mg/kg	4622	0.11	4652	529	3594～5709	非正态
Tl	mg/kg	0.67	0.18	0.67	0.12	0.43～0.90	正态
U	mg/kg	3.5	0.23	3.4	1.2	2.5～4.7	对数正态
V	mg/kg	92	0.22	91	15	61～122	正态
W	mg/kg	2.42	0.38	2.26	0.36	1.54～2.97	正态
Y	mg/kg	26.8	0.13	27.3	3.4	20.5～34.1	非正态
Zn	mg/kg	51	0.31	49	10	28～69	正态
Zr	mg/kg	301	0.11	301	32	238～365	正态
pH		4.94	0.05	4.93	0.18	4.56～5.30	正态

表 5-6-8　浔江流域土壤地球化学背景值参数统计表（$n=1577$）

指标	单位	原始值统计		背景值统计			
		算术平均值	变异系数	背景值	标准离差	变化范围	正态分布检验
Al_2O_3	%	14.55	0.34	14.28	4.99	4.30～24.25	非正态
CaO	%	0.18	1.00	0.13	0.18	<0.50	非正态
Corg	%	1.52	0.34	1.45	1.38	0.76～2.77	对数正态
TFe_2O_3	%	4.55	0.39	4.21	1.50	1.88～9.41	对数正态
K_2O	%	1.86	0.40	1.82	0.69	0.45～3.19	正态
MgO	%	0.47	0.47	0.44	0.22	0～0.88	非正态
Na_2O	%	0.13	0.92	0.09	0.12	<0.34	非正态
SiO_2	%	69.71	0.12	69.71	8.20	53.31～86.10	正态
TC	%	1.60	0.34	1.52	1.38	0.80～2.88	对数正态
Ag	μg/kg	94	2.95	70	277	<623	非正态
Au	μg/kg	2.0	2.35	1.3	1.8	0.4～4.2	对数正态
Cd	μg/kg	214	1.82	136	390	<915	非正态
Hg	μg/kg	114	0.46	105	1	47～232	对数正态
As	mg/kg	10.7	1.02	7.8	2.2	1.6～38.0	对数正态
B	mg/kg	48	0.42	49	20	10～88	非正态
Ba	mg/kg	352	1.16	315	407	<1130	非正态
Be	mg/kg	1.7	0.47	1.6	0.7	0.3～3.0	正态
Bi	mg/kg	0.60	1.22	0.49	0.73	<1.94	非正态
Br	mg/kg	3.8	0.74	3.0	2.8	<8.5	非正态
Ce	mg/kg	86	0.40	81	1	39～168	对数正态
Cl	mg/kg	61	0.46	55	28	<111	非正态
Co	mg/kg	7.6	0.75	6.1	2.0	1.6～23.6	对数正态
Cr	mg/kg	55	0.44	55	24	8～103	正态
Cu	mg/kg	21	0.62	18	2	6～53	对数正态
F	mg/kg	458	0.33	437	1	239～799	对数正态
Ga	mg/kg	17.8	0.34	17.8	6.0	5.8～29.8	正态
Ge	mg/kg	1.4	0.14	1.4	1.1	1.1～1.7	对数正态
I	mg/kg	3.2	0.81	2.3	2.6	<7.6	非正态
La	mg/kg	36	0.39	34	14	5～62	非正态
Li	mg/kg	22	0.50	19	11	<42	非正态
Mn	mg/kg	354	2.78	204	2	52～806	对数正态
Mo	mg/kg	1.14	1.04	0.90	1.89	0.25～3.22	对数正态
N	mg/kg	1428	0.32	1368	1	741～2525	对数正态
Nb	mg/kg	19	0.32	17	6	5～30	非正态
Ni	mg/kg	16	0.56	14	2	5～41	对数正态
P	mg/kg	647	0.39	605	1	292～1255	对数正态
Pb	mg/kg	38	1.00	32	2	11～92	对数正态
Rb	mg/kg	109	0.50	97	37	23～171	正态
S	mg/kg	311	0.39	293	1	146～587	对数正态
Sb	mg/kg	1.70	1.14	1.08	1.94	<4.97	非正态
Sc	mg/kg	10.3	0.38	10.0	3.4	3.3～16.8	正态
Se	mg/kg	0.49	0.49	0.45	0.24	<0.94	非正态
Sn	mg/kg	4.8	0.52	4.1	2.5	<9.2	非正态
Sr	mg/kg	31	0.55	25	17	<59	非正态
Th	mg/kg	17.8	0.38	16.3	6.8	2.8～29.8	非正态
Ti	mg/kg	4534	0.31	4354	1421	1511～7197	非正态
Tl	mg/kg	0.77	0.44	0.69	0.22	0.26～1.12	正态
U	mg/kg	4.1	0.49	3.7	2.0	<7.7	非正态
V	mg/kg	85	0.45	77	2	32～186	对数正态
W	mg/kg	2.65	1.52	2.15	4.02	<10.18	非正态
Y	mg/kg	30.1	0.57	26.0	5.8	14.4～37.7	正态
Zn	mg/kg	61	0.62	53	2	19～149	对数正态
Zr	mg/kg	328	0.28	314	1	196～503	对数正态
pH		5.14	0.11	5.04	0.56	3.92～6.16	非正态

表 5-6-9　北流河流域土壤地球化学背景值参数统计表（$n=1535$）

指标	单位	原始值统计		背景值统计			
		算术平均值	变异系数	背景值	标准离差	变化范围	正态分布检验
Al_2O_3	%	16.70	0.23	16.70	3.82	9.06~24.33	正态
CaO	%	0.17	0.59	0.15	1.52	0.06~0.34	对数正态
Corg	%	1.67	0.28	1.61	1.33	0.92~2.83	对数正态
TFe_2O_3	%	4.10	0.30	4.04	1.09	1.87~6.21	正态
K_2O	%	2.22	0.28	2.19	0.56	1.07~3.30	正态
MgO	%	0.46	0.39	0.42	1.46	0.20~0.90	对数正态
Na_2O	%	0.19	0.63	0.15	0.12	<0.40	非正态
SiO_2	%	67.07	0.09	67.07	6.18	54.71~79.43	正态
TC	%	1.71	0.27	1.65	1.32	0.94~2.88	对数正态
Ag	μg/kg	79	1.51	61	119	<299	非正态
Au	μg/kg	1.8	2.00	1.2	1.7	0.4~3.5	对数正态
Cd	μg/kg	150	1.51	126	1	63~251	对数正态
Hg	μg/kg	97	0.62	88	1	44~177	对数正态
As	mg/kg	10.0	0.98	7.9	9.8	<27.6	非正态
B	mg/kg	52	0.56	49	29	<107	非正态
Ba	mg/kg	326	0.50	293	163	<619	非正态
Be	mg/kg	1.9	0.37	1.8	1.4	0.9~3.6	对数正态
Bi	mg/kg	0.59	0.59	0.50	0.35	<1.19	非正态
Br	mg/kg	3.4	0.56	2.9	1.9	<6.8	非正态
Ce	mg/kg	105	0.33	100	1	55~183	对数正态
Cl	mg/kg	62	0.45	55	28	<111	非正态
Co	mg/kg	6.9	0.52	6.2	1.6	2.4~15.7	对数正态
Cr	mg/kg	46	0.43	46	20	7~86	正态
Cu	mg/kg	19	0.53	18	6	5~31	正态
F	mg/kg	524	0.30	501	1	278~904	对数正态
Ga	mg/kg	20.2	0.27	19.5	1.3	11.2~33.7	正态
Ge	mg/kg	1.5	0.13	1.4	1.2	1.1~1.9	对数正态
I	mg/kg	2.8	0.75	2.1	2.1	<6.4	非正态
La	mg/kg	45	0.38	43	1	22~83	对数正态
Li	mg/kg	32	0.44	29	2	12~70	对数正态
Mn	mg/kg	224	0.95	181	213	<607	非正态
Mo	mg/kg	0.93	1.52	0.77	1.58	0.31~1.92	对数正态
N	mg/kg	1477	0.26	1468	370	727~2208	正态
Nb	mg/kg	22	0.73	18	1	12~27	对数正态
Ni	mg/kg	17	0.47	16	8	0~31	非正态
P	mg/kg	731	0.38	699	277	145~1252	非正态
Pb	mg/kg	43	1.02	38	1	20~72	对数正态
Rb	mg/kg	128	0.34	121	1	62~235	对数正态
S	mg/kg	320	0.35	302	1	152~600	对数正态
Sb	mg/kg	1.22	1.49	0.79	1.82	<4.43	非正态
Sc	mg/kg	9.8	0.29	9.7	2.5	4.8~14.7	正态
Se	mg/kg	0.42	0.33	0.41	0.12	0.18~0.64	正态
Sn	mg/kg	5.9	0.49	5.2	2.9	<11	非正态
Sr	mg/kg	36	0.92	25	33	<90	非正态
Th	mg/kg	22.0	0.32	21.0	1.3	11.6~38.2	对数正态
Ti	mg/kg	4121	0.27	4017	885	2247~5788	正态
Tl	mg/kg	0.87	0.33	0.83	1.35	0.46~1.51	对数正态
U	mg/kg	4.6	0.35	4.5	1.4	1.7~7.4	正态
V	mg/kg	73	0.38	71	22	27~114	正态
W	mg/kg	2.81	0.50	2.58	1.49	1.16~5.74	对数正态
Y	mg/kg	31.9	0.34	30.3	1.4	16.0~57.1	对数正态
Zn	mg/kg	69	0.70	65	19	26~103	正态
Zr	mg/kg	318	0.25	308	1	204~464	对数正态
pH		5.07	0.07	5.01	0.33	4.35~5.67	非正态

表 5-7-1 上林县土壤地球化学背景值参数统计表（$n=396$）

指标	单位	原始值统计		背景值统计			
		算术平均值	变异系数	背景值	标准离差	变化范围	正态分布检验
Al_2O_3	%	13.51	0.35	13.51	4.67	4.16~22.85	正态
CaO	%	0.81	2.22	0.32	3.05	0.03~2.97	对数正态
Corg	%	1.76	0.43	1.59	1.31	0.92~2.74	对数正态
TFe_2O_3	%	5.48	0.45	5.23	1.51	2.30~11.89	对数正态
K_2O	%	1.42	0.61	1.26	0.86	<2.98	非正态
MgO	%	0.69	0.59	0.63	0.23	0.17~1.08	正态
Na_2O	%	0.08	0.63	0.07	0.03	0.02~0.13	正态
SiO_2	%	66.43	0.16	67.47	10.57	46.33~88.60	非正态
TC	%	2.04	0.44	1.88	1.41	0.95~3.71	对数正态
Ag	μg/kg	122	0.54	108	2	42~282	对数正态
Au	μg/kg	1.8	1.56	1.4	1.7	0.4~4.1	对数正态
Cd	μg/kg	2625	1.59	340	4184	<8707	非正态
Hg	μg/kg	203	0.67	159	136	<431	非正态
As	mg/kg	24.6	0.74	18.8	2.2	4.0~88.1	对数正态
B	mg/kg	74	0.36	71	21	29~113	正态
Ba	mg/kg	302	0.57	221	173	<567	非正态
Be	mg/kg	2.1	0.48	1.9	1.6	0.8~4.8	对数正态
Bi	mg/kg	0.71	0.44	0.65	1.51	0.29~1.49	对数正态
Br	mg/kg	5.8	0.60	5.1	1.7	1.8~14.1	对数正态
Ce	mg/kg	107	0.50	92	54	<199	非正态
Cl	mg/kg	57	0.30	55	1	33~92	正态
Co	mg/kg	12.7	0.76	9.4	2.3	1.8~49.4	对数正态
Cr	mg/kg	162	0.90	96	145	<385	非正态
Cu	mg/kg	26	0.46	23	2	8~64	对数正态
F	mg/kg	623	0.27	623	167	288~958	正态
Ga	mg/kg	18.1	0.30	17.8	1.3	10.3~30.8	对数正态
Ge	mg/kg	1.4	0.21	1.5	0.3	0.9~2.0	正态
I	mg/kg	6.0	0.68	5.1	4.1	<13.3	非正态
La	mg/kg	58	0.53	48	31	<109	非正态
Li	mg/kg	38	0.55	31	21	<72	非正态
Mn	mg/kg	867	1.23	363	1067	<2497	非正态
Mo	mg/kg	1.61	0.73	1.30	1.92	0.35~4.78	对数正态
N	mg/kg	1887	0.28	1887	532	823~2951	正态
Nb	mg/kg	22	0.41	20	1	11~39	对数正态
Ni	mg/kg	36	0.78	24	28	<80	非正态
P	mg/kg	804	0.38	748	1	349~1602	对数正态
Pb	mg/kg	50	2.06	35	103	<240	非正态
Rb	mg/kg	92	0.43	92	40	12~172	正态
S	mg/kg	320	0.41	302	1	160~571	对数正态
Sb	mg/kg	4.43	0.81	3.31	2.19	0.69~15.83	对数正态
Sc	mg/kg	13.6	0.43	13.0	1.5	6.0~28.0	对数正态
Se	mg/kg	0.82	0.38	0.77	1.41	0.39~1.54	对数正态
Sn	mg/kg	4.2	0.26	4.2	1.3	2.6~6.7	对数正态
Sr	mg/kg	48	0.42	47	20	7~86	非正态
Th	mg/kg	18.7	0.37	18.3	1.4	9.8~34.4	对数正态
Ti	mg/kg	6057	0.48	5244	2932	<11 109	非正态
Tl	mg/kg	0.94	0.37	0.91	1.40	0.46~1.78	对数正态
U	mg/kg	4.8	0.42	4.4	1.5	2.0~9.9	对数正态
V	mg/kg	133	0.49	119	2	46~312	对数正态
W	mg/kg	2.70	0.47	2.43	1.59	0.96~6.15	对数正态
Y	mg/kg	48.8	0.70	32.4	34.3	<101	非正态
Zn	mg/kg	151	1.15	72	174	<420	非正态
Zr	mg/kg	381	0.48	354	1	165~757	对数正态
pH		5.66	0.18	5.42	1.01	3.40~7.45	非正态

表 5-7-2　宾阳县土壤地球化学背景值参数统计表（$n=578$）

指标	单位	原始值统计		背景值统计			
		算术平均值	变异系数	背景值	标准离差	变化范围	正态分布检验
Al_2O_3	%	14.50	0.32	13.78	1.38	7.22～26.29	正态
CaO	%	0.31	1.65	0.21	2.15	0.05～0.97	对数正态
Corg	%	1.55	0.28	1.49	1.33	0.84～2.65	对数正态
TFe_2O_3	%	5.12	0.51	4.31	2.62	<9.55	非正态
K_2O	%	1.64	0.59	1.50	0.97	<3.43	非正态
MgO	%	0.55	0.36	0.52	1.43	0.25～1.05	对数正态
Na_2O	%	0.13	1.08	0.07	0.14	<0.36	非正态
SiO_2	%	65.58	0.14	67.26	9.18	48.91～85.62	非正态
TC	%	1.70	0.31	1.63	1.35	0.90～2.95	对数正态
Ag	μg/kg	99	0.68	81	67	<214	非正态
Au	μg/kg	1.5	0.73	1.3	1.1	<3.6	非正态
Cd	μg/kg	310	1.85	157	575	<1307	非正态
Hg	μg/kg	137	0.64	106	88	<282	非正态
As	mg/kg	29.2	1.23	18.2	35.8	<89.7	非正态
B	mg/kg	75	0.55	67	41	<148	非正态
Ba	mg/kg	350	0.43	349	149	51～647	非正态
Be	mg/kg	2.2	0.50	1.9	1.6	0.7～5.1	对数正态
Bi	mg/kg	1.16	1.63	0.70	1.89	<4.47	非正态
Br	mg/kg	5.9	0.61	5.0	1.8	1.6～15.6	对数正态
Ce	mg/kg	97	0.32	92	1	48～178	对数正态
Cl	mg/kg	68	0.32	60	22	17～104	非正态
Co	mg/kg	8.5	0.58	7.5	1.7	2.7～20.6	对数正态
Cr	mg/kg	99	0.87	66	20	26～106	正态
Cu	mg/kg	22	0.45	20	1	9～45	正态
F	mg/kg	555	0.38	527	1	282～984	对数正态
Ga	mg/kg	19.1	0.32	18.2	1.4	9.6～34.3	正态
Ge	mg/kg	1.6	0.13	1.6	0.2	1.2～2.0	正态
I	mg/kg	4.8	0.79	3.6	2.2	0.7～17.7	对数正态
La	mg/kg	51	0.33	48	1	25～92	对数正态
Li	mg/kg	38	0.50	35	2	14～85	对数正态
Mn	mg/kg	282	1.12	210	2	54～822	对数正态
Mo	mg/kg	1.69	0.72	1.40	1.79	0.44～4.49	对数正态
N	mg/kg	1533	0.28	1477	1	849～2568	正态
Nb	mg/kg	24	0.38	22	9	3～40	非正态
Ni	mg/kg	25	0.64	19	16	<51	非正态
P	mg/kg	716	0.40	662	1	300～1461	对数正态
Pb	mg/kg	43	0.65	36	28	<92	非正态
Rb	mg/kg	94	0.55	86	52	<191	非正态
S	mg/kg	287	0.35	271	1	139～527	正态
Sb	mg/kg	5.65	2.73	2.74	15.43	<33.59	非正态
Sc	mg/kg	12.2	0.39	11.4	1.4	5.6～23.2	对数正态
Se	mg/kg	0.73	0.37	0.68	1.43	0.33～1.39	对数正态
Sn	mg/kg	5.3	0.36	4.8	1.9	1.1～8.5	非正态
Sr	mg/kg	56	0.46	51	2	20～125	对数正态
Th	mg/kg	22.6	0.40	19.6	9.1	1.4～37.8	非正态
Ti	mg/kg	5990	0.53	4633	3148	<10 928	非正态
Tl	mg/kg	0.85	0.42	0.78	1.53	0.33～1.84	对数正态
U	mg/kg	5.8	0.53	4.5	3.1	<10.6	非正态
V	mg/kg	110	0.64	80	22	36～123	正态
W	mg/kg	4.46	1.21	2.84	5.38	<13.61	非正态
Y	mg/kg	35.2	0.38	31.3	13.4	4.5～58.1	非正态
Zn	mg/kg	75	0.79	56	59	<175	非正态
Zr	mg/kg	475	0.55	372	259	<889	非正态
pH		5.36	0.13	5.22	0.68	3.86～6.58	非正态

表 5-7-3 柳州市区土壤地球化学背景值参数统计表（n=264）

指标	单位	原始值统计		背景值统计			
		算术平均值	变异系数	背景值	标准离差	变化范围	正态分布检验
Al_2O_3	%	15.09	0.27	15.09	4.12	6.84~23.33	正态
CaO	%	0.63	1.24	0.30	0.78	<1.86	非正态
Corg	%	1.19	0.32	1.13	1.36	0.61~2.11	正态
TFe_2O_3	%	5.60	0.31	5.36	1.34	2.97~9.69	对数正态
K_2O	%	1.28	0.39	1.28	0.50	0.29~2.27	正态
MgO	%	0.52	0.46	0.48	1.49	0.22~1.06	对数正态
Na_2O	%	0.14	0.50	0.12	0.07	<0.26	非正态
SiO_2	%	66.88	0.14	66.88	9.14	48.61~85.16	正态
TC	%	1.39	0.33	1.32	1.35	0.72~2.42	对数正态
Ag	μg/kg	135	1.03	106	2	29~380	对数正态
Au	μg/kg	1.4	0.57	1.2	1.8	0.4~3.6	对数正态
Cd	μg/kg	905	2.88	433	3	51~3703	对数正态
Hg	μg/kg	159	1.04	125	2	35~444	对数正态
As	mg/kg	20.8	0.72	17.1	1.8	5.1~57.8	对数正态
B	mg/kg	75	0.21	75	16	44~107	正态
Ba	mg/kg	318	0.49	288	2	120~690	对数正态
Be	mg/kg	1.6	0.31	1.6	0.5	0.6~2.6	正态
Bi	mg/kg	0.71	0.55	0.64	1.56	0.26~1.56	对数正态
Br	mg/kg	4.8	0.35	4.5	1.4	2.2~9.1	对数正态
Ce	mg/kg	73	0.25	73	18	37~110	正态
Cl	mg/kg	57	0.30	54	1	34~85	对数正态
Co	mg/kg	11.5	0.49	10.3	1.6	4.2~25.7	对数正态
Cr	mg/kg	94	0.34	86	32	22~149	非正态
Cu	mg/kg	29	0.48	27	2	11~65	对数正态
F	mg/kg	491	0.28	491	138	214~767	正态
Ga	mg/kg	17.3	0.27	17.3	4.6	8.0~26.6	正态
Ge	mg/kg	1.6	0.13	1.6	0.2	1.2~2.0	正态
I	mg/kg	5.1	0.47	4.6	1.7	1.7~12.7	正态
La	mg/kg	41	0.29	40	1	23~68	正态
Li	mg/kg	44	0.27	43	1	26~71	正态
Mn	mg/kg	799	1.27	514	2	88~3003	对数正态
Mo	mg/kg	2.16	0.85	1.67	2.00	0.42~6.72	对数正态
N	mg/kg	1249	0.29	1205	1	712~2037	正态
Nb	mg/kg	20	0.20	20	4	12~28	正态
Ni	mg/kg	37	0.57	32	2	12~89	对数正态
P	mg/kg	721	0.34	683	1	354~1319	正态
Pb	mg/kg	35	1.03	30	1	13~67	对数正态
Rb	mg/kg	71	0.37	66	1	32~138	对数正态
S	mg/kg	293	0.40	269	62	145~394	正态
Sb	mg/kg	2.76	1.06	1.97	2.22	0.40~9.72	对数正态
Sc	mg/kg	12.8	0.27	12.8	3.5	5.8~19.8	正态
Se	mg/kg	0.81	0.43	0.75	1.43	0.37~1.53	正态
Sn	mg/kg	5.3	0.51	4.8	1.5	2.1~11.0	对数正态
Sr	mg/kg	61	0.39	59	1	33~103	对数正态
Th	mg/kg	14.8	0.24	14.8	3.5	7.7~21.8	正态
Ti	mg/kg	5671	0.23	5671	1276	3120~8223	正态
Tl	mg/kg	0.70	0.40	0.66	1.45	0.31~1.37	对数正态
U	mg/kg	4.2	0.33	4.0	1.4	2.2~7.2	正态
V	mg/kg	119	0.38	111	1	54~226	对数正态
W	mg/kg	2.32	0.33	2.21	1.38	1.15~4.22	对数正态
Y	mg/kg	32.5	0.27	31.4	1.3	18.9~52.1	对数正态
Zn	mg/kg	131	0.92	105	2	31~362	对数正态
Zr	mg/kg	311	0.26	310	80	150~471	正态
pH		6.07	0.18	5.74	1.10	3.55~7.93	非正态

表 5-7-4 柳江区土壤地球化学背景值参数统计表（$n=638$）

指标	单位	原始值统计		背景值统计			
		算术平均值	变异系数	背景值	标准离差	变化范围	正态分布检验
Al_2O_3	%	8.85	0.55	7.43	4.91	<17.26	非正态
CaO	%	0.97	1.80	0.39	1.75	<3.89	非正态
Corg	%	1.35	0.33	1.29	1.33	0.73~2.27	对数正态
TFe_2O_3	%	4.21	0.51	3.52	2.16	<7.83	非正态
K_2O	%	0.61	0.77	0.45	0.47	<1.39	非正态
MgO	%	0.43	0.72	0.34	0.31	<0.96	非正态
Na_2O	%	0.07	0.86	0.05	0.06	<0.17	非正态
SiO_2	%	78.68	0.16	81.83	12.23	57.38~106.28	非正态
TC	%	1.65	0.46	1.43	0.76	<2.95	非正态
Ag	μg/kg	254	0.46	236	87	63~410	正态
Au	μg/kg	1.2	0.58	1.0	0.7	<2.3	非正态
Cd	μg/kg	1283	1.17	800	3	122~5251	对数正态
Hg	μg/kg	167	0.62	154	1	72~328	对数正态
As	mg/kg	18.5	0.71	14.0	13.2	<40.4	非正态
B	mg/kg	53	0.42	48	22	5~92	非正态
Ba	mg/kg	160	0.72	127	115	<356	非正态
Be	mg/kg	1.2	0.67	1.0	1.8	0.3~3.3	对数正态
Bi	mg/kg	0.59	0.44	0.50	0.26	<1.01	非正态
Br	mg/kg	5.1	0.33	4.8	1.4	2.5~9.4	对数正态
Ce	mg/kg	65	0.52	55	34	<124	非正态
Cl	mg/kg	59	0.34	56	11	34~78	正态
Co	mg/kg	13.3	0.60	11.1	1.8	3.3~37.4	对数正态
Cr	mg/kg	94	0.49	79	46	<172	非正态
Cu	mg/kg	28	0.43	24	12	1~48	非正态
F	mg/kg	432	0.42	380	182	17~743	非正态
Ga	mg/kg	12.0	0.44	10.3	5.3	<20.9	非正态
Ge	mg/kg	1.0	0.40	1.0	0.4	0.2~1.8	非正态
I	mg/kg	5.2	0.52	4.6	1.7	1.6~13.2	对数正态
La	mg/kg	40	0.45	34	18	<71	非正态
Li	mg/kg	30	0.57	25	17	<58	非正态
Mn	mg/kg	1161	1.43	785	2	147~4192	对数正态
Mo	mg/kg	1.90	0.95	1.25	1.80	<4.85	非正态
N	mg/kg	1460	0.35	1336	506	323~2348	非正态
Nb	mg/kg	16	0.38	14	6	2~26	非正态
Ni	mg/kg	42	0.74	31	31	<93	非正态
P	mg/kg	734	0.53	613	392	<1397	非正态
Pb	mg/kg	28	0.46	24	13	<50	非正态
Rb	mg/kg	46	0.63	39	2	12~129	对数正态
S	mg/kg	267	0.48	232	127	<486	非正态
Sb	mg/kg	1.90	0.72	1.51	1.36	<4.23	非正态
Sc	mg/kg	9.6	0.54	8.0	5.2	<18.5	非正态
Se	mg/kg	0.75	0.49	0.65	0.37	<1.40	非正态
Sn	mg/kg	3.7	0.43	3.2	1.6	0.1~6.3	非正态
Sr	mg/kg	87	0.69	67	60	<187	非正态
Th	mg/kg	11.2	0.47	9.4	5.3	<20.1	非正态
Ti	mg/kg	4445	0.46	3800	2064	<7928	非正态
Tl	mg/kg	0.64	0.44	0.59	1.52	0.26~1.36	对数正态
U	mg/kg	3.7	0.35	3.3	1.3	0.8~5.8	非正态
V	mg/kg	96	0.54	78	52	<182	非正态
W	mg/kg	1.84	0.55	1.51	1.01	<3.52	非正态
Y	mg/kg	32.6	0.66	25.7	21.5	<68.6	非正态
Zn	mg/kg	122	0.70	91	85	<260	非正态
Zr	mg/kg	221	0.46	193	101	<395	非正态
pH		6.07	0.16	5.86	0.99	3.88~7.83	非正态

表 5-7-5 柳城县土壤地球化学背景值参数统计表（$n=525$）

指标	单位	原始值统计		背景值统计			
		算术平均值	变异系数	背景值	标准离差	变化范围	正态分布检验
Al_2O_3	%	12.08	0.34	11.39	1.42	5.68~22.85	对数正态
CaO	%	1.05	1.49	0.44	1.56	<3.56	非正态
Corg	%	1.36	0.35	1.23	0.47	0.28~2.18	非正态
TFe_2O_3	%	4.58	0.37	4.17	1.70	0.76~7.58	非正态
K_2O	%	0.82	0.52	0.73	1.61	0.28~1.90	对数正态
MgO	%	0.56	0.77	0.43	0.43	<1.29	非正态
Na_2O	%	0.09	0.67	0.07	0.06	<0.19	非正态
SiO_2	%	71.75	0.12	73.25	8.82	55.60~90.90	非正态
TC	%	1.67	0.47	1.40	0.78	<2.96	非正态
Ag	μg/kg	99	0.42	91	2	40~210	正态
Au	μg/kg	1.1	1.00	0.8	1.1	<2.9	非正态
Cd	μg/kg	994	1.20	572	1188	<2947	非正态
Hg	μg/kg	174	2.69	139	2	50~385	对数正态
As	mg/kg	18.9	0.60	16.4	1.7	5.7~47.2	对数正态
B	mg/kg	70	0.24	69	15	39~100	正态
Ba	mg/kg	187	0.49	170	2	71~405	对数正态
Be	mg/kg	1.4	0.43	1.3	1.5	0.6~2.9	对数正态
Bi	mg/kg	0.56	0.38	0.50	0.21	0.08~0.92	非正态
Br	mg/kg	5.2	0.44	4.8	1.5	2.2~10.6	对数正态
Ce	mg/kg	73	0.40	65	29	6~123	非正态
Cl	mg/kg	58	0.29	55	1	34~86	对数正态
Co	mg/kg	11.9	0.56	10.3	1.7	3.5~30.3	对数正态
Cr	mg/kg	126	0.51	113	2	44~288	对数正态
Cu	mg/kg	20	0.45	18	2	8~44	对数正态
F	mg/kg	456	0.36	430	1	219~843	对数正态
Ga	mg/kg	13.9	0.31	13.3	1.3	7.3~24.1	对数正态
Ge	mg/kg	1.3	0.23	1.3	0.3	0.8~1.8	正态
I	mg/kg	4.8	0.65	4.0	1.8	1.2~13.8	对数正态
La	mg/kg	35	0.37	33	1	16~66	对数正态
Li	mg/kg	38	0.34	35	1	18~70	对数正态
Mn	mg/kg	679	0.99	473	2	90~2502	对数正态
Mo	mg/kg	1.15	0.57	1.01	1.53	0.43~2.35	对数正态
N	mg/kg	1443	0.35	1364	1	734~2533	对数正态
Nb	mg/kg	19	0.26	19	1	12~30	对数正态
Ni	mg/kg	37	0.62	31	2	10~97	对数正态
P	mg/kg	697	0.39	657	1	336~1285	对数正态
Pb	mg/kg	29	0.45	27	1	12~59	对数正态
Rb	mg/kg	53	0.47	46	25	<96	非正态
S	mg/kg	285	0.31	261	87	86~436	非正态
Sb	mg/kg	1.89	0.67	1.63	1.72	0.55~4.79	对数正态
Sc	mg/kg	10.5	0.39	9.8	1.4	4.7~20.5	对数正态
Se	mg/kg	0.59	0.31	0.55	0.18	0.19~0.91	非正态
Sn	mg/kg	3.8	0.37	3.5	1.4	0.7~6.2	非正态
Sr	mg/kg	56	0.38	52	1	31~88	对数正态
Th	mg/kg	13.6	0.34	12.5	4.6	3.3~21.7	非正态
Ti	mg/kg	5881	0.29	5650	1	3228~9890	对数正态
Tl	mg/kg	0.59	0.41	0.53	0.24	0.05~1.01	非正态
U	mg/kg	3.5	0.37	3.1	1.3	0.6~5.7	非正态
V	mg/kg	99	0.34	94	1	48~182	对数正态
W	mg/kg	2.01	0.48	1.81	1.57	0.74~4.45	对数正态
Y	mg/kg	31.2	0.40	27.7	12.4	2.8~52.6	非正态
Zn	mg/kg	118	0.61	100	2	32~312	对数正态
Zr	mg/kg	324	0.29	312	1	176~552	正态
pH		6.31	0.16	6.11	1.04	4.02~8.20	非正态

表 5-7-6 龙圩区土壤地球化学背景值参数统计表（$n=240$）

指标	单位	原始值统计		背景值统计			
		算术平均值	变异系数	背景值	标准离差	变化范围	正态分布检验
Al_2O_3	%	19.77	0.17	19.77	3.43	12.91~26.63	正态
CaO	%	0.16	0.75	0.14	1.63	0.05~0.38	正态
Corg	%	1.46	0.25	1.46	0.37	0.73~2.20	正态
TFe_2O_3	%	4.54	0.43	4.14	1.54	1.75~9.79	对数正态
K_2O	%	2.22	0.41	2.04	1.52	0.88~4.72	对数正态
MgO	%	0.36	0.42	0.36	0.15	0.06~0.66	正态
Na_2O	%	0.25	0.88	0.18	0.22	<0.61	非正态
SiO_2	%	63.04	0.08	63.04	5.18	52.68~73.39	正态
TC	%	1.51	0.25	1.51	0.37	0.77~2.24	正态
Ag	μg/kg	138	4.96	69	26	18~121	正态
Au	μg/kg	2.0	1.40	1.4	2.1	0.3~6.0	正态
Cd	μg/kg	206	2.98	125	1	68~230	对数正态
Hg	μg/kg	91	0.36	86	1	45~167	正态
As	mg/kg	7.4	0.88	5.2	2.4	0.9~28.9	对数正态
B	mg/kg	22	0.73	16	16	<47	非正态
Ba	mg/kg	326	0.32	326	103	119~532	正态
Be	mg/kg	2.6	0.46	2.3	1.5	1.0~5.5	对数正态
Bi	mg/kg	0.98	1.63	0.67	1.52	0.29~1.55	对数正态
Br	mg/kg	3.1	0.39	3.0	1.4	1.5~5.7	对数正态
Ce	mg/kg	86	0.24	83	1	52~134	正态
Cl	mg/kg	59	0.34	56	1	30~106	对数正态
Co	mg/kg	7.3	0.58	6.4	1.6	2.4~17.4	正态
Cr	mg/kg	39	0.56	33	2	10~106	对数正态
Cu	mg/kg	18	0.56	15	2	4~50	对数正态
F	mg/kg	378	0.20	378	76	226~529	正态
Ga	mg/kg	23.0	0.20	23.0	4.5	14.0~32.1	正态
Ge	mg/kg	1.4	0.14	1.4	0.2	1.1~1.7	正态
I	mg/kg	2.9	0.55	2.5	1.7	0.8~7.5	对数正态
La	mg/kg	32	0.34	32	11	10~54	正态
Li	mg/kg	19	0.37	18	1	9~37	对数正态
Mn	mg/kg	325	0.47	297	2	129~682	正态
Mo	mg/kg	1.36	1.13	1.08	1.85	0.32~3.68	正态
N	mg/kg	1294	0.26	1294	336	622~1965	正态
Nb	mg/kg	24	0.46	20	11	<43	非正态
Ni	mg/kg	14	0.50	12	2	5~33	对数正态
P	mg/kg	650	0.40	605	1	288~1275	对数正态
Pb	mg/kg	49	0.98	44	1	21~92	对数正态
Rb	mg/kg	142	0.52	124	2	44~349	对数正态
S	mg/kg	340	0.32	340	110	120~559	正态
Sb	mg/kg	0.89	1.11	0.64	1.67	0.23~1.79	对数正态
Sc	mg/kg	11.7	0.43	10.7	1.6	4.4~25.7	对数正态
Se	mg/kg	0.40	0.28	0.40	0.11	0.18~0.62	正态
Sn	mg/kg	5.9	0.39	5.6	1.4	3.0~10.3	正态
Sr	mg/kg	29	0.66	21	19	<59	非正态
Th	mg/kg	23.3	0.28	23.3	6.6	10.2~36.4	正态
Ti	mg/kg	3903	0.36	3672	1	1832~7358	正态
Tl	mg/kg	0.97	0.43	0.81	0.42	<1.64	非正态
U	mg/kg	6.5	0.49	5.2	3.2	<11.6	非正态
V	mg/kg	81	0.46	75	37	1~148	非正态
W	mg/kg	3.97	2.11	2.69	8.39	<19.48	非正态
Y	mg/kg	26.4	0.28	25.6	5.4	14.9~36.3	正态
Zn	mg/kg	71	0.70	65	13	39~92	正态
Zr	mg/kg	265	0.24	258	1	165~406	正态
pH		4.94	0.08	4.89	0.23	4.43~5.36	正态

表 5-7-7 藤县土壤地球化学背景值参数统计表（$n=966$）

指标	单位	原始值统计		背景值统计			
		算术平均值	变异系数	背景值	标准离差	变化范围	正态分布检验
Al_2O_3	%	14.39	0.20	14.17	1.21	9.62~20.87	对数正态
CaO	%	0.14	0.71	0.12	1.48	0.05~0.26	对数正态
Corg	%	1.58	0.25	1.56	0.36	0.84~2.28	正态
TFe_2O_3	%	4.51	0.28	4.38	0.96	2.46~6.31	正态
K_2O	%	1.99	0.21	1.99	0.40	1.20~2.79	正态
MgO	%	0.52	0.35	0.51	0.16	0.19~0.82	正态
Na_2O	%	0.10	0.50	0.08	0.05	<0.19	非正态
SiO_2	%	69.51	0.08	69.85	1.07	61.26~79.64	对数正态
TC	%	1.63	0.26	1.61	0.37	0.86~2.36	正态
Ag	μg/kg	91	1.73	68	157	<382	非正态
Au	μg/kg	4.1	6.41	1.6	26.3	<54.2	非正态
Cd	μg/kg	178	1.01	133	1	72~247	对数正态
Hg	μg/kg	101	0.47	95	1	47~191	对数正态
As	mg/kg	13.1	4.47	8.1	58.5	<125.2	非正态
B	mg/kg	53	0.26	53	14	25~80	正态
Ba	mg/kg	401	0.46	390	184	23~758	非正态
Be	mg/kg	1.6	0.25	1.6	0.4	0.9~2.4	正态
Bi	mg/kg	0.55	2.76	0.43	1.37	0.23~0.80	对数正态
Br	mg/kg	3.4	0.53	2.8	1.8	<6.5	非正态
Ce	mg/kg	92	0.27	89	1	52~152	正态
Cl	mg/kg	54	0.28	52	1	36~77	对数正态
Co	mg/kg	7.6	0.49	6.8	1.6	2.7~17.0	对数正态
Cr	mg/kg	62	0.29	66	18	30~102	非正态
Cu	mg/kg	21	0.43	21	9	3~38	非正态
F	mg/kg	454	0.21	445	1	299~661	正态
Ga	mg/kg	16.9	0.22	16.8	3.5	9.8~23.9	正态
Ge	mg/kg	1.3	0.15	1.3	1.1	1.0~1.7	正态
I	mg/kg	2.7	0.70	2.2	1.9	<6.0	非正态
La	mg/kg	33	0.24	32	1	20~50	正态
Li	mg/kg	24	0.46	22	1	10~48	对数正态
Mn	mg/kg	231	0.65	187	150	<487	非正态
Mo	mg/kg	1.03	0.65	0.88	1.76	0.28~2.74	对数正态
N	mg/kg	1432	0.23	1432	330	772~2091	正态
Nb	mg/kg	17	0.12	16	2	12~21	正态
Ni	mg/kg	18	0.33	18	6	6~30	正态
P	mg/kg	633	0.38	596	1	298~1190	对数正态
Pb	mg/kg	38	2.03	31	1	17~58	对数正态
Rb	mg/kg	103	0.23	103	24	54~151	正态
S	mg/kg	308	0.30	294	1	162~534	正态
Sb	mg/kg	1.32	1.15	0.87	1.52	<3.92	非正态
Sc	mg/kg	10.3	0.28	10.4	2.9	4.5~16.2	非正态
Se	mg/kg	0.48	0.38	0.45	1.39	0.23~0.88	对数正态
Sn	mg/kg	4.4	0.36	4.1	1.6	0.9~7.3	非正态
Sr	mg/kg	28	0.61	23	17	<58	非正态
Th	mg/kg	16.0	0.23	15.5	1.2	10.6~22.7	对数正态
Ti	mg/kg	4576	0.21	4576	965	2645~6507	非正态
Tl	mg/kg	0.70	0.23	0.68	1.25	0.44~1.06	正态
U	mg/kg	3.5	0.26	3.4	0.8	1.9~5.0	正态
V	mg/kg	87	0.32	85	23	40~130	正态
W	mg/kg	2.34	0.36	2.21	0.47	1.27~3.14	正态
Y	mg/kg	27.2	0.25	26.5	4.7	17.1~35.9	正态
Zn	mg/kg	56	0.39	52	1	29~92	对数正态
Zr	mg/kg	307	0.16	300	49	202~397	非正态
pH		5.04	0.06	4.99	0.21	4.58~5.40	正态

表 5-7-8 岑溪市土壤地球化学背景值参数统计表（$n=687$）

指标	单位	原始值统计		背景值统计			
		算术平均值	变异系数	背景值	标准离差	变化范围	正态分布检验
Al_2O_3	%	16.73	0.21	16.73	3.58	9.56~23.90	正态
CaO	%	0.16	0.69	0.14	1.63	0.05~0.38	对数正态
Corg	%	1.58	0.25	1.58	0.39	0.80~2.36	正态
TFe_2O_3	%	4.20	0.30	4.11	1.05	2.01~6.22	正态
K_2O	%	2.13	0.31	2.04	1.36	1.10~3.77	对数正态
MgO	%	0.46	0.39	0.42	1.45	0.20~0.90	对数正态
Na_2O	%	0.20	0.60	0.15	0.12	<0.39	非正态
SiO_2	%	66.96	0.09	66.96	6.02	54.91~79.01	正态
TC	%	1.63	0.25	1.63	0.40	0.83~2.42	正态
Ag	μg/kg	89	1.76	63	157	<378	非正态
Au	μg/kg	1.9	1.68	1.4	1.7	0.5~4.3	对数正态
Cd	μg/kg	150	2.17	112	1	60~210	对数正态
Hg	μg/kg	83	0.45	76	1	43~134	对数正态
As	mg/kg	10.3	0.81	8.6	8.3	<25.2	非正态
B	mg/kg	53	0.60	49	32	<113	非正态
Ba	mg/kg	346	0.44	306	153	0~613	非正态
Be	mg/kg	2.1	0.38	2.0	1.4	0.9~4.0	对数正态
Bi	mg/kg	0.55	0.62	0.50	1.51	0.22~1.14	对数正态
Br	mg/kg	3.5	0.40	3.1	1.4	0.4~5.8	非正态
Ce	mg/kg	114	0.35	107	1	61~186	对数正态
Cl	mg/kg	66	0.48	58	32	<122	非正态
Co	mg/kg	7.5	0.49	7.2	2.8	1.5~12.8	正态
Cr	mg/kg	50	0.40	52	20	12~92	非正态
Cu	mg/kg	20	0.40	19	7	6~33	正态
F	mg/kg	507	0.28	507	142	223~790	正态
Ga	mg/kg	20.7	0.27	20.0	1.3	11.8~33.9	正态
Ge	mg/kg	1.4	0.14	1.4	1.2	1.1~1.9	对数正态
I	mg/kg	3.0	0.63	2.5	1.7	0.9~7.5	对数正态
La	mg/kg	50	0.42	46	1	24~89	对数正态
Li	mg/kg	29	0.38	27	1	13~56	对数正态
Mn	mg/kg	241	0.71	193	170	<533	非正态
Mo	mg/kg	1.03	0.70	0.84	0.72	<2.29	非正态
N	mg/kg	1367	0.23	1367	312	744~1991	正态
Nb	mg/kg	25	0.80	19	3	12~26	正态
Ni	mg/kg	19	0.47	19	9	2~36	正态
P	mg/kg	707	0.35	667	1	331~1342	正态
Pb	mg/kg	47	1.34	39	10	18~59	正态
Rb	mg/kg	121	0.36	114	1	56~231	对数正态
S	mg/kg	298	0.35	282	1	145~549	正态
Sb	mg/kg	1.04	1.23	0.64	1.28	<3.19	非正态
Sc	mg/kg	10.6	0.29	10.4	2.5	5.4~15.4	正态
Se	mg/kg	0.42	0.33	0.41	0.10	0.20~0.61	正态
Sn	mg/kg	5.2	0.37	4.9	1.4	2.5~9.5	对数正态
Sr	mg/kg	33	1.03	22	34	<91	非正态
Th	mg/kg	23.3	0.33	22.3	1.3	12.4~40.1	对数正态
Ti	mg/kg	4238	0.28	4238	1191	1855~6621	非正态
Tl	mg/kg	0.84	0.31	0.80	1.34	0.45~1.44	对数正态
U	mg/kg	4.7	0.32	4.5	1.4	2.5~8.3	正态
V	mg/kg	79	0.43	79	34	10~147	非正态
W	mg/kg	2.82	0.56	2.57	1.40	1.32~5.03	对数正态
Y	mg/kg	30.4	0.34	27.9	10.4	7.1~48.7	非正态
Zn	mg/kg	74	0.88	67	18	31~103	正态
Zr	mg/kg	329	0.27	310	88	134~487	非正态
pH		5.12	0.07	5.04	0.36	4.33~5.75	非正态

表 5-7-9　港北区土壤地球化学背景值参数统计表（$n=291$）

指标	单位	原始值统计		背景值统计			
		算术平均值	变异系数	背景值	标准离差	变化范围	正态分布检验
Al_2O_3	%	13.77	0.32	13.09	1.38	6.87~24.94	正态
CaO	%	0.38	1.95	0.17	0.74	<1.65	非正态
Corg	%	1.52	0.29	1.46	1.33	0.83~2.58	正态
TFe_2O_3	%	5.17	0.49	4.62	1.60	1.80~11.83	对数正态
K_2O	%	1.39	0.42	1.39	0.58	0.23~2.55	正态
MgO	%	0.54	0.37	0.51	1.43	0.25~1.04	对数正态
Na_2O	%	0.09	0.56	0.08	1.58	0.03~0.20	对数正态
SiO_2	%	68.57	0.12	68.57	8.17	52.23~84.91	正态
TC	%	1.75	0.29	1.68	1.33	0.96~2.95	正态
Ag	μg/kg	175	1.98	109	347	<803	非正态
Au	μg/kg	6.0	3.23	1.8	19.4	<40.6	非正态
Cd	μg/kg	307	1.11	189	341	<870	非正态
Hg	μg/kg	130	0.67	104	87	<278	非正态
As	mg/kg	41.8	3.34	20.6	2.7	2.9~148.0	对数正态
B	mg/kg	105	1.44	63	151	<365	非正态
Ba	mg/kg	351	0.33	351	117	117~585	正态
Be	mg/kg	1.8	0.50	1.6	1.6	0.6~4.4	对数正态
Bi	mg/kg	1.55	4.33	0.56	6.71	<13.99	非正态
Br	mg/kg	5.0	0.54	4.5	1.6	1.6~12.1	正态
Ce	mg/kg	85	0.33	85	28	30~141	正态
Cl	mg/kg	67	0.43	59	1	37~93	对数正态
Co	mg/kg	8.9	0.61	7.4	1.9	2.1~25.5	对数正态
Cr	mg/kg	85	0.61	66	52	<170	非正态
Cu	mg/kg	27	0.59	24	2	9~62	对数正态
F	mg/kg	468	0.34	444	1	235~841	对数正态
Ga	mg/kg	17.0	0.36	15.9	1.4	7.7~32.8	对数正态
Ge	mg/kg	1.5	0.13	1.4	0.2	0.9~1.9	非正态
I	mg/kg	4.0	0.60	3.3	1.9	0.9~12.3	正态
La	mg/kg	38	0.29	37	1	21~65	正态
Li	mg/kg	29	0.52	26	2	10~70	对数正态
Mn	mg/kg	319	1.22	226	2	48~1064	对数正态
Mo	mg/kg	1.77	0.77	1.44	1.85	0.42~4.94	对数正态
N	mg/kg	1424	0.24	1424	342	740~2108	正态
Nb	mg/kg	20	0.40	18	3	11~24	正态
Ni	mg/kg	23	0.70	17	16	<48	非正态
P	mg/kg	695	0.38	649	1	309~1362	对数正态
Pb	mg/kg	54	1.69	35	91	<217	非正态
Rb	mg/kg	83	0.36	83	30	23~143	正态
S	mg/kg	306	0.51	279	1	126~620	对数正态
Sb	mg/kg	6.15	2.47	3.44	2.44	0.58~20.44	对数正态
Sc	mg/kg	11.6	0.42	10.7	1.5	4.6~24.5	对数正态
Se	mg/kg	0.68	0.37	0.68	0.25	0.19~1.18	正态
Sn	mg/kg	4.5	0.60	4.1	1.1	1.9~6.3	正态
Sr	mg/kg	44	0.48	39	2	16~99	对数正态
Th	mg/kg	17.1	0.30	17.1	5.1	7.0~27.2	正态
Ti	mg/kg	5831	0.50	4772	2887	<10 545	非正态
Tl	mg/kg	0.75	0.35	0.75	0.26	0.23~1.26	正态
U	mg/kg	4.4	0.43	4.1	1.5	1.9~9.0	对数正态
V	mg/kg	112	0.64	83	72	<227	非正态
W	mg/kg	2.91	0.62	2.22	1.80	<5.82	非正态
Y	mg/kg	29.7	0.33	27.4	9.7	8.0~46.8	非正态
Zn	mg/kg	82	0.84	56	69	<194	非正态
Zr	mg/kg	401	0.40	360	80	199~521	正态
pH		5.69	0.18	5.46	1.03	3.41~7.51	非正态

表 5-7-10　港南区土壤地球化学背景值参数统计表（$n=256$）

指标	单位	原始值统计		背景值统计			
		算术平均值	变异系数	背景值	标准离差	变化范围	正态分布检验
Al_2O_3	%	14.83	0.18	14.60	1.19	10.26~20.77	对数正态
CaO	%	0.41	0.93	0.26	0.38	<1.01	非正态
Corg	%	1.32	0.25	1.32	0.33	0.65~1.98	正态
TFe_2O_3	%	4.79	0.31	4.61	1.30	2.72~7.81	正态
K_2O	%	1.72	0.35	1.72	0.60	0.52~2.91	正态
MgO	%	0.72	0.42	0.66	1.51	0.29~1.51	对数正态
Na_2O	%	0.22	0.68	0.16	0.15	<0.46	非正态
SiO_2	%	68.92	0.07	68.92	5.14	58.64~79.19	正态
TC	%	1.56	0.24	1.56	0.37	0.83~2.29	正态
Ag	μg/kg	92	0.53	80	16	48~111	正态
Au	μg/kg	1.5	0.53	1.3	0.4	0.6~2.1	正态
Cd	μg/kg	190	0.54	172	2	73~405	正态
Hg	μg/kg	92	0.40	86	1	40~184	对数正态
As	mg/kg	12.6	1.01	8.5	12.7	<33.8	非正态
B	mg/kg	59	0.22	58	10	38~78	正态
Ba	mg/kg	340	0.39	317	1	149~673	正态
Be	mg/kg	1.9	0.37	1.9	0.7	0.5~3.3	正态
Bi	mg/kg	0.49	0.41	0.44	0.20	0.05~0.83	非正态
Br	mg/kg	3.2	0.31	3.1	1.3	1.7~5.6	对数正态
Ce	mg/kg	91	0.32	82	29	23~141	非正态
Cl	mg/kg	65	0.46	56	9	37~74	正态
Co	mg/kg	10.9	0.59	9.6	1.7	3.5~26.2	正态
Cr	mg/kg	61	0.28	59	13	33~85	正态
Cu	mg/kg	26	0.58	23	5	12~34	正态
F	mg/kg	547	0.16	547	87	373~720	正态
Ga	mg/kg	15.8	0.28	14.6	4.4	5.7~23.5	非正态
Ge	mg/kg	1.4	0.07	1.4	0.1	1.2~1.7	正态
I	mg/kg	2.6	0.58	2.3	1.6	0.8~6.0	对数正态
La	mg/kg	45	0.36	38	5	27~49	正态
Li	mg/kg	30	0.30	30	9	13~47	正态
Mn	mg/kg	311	0.66	261	2	81~839	对数正态
Mo	mg/kg	0.96	0.40	0.89	0.24	0.41~1.37	正态
N	mg/kg	1218	0.26	1218	311	596~1840	正态
Nb	mg/kg	18	0.33	17	6	5~28	非正态
Ni	mg/kg	19	0.37	19	7	5~33	正态
P	mg/kg	716	0.30	688	1	392~1206	正态
Pb	mg/kg	33	0.48	29	16	<60	非正态
Rb	mg/kg	105	0.45	96	1	43~215	正态
S	mg/kg	287	0.24	280	1	178~441	正态
Sb	mg/kg	2.42	0.86	1.47	2.07	<5.60	非正态
Sc	mg/kg	10.9	0.34	10.5	1.3	6.0~18.3	对数正态
Se	mg/kg	0.43	0.35	0.41	1.39	0.21~0.79	正态
Sn	mg/kg	4.1	0.44	3.4	1.8	<7.1	非正态
Sr	mg/kg	45	0.51	41	10	22~60	正态
Th	mg/kg	17.9	0.42	14.8	7.6	<29.9	非正态
Ti	mg/kg	5188	0.29	4831	1482	1867~7794	非正态
Tl	mg/kg	0.75	0.41	0.65	0.15	0.34~0.96	正态
U	mg/kg	3.9	0.33	3.5	1.3	0.9~6.0	非正态
V	mg/kg	91	0.44	84	20	44~124	正态
W	mg/kg	2.56	0.53	2.13	1.35	<4.84	非正态
Y	mg/kg	31.8	0.32	28.0	3.9	20.1~35.9	正态
Zn	mg/kg	64	0.30	64	19	25~102	正态
Zr	mg/kg	387	0.29	361	63	234~488	正态
pH		5.77	0.16	5.46	0.90	3.67~7.26	非正态

表 5-7-11 覃塘区土壤地球化学背景值参数统计表（n=343）

指标	单位	原始值统计		背景值统计			
		算术平均值	变异系数	背景值	标准离差	变化范围	正态分布检验
Al_2O_3	%	16.50	0.37	16.50	6.04	4.41~28.58	正态
CaO	%	1.14	1.76	0.51	3.40	0.04~5.85	对数正态
Corg	%	1.75	0.34	1.66	1.39	0.86~3.21	正态
TFe_2O_3	%	8.12	0.49	8.16	3.99	0.18~16.14	非正态
K_2O	%	1.16	0.52	1.00	1.78	0.32~3.16	对数正态
MgO	%	0.73	0.47	0.67	1.55	0.28~1.61	对数正态
Na_2O	%	0.09	0.44	0.09	0.04	0~0.17	非正态
SiO_2	%	60.15	0.24	62.27	14.15	33.96~90.58	非正态
TC	%	2.16	0.42	2.01	1.45	0.96~4.24	正态
Ag	μg/kg	173	0.90	145	2	48~435	对数正态
Au	μg/kg	2.6	2.19	1.7	2.1	0.4~7.4	对数正态
Cd	μg/kg	1198	1.19	564	1422	<3408	非正态
Hg	μg/kg	186	0.53	162	2	56~469	对数正态
As	mg/kg	41.2	0.78	39.8	32.2	<104.3	非正态
B	mg/kg	89	0.97	79	2	33~189	对数正态
Ba	mg/kg	275	0.47	248	2	99~620	对数正态
Be	mg/kg	2.6	0.46	2.6	1.2	0.3~5.0	正态
Bi	mg/kg	1.29	1.77	1.03	2.28	<5.59	非正态
Br	mg/kg	5.8	0.47	5.8	2.7	0.4~11.1	正态
Ce	mg/kg	117	0.38	108	2	48~242	对数正态
Cl	mg/kg	58	0.45	54	11	31~77	正态
Co	mg/kg	17.1	0.61	15.7	10.4	<36.5	非正态
Cr	mg/kg	208	0.80	165	166	<497	非正态
Cu	mg/kg	32	0.50	29	2	12~72	对数正态
F	mg/kg	666	0.49	543	328	<1200	非正态
Ga	mg/kg	22.0	0.39	21.2	8.5	4.2~38.2	非正态
Ge	mg/kg	1.5	0.20	1.5	0.3	1.0~2.1	正态
I	mg/kg	7.0	0.69	5.3	2.2	1.1~26.2	对数正态
La	mg/kg	54	0.39	48	21	6~89	非正态
Li	mg/kg	47	0.51	44	24	<92	非正态
Mn	mg/kg	871	0.80	705	699	<2104	非正态
Mo	mg/kg	2.76	0.77	2.12	2.07	0.49~9.15	对数正态
N	mg/kg	1716	0.34	1627	1	845~3132	正态
Nb	mg/kg	27	0.41	26	11	4~48	非正态
Ni	mg/kg	52	0.69	46	36	<118	非正态
P	mg/kg	878	0.37	878	325	229~1527	非正态
Pb	mg/kg	56	0.48	55	27	2~108	非正态
Rb	mg/kg	80	0.41	80	33	15~146	正态
S	mg/kg	354	0.67	320	2	141~728	正态
Sb	mg/kg	5.05	0.88	3.90	2.01	0.96~15.82	对数正态
Sc	mg/kg	16.9	0.46	15.5	7.7	0.2~30.8	非正态
Se	mg/kg	0.83	0.37	0.83	0.31	0.20~1.45	正态
Sn	mg/kg	4.9	0.37	4.6	1.4	2.4~8.9	对数正态
Sr	mg/kg	51	0.33	50	13	24~76	正态
Th	mg/kg	22.4	0.34	21.3	7.7	6.0~36.6	非正态
Ti	mg/kg	8257	0.46	8036	3768	499~15 573	非正态
Tl	mg/kg	1.05	0.54	0.93	1.59	0.37~2.36	对数正态
U	mg/kg	6.6	0.48	5.6	3.2	<12.1	非正态
V	mg/kg	179	0.55	174	98	<370	非正态
W	mg/kg	3.44	0.44	3.44	1.50	0.45~6.43	非正态
Y	mg/kg	45.2	0.49	37.5	22.2	<81.9	非正态
Zn	mg/kg	168	0.74	135	125	<385	非正态
Zr	mg/kg	473	0.36	444	1	218~906	对数正态
pH		6.39	0.17	6.30	1.08	4.14~8.46	非正态

表 5-7-12 平南县土壤地球化学背景值参数统计表（n=744）

指标	单位	原始值统计		背景值统计			
		算术平均值	变异系数	背景值	标准离差	变化范围	正态分布检验
Al_2O_3	%	14.39	0.35	13.55	1.42	6.70~27.39	对数正态
CaO	%	0.16	0.88	0.12	0.14	<0.41	非正态
Corg	%	1.68	0.35	1.58	1.41	0.80~3.14	对数正态
TFe_2O_3	%	4.55	0.33	4.29	1.41	2.16~8.55	对数正态
K_2O	%	1.90	0.33	1.90	0.62	0.66~3.14	正态
MgO	%	0.48	0.40	0.47	0.17	0.13~0.81	正态
Na_2O	%	0.10	0.60	0.08	0.06	<0.20	非正态
SiO_2	%	69.83	0.11	70.77	7.64	55.50~86.05	非正态
TC	%	1.72	0.35	1.63	1.41	0.82~3.23	对数正态
Ag	μg/kg	74	0.59	64	1	34~122	对数正态
Au	μg/kg	3.2	5.78	1.3	1.7	0.5~3.8	对数正态
Cd	μg/kg	176	0.76	147	2	47~458	对数正态
Hg	μg/kg	110	0.38	103	1	49~214	对数正态
As	mg/kg	11.9	1.30	8.4	2.2	1.8~39.2	对数正态
B	mg/kg	54	0.30	54	16	23~85	正态
Ba	mg/kg	346	0.37	342	121	101~583	正态
Be	mg/kg	1.7	0.41	1.6	0.7	0.3~3.0	非正态
Bi	mg/kg	0.56	0.80	0.47	0.45	<1.36	非正态
Br	mg/kg	3.8	0.68	3.0	2.6	<8.2	非正态
Ce	mg/kg	88	0.41	81	24	33~129	正态
Cl	mg/kg	69	0.33	63	23	17~109	非正态
Co	mg/kg	7.0	0.60	5.9	1.9	1.7~20.6	对数正态
Cr	mg/kg	60	0.38	60	23	13~106	正态
Cu	mg/kg	21	0.52	19	2	8~44	对数正态
F	mg/kg	470	0.26	455	1	275~754	对数正态
Ga	mg/kg	17.3	0.38	16.1	1.5	7.4~34.9	对数正态
Ge	mg/kg	1.4	0.14	1.3	1.1	1.1~1.7	对数正态
I	mg/kg	3.1	0.87	2.2	2.7	<7.6	非正态
La	mg/kg	36	0.44	33	16	0~65	非正态
Li	mg/kg	22	0.59	17	13	<43	非正态
Mn	mg/kg	221	0.77	176	2	46~672	对数正态
Mo	mg/kg	1.16	1.06	1.04	1.23	<3.50	非正态
N	mg/kg	1561	0.32	1482	1	771~2850	对数正态
Nb	mg/kg	18	0.22	17	4	9~26	非正态
Ni	mg/kg	17	0.53	15	2	6~40	对数正态
P	mg/kg	690	0.33	690	231	228~1153	正态
Pb	mg/kg	36	0.67	29	24	<78	非正态
Rb	mg/kg	107	0.45	99	34	30~168	正态
S	mg/kg	326	0.39	303	1	142~650	对数正态
Sb	mg/kg	1.46	0.99	1.02	1.45	<3.93	非正态
Sc	mg/kg	9.4	0.28	9.6	2.6	4.4~14.9	非正态
Se	mg/kg	0.50	0.36	0.47	1.40	0.24~0.92	对数正态
Sn	mg/kg	5.1	0.61	4.1	3.1	<10.3	非正态
Sr	mg/kg	28	0.57	21	16	<53	非正态
Th	mg/kg	17.2	0.40	15.1	3.2	8.7~21.5	正态
Ti	mg/kg	4660	0.27	4458	1268	1923~6993	非正态
Tl	mg/kg	0.75	0.47	0.65	0.20	0.25~1.06	正态
U	mg/kg	3.8	0.39	3.5	1.5	0.4~6.5	非正态
V	mg/kg	82	0.41	76	1	35~166	对数正态
W	mg/kg	2.77	1.13	2.26	3.13	<8.53	非正态
Y	mg/kg	33.9	0.69	26.1	6.1	13.8~38.3	正态
Zn	mg/kg	58	0.52	47	30	<106	非正态
Zr	mg/kg	352	0.29	329	58	212~445	正态
pH		5.09	0.10	4.97	0.53	3.91~6.03	非正态

表 5-7-13 桂平市土壤地球化学背景值参数统计表（$n=1022$）

指标	单位	原始值统计		背景值统计			
		算术平均值	变异系数	背景值	标准离差	变化范围	正态分布检验
Al_2O_3	%	12.61	0.32	13.03	4.07	4.89～21.16	非正态
CaO	%	0.28	1.36	0.17	0.38	<0.93	非正态
Corg	%	1.48	0.39	1.41	0.57	0.28～2.54	非正态
TFe_2O_3	%	4.43	0.40	4.43	1.78	0.87～7.98	正态
K_2O	%	1.74	0.45	1.68	0.68	0.33～3.04	正态
MgO	%	0.63	0.59	0.52	0.37	<1.25	非正态
Na_2O	%	0.15	1.07	0.09	0.16	<0.41	非正态
SiO_2	%	72.53	0.11	72.53	7.95	56.64～88.43	正态
TC	%	1.65	0.38	1.55	1.40	0.79～3.05	对数正态
Ag	μg/kg	103	1.17	75	120	<315	非正态
Au	μg/kg	1.6	1.44	1.3	2.3	<5.9	非正态
Cd	μg/kg	262	2.33	138	2	48～397	对数正态
Hg	μg/kg	138	1.02	120	1	54～266	对数正态
As	mg/kg	14.9	1.89	8.8	28.2	<65.3	非正态
B	mg/kg	53	0.30	53	13	26～80	正态
Ba	mg/kg	442	5.35	313	126	61～565	正态
Be	mg/kg	1.6	0.44	1.6	0.7	0.1～3.1	非正态
Bi	mg/kg	0.55	0.65	0.47	0.36	<1.18	非正态
Br	mg/kg	4.7	0.81	3.2	3.8	<10.8	非正态
Ce	mg/kg	80	0.38	75	1	36～154	对数正态
Cl	mg/kg	56	0.57	51	32	<115	非正态
Co	mg/kg	8.7	0.78	7.3	6.8	<20.8	非正态
Cr	mg/kg	59	0.39	59	23	14～104	正态
Cu	mg/kg	23	0.61	21	14	<50	非正态
F	mg/kg	503	0.40	489	173	143～835	正态
Ga	mg/kg	15.8	0.31	15.7	4.6	6.4～24.9	正态
Ge	mg/kg	1.4	0.14	1.4	1.1	1.2～1.7	对数正态
I	mg/kg	3.6	0.83	2.6	3.0	<8.5	非正态
La	mg/kg	39	0.33	37	13	11～64	非正态
Li	mg/kg	23	0.48	21	11	<44	非正态
Mn	mg/kg	433	2.82	207	1221	<2649	非正态
Mo	mg/kg	1.30	1.10	0.92	1.43	<3.78	非正态
N	mg/kg	1409	0.32	1388	410	568～2209	正态
Nb	mg/kg	19	0.74	17	14	<44	非正态
Ni	mg/kg	17	0.59	16	10	<35	非正态
P	mg/kg	598	0.34	566	1	290～1105	对数正态
Pb	mg/kg	40	1.83	29	73	<176	非正态
Rb	mg/kg	103	0.50	95	36	23～167	正态
S	mg/kg	313	1.30	286	75	136～436	正态
Sb	mg/kg	2.44	1.23	1.43	3.01	<7.46	非正态
Sc	mg/kg	9.9	0.35	9.8	3.5	2.8～16.7	非正态
Se	mg/kg	0.55	0.55	0.48	0.30	<1.09	非正态
Sn	mg/kg	4.3	0.98	3.5	0.8	1.8～5.1	正态
Sr	mg/kg	39	1.28	33	2	12～91	对数正态
Th	mg/kg	16.4	0.39	15.2	6.4	2.4～27.9	非正态
Ti	mg/kg	4646	0.33	4542	1536	1469～7614	非正态
Tl	mg/kg	0.75	0.45	0.68	0.21	0.27～1.10	正态
U	mg/kg	3.8	0.47	3.5	1.8	<7.1	非正态
V	mg/kg	89	0.44	85	31	22～148	正态
W	mg/kg	2.46	1.14	1.87	2.80	<7.46	非正态
Y	mg/kg	28.3	0.30	26.5	5.3	15.9～37.1	正态
Zn	mg/kg	68	1.57	50	2	16～153	对数正态
Zr	mg/kg	336	0.28	325	72	182～469	正态
pH		5.37	0.15	5.22	0.78	3.66～6.78	非正态

表 5-7-14　容县土壤地球化学背景值参数统计表（$n=557$）

指标	单位	原始值统计		背景值统计			
		算术平均值	变异系数	背景值	标准离差	变化范围	正态分布检验
Al_2O_3	%	17.22	0.21	17.22	3.67	9.89~24.55	正态
CaO	%	0.19	0.53	0.17	1.53	0.07~0.41	对数正态
Corg	%	1.77	0.27	1.77	0.48	0.81~2.74	正态
TFe_2O_3	%	3.94	0.28	3.94	1.12	1.70~6.17	正态
K_2O	%	2.42	0.26	2.34	1.30	1.38~3.95	正态
MgO	%	0.46	0.39	0.43	1.44	0.21~0.89	对数正态
Na_2O	%	0.23	0.61	0.18	0.14	<0.46	非正态
SiO_2	%	66.01	0.09	66.01	5.82	54.37~77.65	正态
TC	%	1.81	0.27	1.81	0.49	0.83~2.79	正态
Ag	μg/kg	74	1.20	59	1	30~115	对数正态
Au	μg/kg	1.9	2.53	1.1	1.7	0.4~3.1	对数正态
Cd	μg/kg	153	0.64	141	41	59~224	正态
Hg	μg/kg	114	0.74	102	31	41~163	正态
As	mg/kg	11.3	1.12	8.8	12.6	<34.1	非正态
B	mg/kg	52	0.60	48	31	<110	非正态
Ba	mg/kg	327	0.53	295	2	123~710	对数正态
Be	mg/kg	2.0	0.30	1.9	1.4	1.0~3.5	正态
Bi	mg/kg	0.68	0.54	0.58	0.37	<1.32	非正态
Br	mg/kg	3.5	0.77	2.8	2.7	<8.1	非正态
Ce	mg/kg	102	0.26	102	27	49~156	正态
Cl	mg/kg	56	0.43	51	14	23~79	正态
Co	mg/kg	6.5	0.55	5.9	1.6	2.4~14.5	正态
Cr	mg/kg	44	0.50	42	16	9~75	正态
Cu	mg/kg	19	0.68	18	6	5~31	正态
F	mg/kg	580	0.31	554	1	301~1020	正态
Ga	mg/kg	20.9	0.23	20.7	4.8	11.1~30.3	非正态
Ge	mg/kg	1.6	0.19	1.5	1.2	1.1~2.1	对数正态
I	mg/kg	2.9	0.93	2.1	2.7	<7.5	非正态
La	mg/kg	45	0.29	43	1	25~76	对数正态
Li	mg/kg	38	0.39	35	1	16~77	对数正态
Mn	mg/kg	225	1.30	172	292	<755	非正态
Mo	mg/kg	0.96	2.26	0.80	1.56	0.33~1.97	对数正态
N	mg/kg	1594	0.24	1594	390	813~2375	正态
Nb	mg/kg	22	0.55	18	1	12~27	对数正态
Ni	mg/kg	16	0.44	16	6	5~27	正态
P	mg/kg	840	0.35	840	292	257~1424	正态
Pb	mg/kg	43	0.49	40	1	21~79	正态
Rb	mg/kg	143	0.30	137	1	75~248	正态
S	mg/kg	340	0.29	340	99	142~538	正态
Sb	mg/kg	1.62	1.60	1.01	2.06	0.24~4.28	对数正态
Sc	mg/kg	9.5	0.25	9.5	2.4	4.8~14.3	正态
Se	mg/kg	0.44	0.34	0.44	0.15	0.14~0.75	正态
Sn	mg/kg	7.0	0.47	6.4	1.5	2.7~15.3	对数正态
Sr	mg/kg	41	0.85	28	35	<98	非正态
Th	mg/kg	22.8	0.26	22.0	1.3	13.0~37.2	正态
Ti	mg/kg	4006	0.29	3906	979	1948~5864	正态
Tl	mg/kg	0.96	0.32	0.92	1.31	0.54~1.57	正态
U	mg/kg	4.9	0.31	4.9	1.5	2.0~7.9	正态
V	mg/kg	66	0.33	66	22	23~110	正态
W	mg/kg	3.08	0.45	2.80	1.55	1.17~6.72	正态
Y	mg/kg	34.6	0.26	34.6	8.9	16.7~52.5	正态
Zn	mg/kg	70	0.43	66	1	34~129	正态
Zr	mg/kg	306	0.25	298	1	185~478	正态
pH		5.03	0.07	4.96	0.33	4.30~5.62	非正态

表 5-7-15 宜州区土壤地球化学背景值参数统计表（$n=788$）

指标	单位	原始值统计		背景值统计			
		算术平均值	变异系数	背景值	标准离差	变化范围	正态分布检验
Al_2O_3	%	9.17	0.46	8.25	1.59	3.24~20.98	对数正态
CaO	%	1.13	1.57	0.47	1.77	<4.01	非正态
Corg	%	1.43	0.35	1.33	0.50	0.34~2.32	非正态
TFe_2O_3	%	4.24	0.46	3.83	1.57	1.55~9.46	对数正态
K_2O	%	0.62	0.61	0.51	1.85	0.15~1.77	对数正态
MgO	%	0.53	0.85	0.42	1.88	0.12~1.50	对数正态
Na_2O	%	0.07	0.57	0.06	1.77	0.02~0.18	对数正态
SiO_2	%	75.62	0.13	77.28	9.78	57.71~96.85	非正态
TC	%	1.79	0.41	1.60	0.73	0.14~3.05	非正态
Ag	μg/kg	170	0.40	159	1	75~334	对数正态
Au	μg/kg	1.4	1.00	1.0	1.4	<3.7	非正态
Cd	μg/kg	2445	1.22	1357	3	152~12 133	对数正态
Hg	μg/kg	278	0.79	213	221	<655	非正态
As	mg/kg	18.1	0.57	15.7	1.7	5.6~44.4	对数正态
B	mg/kg	58	0.38	53	1	24~119	对数正态
Ba	mg/kg	156	0.54	136	2	47~396	对数正态
Be	mg/kg	1.4	0.57	1.2	1.7	0.4~3.6	对数正态
Bi	mg/kg	0.59	0.39	0.53	0.23	0.08~0.98	非正态
Br	mg/kg	4.6	0.35	4.4	1.4	2.3~8.4	对数正态
Ce	mg/kg	74	0.46	67	2	28~161	对数正态
Cl	mg/kg	50	0.32	47	1	29~77	对数正态
Co	mg/kg	13.9	0.58	11.7	1.8	3.6~38.8	对数正态
Cr	mg/kg	126	0.50	112	2	42~297	对数正态
Cu	mg/kg	27	0.44	24	2	10~59	对数正态
F	mg/kg	480	0.37	447	1	208~961	对数正态
Ga	mg/kg	13.0	0.38	12.1	1.5	5.7~25.8	对数正态
Ge	mg/kg	1.0	0.30	1.0	0.3	0.3~1.7	非正态
I	mg/kg	4.5	0.56	3.8	1.8	1.2~11.9	对数正态
La	mg/kg	43	0.47	37	20	<78	非正态
Li	mg/kg	31	0.48	27	2	11~71	对数正态
Mn	mg/kg	1372	1.34	844	3	121~5883	对数正态
Mo	mg/kg	1.51	0.90	1.11	1.36	<3.83	非正态
N	mg/kg	1546	0.27	1491	1	869~2559	对数正态
Nb	mg/kg	18	0.33	17	1	9~33	对数正态
Ni	mg/kg	38	0.61	33	2	11~98	对数正态
P	mg/kg	736	0.48	631	354	<1339	非正态
Pb	mg/kg	34	0.47	31	2	13~75	对数正态
Rb	mg/kg	52	0.52	45	2	15~140	对数正态
S	mg/kg	339	1.26	264	426	<1116	非正态
Sb	mg/kg	2.86	0.66	2.47	1.68	0.88~6.95	对数正态
Sc	mg/kg	9.9	0.49	8.9	1.6	3.4~22.8	对数正态
Se	mg/kg	0.67	0.46	0.59	0.31	<1.22	非正态
Sn	mg/kg	4.0	0.93	3.5	1.4	1.9~6.5	对数正态
Sr	mg/kg	66	0.44	61	16	29~92	正态
Th	mg/kg	12.1	0.42	11.1	1.5	4.8~26.0	对数正态
Ti	mg/kg	4994	0.42	4565	2	1917~10 870	对数正态
Tl	mg/kg	0.66	0.44	0.60	1.53	0.26~1.39	对数正态
U	mg/kg	3.9	0.44	3.6	1.4	1.7~7.4	对数正态
V	mg/kg	101	0.42	94	1	42~208	对数正态
W	mg/kg	1.90	0.47	1.71	1.59	0.68~4.32	对数正态
Y	mg/kg	39.8	0.61	31.3	24.2	<79.6	非正态
Zn	mg/kg	143	0.70	110	100	<309	非正态
Zr	mg/kg	273	0.43	248	2	101~611	对数正态
pH		6.11	0.16	5.87	0.98	3.90~7.84	非正态

表 5-7-16　兴宾区土壤地球化学背景值参数统计表（$n=1105$）

指标	单位	原始值统计		背景值统计			
		算术平均值	变异系数	背景值	标准离差	变化范围	正态分布检验
Al_2O_3	%	9.82	0.59	8.37	5.79	<19.95	非正态
CaO	%	1.05	2.01	0.37	2.11	<4.58	非正态
Corg	%	1.41	0.30	1.36	1.33	0.77~2.38	对数正态
TFe_2O_3	%	5.09	0.56	4.39	1.72	1.48~13.04	对数正态
K_2O	%	0.51	0.78	0.36	0.40	<1.17	非正态
MgO	%	0.50	0.94	0.36	0.47	<1.31	非正态
Na_2O	%	0.07	0.71	0.05	0.05	<0.15	非正态
SiO_2	%	74.04	0.19	77.84	13.83	50.18~105.50	非正态
TC	%	1.75	0.45	1.53	0.79	<3.10	非正态
Ag	μg/kg	189	0.68	152	129	<410	非正态
Au	μg/kg	1.3	0.54	1.1	0.7	<2.6	非正态
Cd	μg/kg	1492	1.65	556	2462	<5480	非正态
Hg	μg/kg	150	0.59	125	89	<302	非正态
As	mg/kg	21.9	0.66	17.6	14.4	<46.3	非正态
B	mg/kg	50	0.48	44	24	<91	非正态
Ba	mg/kg	131	0.66	110	86	<281	非正态
Be	mg/kg	1.4	0.71	1.0	1.0	<3.1	非正态
Bi	mg/kg	0.64	0.44	0.53	0.28	<1.10	非正态
Br	mg/kg	5.6	0.39	5.2	1.5	2.4~11.1	对数正态
Ce	mg/kg	69	0.59	57	41	<138	非正态
Cl	mg/kg	51	0.31	49	1	32~74	对数正态
Co	mg/kg	11.7	0.68	9.3	2.1	2.2~39.2	对数正态
Cr	mg/kg	152	0.68	119	103	<325	非正态
Cu	mg/kg	25	0.48	23	12	<47	非正态
F	mg/kg	460	0.40	427	1	197~925	对数正态
Ga	mg/kg	14.3	0.48	12.7	6.9	<26.4	非正态
Ge	mg/kg	1.1	0.36	1.1	0.4	0.2~1.9	非正态
I	mg/kg	5.6	0.59	4.8	1.8	1.4~15.8	对数正态
La	mg/kg	41	0.56	34	23	<79	非正态
Li	mg/kg	31	0.61	25	19	<64	非正态
Mn	mg/kg	878	1.45	494	3	59~4156	对数正态
Mo	mg/kg	2.16	0.62	1.86	1.70	0.64~5.39	对数正态
N	mg/kg	1438	0.34	1368	1	737~2538	对数正态
Nb	mg/kg	19	0.42	17	8	0~34	非正态
Ni	mg/kg	40	0.73	30	29	<87	非正态
P	mg/kg	657	0.44	565	289	<1144	非正态
Pb	mg/kg	31	0.55	25	17	<60	非正态
Rb	mg/kg	45	0.71	35	2	8~146	对数正态
S	mg/kg	277	0.48	246	134	<514	非正态
Sb	mg/kg	2.49	1.07	1.77	2.67	<7.11	非正态
Sc	mg/kg	10.3	0.61	8.4	6.3	<21.0	非正态
Se	mg/kg	0.78	0.33	0.73	0.26	0.22~1.24	非正态
Sn	mg/kg	5.3	1.08	4.3	5.7	<15.7	非正态
Sr	mg/kg	73	0.90	57	19	19~94	正态
Th	mg/kg	13.2	0.54	11.6	1.7	4.1~32.5	对数正态
Ti	mg/kg	5534	0.55	4710	3033	<10776	非正态
Tl	mg/kg	0.66	0.53	0.59	1.61	0.23~1.54	对数正态
U	mg/kg	4.3	0.44	3.8	1.9	0.1~7.5	非正态
V	mg/kg	126	0.49	117	62	<240	非正态
W	mg/kg	1.99	0.59	1.70	1.18	<4.06	非正态
Y	mg/kg	33.5	0.72	24.8	24.0	<72.9	非正态
Zn	mg/kg	126	0.87	82	109	<299	非正态
Zr	mg/kg	280	0.58	240	2	80~724	对数正态
pH		5.84	0.17	5.56	1.02	3.52~7.60	非正态

表 5-7-17 忻城县土壤地球化学背景值参数统计表（$n=632$）

指标	单位	原始值统计		背景值统计			
		算术平均值	变异系数	背景值	标准离差	变化范围	正态分布检验
Al_2O_3	%	9.27	0.58	7.34	5.37	<18.08	非正态
CaO	%	1.11	1.45	0.53	1.61	<3.75	非正态
Corg	%	1.36	0.24	1.29	0.33	0.64~1.94	非正态
TFe_2O_3	%	4.60	0.53	4.03	1.67	1.44~11.22	对数正态
K_2O	%	0.55	0.60	0.44	0.33	<1.10	非正态
MgO	%	0.64	1.02	0.43	0.65	<1.73	非正态
Na_2O	%	0.06	0.67	0.05	0.04	<0.12	非正态
SiO_2	%	74.86	0.18	79.28	13.42	52.43~100.00	非正态
TC	%	1.70	0.36	1.52	0.62	0.28~2.76	非正态
Ag	μg/kg	190	0.41	177	1	84~374	对数正态
Au	μg/kg	1.1	0.91	0.9	2.0	0.2~3.5	对数正态
Cd	μg/kg	3502	1.09	1972	3	208~18 661	对数正态
Hg	μg/kg	229	0.39	215	1	106~435	对数正态
As	mg/kg	21.5	0.73	18.2	1.8	5.9~56.2	对数正态
B	mg/kg	52	0.40	48	1	23~101	对数正态
Ba	mg/kg	111	0.44	101	2	43~239	对数正态
Be	mg/kg	1.7	0.71	1.2	1.2	<3.7	非正态
Bi	mg/kg	0.67	0.43	0.56	0.29	<1.13	非正态
Br	mg/kg	5.1	0.35	4.8	1.4	2.4~9.6	对数正态
Ce	mg/kg	83	0.57	69	47	<163	非正态
Cl	mg/kg	44	0.20	43	1	28~65	对数正态
Co	mg/kg	15.8	0.55	13.5	1.8	4.3~42.9	对数正态
Cr	mg/kg	157	0.50	141	79	<299	非正态
Cu	mg/kg	28	0.46	25	2	11~60	对数正态
F	mg/kg	497	0.44	454	2	193~1065	对数正态
Ga	mg/kg	13.9	0.48	11.6	6.7	<25	非正态
Ge	mg/kg	1.0	0.40	0.9	0.4	0.1~1.6	非正态
I	mg/kg	5.7	0.58	4.9	1.8	1.6~15.1	对数正态
La	mg/kg	45	0.53	40	2	15~106	对数正态
Li	mg/kg	36	0.67	28	24	<75	非正态
Mn	mg/kg	1306	0.82	985	2	205~4748	对数正态
Mo	mg/kg	1.70	0.53	1.52	1.61	0.59~3.91	对数正态
N	mg/kg	1544	0.27	1423	421	581~2264	非正态
Nb	mg/kg	19	0.37	18	1	9~36	对数正态
Ni	mg/kg	50	0.70	38	35	<109	非正态
P	mg/kg	759	0.51	639	384	<1407	非正态
Pb	mg/kg	37	0.51	31	19	<69	非正态
Rb	mg/kg	61	0.61	47	37	<121	非正态
S	mg/kg	282	0.52	253	147	<547	非正态
Sb	mg/kg	3.10	1.13	1.92	3.51	<8.95	非正态
Sc	mg/kg	10.7	0.62	8.5	6.6	<21.6	非正态
Se	mg/kg	0.68	0.26	0.66	0.12	0.41~0.90	正态
Sn	mg/kg	3.7	0.41	3.3	1.5	0.4~6.2	非正态
Sr	mg/kg	84	0.43	77	1	37~159	对数正态
Th	mg/kg	13.2	0.50	11.4	6.6	<24.6	非正态
Ti	mg/kg	5210	0.45	4732	2	1962~11 414	对数正态
Tl	mg/kg	0.84	0.58	0.70	0.49	<1.69	非正态
U	mg/kg	4.3	0.33	4.0	1.4	1.1~6.8	非正态
V	mg/kg	112	0.48	98	54	<207	非正态
W	mg/kg	1.89	0.57	1.65	1.68	0.58~4.66	对数正态
Y	mg/kg	50.0	0.78	34.5	39.1	<112.7	非正态
Zn	mg/kg	181	0.81	125	147	<418	非正态
Zr	mg/kg	263	0.40	243	1	109~543	对数正态
pH		6.25	0.15	6.13	0.93	4.28~7.99	非正态

表 5-7-18　象州县土壤地球化学背景值参数统计表（$n=462$）

指标	单位	原始值统计		背景值统计			
		算术平均值	变异系数	背景值	标准离差	变化范围	正态分布检验
Al_2O_3	%	11.77	0.36	11.77	4.19	3.39~20.15	正态
CaO	%	0.62	1.13	0.42	2.38	0.07~2.34	对数正态
Corg	%	1.55	0.30	1.48	1.35	0.81~2.72	对数正态
TFe_2O_3	%	5.12	0.35	4.80	1.45	2.28~10.09	对数正态
K_2O	%	1.76	0.52	1.76	0.91	<3.58	正态
MgO	%	0.57	0.40	0.57	0.23	0.10~1.04	正态
Na_2O	%	0.11	0.64	0.10	0.07	<0.24	非正态
SiO_2	%	70.93	0.15	70.93	10.48	49.98~91.89	正态
TC	%	1.74	0.30	1.66	1.35	0.91~3.03	对数正态
Ag	μg/kg	194	0.91	113	176	<465	非正态
Au	μg/kg	1.5	0.73	1.2	1.1	<3.3	非正态
Cd	μg/kg	394	1.17	229	460	<1148	非正态
Hg	μg/kg	119	1.29	101	2	38~266	正态
As	mg/kg	19.1	0.79	15.6	1.8	4.6~52.5	对数正态
B	mg/kg	75	0.37	75	28	20~130	正态
Ba	mg/kg	684	1.58	405	204	<813	正态
Be	mg/kg	1.9	0.42	1.9	0.8	0.2~3.6	正态
Bi	mg/kg	0.51	0.29	0.49	0.09	0.31~0.67	正态
Br	mg/kg	4.2	0.45	3.9	1.5	1.6~9.2	对数正态
Ce	mg/kg	72	0.29	72	21	30~114	正态
Cl	mg/kg	59	0.41	55	1	36~85	对数正态
Co	mg/kg	13.7	0.50	13.7	6.8	0.1~27.3	正态
Cr	mg/kg	77	0.27	77	21	34~120	正态
Cu	mg/kg	34	0.62	30	2	11~83	对数正态
F	mg/kg	805	0.63	692	2	237~2020	正态
Ga	mg/kg	15.4	0.31	15.0	4.8	5.5~24.5	非正态
Ge	mg/kg	1.5	0.20	1.5	0.3	0.9~2.2	非正态
I	mg/kg	4.3	0.63	3.9	2.7	<9.2	非正态
La	mg/kg	40	0.23	40	9	21~58	正态
Li	mg/kg	34	0.59	29	2	9~93	对数正态
Mn	mg/kg	732	1.06	485	2	78~3010	对数正态
Mo	mg/kg	2.30	1.17	1.23	2.70	<6.62	非正态
N	mg/kg	1712	0.30	1712	507	697~2727	正态
Nb	mg/kg	16	0.19	16	3	9~22	正态
Ni	mg/kg	34	0.59	29	2	10~85	正态
P	mg/kg	526	0.25	510	1	315~828	正态
Pb	mg/kg	70	1.87	31	131	<293	非正态
Rb	mg/kg	110	0.51	110	56	<222	正态
S	mg/kg	304	0.54	267	1	143~499	对数正态
Sb	mg/kg	4.76	1.47	2.93	2.45	0.49~17.67	对数正态
Sc	mg/kg	11.6	0.36	11.0	4.2	2.6~19.4	非正态
Se	mg/kg	0.73	0.66	0.62	1.64	0.23~1.67	对数正态
Sn	mg/kg	3.7	0.32	3.5	1.3	2.0~6.3	正态
Sr	mg/kg	60	0.55	53	2	20~143	对数正态
Th	mg/kg	13.3	0.25	13.8	3.3	7.2~20.4	非正态
Ti	mg/kg	4332	0.27	4201	931	2338~6064	正态
Tl	mg/kg	0.79	0.38	0.77	0.26	0.25~1.29	正态
U	mg/kg	3.2	0.25	3.0	0.8	1.4~4.7	非正态
V	mg/kg	116	0.44	107	2	47~242	正态
W	mg/kg	1.70	0.27	1.65	1.28	1.00~2.72	正态
Y	mg/kg	26.6	0.22	26.3	5.3	15.7~36.9	正态
Zn	mg/kg	103	0.79	86	2	28~272	对数正态
Zr	mg/kg	233	0.36	217	83	50~384	非正态
pH		5.90	0.16	5.74	0.94	3.86~7.63	非正态

表 5-7-19 武宣县土壤地球化学背景值参数统计表（$n=414$）

指标	单位	原始值统计		背景值统计			
		算术平均值	变异系数	背景值	标准离差	变化范围	正态分布检验
Al_2O_3	%	12.35	0.43	11.24	1.56	4.62~27.32	对数正态
CaO	%	0.59	1.56	0.32	2.95	0.04~2.82	对数正态
Corg	%	1.56	0.31	1.49	1.36	0.80~2.76	正态
TFe_2O_3	%	5.92	0.46	5.34	1.59	2.12~13.43	对数正态
K_2O	%	1.16	0.82	0.88	0.95	<2.78	非正态
MgO	%	0.54	0.54	0.48	1.65	0.18~1.31	对数正态
Na_2O	%	0.08	0.75	0.06	0.06	<0.19	非正态
SiO_2	%	68.55	0.17	70.51	11.39	47.74~93.29	非正态
TC	%	1.81	0.35	1.72	1.37	0.91~3.24	对数正态
Ag	μg/kg	211	0.89	159	2	37~685	对数正态
Au	μg/kg	2.0	2.15	1.6	1.9	0.4~5.5	对数正态
Cd	μg/kg	913	1.30	474	3	43~5170	对数正态
Hg	μg/kg	228	1.89	159	2	63~402	对数正态
As	mg/kg	35.4	1.69	21.1	1.9	5.7~77.8	对数正态
B	mg/kg	68	0.38	63	1	30~137	正态
Ba	mg/kg	471	3.05	253	2	62~1029	对数正态
Be	mg/kg	1.6	0.50	1.4	1.7	0.5~3.9	对数正态
Bi	mg/kg	0.66	0.42	0.57	0.28	0.02~1.13	非正态
Br	mg/kg	5.9	0.46	5.3	1.6	2.2~13.1	正态
Ce	mg/kg	80	0.38	74	1	35~159	对数正态
Cl	mg/kg	55	0.29	52	9	33~71	正态
Co	mg/kg	12.5	0.60	10.7	7.5	<25.7	非正态
Cr	mg/kg	125	0.77	90	96	<282	非正态
Cu	mg/kg	36	0.75	30	2	10~96	对数正态
F	mg/kg	600	0.82	450	122	205~695	正态
Ga	mg/kg	16.9	0.38	15.7	1.5	7.3~33.8	正态
Ge	mg/kg	1.4	0.21	1.4	0.3	0.8~2.1	非正态
I	mg/kg	6.4	0.52	6.4	3.3	<13.1	正态
La	mg/kg	47	0.40	41	19	3~79	非正态
Li	mg/kg	28	0.54	24	2	8~70	对数正态
Mn	mg/kg	1136	1.19	645	3	69~5992	对数正态
Mo	mg/kg	2.84	1.07	2.07	2.13	0.45~9.43	对数正态
N	mg/kg	1573	0.32	1498	1	805~2790	对数正态
Nb	mg/kg	19	0.37	17	7	3~31	非正态
Ni	mg/kg	43	0.72	34	2	8~144	对数正态
P	mg/kg	698	0.39	648	1	303~1386	对数正态
Pb	mg/kg	112	2.63	40	294	<629	非正态
Rb	mg/kg	70	0.71	55	2	13~228	对数正态
S	mg/kg	325	1.91	240	620	<1479	非正态
Sb	mg/kg	7.16	1.81	3.86	2.09	0.88~16.92	对数正态
Sc	mg/kg	12.7	0.43	11.6	1.5	4.9~27.2	对数正态
Se	mg/kg	0.79	0.30	0.75	1.36	0.4~1.4	正态
Sn	mg/kg	4.1	0.34	3.9	1.4	2.0~7.4	对数正态
Sr	mg/kg	45	0.56	44	16	11~76	正态
Th	mg/kg	15.2	0.36	14.3	1.4	7.0~29.4	对数正态
Ti	mg/kg	5200	0.47	4735	2	2024~11 078	对数正态
Tl	mg/kg	1.02	1.25	0.76	0.25	0.25~1.27	正态
U	mg/kg	4.3	0.44	3.7	1.9	<7.6	非正态
V	mg/kg	138	0.45	124	2	49~315	对数正态
W	mg/kg	2.22	0.48	1.88	1.06	<4.01	非正态
Y	mg/kg	34.6	0.43	29.9	14.9	0.1~59.7	非正态
Zn	mg/kg	182	1.48	112	2	18~699	对数正态
Zr	mg/kg	300	0.39	300	116	68~531	正态
pH		5.60	0.18	5.34	0.98	3.39~7.29	非正态

表 5-7-20　合山市土壤地球化学背景值参数统计表（$n=84$）

指标	单位	原始值统计		背景值统计			
		算术平均值	变异系数	背景值	标准离差	变化范围	正态分布检验
Al_2O_3	%	9.40	0.37	9.40	3.50	2.40~16.40	正态
CaO	%	0.91	1.09	0.63	2.21	0.13~3.07	对数正态
Corg	%	1.99	0.37	1.99	0.74	0.52~3.46	正态
TFe_2O_3	%	4.69	0.33	4.69	1.56	1.57~7.82	正态
K_2O	%	0.79	0.65	0.79	0.51	<1.82	正态
MgO	%	0.53	0.47	0.53	0.25	0.02~1.04	正态
Na_2O	%	0.08	0.63	0.08	0.05	<0.18	正态
SiO_2	%	73.95	0.11	73.95	8.31	57.34~90.57	正态
TC	%	2.28	0.36	2.28	0.82	0.65~3.92	正态
Ag	μg/kg	129	0.33	129	42	45~213	正态
Au	μg/kg	1.1	0.55	1.1	0.6	0~2.3	正态
Cd	μg/kg	582	0.49	582	288	6~1159	正态
Hg	μg/kg	207	0.81	173	2	58~511	正态
As	mg/kg	21.5	0.73	18.6	1.6	7.1~48.7	正态
B	mg/kg	53	0.28	53	15	22~84	正态
Ba	mg/kg	146	0.55	125	2	41~384	对数正态
Be	mg/kg	1.6	0.44	1.6	0.7	0.2~3.0	正态
Bi	mg/kg	0.62	0.21	0.62	0.13	0.35~0.88	正态
Br	mg/kg	5.4	0.35	5.4	1.9	1.6~9.1	正态
Ce	mg/kg	76	0.39	76	30	15~136	正态
Cl	mg/kg	48	0.21	48	10	28~67	正态
Co	mg/kg	13.5	0.47	13.5	6.4	0.7~26.3	正态
Cr	mg/kg	133	0.41	133	55	22~244	正态
Cu	mg/kg	24	0.38	24	9	5~43	正态
F	mg/kg	749	0.45	749	335	79~1419	正态
Ga	mg/kg	14.1	0.31	14.1	4.4	5.2~23.0	正态
Ge	mg/kg	1.1	0.27	1.1	0.3	0.5~1.8	正态
I	mg/kg	5.4	0.52	5.4	2.8	<11.0	正态
La	mg/kg	35	0.31	35	11	13~58	正态
Li	mg/kg	35	0.34	35	12	11~59	正态
Mn	mg/kg	661	0.69	661	453	<1567	正态
Mo	mg/kg	3.94	0.96	2.87	2.14	0.63~13.11	对数正态
N	mg/kg	1725	0.30	1725	515	695~2755	正态
Nb	mg/kg	21	0.24	21	5	10~31	正态
Ni	mg/kg	29	0.31	29	9	11~48	正态
P	mg/kg	534	0.30	534	160	215~854	正态
Pb	mg/kg	35	0.40	35	14	6~63	正态
Rb	mg/kg	66	0.52	66	34	<135	正态
S	mg/kg	687	0.87	520	2	125~2155	正态
Sb	mg/kg	2.69	1.23	1.44	0.30	0.84~2.05	正态
Sc	mg/kg	9.6	0.40	9.6	3.8	2.0~17.2	正态
Se	mg/kg	1.26	0.58	1.11	1.61	0.43~2.87	对数正态
Sn	mg/kg	4.0	0.20	4.0	0.8	2.4~5.6	正态
Sr	mg/kg	89	0.37	83	1	42~167	正态
Th	mg/kg	14.7	0.31	14.7	4.6	5.4~23.9	正态
Ti	mg/kg	5604	0.34	5604	1921	1762~9446	正态
Tl	mg/kg	0.80	0.36	0.80	0.29	0.21~1.38	正态
U	mg/kg	5.9	0.41	5.9	2.4	1.1~10.7	正态
V	mg/kg	111	0.24	111	27	56~166	正态
W	mg/kg	1.96	0.32	1.96	0.62	0.71~3.21	正态
Y	mg/kg	31.1	0.30	31.1	9.4	12.3~49.9	正态
Zn	mg/kg	83	0.31	83	26	30~136	正态
Zr	mg/kg	303	0.31	303	95	114~492	正态
pH		6.05	0.16	6.05	0.95	4.15~7.94	正态

6 区域地球化学特征

6.1 元素地球化学组合特征及其意义

6.1.1 元素地球化学组合特征

在长期的自然营力和人类活动的影响下,土壤元素发生了迁移、分散和富集作用,一些地球化学性质相似的元素呈现为有规律的组合,表现出良好的共同消长关系和较好的相关性和聚集性(董岩翔等,2007)。聚类分析和因子分析常用于探讨土壤中元素组合特征,本文以研究区表层土壤和深层土壤为研究对象,进行了聚类分析和因子分析,研究元素的地球化学组合关系。

1. 聚类分析

聚类分析是根据事物本身的特征研究个体分类的方法,原则是同一类汇总的个体有较大的相似性,不同的个体差异很大(余涛等,2018)。通过 SPSS 软件对表层土壤和深层土壤进行 R 型聚类分析,结果见图 6-1-1 和图 6-1-2。

2. 因子分析

因子分析是将具有错综复杂的变量综合为少数几个因子,以再现原始变量与因子之间的相互关系,尝试对变量进行分类。对表层和深层土壤的 54 项地球化学指标进行因子分析,表层土壤 Bartlett 值为 679 695($P<0.000\ 1$),KMO 检验结果为 0.904;深层土壤 Bartlett 值为 679 695($P<0.000\ 1$),KMO 检验结果为 0.905。结果表明,表层和深层土壤各变量相关性较强,适合因子分析。采用主成分分析进行因子提取,方差最大旋转法进行旋转,表层和深层均提取 11 个因子(特征值均大于1),对应方差累计贡献分别为 76% 和 74%,表层土壤和深层土壤特征因子提取结果见表 6-1-1。

(1)表层、深层土壤元素组合具有一定的相似性,表明土壤中元素之间具有一定的继承性。

(2)铁族元素在表层、深层土壤的亲和性较好,Fe_2O_3-Ti-Cr-V 与 Mn-Ni-Co 分别分散在两个不同因子中。

(3)亲铜成矿元素(Zn、Cu、Pb、Sb、Au、As)在表层、深层分布比较分散、聚合性不强,这主要与调查区矿产分布有关。Ga、Ge、Cd、Se 作为亲铜分散元素聚合性也呈现一定的分散性。

(4)稀有元素在表层、深层聚合性好,Ce、La、Nb、Zr、Sc、Li、Be 分布在同一个簇团中,与造岩元素空间分布相似,表现出良好的地球化学组合稳定性。

(5)卤素元素 Br、I 地球化学组合在表层、深层聚合性稳定,其他放射性元素、钨钼族元素、亲石分散元素、矿化剂或挥发分元素、亲生物元素聚合性较差,表层、深层分布比较分散。

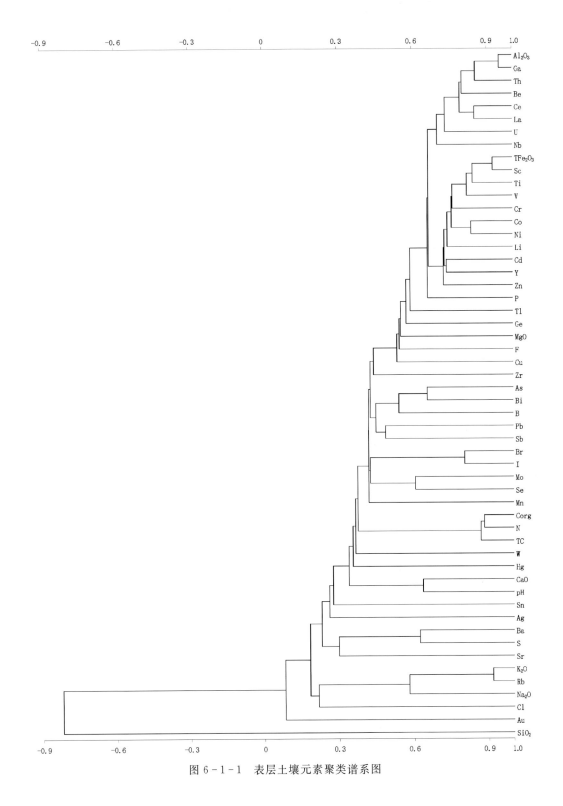

图 6-1-1　表层土壤元素聚类谱系图

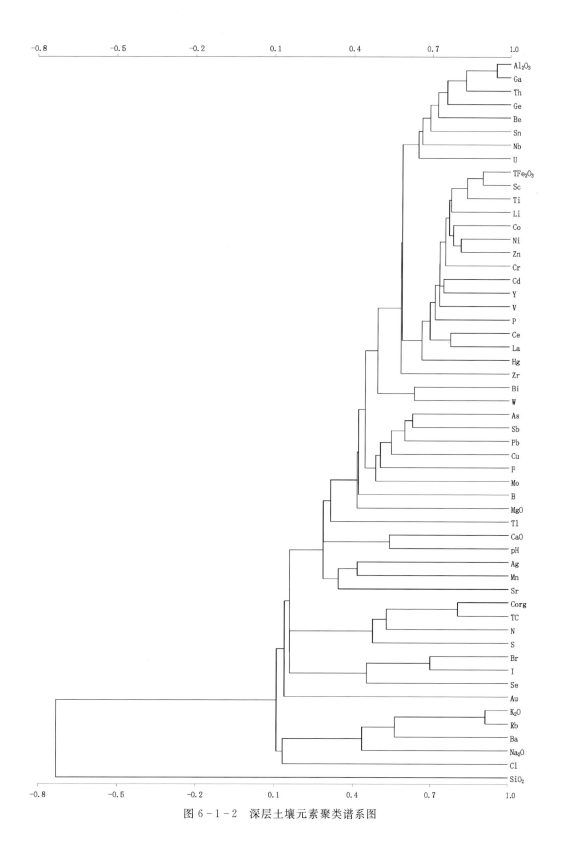

图 6-1-2 深层土壤元素聚类谱系图

表 6-1-1　表层土壤和深层土壤因子提取结果表

因子	表层土壤特征根变量组合	因子	深层土壤特征根变量组合
F1	Cd、Co、Cr、La、Li、Mn、Ni、P、Sc、Y、Zn	F1	Al_2O_3、TFe_2O_3、$SiO_2(-)$、Be、Ce、Ga、Ge、La、Nb、Sc、Sn、Th、Ti、U、Zr
F2	Al_2O_3、K_2O、Na_2O、$SiO_2(-)$、Be、Ce、F、Ga、Ge、Rb、Th、Tl	F2	Cd、Hg、Co、Cr、La、Li、Mn、N、Ni、P、Sc、Y、Zn
F3	TFe_2O_3、$SiO_2(-)$、Cr、Sc、Ti、V、Zr	F3	K_2O、Na_2O、Ba、Rb
F4	Corg、TC、N	F4	As、Cu、Pb、Sb
F5	Hg、As、Pb、Sb、Zn	F5	Mo、Se、V
F6	Nb、Th、U、W	F6	Corg、TC、N、S
F7	Cu、Mo、Se、V	F7	CaO、pH
F8	Au、As、B、Bi	F8	Br、I、Se
F9	Br、I	F9	Bi、W
F10	CaO、pH	F10	Cl、Sr
F11	Ba、S、Sr	F11	Tl

注：$SiO_2(-)$中负号表示负相关。

6.1.2　典型元素组合的地质意义

元素地球化学分类是在元素周期表的基础上，结合元素的自然组合及各种地球化学特征做出进一步分类(张宏飞和高山，2012)，本书以开展元素周期表为基础，赋予原子和离子半径重要意义，并根据元素地球化学行为的相似性，进行扎瓦里茨基元素地球化学分类。

(1)表层 F2 因子与深层 F1 因子元素组合相似，主要由 Al_2O_3、K_2O、Na_2O、$SiO_2(-)$、Be、Ce、F、Ga、Ge、Rb、Th、Tl 等组合。该类主要由造岩元素(Li、Be、Al_2O_3、SiO_2)、亲铜分散元素(Ga、Ge)等组成。从地质背景分析，这些组分主要来自深部地壳或上地幔，或是早期原始地幔分异的残留物，从现今环境来看，这些组分属于难以迁移的元素，它们在氧化、弱酸或中性条件下，其风化物以各种次生矿物的形式固滞在母质有限范围内，并在风化过程中易于一起集聚和离散，因此表层 F2 因子与深层 F1 因子与地质背景密切相关。从因子得分图(图 6-1-3，图 6-1-4)可以发现，表层、深层土壤分布特征相似，高背景区主要分布南部第四系冲洪积及溶余堆积物、火山岩地区。总的来说，影响土壤中这类指标区域分布特点的主导因素是地质背景。

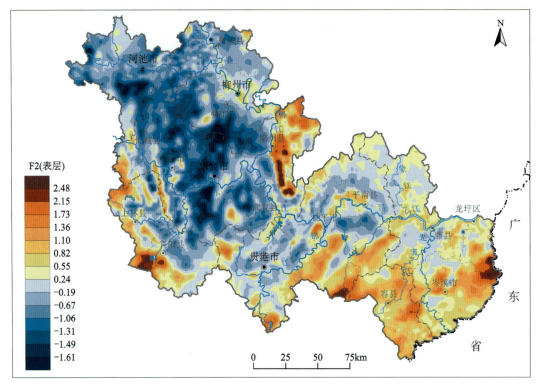

图 6-1-3　表层 F2 因子得分图

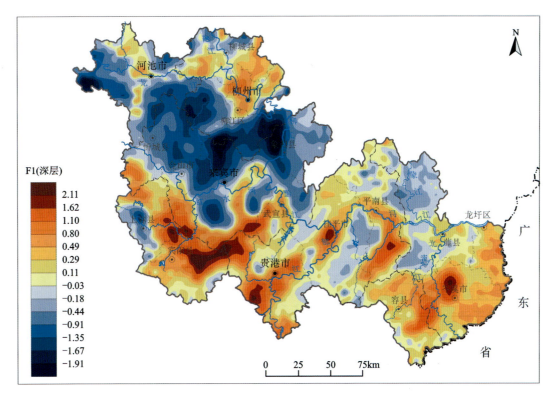

图 6-1-4　深层 F1 因子得分图

(2)表层 F1 因子代表 Cd、Co、Cr、La、Li、Mn、Ni、P、Sc、Y、Zn 组合，与深层 F2 因子相对应。它主要由铁族元素(Co、Mn、Ni)、亲铜成矿元素(Zn、Cd)组成。由因子得分图(图 6-1-5、图 6-1-6)可以看出高背景区主要分布在石炭系碳酸盐岩和泥盆系硅质岩中，与研究区东侧及大瑶山西侧铜矿和铅锌矿有关。

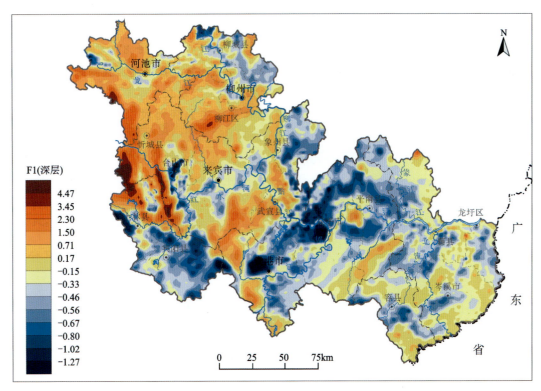

图 6-1-5　表层 F1 因子得分图

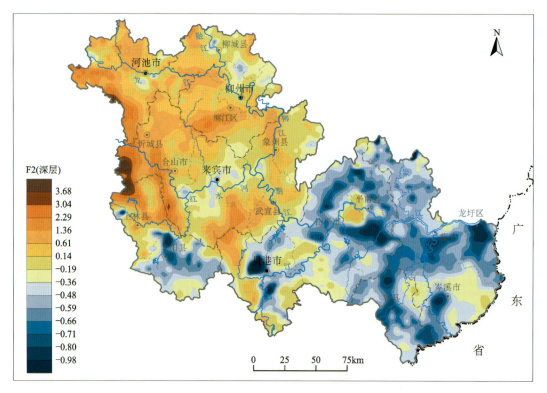

图 6-1-6　深层 F2 因子得分图

6.2　元素地球化学分区

地球化学分区是在地质学、地球化学、农学、生态学理论指导下,综合考虑地质作用、生物作用、人类活动等对土壤形成及元素组合和空间分布的影响,进行地球化学分区,反映了土壤中元素空间分布的区域属性特征,表现为元素区域地球化学背景的含量及二维空间的变化规律(万能,2021),可为研究第四纪成因等基础地质问题、农业区划、土地资源规划等提供背景资料,同时丰富本区土壤地球化学研究的内容,为探索本区土壤的物质来源、生态功能分区等提供新的线索或依据。

6.2.1　分区依据与方法

由于土壤形成过程中所处地质背景不同、成土母质的物质组成不同,导致元素组合呈现区域性的差异(刁海忠等,2021),地球化学习性相近的元素聚集在一起,因此通过聚类分析和因子分析进行组标的组合与变量降维,综合考虑地形地貌、土壤类型及土地利用方式的不同,进行地球化学分区。地球化学分区主要基于元素在介质中的地球化学行为,充分考虑其能否反映表壳岩系的差异性,并且应具有区域性、连续性的分布特征。表层和深层土壤均对地质背景的地球化学性质继承明显,由于表层采样密度是深层的 4 倍,因此采用表层土壤的原始数据进行地球化学分区。

(1)用因子分析的方法进行变量降维处理,确定组合元素。根据筛选出的公共因子确定元素组合,每一个因子所包含的主要元素体现了元素内在的成因联系和组合关系,反映了样品的地球化学分类。

(2)进行样品的聚类分析和判别分析,对样品进行空间分类,确定子区位置和边界。每个样品都有一个对应的因子得分,在不同因子中的得分反映了样品所具有的地球化学组合特征,选取因子得分最大的作为样品所代表的组合信息。

(3)根据上述分析结果,结合地质背景、土壤类型进行最终分区。各地球化学区主要以地质界线划分,同时省去各区内其他零星的地质背景区。

6.2.2 地球化学分区及特征

根据上述土壤地球化学分区原则及方法,发现土壤分区结果对地质背景或大地构造反应灵敏,因此各地球化学区主要以地质界线划分,同时省去各区内其他零星的地质背景区。全区共划分了 10 个地球化学区,具体见图 6-2-1 和表 6-2-1。

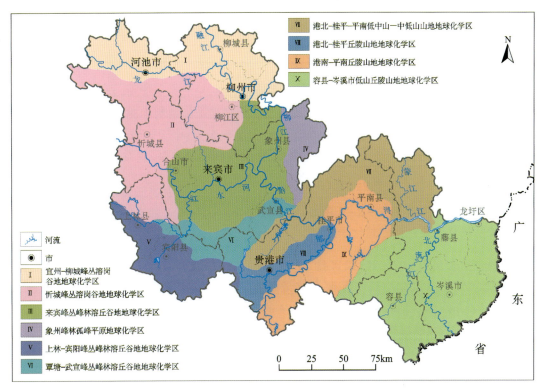

图 6-2-1　土壤地球化学分区图

表 6-2-1　土壤地球化学分区特征表

地球化学分区	分区编号	低背景区(<25%)	高背景区(>75%)
宜州-柳城峰丛溶岗谷地地球化学区	Ⅰ		CaO、Cd、Hg、Cr、Mn、Ni、Zn
忻城峰丛溶岗谷地地球化学区	Ⅱ	K_2O、Ba、Ge	CaO、Ag、Cd、Hg、Co、Cr、Mn、Ni、Sr、Y、Zn
来宾峰丛峰林溶丘谷地地球化学区	Ⅲ	Ge、Zr	CaO、Ag、Cd、Cr、Mn、Mo、Ni、Sb、Se、V、Zn
象州峰林孤峰平原地球化学区	Ⅳ	U	CaO、K_2O、MgO、B、Ba、Be、Cu、F、Ge、N、Pb、Rb、Sb、Zn
上林-宾阳峰丛峰林溶丘谷地地球化学区	Ⅴ		As、Ba、Bi、Br、Cl、Ge、La、Sb、Th、U、W、Zr
覃塘-武宣峰丛峰林溶丘谷地地球化学区	Ⅵ	SiO_2	CaO、TFe_2O_3、MgO、TC、Cd、Hg、As、B、Be、Bi、Br、Ce、Co、Cr、Cu、F、Ga、I、La、Li、Mn、Mo、N、Nb、Ni、P、Pb、S、Sb、Sc、Se、Sn、Th、Ti、Tl、U、V、W、Y、Zn、Zr
港北-桂平-平南低中山—中低山山地球化学区	Ⅶ	CaO、Li、Zn	Au、Ba
港北-桂平丘陵山地球化学区	Ⅷ	SiO_2	Al_2O_3、CaO、TFe_2O_3、Na_2O、Ag、Au、Hg、As、B、Ba、Be、Bi、Cr、Cu、Ga、Ge、Li、Mo、Nb、Ni、P、Pb、S、Sb、Sc、Th、Ti、U、V、W、Y、Zn、Zr
港南-平南丘陵山地球化学区	Ⅸ		MgO、Na_2O
容县-岑溪低山丘陵山地球化学区	Ⅹ	Cr、Se	Al_2O_3、K_2O、Na_2O、Ce、Ga、Nb、Rb、Sn、Th、W

1. 宜州-柳城峰丛溶岗谷地地球化学区

该区主要包括河池市宜州区北侧、柳城县和柳北区,呈西东向展布,面积约 5028km²。该区位于扬子克拉通（Ⅱ级构造单元）湘桂被动陆缘（Ⅲ级构造单元），以宜州深大断裂为界，南属Ⅳ级构造单元桂中坳陷北部，出露最老地层为中泥盆统。发育相对稳定的泥盆纪—中三叠世盖层沉积，以浅海台地相碳酸盐岩为主，次为台沟相的硅泥质及碎屑岩沉积，次台沟或台盆相硅质岩及陆源细碎屑沉积；燕山期以块断活动为主，沿北北东—近南北向、北东向主干断裂及附近形成的若干白垩纪断陷盆地沉积一套红色复陆屑、类磨拉石和含煤、含膏盐建造；岩浆岩仅出露少量云斜煌斑岩和霏细岩，见少量凝灰岩夹于上二叠统及中三叠统底部。矿产以沉积型矿产为主，有铁、石灰岩、煤、锰、铌、钽、铅、锌等矿产。表层土壤 CaO、Cd、Hg、Cr、Mn、Ni、Zn 呈高背景分布。

2. 忻城峰丛溶岗谷地地球化学分区

该区主要包括忻城县、柳江区、上林县北部及宜州区南部，呈北东向展布，面积约 7670km²。该区位于湘桂被动陆缘南西的桂中坳陷（Ⅳ级构造单元）西侧，出露最老地层为中泥盆统，最新为下白垩统陆相红层。早泥盆世—中泥盆世早期，以滨浅海陆源碎屑岩沉积为主；中泥盆世中期以后，以浅海台地相碳酸盐岩为主，次为台沟相的硅泥质及碎屑岩沉积；沿北北东—近南北向、北东向主干断裂及其附近形成若干白垩纪断陷盆地，沉积一套陆相红层；矿产以沉积型矿产为主，有石灰岩、方解石、锰、铅、锌等矿产。表层土壤 K₂O、Ba、Ge 呈低背景分布，CaO、Ag、Cd、Hg、Co、Cr、Mn、Ni、Sr、Y、Zn 呈高背景分布。

3. 来宾峰丛峰林溶丘谷地地球化学区

该区主要包括合山市、兴宾区、武宣县北部、象州县西部及柳江区东侧，呈北东向展布，面积约 6125km²。该区位于桂中坳陷中部—南部，最老地层为下泥盆统，印支运动使泥盆纪—中三叠世沉积盖层褶皱隆起，形成开阔的以北东向和近南北向为主的褶皱。沟台相间的古地理格局控制着本区的岩性组合，台地相以沉积浅色厚层碳酸盐岩为主，斜坡至盆地相以硅质灰岩、硅质岩及陆源细碎屑沉积。晚二叠世发育火山岩、火山碎屑岩。矿产以石灰岩、锰、煤、滑石、铅锌等矿产为主。表层土壤 Ge、Zr 呈低背景分布，CaO、Ag、Cd、Cr、Mn、Mo、Ni、Sb、Se、V、Zn 呈高背景分布。

4. 象州峰林孤峰平原地球化学区

该区主要包括象州县东侧，呈南北向展布，面积约 1338km²。该区位于桂中坳陷东部，与大瑶山隆起的交接部位。最老地层为下泥盆统，最新地层为上泥盆统。早泥盆世—中泥盆世早期以滨浅海陆源碎屑岩沉积为主，中泥盆世中期以来，次为台沟相的硅泥质及碎屑岩沉积。矿产以石灰岩、重晶石、锰、铅锌、铜等矿产为主。表层土壤 U 呈低背景分布，CaO、K₂O、MgO、B、Ba、Be、Cu、F、Ge、N、Pb、Rb、Sb、Zn 为高背景分布。

5. 上林-宾阳峰丛峰林溶丘谷地地球化学区

该区主要包括上林县南部和宾阳县，呈北西向展布，面积约 2799km²。该区位于桂中坳陷南部，与南盘江-右江裂谷盆地、大瑶山被动陆缘盆地交接，大地构造位置复杂。本区出露最老地层为寒武系，为复理石碎屑岩及浊积岩建造，总厚 6000m。广西运动之后，区内转入陆内伸展裂陷，发育相对稳定的泥盆纪—晚二叠世盖层沉积，泥盆系呈角度不整合于前泥盆系之上。早泥盆世—中泥盆世早期，区内以滨浅海陆源碎屑岩沉积为主；中泥盆晚期以后，主要受北西向和北东向同生断裂控制的浅水台地及深水台沟（盆），构成"台、沟-盆"相间的古地理景观，此现象维持到早三叠世。加里东期和燕山期酸性、中酸性多期侵入岩浆岩发育，接触变质作用强烈。矿产丰富，主要矿产有金、锡、铅、锌等。表层土壤 As、Ba、Bi、Br、Cl、Ge、La、Sb、Th、U、W、Zr 呈高背景分布。

6. 覃塘-武宣峰丛峰林溶丘谷地地球化学区

该区主要位于宾阳县、兴宾区、覃塘区及武宣县交界处，呈西动向展布，面积约 2076km²。该区位于桂中坳陷东南缘，受凭祥-大黎断裂中段、永福-武宣断裂控制。上古生界广泛分布，早泥盆世以滨浅海碎屑岩沉积为主,中泥盆世—二叠世以浅水台地相碳酸盐建造为主,早三叠世为滨岸凹地相,中三叠世为浅水陆棚相细碎屑岩建造,第四纪有斑杂色黏土层的临桂组及冲洪积砂砾石堆积。该区产煤矿、铅锌矿、石灰石矿等。表层土壤 SiO_2 呈低背景分布,CaO、TFe_2O_3、MgO、TC、Cd、Hg、As、B、Be、Bi、Br、Ce、Co、Cr、Cu、F、Ga、I、La、Li、Mn、Mo、N、Nb、Ni、P、Pb、S、Sb、Sc、Se、Sn、Th、Ti、Tl、U、V、W、Y、Zn、Zr 呈高背景分布。

7. 港北-桂平-平南低中山—中低山山地地球化学区

该区主要包括港北区北部、桂平市北部、平南县北部及藤县北区,呈北东向展布,面积约 $5676km^2$。该区位于大瑶山陆缘沉降带西南部,寒武系基底发育,主要为深水盆地相碎屑岩建造,经加里东期造山运动而褶皱隆起(莲花山隆起)。隆起边缘主要为下泥盆统,以滨浅海相碎屑岩带环绕,桂平西山、贵港太平天山有燕山期二长花岗岩侵入,产金、铅锌等矿产。表层土壤 CaO、Li、Zn 呈低背景分布,Au、Ba 呈高背景分布。

8. 港北-桂平丘陵山地地球化学区

该区主要包括港北区南部和桂平市中西部,呈北东向展布,面积约 $1605km^2$。该区位于大瑶山陆缘沉降带西南部(莲花山隆起东南部),第四系冲洪积砂砾石堆积层广泛分布,基底零星出露,主要有中泥统台地相、上泥盆统硅泥质岩-薄层灰岩;蒙圩以南有中侏罗世二长岩侵入,产铅锌矿。表层土壤 SiO_2 呈低背景分布,Al_2O_3、CaO、TFe_2O_3、Na_2O、Ag、Au、Hg、As、B、Ba、Be、Bi、Cr、Cu、Ga、Ge、Li、Mo、Nb、Ni、P、Pb、S、Sb、Sc、Th、Ti、U、V、W、Y、Zn、Zr 呈高背景分布。

9. 港南-平南丘陵山地地球化学区

该区主要包括港南区、桂平市东南部和平南县南部,呈北东向展布,面积约 $4321km$。该区位于大瑶山陆缘沉降带西南部,为燕山期桂平陆相断陷展布区,东南以灵山-梧州断裂为界。白垩纪含中酸性火山岩建造的砂砾岩广泛分布,东部边缘有较大面积浅海—半深海下奥陶统、上寒武统深海碎屑岩基底地层出露,其上被下泥盆统滨浅海碎屑岩不整合覆盖,中泥盆统浅水台地碳酸盐岩,古近系—新近系河湖砂砾岩零星分布,贵港一带有上泥盆统—石炭统台地相碳酸盐岩出露,第四系冲洪积砂砾石于该区北部亦有较大面积分布。该区东南边缘有零星小面积的中三叠世二长花岗岩侵入,产铅锌矿。表层土壤 MgO、Na_2O 呈高背景分布。

10. 容县-岑溪低山丘陵山地地球化学区

该区主要包括容县、岑溪市和龙圩区,呈北东向展布,面积约 $8636km^2$。该区位于钦防结合带之博白-岑溪俯冲增生杂岩带北东段,受博白-岑溪断裂带控制,下志留统、中—下奥陶统主要为浅海—次深海相碎屑,泥盆系—下石炭统以浅水碎屑岩、灰岩为主,次为深水盆地相硅泥质岩,多呈断夹块型式;白垩系分布广泛,与古近系均陆相河湖相砂砾岩、泥岩沉积;沿河流谷地有第四系冲洪积砂砾岩堆积。印支期—燕山期岩浆活动强烈,以早三叠世、晚侏罗世中酸性花岗岩为主,岑溪大业一带晚白垩世中酸性火山岩发育,产金、铜、铅锌等矿产。表层土壤 Cr、Se 呈低背景分布,Al_2O_3、K_2O、Na_2O、Ce、Ga、Nb、Rb、Sn、Th、W 呈高背景分布。

6.3　土壤地球化学基准值与背景值对比

6.3.1　基准值与背景值对比

基准值和背景值分别为深层土壤(第一环境)和表层土壤(第二环境)的元素含量值,表层、深层土壤是在同一成土母质基础上发育而成的,土壤地球化学含量特征理应一致,但由于表层土壤在成土过程中受自然风化淋漓作用和人为扰动如后期工业"三废"排放、增施肥料、污灌和农药等因素影响,二者含量特征出现明显差异。因此,表层土壤中的元素含量,除受母岩风化成土作用的控制外,还受到人为活动的影响(代杰瑞等,2011)。

从前述研究及背景值与基准值统计结果(表4-2-1、表5-2-1)可以看出,不同土壤指标背景值与基准值是极不均匀的,两者之间既有联系又有区别,既表现出一定的继承性,又有不同的地球化学演化趋势。用富集系数 K(K=背景值/基准值)探讨元素在土壤剖面中的富集与贫化特征。K 值小于 0.2 为极度贫化,在 0.2~0.8 时为中度贫化,在 0.8~1.2 时为基本一致,在 1.2~5.0 时为中度富集,大于 5.0 时为高度富集。分段统计比值(表6-3-1)可以得出以下结论。

表6-3-1 土壤背景值与基准值及 K 值统计表

指标	单位	背景值	基准值	K 值	定义	指标	单位	背景值	基准值	K 值	定义
Corg	%	1.44	0.29	4.97		Na_2O	%	0.08	0.09	0.89	
TC	%	1.59	0.36	4.42		W	mg/kg	2.05	2.34	0.88	
N	%	1434	508	2.82		Ge	mg/kg	1.4	1.6	0.88	
S	mg/kg	275	124	2.22		Zn	mg/kg	72	83	0.87	
P	mg/kg	629	333	1.89	中度富集	F	mg/kg	472	545	0.87	基本一致
Cd	μg/kg	226	127	1.78		U	mg/kg	3.8	4.4	0.86	
Br	mg/kg	4.0	2.8	1.43		Th	mg/kg	15.3	18.0	0.85	
Ag	μg/kg	98	72	1.36		Cr	mg/kg	73	86	0.85	
CaO	%	0.25	0.19	1.32		Cu	mg/kg	22	26	0.85	
Se	mg/kg	0.57	0.44	1.30		Tl	mg/kg	0.71	0.87	0.82	
Cl	mg/kg	53	43	1.23		MgO	%	0.47	0.58	0.81	
SiO_2	%	70.74	64.50	1.10		Rb	mg/kg	81	100	0.81	
Zr	mg/kg	302	278	1.09		Be	mg/kg	1.6	2.0	0.80	
Sn	mg/kg	4.0	3.8	1.05		Au	μg/kg	1.2	1.5	0.80	
Y	mg/kg	28.4	28.6	0.99		Ga	mg/kg	15.9	20.1	0.79	
B	mg/kg	56	57	0.98		Sc	mg/kg	10.1	13.0	0.78	
pH		5.3	5.42	0.98		V	mg/kg	89	115	0.77	
Pb	mg/kg	32	33	0.97		K_2O	%	1.30	1.68	0.77	
Ti	mg/kg	4574	4738	0.97	基本一致	Al_2O_3	%	12.88	16.81	0.77	贫化
Hg	μg/kg	120	126	0.95		Mn	mg/kg	313	414	0.76	
Nb	mg/kg	18	19	0.95		Mo	mg/kg	1.16	1.54	0.75	
Bi	mg/kg	0.52	0.55	0.95		TFe_2O_3	%	4.32	5.76	0.75	
Ce	mg/kg	79	85	0.93		Li	mg/kg	27	36	0.75	
Sb	mg/kg	1.62	1.78	0.91		Co	mg/kg	8.6	11.6	0.74	
La	mg/kg	38	42	0.90		As	mg/kg	13.4	18.2	0.74	
Sr	mg/kg	46	51	0.90		Ni	mg/kg	22	30	0.73	
Ba	mg/kg	248	276	0.90		I	mg/kg	3.5	4.8	0.73	

(1)Rb、Be、Au、Ga、Sc、V、K_2O、Al_2O_3、Mn、Mo、TFe_2O_3、Li、Co、As、Ni、I 的富集系数小于0.8,呈贫化状态,可能是由于表层土壤在风化成壤作用与人类活动作用中有少量被迁移带出,农作物吸收或溶淋至土壤深层所致。

(2)Na_2O、W、Ge、Zn、F、U、Th、Cr、Cu、Tl、MgO、SiO_2、Zr、Sn、Y、B、pH、Pb、Ti、Hg、Nb、Bi、Ce、Sb、La、Sr、Ba 的富集系数在 0.8~1.2 之间,表层土壤与深层土壤的背景含量基本一致,基本上继承了深层土壤的地球化学含量分布特征,表明风化成土等表生地球化学作用及人类活动所造成的深层、浅层土壤地球化学成分的变化较小,主要受成土母质控制。

(3)Corg、TC、N、S、P、Cd、Br、Ag、CaO、Se、Cl 元素富集系数在 1.2~5.0 之间,表明这些元素在表层土壤中富集。其原因一方面与指标自身地球化学性质和成土母质、地质背景有关,另一方面还可能与下列因素有关:①长期的农业生产活动如耕作、施肥、农药带来 Cd、S、P 在表层土壤中富集,秸秆还田是导致 Corg 在表层土壤富集的主要原因;②人类工业生产和居民生活带来的污染。如工业与民用燃煤的长期使用,机动车尾气,工厂"三废"排放使 Cd、Se、S 在表层土壤中富集;③矿产资源的开采与冶炼使 Cd、Ag 等在表层土壤中不断积累,造成了上述指标的富集;④Corg、TC 富集系数大于4,表明这些指标在表层土壤中已明显趋于富集,农业生产中有机肥的使用是使该区表层土壤中 Corg 和 TC 含量显著提升的主要原因;Corg 主要富集于山区,除与成壤作用及人类耕作有关外,还与动植物代谢、死亡积淀有关。

6.3.2 变异、富集系数比较

表层土壤在成土过程中元素受到活化迁移重分配等自然作用及人为叠加扰动的影响,使得指标的含量变化幅度较大、空间分布差异明显。因此,表层土壤某些指标的标准偏差与平均值的比值(变异系数)和深层土壤相比有较大差别。表 6-3-2 为深层土壤与表层土壤指标变异系数对比表,由表可见,大多数指标表层土壤与深层土壤的变异系数在 0.80~1.2 之间,这说明表层土壤和深层土壤中元素分布均匀性相似,N、Cu、P、Tl、TC、Corg 变异系数小于 0.8,Ba、Bi、Au、As、Sn、S、I、Pb、B、Sb、Al_2O_3、Ag、TFe_2O_3、Ga、Zr 变异系数大于 1.2。

表 6-3-2 深层土壤与表层土壤指标变异系数对比表

指标	表层土壤变异系数	深层土壤变异系数	K(表层/深层)	指标	表层土壤变异系数	深层土壤变异系数	K(表层/深层)
Ba	2.71	0.77	3.52	pH	0.17	0.15	1.13
Bi	2.04	0.76	2.68	Br	0.56	0.51	1.10
Au	5.02	2.52	1.99	Ge	0.26	0.24	1.08
As	1.87	0.95	1.97	Zn	1.06	0.98	1.08
Sn	0.67	0.40	1.68	Be	0.53	0.50	1.06
S	0.79	0.48	1.65	Cl	0.4	0.38	1.05
I	0.73	0.50	1.46	Mo	1.02	0.97	1.05
Pb	1.88	1.33	1.41	Co	0.68	0.66	1.03
B	0.66	0.48	1.38	La	0.45	0.44	1.02
Sb	2.08	1.67	1.25	U	0.46	0.45	1.02
Al_2O_3	0.41	0.33	1.24	Li	0.55	0.54	1.02
Ag	1.24	1.00	1.24	Ni	0.81	0.80	1.01
TFe_2O_3	0.47	0.38	1.24	CaO	2.13	2.13	1.00
Ga	0.38	0.31	1.23	Ce	0.44	0.44	1.00
Zr	0.44	0.36	1.22	Sr	0.8	0.81	0.99
Th	0.44	0.37	1.19	V	0.53	0.55	0.96
Cr	0.83	0.70	1.19	Cd	2.14	2.25	0.95
W	0.98	0.83	1.18	SiO_2	0.15	0.16	0.94
Mn	1.64	1.39	1.18	Y	0.59	0.63	0.94
Na_2O	0.95	0.81	1.17	F	0.46	0.53	0.87
Nb	0.50	0.43	1.16	Se	0.49	0.58	0.84
K_2O	0.65	0.56	1.16	N	0.31	0.41	0.76
MgO	0.66	0.57	1.16	Cu	0.57	0.76	0.75
Rb	0.59	0.51	1.16	P	0.42	0.60	0.70
Sc	0.45	0.39	1.15	Tl	0.55	1.07	0.51
Ti	0.45	0.39	1.15	TC	0.38	0.74	0.51
Hg	1.16	1.01	1.15	Corg	0.33	0.76	0.43

7 土壤碳库研究

就全球碳循环而言,土壤既是"碳汇"也是"碳源",是陆地生态系统参与全球碳循环与气候变化的重要因子。研究统计发现,土壤呼吸的 CO_2 年通量是工业排放量的近 10 倍,对全球土壤碳循环来说,即使一个很小的扰动也会引起气候很大的响应。因此,科学研究统计土壤碳储量、准确掌握土壤碳库可以为我们研究土壤与全球碳循环、大气 CO_2 含量变化、全球气候变化提供重要科学数据。近年来,全球碳循环和变化问题得到各国政府、科学界和公众的极大关注。土壤碳库主要包括无机碳库和有机碳库,其中土壤无机碳库碳储量的估算主要以碳酸盐形式存在,且大多分布于半干旱地区的干旱土、始成土、淋溶土和新成土中,比较粗略。全球土壤碳库含量为 780~930Pg,但由于无机碳在全球碳循环中的交换量很少,因此目前关于土壤无机碳库在土壤碳循环过程的研究较少,国内外学者们将关注点主要集中在土壤有机碳库的研究。土壤作为陆地生态系统的重要组成部分,它的土壤有机碳(soil organic carbon,SOC)储量(为 1400~1500Pg 约为大气碳储量的 2 倍,研究认为全球土壤有机碳 10%的改变所释放的 CO_2 量将超过人类活动 30 年的排放总量。土壤碳储量变化 0.1%将会导致大气 CO_2 浓度产生 1mg/L 的变化,进而对陆地生态系统的组成、分布、结构和功能产生影响。

7.1 土壤碳储量数据来源及计算方法

土壤有机碳和全碳数据来源于 2007—2018 年完成的广西多目标区域地球化学调查。

在一定深度范围内,单位面积土体中的碳储量为土壤碳密度(soil carbon density,SCD),一定面积土体中碳的总量为土壤碳储量(soil carbon reserve,SCR)。本书对 0.2 m、1.0 m 和 1.8 m 三种土壤深度的碳密度和 4.35 万 km^2 范围内的土体碳储量进行了计算。

根据奚小环和李敏(2017)的研究结果,土壤有机碳与土壤无机碳密度计算方法不同,有机碳含量从表层土壤到深层土壤符合指数曲线模型($y=ae^{bx}$)的变化规律,因此计算不同深度的土壤有机碳含量实际上是对土壤有机碳含量曲线在垂向(z)上进行积分;土壤无机碳在土壤层中的含量变化近一定深度(0~2.0 m)内的土壤无机碳平均含量,并求取碳密度。似于直线模型($y=ax+b$),故采用直线模型法计算。

土壤有机碳密度(soil organic carbon density,SOCD)的计算公式为:

$$SOCD = D \times \rho \times TOC/10 \tag{7-1}$$

$$TOC = \frac{(TOC_1 - TOC_2) \cdot [(d_1-D)+D \cdot (\ln D - \ln d_2)]}{D \cdot (\ln d_2 - \ln d_1)} + TOC_2 \tag{7-2}$$

土壤无机碳密度(soil inorganic carbon density,SICD)计算公式为:

$$SICD = D \times \rho \times TIC/10 \tag{7-3}$$

$$TIC = \frac{(2d_2-D-d_1) \cdot TIC_1 + (D-d_1) \cdot TIC_2}{2 \cdot (d_2-d_1)} \tag{7-4}$$

在式(7-1)~式(7-4)中,SOCD、SICD 分别为一定深度土体中土壤有机碳密度和土壤无机碳密度(kg/m^2),TOC、TIC 分别为土壤有机碳和无机碳平均含量(%);TOC_1、TOC_2 分别为表层土壤和深层土壤有机碳实测含量(%);TIC_1、TIC_2 分别为表层土壤和深层土壤无机碳含量(%),由土壤全碳含量减去有机碳含量获得;d_1 为表层土壤深度(0.1m);d_2 为深层土壤实际采样深度(2.0m);D 取 0.2m、1.0m 和 1.8m;10 是换算系数;ρ 为土壤容重(g/cm^3)。

土壤有机碳密度(SOCD)与土壤无机碳密度(SICD)之和为土壤全碳密度(soil total carbon density,TCD),单位为 kg/m²;土壤有机碳储量(soil organic carbon reserve,SOCR)与土壤无机碳储量(soil inorganic carbon reserve,SICR)之和为土壤碳储量(soil carbon reserve,SCR),单位为万 t。

7.2 土壤碳密度及碳储量

7.2.1 不同深度土壤碳密度及碳储量

根据式(7-1)~式(7-4)计算,广西西江流域桂中段 0~20cm、0~100cm 和 0~180cm 三个不同土壤层位的碳密度和 43 488km² 范围内的土壤碳储量见表 7-2-1。

表 7-2-1 不同深度土壤碳密度与碳储量

深度/cm	碳密度/kg·m⁻²			碳储量/万 t			(SOCR/SCR)/%	(SICR/SCR)/%
	SOCD	SICD	TCD	SOCR	SICR	SCR		
0~20	3.55	0.49	4.04	15 454.43	2 110.58	17 565.01	87.98	12.02
0~100	11.39	2.11	13.50	49 545.88	9 187.93	58 733.81	84.36	15.64
0~180	15.25	3.18	18.43	66 297.89	13 808.34	80 106.23	82.76	17.24

从表 7-2-1 可以看出,3 个土壤层位的 SICD 分别为 0.49kg/m²、2.11kg/m² 和 3.18kg/m²,SOC 密度分别为 3.55kg/m²、11.39kg/m² 和 15.25kg/m²,而中国东部主要农耕区 SOCD 分别为 3.19kg/m²、11.64kg/m² 和 15.34kg/m²,分别是广西西江流域桂中段相应层位 SOCD 的 0.90 倍、1.02 倍和 1.01 倍。可以看出,广西西江流域桂中段各层位与中国东部主要农耕区相当,除表层 SOCD 略高于中国东部主要农耕区外,其余层位均稍低于中国东部主要农耕区。

从不同深度土体有机碳储量来看,0~20cm SOCR 占 0~180cm SOCR 的 23.31%,这与河北(21.30%)、湖南(21.84%)、吉林(23.74%)等多数省份所占比例相当,但与内蒙古(35.56%)、西藏(57.00%)等少数地区相比偏低。0~100cm SOCR 占 0~180cm SOCR 的 74.73%,说明 SOC 主要集中在 100cm 深度内,而 100~180cm 范围内的储量有限;与 SOCR 分布相似,0~100cm SICR 占 0~180cm SICR 的 66.54%,说明 SIC 主要分布在 100cm 深度内土壤中,但深层土壤中 SIC 比例高于 SOC。

图 7-2-1 为 SOCR 和 SICR 在 3 个土壤层位中占 SCR 的比例。由图 7-2-1 可见,各层土壤中均以 SOC 为主,0~20cm、0~100cm 和 0~180cm 的 SOCR 分别占 SCR 的 87.98%、84.36% 和 82.76%;随着深度的增加,SOC 所占比例逐渐减小,SIC 所占比例逐渐增大,反映了不同深度的 SOC 受气候(气温、降水等)、成土母岩(质)、地形地貌条件、土地利用方式以及表生富集作用的影响程度不同,对外界有机质输入量的接受也有差异。

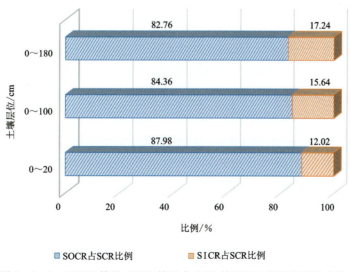

图 7-2-1 SOCR 储量、SICR 储量占 SCR 储量的比例随深度的变化

7.2.2 统计单元土壤碳密度

土壤中有机碳是直接与陆地生态系统中碳循环耦合,它的变化将直接影响到环境的变动,且表层土壤有机碳与农业种植等人类生产有关,故以下将重点对表层(0~20 cm)有机碳在不同土壤类型和不同用地类型中的密度及储量进行研究。

1. 不同成土母质土壤碳密度

广西西江流域桂中段不同成土母质SOCD及储量见表7-2-2。由表7-2-2可见,表层SOCD较高的成土母质有化学沉积岩-碳酸盐岩(4.27kg/m^2)、中性—酸性火成岩(4.12kg/m^2)、砂岩(4.04kg/m^2)和碳酸盐岩-陆源碎屑岩(3.82kg/m^2),是整个西江流域桂中段表层SOCD(3.55kg/m^2)的1.08~1.20倍。陆源碎屑岩和副变质岩与西江流域桂中段表层SOCD相当,火山碎屑岩和碳酸盐岩-黏土岩的表层SOCD明显偏低。

全省表层SOCR为15 454.43万t,其中成土母质为陆源碎屑岩(5 391.74万t)的土壤储量最丰富,其次为碳酸盐岩(5 187.93万t)和中性—酸性火成岩(2 026.445万t),三者累计占表层SOCR的81.57%。由于成土母质为陆源碎屑岩和碳酸盐岩的土壤分布面积最广泛,约占西江流域桂中段面积的1/3,故储量丰富。成土母质为中性—酸性火成岩的土壤面积虽仅占西江流域桂中段面积的11.31%,而其表层SOCR却占全省表层SOCR的13.11%,固碳效应明显。

表7-2-2 广西西江流域桂中段不同成土母质下表层(0~20cm)土壤有机碳密度和储量

成土母质	面积/km^2	面积比例/%	SOCD/kg·m^{-2}			储量/万t	储量比例/%
			最小值	最大值	平均值		
变质岩	512	1.18	1.85	5.85	3.43	175.49	1.13
副变质岩	212	0.49	2.05	5.03	3.51	74.36	0.48
正变质岩	276	0.64	2.12	5.73	3.12	86.13	0.56
第四系沉积物	3100	7.13	0.99	8.50	3.47	1 076.97	6.97
化学沉积岩	3196	7.35	0.36	13.00	3.38	1 078.92	6.98
化学沉积岩-碳酸盐岩	136	0.31	2.53	9.90	4.27	58.10	0.38
火山碎屑岩	28	0.06	1.82	3.82	2.74	7.67	0.05
陆源碎屑岩	15 096	34.71	0.44	17.76	3.57	5 391.74	34.89
砂岩	172	0.40	2.55	5.88	4.04	69.53	0.45
碳酸盐岩	15 256	35.08	0.62	14.30	3.40	5 187.93	33.57
碳酸盐岩-黏土岩	4	0.01	2.53	2.53	2.53	1.01	0.01
碳酸盐岩-陆源碎屑岩	544	1.25	1.97	6.61	3.82	207.70	1.34
基性—超基性火成岩	36	0.08	1.39	4.44	3.45	12.43	0.08
中性—酸性火成岩	4920	11.31	0.57	9.18	4.12	2 026.45	13.11
汇总	43 488	100.00	0.36	17.76	3.55	15 454.43	100.00

2. 不同土壤类型土壤碳密度

广西西江流域桂中段不同土壤类型有机碳的密度及储量见表7-2-3。由表7-2-3可见,表层SOCD较高的土壤类型有黄壤(5.14kg/m^2)、赤红壤(3.73kg/m^2)、红壤(3.71kg/m^2)和水稻土(3.58kg/m^2),是整个西江流域桂中段表层SOCD(3.55kg/m^2)的1.01~1.45倍。黄壤、赤红壤和红壤均为亚热带生物气候旺盛环境下生物富集和脱硅富铁铝化风化过程相互作用的产物,但黄壤较赤红壤和红壤脱硅富铁铝化作用弱,黄壤主要分布在中低山区及丘陵林被地带,动物残体、林木和杂草等凋落物可使土壤有机质长期保持较高水平;赤红壤和红壤分布地区的生物气候条件有利于有机质的积累,是优质农业土壤资源,在农业生产中应合理利用。水稻土是桂中丘陵低洼区域主要土壤类型,也是重要的粮食生产基地,经长期耕种后导致土壤有机质含量相对下降,表层SOCD仅与全省平均水平相当。在所有土壤类型中,紫色土(3.46kg/m^2)、石灰岩土(3.34kg/m^2)、新积土(3.09kg/m^2)和硅质土(3.06kg/m^2)的SOCD相对偏低,新积土由于成土时间短、生物活动性较低以及土壤沙质成分含量高等原因,土壤有机质积累缓慢;硅质土在桂中地区分布较多,土壤淋溶强,有机质含量偏低。

表 7-2-3 广西西江流域桂中段不同土壤类型下表层(0~20cm)土壤有机碳密度和储量

用地类型	面积/km²	面积比例/%	SOCD/kg·m⁻²			储量/万t	储量比例/%
			最小值	最大值	平均值		
赤红壤	14 996	34.48	0.57	9.56	3.73	5 595.24	36.20
硅质土	4572	10.51	0.36	10.19	3.06	1 397.44	9.04
红壤	7468	17.17	0.44	17.76	3.71	2 773.34	17.95
黄壤	144	0.33	2.84	9.84	5.14	74.04	0.48
石灰岩土	7352	16.91	1.46	13.00	3.34	2 454.97	15.89
水稻土	5676	13.05	0.81	14.30	3.58	2 030.14	13.14
紫色土	3104	7.14	0.74	9.60	3.46	1 074.82	6.95
新积土	176	0.41	1.64	5.57	3.09	54.45	0.35
汇总	43 488	100.00	0.36	17.76	3.55	15 454.43	100.00

全省表层 SOCR 为 15 454.43 万 t,其中赤红壤(5 595.24 万 t)储量最丰富,其次为红壤(2 773.34 万 t)、石灰岩土(2 454.97 万 t)和水稻土(2 030.14 万 t),四者累计占表层 SOCR 的 83.17%。赤红壤 SOCD 最高,并且其分布面积最广泛,约占全省面积的 34.48%,故储量丰富。赤红壤和红壤面积分别占西江流域桂中段面积的 34.48% 和 17.17%,而它们的表层 SOCR 却分别占西江流域桂中段表层 SOCR 的 36.20% 和 17.95%,固碳效应明显,此外黄壤和水稻土也存在固碳效应。

3. 不同土地利用类型土壤碳密度

土地利用的变化是导致土壤有机碳密度及储量变化的主要影响因素之一。表 7-2-4 列出了广西西江流域桂中段 10 种主要土地利用类型表层有机碳的密度及储量。由表 7-2-4 可见,水田(3.81kg/m²)是耕地利用类型中表层 SOCD 最高的土地利用类型,且高于全国旱田(2.84kg/m²)和水田(3.21kg/m²)的 SOCD,而旱地(3.32kg/m²)的 SOCD 低于西江流域桂中段表层 SOCD(3.55kg/m²)。居民工矿用地(3.52kg/m²)与西江流域桂中段表层 SOCD(3.55kg/m²)相当,草地(3.48kg/m²)和裸地(3.42kg/m²)表层 SOCD 相对偏低,而其他用地类型(林地、园地)略大于西江流域桂中段表层 SOCD。对于多目标调查而言,水域有机碳统计数据是指坑塘、水库等周边土壤,而非水域本身,该用地类型的 SOCD 最低,仅为 2.91kg/m²。由以上可见,在现有条件下旱地转为园地,扩大林地、绿地面积,可起到土壤"碳汇"作用;保护林(草)地和水田不被破坏,同时也是保护土壤碳库。

从储量来看,水田、旱地和林地面积占调查区面积的 84.99%,三者储量累计 13 231.30 万 t,占表层 SOCR 的 85.61%,是广西西江流域桂中段表层有机碳的主要储库。

表 7-2-4 广西西江流域桂中段不同土地利用类型下表层(0~20cm)土壤有机碳密度和储量

用地类型	面积/km²	面积比例/%	SOCD/kg·m⁻²			储量/万t	储量比例/%
			最小值	最大值	平均值		
水田	7272	16.72	0.99	9.80	3.81	2 771.08	17.93
旱地	9676	22.25	1.25	13.28	3.32	3 215.23	20.80
园地	1236	2.84	1.37	6.52	3.60	445.31	2.88
林地	20 012	46.02	0.44	17.76	3.62	7 244.99	46.88
草地	660	1.52	1.39	10.19	3.48	229.40	1.49
裸地	2912	6.70	0.62	10.90	3.42	996.10	6.45
居民工矿	848	1.95	0.36	9.56	3.52	298.60	1.93
水域	872	2.00	0.66	14.30	2.91	253.72	1.64
汇总	43 488	100.00	0.36	17.76	3.55	15 454.43	100.00

7.2.3 土壤有机碳密度空间分布

西江流域桂中段表层有机碳密度空间分布如图 7-2-2 所示。由图 7-2-2 可知,表层有机碳密度空间分布与土地利用及土壤类型相关性较好。容县周边以及平南县—贵港市—宾阳县一带多为水田,主要土壤类型是水稻土及赤红壤,大部分区域表层SOCD为4.13～6.91kg/m²,处于中等偏高水平;而上林县西部为大明山,土地利用为林地,土壤类型主要为黄壤,其表层SOCD为5.68～17.76kg/m²;而来宾县—柳州市—忻城县虽有较多水田,但其主要的土壤类型为硅质土及石灰岩土,其表层SOCD为0.36～2.78kg/m²,属于较低水平;其他地区土地利用以旱地为主,且容县西北部分布有大片草地,这些区域表层SOCD为2.78～4.13kg/m²,属于中等水平。

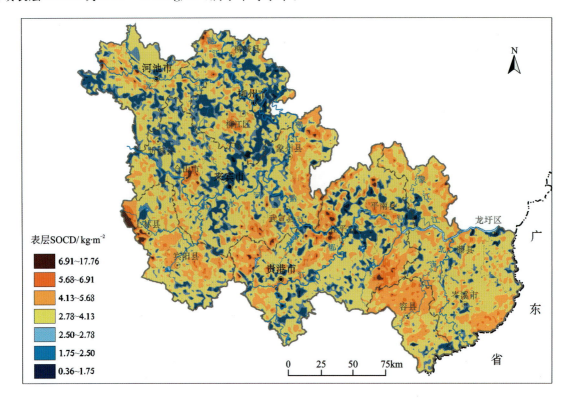

图7-2-2 西江流域桂中段表层(0～20cm)SOCD空间分布图

7.3 土壤碳储量影响因素

土壤pH、化学元素组成等影响有机碳(TOC)的稳定与存储。表7-3-1为表层TOC、TC含量和密度与土壤部分指标间的相关系数。由表7-3-1可知,TOC和TC与多种元素(指标)间存在明显相关性。

表7-3-1 表层SOC含量和密度变化量与土壤理化指标的相关系数

指标	SOCD	TCD	TOC	TC
N	0.851**	0.849**	0.860**	0.851**
P	0.320**	0.392**	0.333**	0.402**
K_2O	0.249**	0.064**	0.224**	0.041**
Al_2O_3	0.374**	0.290**	0.361**	0.277**
TFe_2O_3	0.280**	0.337**	0.281**	0.336**
SiO_2	−0.422**	−0.463**	−0.416**	−0.456**
CaO	0.167**	0.588**	0.181**	0.600**
MgO	0.187**	0.353**	0.189**	0.354**
Na_2O	0.040**	−0.024**	0.031**	−0.032**
Cl	0.234**	0.183**	0.230**	0.178**
Se	0.232**	0.276**	0.240**	0.281**
pH	0.043**	0.321**	0.057**	0.333**

注:*表示在0.05水平(双侧)上显著相关;**表示在0.01水平(双侧)上显著相关。

7.3.1 土壤养分含量对土壤碳储量的影响

土壤养分特征对土壤碳储量的影响不可忽视。有关研究表明,进入土壤的植被初级生产量与土壤的呼吸作用共同制约着土壤碳储量,土壤养分状况与植被生产力密切相关,关系到土壤凋落物归还量的变化,影响土壤有机碳的积累,因此,土壤养分与有机碳含量存在极显著的相关性(李淑芬等,2003;徐阳春等,2002)。有机碳是土壤有机质的主要组成部分,其含量与组成亦能很好地显示 N、P 等营养元素的可利用状态(王艳芬和陈佐忠,1998)。由此可见,有机碳含量对调节土壤养分的重要影响,起因于有机碳与土壤内在生产力的高度相关性。由表 7-3-1 和图 7-3-1 可知,西江流域桂中段表层土壤 SOCD、TOC 与总氮含量在 0.01 置信水平上呈显著正相关,其相关系数分别高达 0.851 和 0.860。土壤总氮与有机碳均是土壤肥力高低的重要指标,也是评价土壤碳库功能的重要指标。土壤中的碳氮主要来源于植物有机质的归还,因此通常有机碳密度和土壤氮含量的变化趋于一致。西江流域桂中段表层 SOCD、TOC 与总磷呈显著正相关($p<0.01$),相关系数分别为 0.320 和 0.333。表层 SOCD、TOC 与 K_2O 为显著正相关($p<0.01$),相关系数分别为 0.249 和 0.224。

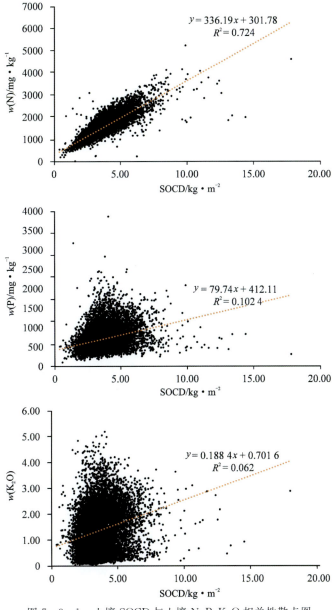

图 7-3-1 土壤 SOCD 与土壤 N、P、K_2O 相关性散点图

西江流域桂中段以赤红壤、红壤等土壤类型为主，土壤的脱硅富铝铁化作用较强烈，土壤中富含丰富的 Al_2O_3 和 TFe_2O_3，同时 SiO_2 含量较低。如表 7-3-1 及图 7-3-2 所示，西江流域桂中段表层 SOCD、SOC 分别与 Al_2O_3 和 TFe_2O_3 为显著正相关（$p<0.01$），而与 SiO_2 为显著负相关。说明土壤的脱硅富铝铁化作用对碳储量的积累起到了促进作用。

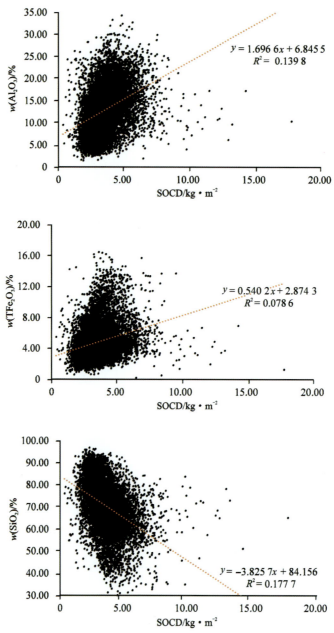

图 7-3-2　土壤 SOCD 与土壤 N、P、K_2O 相关性散点图

7.3.2　土壤 pH 对土壤碳储量的影响

相关研究表明，土壤 pH 通常对土壤中微生物活性与数量的控制来影响土壤有机质的分解速率和养分的分布趋势。同时，它还通过影响植物生长而调控有机碳分布，土壤 pH 过高或过低都会抑制大部分微生物活动，进而使有机碳分解速率下降（黄昌勇，2000）。此外，pH 的变化也能导致土壤养分和有机质形态产生变化，从而对有机碳总量和组成产生影响。

由表 7-3-1 和图 7-3-3 所示,西江流域桂中段表层土壤 SOCD、TOC 与土壤 pH 虽为正相关 ($p<0.01$),但相关系数较低,分别为 0.043 和 0.057。这说明 TOC 与 pH 之间相关性并不非常显著,这可能与土壤有机碳具有缓冲土壤 pH 变化的能力有关。

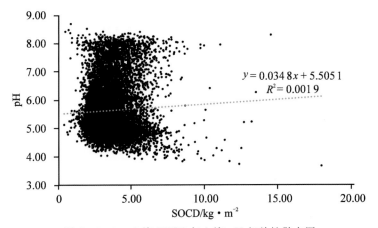

图 7-3-3　土壤 SOCD 与土壤 pH 相关性散点图

8 典型生态区地质地球化学环境研究

8.1 西江平南—苍梧段沿江高 Cd 成因来源同位素示踪研究

西江作为珠江水系干流之一,全长 2000km,贯穿整个广西,并一直延伸至广东佛山,是沿江流域主要的灌溉水源,具有重要的生态环境意义。土地质量地球化学调查结果显示(图 8-1-1),桂东南地区西江两岸土壤 Cd 含量相对周边区域偏高,呈现明显的沿江高值带,尤其在平南镇、蒙江镇、藤州镇等地形成 5 个 Cd 的高异常区。这些异常区是主要的人口聚集区和农业灌溉区,构成了潜在的生态风险。为查明高 Cd 成因来源及生态风险,本次开展了沿江土壤和江底沉积物主要重金属元素及 Cd 同位素测量,通过主要水系间及上游和下游沿江土壤、底积物元素、同位素组成对比研究,追溯 Cd 的成因来源、迁移转化。

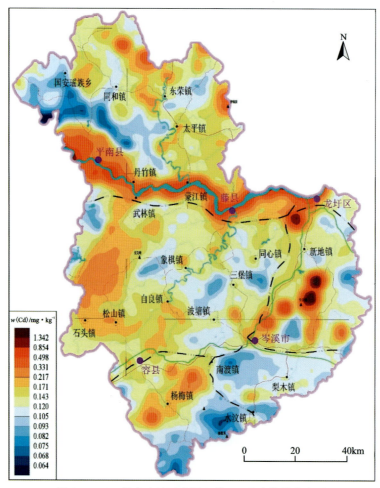

图 8-1-1 桂东南地区表层土壤 Cd 地球化学分布图

8.1.1 主要水系土壤(底积物)重金属元素地球化学特征

西江平南—苍梧段主要由浔江及其支流蒙江和北流河组成,北流河和蒙江分布在浔江南、北两侧,分别由南向北和由北向南汇入浔江。浔江位于区域中部,东西流向,沿江地势平坦,主体为浔江冲积平原分布区。

1. 样品布设与采集

本次研究共采集江底积物样本91个,其中浔江44个,北流河11个,蒙江36个。此外,共采集岩石、矿石及矿渣样品42个。沿岸土壤样品从土地质量地球化学调查现有土壤副样中选取。底积物样品的采样位置见图8-1-2。

图8-1-2 浔江及主要支流底积物采样点位分布示意图

2. 微量元素统计方法追溯Cd的成因来源

由主要水系沿岸土壤、底积物与研究区表层土壤样品重金属元素含量统计结果(表8-1-1)可知,除Cr外,底积物样品其他重金属元素含量均明显高于研究区和全国表层土壤背景值。

表8-1-1 西江流域重金属元素含量统计参数值 单位:mg/kg

水系名称	特征值	As	Cd	Cr	Cu	Ni	Pb	Zn
西江	平均值	78.37	3.79	75.28	47.02	32.19	107.20	523.20
	最小值	8.20	0.12	24.00	8.90	8.60	12.90	49.00
	最大值	2 030.00	20.80	195.00	229.00	56.20	1 215.00	2 870.00
	中位值	33.50	1.67	71.00	42.05	32.98	65.50	190.35
浔江	平均值	31.77	1.59	74.88	41.59	34.04	61.36	181.37
	最小值	15.90	0.64	39.00	23.30	19.40	31.10	87.00
	最大值	56.04	4.22	134.10	61.06	46.15	131.16	423.47
	中位值	28.19	1.52	71.00	41.60	34.30	56.00	170.39
蒙江	平均值	136.20	6.98	71.97	55.22	32.47	158.07	973.89
	最小值	8.20	0.24	24.00	8.90	8.60	12.90	49.00
	最大值	2 030.00	20.80	115.00	229.00	56.20	1 215.00	2 870.00
	中位值	46.05	5.67	71.00	49.10	34.30	81.45	767.00
北流河	平均值	37.40	0.34	87.36	37.47	25.38	86.55	135.82
	最小值	17.20	0.12	40.00	15.90	17.40	35.40	73.00
	最大值	82.30	0.55	195.00	51.60	38.50	148.00	218.00
	中位值	34.20	0.32	66.00	38.00	23.90	84.20	136.00

续表 8-1-1

水系名称	元素	As	Cd	Cr	Cu	Ni	Pb	Zn
浔江上游（木圭镇—蒙江镇）	平均值	27.9	1.564	63.4	39	31.7	60.4	164.4
	最小值	15.9	0.64	39	23.3	19.4	31.1	87
	最大值	50	4.22	85.9	58.9	40.2	131.2	285
	中位值	27.5	1.453	62	38.5	30.5	49.5	163
浔江下游（蒙江—藤县镇）	平均值	38.3	1.635	94.3	46.1	38	63	210.2
	最小值	23.8	0.976	59.2	31.5	28	35.8	126.7
	最大值	56	2.392	134.1	61.1	46.1	89.2	423.5
	中位值	34.4	1.67	88.4	42.4	38.7	58.5	189.7
研究区（表层土壤）	平均值	13.1	0.176	61.9	21.2	17.8	36.6	56.1
	最小值	1.3	0.03	11.6	4	3.6	8.5	11.8
	最大值	1775	1.647	142.1	136.2	67.9	2232	197.9
	中位值	8.5	0.137	63.8	19.9	17.1	29.7	49.7
全国土壤 A 层背景值	平均值	11.2	0.097	61.0	22.6	26.9	12.37	74.2
	最小值	0.01	0.001	2.20	0.33	0.06	0.68	2.60
	最大值	626	13.4	1 209.0	272.0	627.0	1143	593.0
	中位值	9.6	0.079	57.3	20.7	24.9	23.5	68.0

由图 8-1-3 可见，浔江、蒙江和北流河底积物中 Cr、Cu、Ni 含量较为接近，Cd、Zn、As、Pb 含量差异较大，其中 $w(Cd)_{蒙江} > w(Cd)_{浔江} > w(Cd)_{北流河}$、$w(Zn)_{蒙江} > w(Zn)_{浔江} > w(Zn)_{北流河}$、$w(As)_{蒙江} > w(As)_{北流河} > w(As)_{浔江}$、$w(Pb)_{蒙江} > w(Pb)_{北流河} > w(Pb)_{浔江}$。依据《土壤环境质量 农用地土壤污染风险管控标准（试行）》（GB 15618—2018），浔江底积物 Cd 超标，蒙江 Cd、Zn、As、Pb 超标，北流河 Cd 轻度超标。此外，统计发现浔江下游底积物重金属含量明显高于浔江上游。因此，认为蒙江对浔江重金属污染提供了重要的物质来源。综上分析可知，西江流域平南—苍梧段 Cd 来源主要为蒙江和浔江上游，且蒙江贡献率最大。

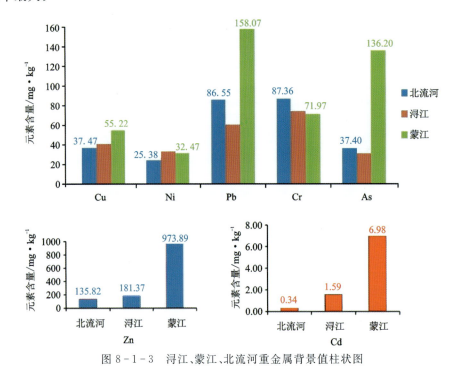

图 8-1-3　浔江、蒙江、北流河重金属背景值柱状图

3. Cd 同位素示踪追溯成因来源

鉴于上述重金属污染的实际情况，选择浔江和蒙江作为研究对象开展流域尺度重金属污染的 Cd 同位素示踪研究。

从表 8-1-2 可以看出，浔江段和蒙江段沿岸土壤与底积物中重金属元素含量呈现截然不同的特征。

(1)浔江段沿岸土壤和底积物:浔江段沿岸土壤呈现高 Cd 低 Zn、Pb、As 的总体分布趋势,其中 Cd 超过农用地土壤风险筛选值。Zn、Pb 和 As 的平均值低于农用地土壤风险筛选值,达到一级土壤标准。相比沿岸土壤,底积物 Cd、Zn、As、Pb 的富集系数分别为 2 倍、1.67 倍、1.45 倍和 1.94 倍。从上游到下游,除个别样品外(图 8-1-4 中红圈标注),无论是沿岸土壤还是底积物,Cd 含量均呈现在一定范围小幅波动的特点(图 8-1-4)。

表 8-1-2　浔江段和蒙江段河流的沿岸土壤和底积物重金属含量　　　　单位:mg/kg

采样位置	样品类型	Cd	Zn	Pb	As	$w(Zn)/w(Cd)$
浔江段	沿岸土壤	0.79	108.4	42.1	16.4	177
	底积物	1.59	181	61.4	31.8	118
蒙江段	沿岸土壤	0.23	68.9	80.1	38.5	333
	底积物	7.4	1008	183	167	146

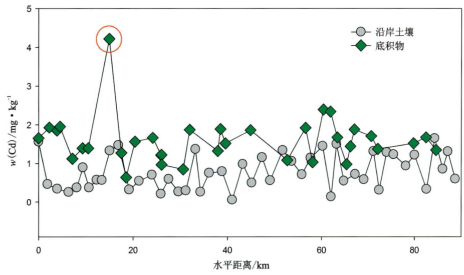

图 8-1-4　浔江沿岸土壤和底积物中 Cd 含量变化对比图

(2)蒙江段沿岸土壤和底积物:蒙江段沿岸土壤 Cd、Zn、Pb 平均值低于农用地土壤风险筛选值,达到一级土壤标准。As 平均值略高于农用地土壤风险筛选值,达到二级土壤标准。蒙江段底积物中重金属元素显示强烈的富集特征,相比沿岸土壤,Cd、Zn、Pb、As 的富集系数分别为 32 倍、14.7 倍、2.3 倍和 4.33 倍。从上游到下游,沿岸土壤 Cd 含量变化不大,而底积物 Cd 含量则呈现剧烈波动的特点(图 8-1-5)。

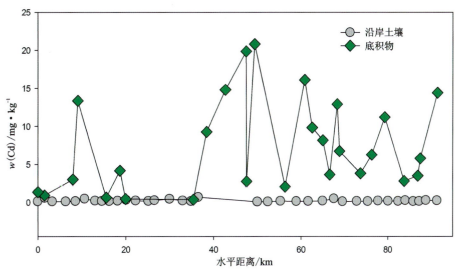

图 8-1-5　蒙江沿岸土壤和底积物中 Cd 含量变化对比图

8.1.2 沿岸土壤和底积物 Cd 同位素组成及指示意义

近年来,Cd 同位素由于其特殊的同位素分馏机制而引起了广泛的重视。现有的研究表明,Cd 同位素分馏主要受蒸发和冷凝以及海洋生物摄取的控制,它在表生迁移过程中主要以 Cd^{2+} 形式迁移,几乎不会产生或只有很小的同位素分馏。而各个潜在的污染源由于所采用的生产工艺和生产原料不同,排放的污染物往往具有不同的 Cd 同位素组成,因而完全有可能利用 Cd 同位素组成来示踪 Cd 的成因来源及生态风险评价,为后续的环境治理提供基础数据和资料。

(1)浔江上游沿岸土壤和底积物:如图 8-1-6 所示,浔江沿岸土壤和底积物的 Cd 同位素显示规律性的变化趋势。沿岸土壤的 Cd 同位素组成($\delta^{114/110}Cd$)变化介于 -0.12‰ ~ -0.41‰ 之间,平均为 -0.28‰,表现为轻同位素富集特征,并且从上游到下游总体变化不大。而底积物中 Cd 同位素组成($\delta^{114/110}Cd$)以蒙江和浔江交汇处为界分为 2 个部分,其中上游部分 $\delta^{114/110}Cd$ 变化介于 0.08‰ ~ 0.29‰ 之间,平均为 0.21‰,表现为重同位素富集特征;下游部分 $\delta^{114/110}Cd$ 变化介于 -0.05‰ ~ 0.04‰ 之间,平均为 0,表现为轻、重同位素均有富集。浔江上游到交汇处(浔江—蒙江)沿岸土壤和底积物的 Cd 同位素的分馏可以达到 0.4‰ ~ 0.6‰ 之间,这种大的同位素分馏的最好解释是自然风化淋滤作用结果;而浔江下游沿岸土壤和底积物中 Cd 同位素的分馏效应在交汇处陡然减弱,然后顺着下游又逐渐增强,说明蒙江携带了人为活动造成的污染源。

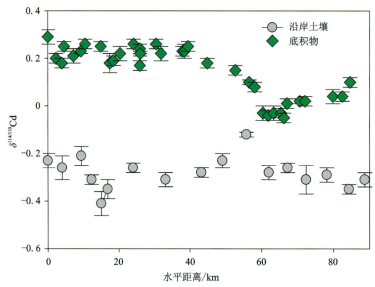

图 8-1-6 浔江沿岸土壤和底积物 Cd 同位素组成变化图

(2)蒙江沿岸土壤和底积物:如图 8-1-7 所示,蒙江沿岸土壤和底积物的 Cd 同位素显示规律性的变化趋势。沿岸土壤的 Cd 同位素组成($\delta^{114/110}Cd$)变化介于 -0.12‰ ~ -0.34‰ 之间,平均为 -0.24‰,轻同位素富集,并且从上游到下游总体变化不大;而底积物中同位素组成($\delta^{114/110}Cd$)变化介于 -0.26‰ ~ 0.31‰ 之间,平均为 -0.14‰,总体以轻同位素富集为主。

在最靠近上游的两个底积物样品中 Cd 同位素的分馏可以达到 0.5‰,意味着沿岸土壤和底积物均是自然源。之后,从大黎往下游,尽管土壤没有明显的变化,但底积物中 Cd 含量迅速升高。同时,底积物中的 Cd 同位素组成迅速变轻,与土壤的 Cd 同位素组成趋于一致。野外实地调查发现,大黎正好位于与白垩纪花岗岩有关的铅锌矿床附近。几件矿化样品的分析结果表明,Pb 质量分数约 10%,锌质量分数约 3.6%,Cd 质量分数约 168mg/kg。因此,分析认为矿山开采冶炼过程中的废渣废水直接进入蒙江,是造成蒙江底积物中 Cd、Zn、Pb、As 强烈超标的重要原因。

(3)浔江下游沿岸土壤和底积物:从交汇处(浔江—蒙江)到浔江下游沿岸土壤的 Cd 同位素组成与上游沿岸土壤的 Cd 同位素组成基本一致,暗示了其自然来源的性质。对应的两个高镉异常区的土壤均偏碱性,其机制与上游土壤一致。然而,交汇处(浔江—蒙江)到浔江下游底积物中的 Cd 的来源要复

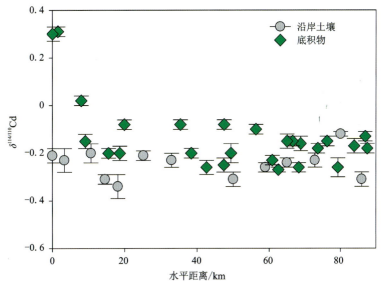

图 8-1-7 蒙江沿岸土壤和底积物 Cd 同位素组成变化图

杂一些。从 Cd 同位素组成来看,一方面沿岸土壤与底积物的同位素分馏在 0.2‰~0.4‰之间,存在一定的分馏。但这种分馏既不同于完全的自然风化,也不同于蒙江段人为源的大量加入。因此,最大的可能是蒙江段河流所携带的人为源的 Cd 与该段土壤自然风化混合的结果。

8.1.3 西江流域平南—苍梧段高 Cd 背景成因解析

由研究区 Cd、CaO、pH 地球化学图可知,三者均沿浔江呈相对高值分布,且形状高度吻合,究竟是什么原因导致 CaO 在灰岩区贫化,而沿西江土壤和底积物中与 Cd 同步富集呢?图 8-1-8 和图 8-1-9 显示,沿岸土壤中 $w(Cd)-pH$ 和底积物 $pH-w(CaO)$ 均保持了良好的相关性,越偏碱性的土壤越富集 Cd、CaO 含量越高。由此可以说明,浔江上游灰岩风化淋滤过程中,由于淋滤液带走土壤中的 CaO 汇入浔江,导致灰岩区土壤中 CaO 贫化而浔江底积物呈弱碱性环境;同时,Cd^{2+} 通过与 CO_3^{2-} 结合形成 $CdCO_3$,$CdCO_3$ 在酸性环境中易溶,而在碱性环境中是一个不易于溶解的组分,在长期的风化过程中会持续累积在土壤中而形成高镉异常,因此出现了沿浔江土壤中 Cd、CaO 富集的现象。

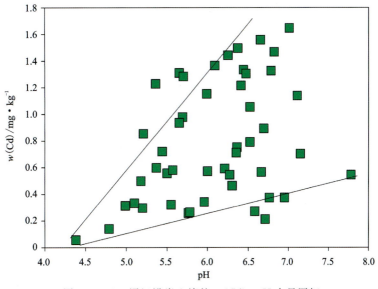

图 8-1-8 浔江沿岸土壤的 $w(Cd)-pH$ 含量图解

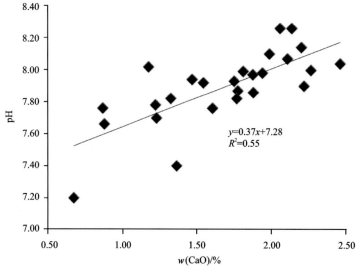

图 8-1-9 浔江底积物中 pH-CaO 含量图解

8.2 武宣 Pb、Zn 等多金属矿化区表生地球化学行为研究

研究区内化学风化作用强烈,为土壤重金属元素的活化迁移提供了有利气候条件。喀斯特地区特殊的地形环境导致喀斯特区内重金属元素迁移机制更为复杂,使得喀斯特区高背景土壤形成了巨大的生态风险隐患。依据 1∶25 万桂中多目标区域地球化学调查结果,武宣县二塘镇地区表层土壤存在显著的重金属元素富集现象,尤其以 Pb、Zn、As、Cd 等重金属元素为主。武宣县二塘镇研究区面临着耕地资源有限,土壤重金属含量高,生态风险显著的问题,严重制约了当地经济发展、环境保护。结合武宣县二塘镇位于西江流域中段桂中盆地边缘的特殊地理位置,对研究区展开进一步深入调查研究,对当地以及西江下游的珠江水系等区域具有十分重大的环保意义。

本书重点挑选了广西西江流域中段桂中盆地南部土壤高背景 Pb、Zn 元素富集区作为研究对象。对 Pb、Zn 元素富集区域进行了异常查证和调查工作,通过分析研究土壤等多介质中 Pb、Zn 重金属元素的分布规律,对研究区内重金属 Pb、Zn 元素进行了空间分布特征、迁移规律、影响因素和来源解析等工作,初步尝试对喀斯特铅锌矿集区表层土壤重金属元素 Pb、Zn 的表生地球化学行为进行了研究探讨。

8.2.1 不同介质重金属元素含量特征

8.2.1.1 土壤重金属元素含量特征

研究区土壤重金属含量具体情况如表 8-2-1 所示。

研究区 8 种重金属元素含量对比全国土壤 A 层背景值,表现出显著富集特征,相对富集系数均大于 1.2,说明研究区表层土壤重金属元素尤为富集,显示出喀斯特区土壤重金属高地质背景特征。依据相对富集系数 K_1 排序,从大到小依次为 Cd>As>Pb>Hg>Zn>Cr>Cu>Ni。

依据前文所述,桂中盆地表层土壤背景值显示出喀斯特区重金属元素高地质背景的特征。结合广西背景值和桂中背景值显示,研究区内重金属元素 Cd 在对比广西背景值显示出 1.56 的相对富集系数,对比桂中盆地相对富集系数为 0.79,表明桂中盆地大部分区域为喀斯特区,该区域性背景下表层土壤显著富集 Cd。研究区内 Cd 相对桂中盆地 Cd 背景表现贫乏现象,说明研究区的 Cd 具有多源性。研究区其余重金属元素相对富集系数 K_2、K_3 均大于 1.2,表明在研究区内 As、Pb、Zn、Cu、Ni、Hg、Cr 在高地质背景条件下为相对富集状态,推测具有其他因素叠加导致重金属元素的富集。

研究区重金属元素含量的变异程度为 Pb>As>Cd>Zn>Hg>Cu>Ni>Cr,除 Ni、Cr、Cu 为中等变异,其余元素为强变异,说明研究区内 Cd、Hg、As、Pb、Zn 具有外界干扰,导致元素含量分布极不均匀。

表 8-2-1 研究区表层土壤原始分析结果表

指标	Cd	Hg	As	Cr	Cu	Ni	Pb	Zn	pH
单位	mg/kg	mg/kg	mg/kg	mg/kg	mg/kg	mg/kg	mg/kg	mg/kg	
平均值	0.42	0.19	44.00	131.3	47.30	43.1	85.60	172.6	5.42
标准离差	1.99	0.436	168.60	60.7	56.80	24.0	493.7	643.4	1.15
变异系数	1.94	1.65	2.06	0.42	0.99	0.49	2.27	1.93	0.21
偏度	6.08	10.50	5.29	1.15	4.84	1.03	4.86	4.70	0.66
峰度	54.84	153.13	34.56	2.71	27.70	2.42	28.54	26.88	−0.63
全国土壤 A 层背景值*	0.097	0.07	11.00	61.0	23.00	27.0	26.00	74.00	—
广西背景值**	0.267	0.15	20.50	82.1	27.80	26.6	24.00	75.60	—
桂中背景值	0.524	0.14	16.10	92.0	23.71	29.4	30.00	89.70	5.70
K_1	4.29	2.94	4.00	2.15	2.06	1.60	3.29	2.33	—
K_2	1.56	1.26	2.15	1.60	1.70	1.62	3.57	2.28	—
K_3	0.79	1.33	2.73	1.43	1.99	1.47	2.85	1.92	0.95

注:K_1=本区背景值/全国背景值,K_2=本区背景值/广西多目标背景值,K_3=本区背景值/桂中多目标背景值;* 引自迟清华(2001);** 引自魏复盛等(1990)。

重金属元素数据偏度均大于 1,呈现正偏态,除 Cr、Ni 接近 1 以外,其余元素均表现出强正偏态,元素含量正偏态严重;峰度显示除 Cr、Ni 为低阔峰,其余重金属元素为高狭峰特征。

峰度和偏度结果表明,研究区除 Cr、Ni 外,其余元素 Cd、Hg、As、Cu、Pb、Zn 具有高背景和其他人为扰动叠加富集现象。

富集因子法(enrichment factor,EF)由戈登于 1974 年首次提出,被应用于大气气溶胶粒子中富集程度描述,判别其自然源和人为来源(Zoller et al.,1974)。目前,它被广泛应用于土壤中重金属定量污染程度和污染来源,通过选取相对稳定元素作为参考元素,对调查元素进行定量评价。

$$\mathrm{EF}_i = \frac{(C_i \mid C_{\mathrm{ref}})_{\text{土壤}}}{(C_i \mid C_{\mathrm{ref}})_{\text{土壤背景值}}} \quad (8-1)$$

式中:EF_i 为富集指数;C_i 为土壤中 i 元素的含量;C_{ref} 为土壤参比元素含量(mg/kg)。

本次研究通过相关性分析,选择与重金属元素相关性较低的 Al_2O_3 为参比元素(张秀芝等,2006)。背景值选择桂中土壤背景值,其中 As、Pb、Zn、Cr、Cu、Cd、Hg、Ni 和 Al_2O_3 的背景值指标分别为 16.1mg/kg、30mg/kg、89.7mg/kg、92mg/kg、23.71mg/kg、0.524mg/kg、0.144mg/kg、29.4mg/kg、10.91%。富集指数分级标准依据 Sutherland 所提出 5 个级别(Sutherland,2000),$F<2$ 为无污染—弱污染,$2 \leqslant F<5$ 为中度污染,$5 \leqslant F<20$ 为显著污染,$20 \leqslant F<40$ 为高度污染,$F \geqslant 40$ 为极度污染。

对研究区进行富集因子法(表 8-2-2)进行统计,As、Pb、Zn 平均值达到了中度污染程度,Cu、Cd、Hg、Ni、Cr 平均值污染程度为弱污染。整体评价结果显示,研究区所有重金属元素均存在人为扰动叠加现象,单元素达到中度污染以上点位占比均超过 10%,其中 As、Pb、Cd 元素中度污染以上点位达到 40% 以上,污染严重,人为活动导致的重金属元素污染现象明显。单元素污染强度排序为 As>Pb>Zn>Cd>Cu>Hg>Ni>Cr。

综上所述,研究区土壤含量特征显示,研究区对比全国土壤 A 层显示为相对富集状态,说明研究区内土壤具有喀斯特地区高地质背景特征。从变异系数和峰度、偏度分析,Cd、Hg、As、Cu、Pb、Zn 具有强变异性,分布不均匀,具有高背景及其他因素扰动叠加富集现象。通过富集系数法评价,研究区内土壤重金属元素污染显著,人为活动导致重金属污染现象明显。

表 8-2-2 研究区表层土壤富集因子统计结果表

指标	平均值	最小值	最大值	级别	分级				
	mg/kg				无污染—弱污染	中度污染	显著污染	高度污染	极度污染
Cd	1.51	0.03	23.68	弱	73.62%	19.83%	6.27%	0.29%	—
Hg	1.35	0.17	26.34	弱	82.51%	15.89%	1.46%	0.15%	—
As	3.26	0.34	59.37	中度	54.23%	34.26%	9.18%	2.04%	0.29%
Cr	1.22	0.5	6.37	弱	89.94%	9.77%	0.29%	—	—
Cu	1.82	0.45	12.63	弱	68.95%	28.43%	2.62%	—	—
Ni	1.31	0.21	5.81	弱	83.67%	15.74%	0.58%	—	—
Pb	4.63	0.38	74.94	中度	57.14%	22.45%	16.03%	3.06%	1.31%
Zn	2.45	0.21	35.98	中度	66.76%	22.74%	9.33%	1.17%	—

8.2.1.2 岩石重金属元素含量特征

研究区岩石样品重金属元素含量显示,不同岩性中重金属含量差异显著。研究区内白云岩尤其富集 Cd、Zn、Pb、As 和 Hg,部分灰岩中重金属元素 Zn、Pb、Cd、As、Cr 等含量较高,硅质泥岩中则相对富集 Cu、Ni、Cr 元素。整体上,白云岩和灰岩中重金属 Cd、Zn、Pb、As 含量较为富集。

表 8-2-3 研究区岩石重金属元素含量表　　　　　　　　　　单位:mg/kg

样品编号	Cd	Hg	As	Cr	Cu	Ni	Pb	Zn	岩石名称	地层代号
Y01	0.265	0.427	7.7	21.5	119	67.2	13	37.9	砾屑灰岩、硅质泥岩	D_3w
Y02	0.207	0.249	4.73	6.6	62.5	35.7	12	19.7	硅质岩	D_3w
Y03	0.025	0.023	6.01	4.9	16.7	5.28	10.8	16.6	硅质泥岩	D_3l
Y04	0.04	0.168	5.1	11.1	14.6	12.3	4.6	22.7	硅质泥岩	D_3l
Y05	0.152	0.111	15	25.8	21.5	30.1	5.9	78.8	硅质岩	D_3l
Y06	0.053	0.069	7.6	33.8	16.2	14.3	9.1	35.1	泥岩	D_3l
Y07	0.044	0.014	3.22	16.3	5.4	6.96	5.6	25.7	泥质灰岩	D_2d
Y08	0.232	0.021	8.05	36.5	9.65	15	31.5	46.9	含生物屑灰岩	D_2d
Y09	2.236	0.085	91.9	32.4	19.2	18.3	140	360	疙瘩状泥灰岩	D_1d
Y10	0.568	0.026	21.4	3.1	3.67	5.47	25	44.3	生物屑灰岩	D_1d
Y11	0.154	0.040	5.89	12	6.57	4.34	8.7	11.3	灰岩	D_1d
Y12	11.1	0.181	19.1	0.5	6.49	3.84	305	1057	白云岩	D_1d
Y13	2.251	0.154	32.4	1.5	33.6	2.97	17.5	306	碎屑白云岩	D_1g
Y14	9.983	0.486	24	1.35	10.2	3.42	32.7	992	砂屑白云岩	D_1g
Y15	4.77	0.024	11.2	0.55	1.45	1.74	9.3	70.4	泥晶灰岩	D_1sh-e
Y16	0.116	0.034	11.3	110	39.4	50.6	17.6	69.4	页岩	D_1sh-e
Y17	1.322	0.024	20.5	10.3	5.67	4.96	16.4	84.7	泥晶灰岩	D_1sh-e
Y18	0.78	0.04	13.1	2.3	9.6	3.93	16.7	114	泥晶灰岩	D_1sh-e
—	0.10	0.012	8.3	59	18	24	24	65	中国东部泥岩(迟清华,2007)	
—	0.13	0.018	3.2	9.5	5.6	6	9.2	21	中国东部碳酸盐岩(迟清华,2007)	
—	0.087	0.014	2.9	4.7	2.8	3.6	6.2	10	中国东部白云岩(迟清华,2007)	

注:D_3w.五指山组;D_3l.榴江组;D_2d.东岗岭组;D_1d.大乐组;D_1g.官桥白云岩;D_1sh-e.上伦白云岩、二塘组并层。

As、Pb、Zn、Cd 主要富集在灰岩、白云岩等碳酸盐岩中,而研究区中主要铅锌多金属矿床主要赋存在泥盆系碳酸盐岩中。本次岩石样品分析结果的相关性表明岩石中 As、Pb、Zn、Cd 重金属元素具有显著正相关,说明 As、Pb、Zn、Cd 具有同源性,土壤中主要来源地层为 D_1g、D_1d 碎屑白云岩和灰岩。Cr、Ni、Cu 则具有显著正相关,土壤中主要来源于硅质岩和页岩。

研究区岩石样品表明,不同岩性、不同成土母质是土壤中重金属元素来源的主要控制因素。

8.2.1.3 农作物重金属元素含量特征

研究区水稻、玉米各重金属元素含量特征及变异系数如表 8-2-4 所示。

玉米籽实中 Pb、Zn 含量显著高于水稻中 Pb、Zn 含量,且玉米中重金属元素的变异系数较高,说明元素含量分布差异较大。水稻籽实中,早稻籽实与晚稻籽实中 Pb、Zn 含量存在差异,早稻籽实中 Pb、Zn 含量均高于晚稻籽实,以 Pb 尤为显著,Zn 在早稻籽实中含量略微高于晚稻籽实。早稻籽实中 Pb 的变异系数较高,存在分布不均;晚稻籽实中 Pb、Zn 元素变异系数为 0.16 和 0.13,分布较为均匀。

表 8-2-4 研究区农作物铅锌元素含量特征

农作物	元素	极小值 mg/kg	极大值 mg/kg	平均值 mg/kg	对比标准 mg/kg	变异系数	样品数 个
早稻籽实	Pb	0.05	0.12	0.08	0.2*	0.21	46
	Zn	10.9	21.2	13.33	92.2**	0.12	
晚稻籽实	Pb	0.05	0.08	0.05	0.2	0.16	46
	Zn	9.49	16.7	11.93	92.2	0.13	
玉米籽实	Pb	0.057	0.12	0.082	0.2	0.2198	31
	Zn	16.6	39.4	24.326	92.2	0.2222	

注:* 引自中华人民共和国国家卫生和计划委员会和国家食品药品监督管理总局 2017 年数据;** 引自李勘之等(2022)。

依据农作物籽实中 Pb、Zn 元素含量,相比《食品安全国家标准 食品中污染物限量》(GB 2762—2017),研究区内农作物籽实中铅元素含量安全,未超标;由于锌元素 1994 年农作物国家标准《食品中铜限量卫生标准》(GB 15199—1994)已废止,参考李勘之等(2022)的最新学术成果进行了参考比较。

8.2.1.4 土壤重金属来源解析

将研究区土壤样重金属元素含量的数据标准化处理,经 SPSS 11.0 统计软件进行主要成分(PC)分析,经过 Kaiser 检验和 Bartlett 球形检验,KMO 值为 0.748,显著水平为 0,数据可用,具体如表 8-2-5 所示。

表 8-2-5 特征值及累计方差贡献率

成分	初始特征值			旋转平方和载入		
	合计	方差贡献率/%	累计方差贡献率/%	合计	方差贡献率/%	累计方差贡献率/%
PC_1	4.706	58.826	58.826	4.642	58.028	58.028
PC_2	1.609	20.108	78.934	1.672	20.905	78.933

累计方差贡献率为 78.934%,特征值大于 1,分析得到 2 个 PC,表明 2 个 PC 提供了源资料的 78.934%信息,代表研究区重金属元素的主体情况。旋转后前后的累计贡献率没有发生变化,总的信息量没有损失。选取 0.5 载荷以上元素作为同一因子,PC_1 主要为 As、Zn、Pb、Cu、Hg、Cd,PC_2 为 Cr、Ni。PC_1 占到 58.83%,说明 PC_1 为研究区主要富集元素组合;PC_2 占比 20.11%,为次要富集元素组合(表 8-2-6)。

表 8-2-6 旋转成分矩阵

成分	Zn	Pb	As	Cu	Hg	Cd	Cr	Ni
PC_1	0.958	0.949	0.905	0.845	0.84	0.735	−0.08	0.194
PC_2	0.084	−0.007	−0.007	0.029	0.034	0.298	0.888	0.887

主成分 PC_1(As、Zn、Pb、Cu、Hg、Cd)为亲硫元素组合。As、Zn、Pb 的载荷因子达到 0.9 以上,具有良好的同源性。研究区为广西区内典型中低温铅锌多金属矿区,按照元素成矿规律,Au、As、Sb、Hg、Cu、Zn、Pb 为明显的低—中高温硫化物矿床元素组合,因此在铅锌多金属矿床及地层岩石中富集 As、Zn、Pb、Cu、Hg。Cd 的 PC_1 载荷因子为 0.735,PC_2 为 0.298,表明 Cd 具有不同的地质背景来源。Cd 为分散元素,自然界中为伴生元素富集于铅锌矿床中(涂光炽等,2004),李航等(2007)对云南金顶铅锌矿床做扫描电镜发现,Cd 以类质同象形式均匀地分布于闪锌矿和菱锌矿中,局部存在有少量硫化镉(李航等,2007),因此铅锌矿床富集 Cd 元素。铅锌矿在开采中也会导致 Cd 元素活化迁移(Ma and Voet,1993)。喀斯特地区 Cd 与 Ca 发生类质同象,在风化过程中,由于 Ca 化学性质活泼易迁移,导致 Cd 发生浓缩效应,导致风化过程中喀斯特地区表层土壤 Cd 的风化残留富集。

主成分 PC_1 中重金属元素变异系数高,分布集中,主要集中于水村北面矿山区域,富集系数高于全国土壤背景值,表明主成分 PC_1 在空间分布上具有一致性。这说明主成分 PC_1(As、Zn、Pb、Cu、Hg、Cd)由于高地质背景和矿山开采所导致。

主成分 PC_2(Cr、Ni)的组合为工业污染元素,方差贡献率为 20.11%,Cr、Ni 特征系数达到 0.88,一般认为 Cr、Ni 来源于地质背景,结合元素分布规律,极值区主要分布于二塘—黄茆镇城市区域,高值区主要分布于矿山开发区域,表明 Cr、Ni 主要是由于地质背景导致的区域富集,而城镇中的选矿厂或氮肥厂叠加导致污染,具有明显的人为活动控制特征。

结合前文土壤、岩石中重金属元素的含量特征,Cr、Ni 等元素主要富集于硅质岩和页岩中,而 As、Zn、Pb、Cu、Hg、Cd 等元素主要来源于白云岩和灰岩。土壤中 PC_1 中元素均显示出高度富集、分布不均匀特征,主成成分分析结果可靠与实际高度吻合。

8.2.2 自然介质中 Pb、Zn 元素迁移规律及影响因素

8.2.2.1 大气沉降中 Pb、Zn 元素迁移规律及影响因素

大气沉降是重金属元素迁移的重要途径,大气中的污染物通过沉降至地面和水体的过程(张志锋等,2013)导致土壤污染。研究区干沉降元素通量见表 8-2-7。

研究区北部黄茂镇属于人口集中区,由于工矿企业发展,Cr、Cu、Ni、Pb、Zn 含量 2017 年上、下半年含量显著富集,且上半年比下半年含量高,说明黄茆镇内人为工业活动对大气环境影响显著。二塘水村为铅锌矿区内村庄,对比干沉降含量,上半年 As、Hg、Se 含量显著富集。对比人口集中区和矿集区,大气干沉降含量存在有差异。在人口稠密和工业发展区域,大气沉降中 Cr、Cu、Ni、Pb、Zn 的含量较高;在矿区内 As、Hg、Se 的含量较高。大气干沉降含量说明,不同人类活动,导致大气中输入污染重金属不一致,对于区分不同人类活动和自然背景源具有显著指示意义。

表 8-2-7 研究区大气干沉降元素通量 单位:mg/kg

时间	采样地点	As	Cd	Cr	Cu	Hg	Ni	Pb	Zn	Se
上半年	黄茆周眷村-工业区	1.82	2.80	16.73	50.23	0.046	30.55	67.24	770	0.49
	二塘渠盏村-农业区	1.73	0.40	3.03	4.23	0.069	2.86	11.16	79.0	0.37
	二塘上召村-农业区	2.67	1.18	5.72	18.64	0.071	8.16	33.79	473	0.49
	二塘水村-矿山	13.6	0.71	5.10	13.24	0.176	5.07	41.28	211	1.84
下半年	黄茆周眷村-工业区	2.16	1.29	5.04	56.31	0.081	16.47	35.21	287.9	1.46
	二塘渠盏村-农业区	1.94	1.93	7.16	12.09	0.064	8.57	36.23	267.5	0.77
	二塘上召村-农业区	3.70	0.21	33.36	3.14	0.090	629.5	8.28	50.43	1.62
	二塘水村-矿山	4.59	0.50	4.39	10.61	0.040	4.82	27.92	168.0	0.64

表 8-2-8 可知,大气湿沉降中重金属元素整体含量较低,沉降物下半年整体为中性,pH 均小于 7,2017 年上半年二塘地区湿沉降整体为酸性,黄茆镇为中性,反映出研究区二塘对比黄茆镇大气沉降偏酸性,有利于重金属元素的活化迁移。湿沉降的含量表明,黄茆镇上半年大气沉降中 Cu 含量显著高于其他地区,矿山活动区域二塘水村湿沉降中富集 Se,与干沉降特征一致。

表 8-2-8 研究区大气湿沉降元素通量

时间	采样点位	As μg/L	Cd μg/L	Cu μg/L	Hg μg/L	pH	Se μg/L	Zn μg/L
上半年	黄茆镇周眷村-工业区	0.710	—	0.490	0.010	6.85	0.870	9.16
	二塘镇渠盏村-农业区	0.690	0.020	0.010	0.010	6.38	0.930	40.58
	二塘镇上召村-农业区	0.515	0.010	0.010	0.010	6.48	0.790	22.07
	二塘镇水村-矿山	0.460	0.010	0.010	0.010	6.07	2.56	26.28
下半年	黄茆镇周眷村-工业区	0.550	0.050	0.010	0.010	6.91	0.020	19.97
	二塘镇渠盏村-农业区	0.500	0.020	0.010	0.010	6.90	0.310	32.61
	二塘镇上召村-农业区	0.340	0.040	0.010	0.010	6.94	0.320	28.09
	二塘镇水村-矿山	0.480	0.030	0.010	0.010	6.68	—	36.03

研究区大气沉降整体清洁,大气沉降中重金属元素以干沉积即粉尘的固体污染物为主,相比溶解离子态,其迁移距离更短,多为汽车粉尘、工业粉尘、选矿粉尘等来源,对比大气沉降的重金属含量,人为工业活动区大气沉降以 Cr、Cu、Ni、Pb、Zn 为代表元素,矿山活动以 As、Se、Hg 为代表元素。

研究区大气沉降数据说明,重金属通过大气迁移,以固体颗粒为主,不具备长距离迁移能力,具有污染源近,相对污染范围小的特点,同时也是表层土壤中重金属元素迁移富集的迁移途径之一。

Pb 在大气沉降中以固体颗粒为主,溶液中未达到检出限,说明 Pb 自然环境溶解度较低,通过大气的迁移能力较弱,Zn 在大气沉降中含量较高,因此 Zn 通过大气沉降具有较大的生态风险,并具有较强的迁移能力。

8.2.2.2 灌溉水中 Pb、Zn 元素迁移规律

灌溉水既是研究区主要耕地的灌溉水源,也是研究区主体的地表水,地表水体也是 Pb、Zn 等重金属迁移的主要途径之一。研究区共采集灌溉水样品 6 个,控制研究区主要灌溉水流(表 8-2-9)。

研究区内灌溉水整体 pH 呈中性,灌溉水中微量元素含量较低,表明研究区灌溉水总体上处在清洁的水平,可以满足农业清洁灌溉要求。pH 整体呈中性,pH 变化范围在 7.17~7.43 之间,阴离子以 HCO_3^- 为主要离子,约占总阴离子的 74%,属于碳酸盐类水,表明灌溉水中重金属元素属于淋滤溶解进入河流进行迁移的形式。

同时也表明研究区内主要水体均处于清洁状态,对黔江的汇入为清洁状态。同时也表明,研究区内主要河流内 Pb、Zn 含量较低,无明显污染;水体中 Pb、Zn 以自然溶解为主,非主要迁移途径。

表 8-2-9 研究区灌溉水元素含量表

样品编号	Cl^-	F^-	As	Cd	Cr^{6+}	Cu	Hg	Pb	Se	Zn	pH
	mg/L	mg/L	μg/L	μg/L	μg/L	μg/L	μg/L	μg/L	μg/L	μg/L	
GET001	14.5	0.27	1.44	0.07	0.004	4.47	0.05	0.94	0.2	2.38	7.27
GET002	9.98	0.1	0.62	0.06	0.004	0.3	0.05	0.25	1.25	2.59	7.36
GET003	11.3	0.18	0.98	0.1	0.004	1.92	0.05	0.94	2.74	3.06	7.43
GET004	12.7	0.16	1.19	0.06	0.004	0.65	0.05	0.33	1.2	1.73	7.38
GET005	13.1	0.14	1.46	0.06	0.004	0.54	0.05	0.9	1.99	1.4	7.43
GET006	11.2	0.16	2.67	0.06	0.004	0.45	0.05	0.69	0.54	2.05	7.17
标准值*	350	2	100	10	100	1000	1	200	20	2000	5.5~8.5

注:* 标准值引自《农田灌溉水质标准》(GB 5084—2021)。

8.2.2.3 土壤中 Pb、Zn 元素迁移规律及影响因素

1. 土壤理化性质的影响

研究区土壤 pH 平均值为 5.42,呈强酸性。研究区内土壤以酸性、中性和碱性为主,但由于局部地区表层土壤呈极强酸性和强酸性。

图 8-2-1 中 pH、Pb、Zn 分布特征较为一致,地理位置为:①水村及水村以北,属于泥盆系,主要为铅锌矿集区,高值区—强高值区整体南北向展布;②研究区西部第四系,主要呈北北东方向展布,从黄茆镇至二塘镇一带。高值区分布具有受城镇人口活动范围和低海拔的特征。低值区—强低值区为黄茆镇东部和西部地区,主要集中在石炭系,另外二塘镇东部石炭系也呈南北向点状分布。

研究区 pH 和 Pb、Zn 分布特征表明,Pb、Zn 主体以中性至碱性状态稳定并富集在土壤中,在酸性土壤中含量低,与 Pb、Zn 的化学性值较为吻合,即酸性条件下溶解迁移,中性至碱性条件下为稳定状态。土壤理化性质是对土壤中 Pb、Zn 分布的主要控制因素。

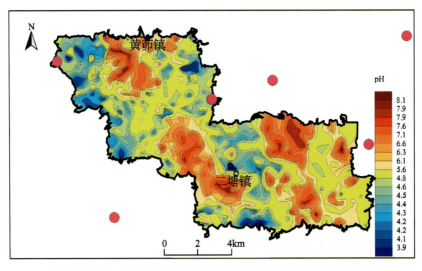

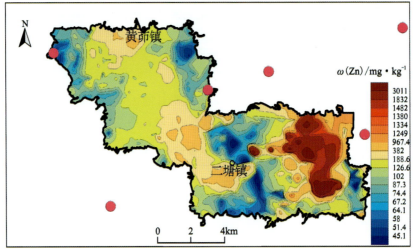

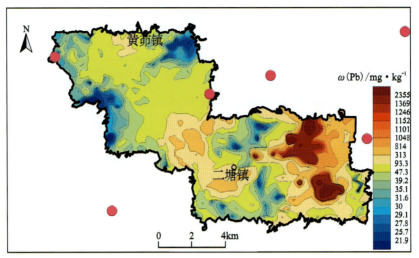

图 8-2-1 土壤 pH、重金属元素 Pb、Zn 地球化学图

注：图中红色点为铅锌矿。

2. Pb、Zn 元素水平迁移特征及影响因素

研究区中布设有 2 条土壤水平剖面、13 条垂向剖面。在 2 条水平剖面中，一条为水平剖面 DF，呈南北向展布，贯穿研究区内第四系，从黄茆镇至二塘镇，是工作区主要人口、村庄、田地分布区域，由 1 号～5 号垂向剖面组成；另一条为水平剖面 AC，呈东西向展布，主要穿越工作区铅锌矿集区，由 6 号～13 号垂向剖面组成，其中 8 号～12 号剖面为主要异常剖面。

如图8-2-2a所示,水平剖面 AC,走向为近东西向,方位角为8°,西起西江,东至研究区边界,剖面整体上从西至东,海拔从低至高,横穿研究区所有地层。

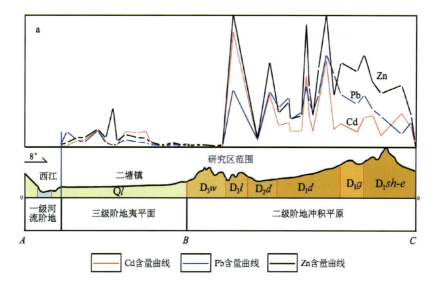

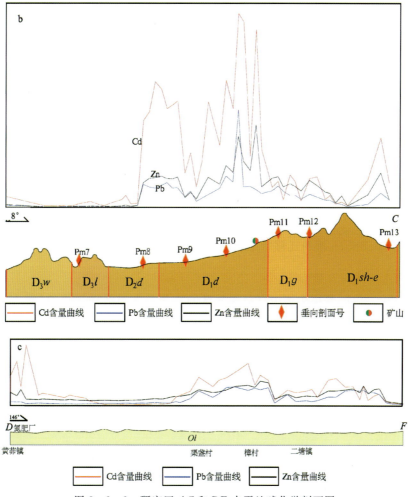

图8-2-2 研究区 AC 和 DF 水平地球化学剖面图

a. 水平剖面 AC;b. 水平剖面 AC 的 BC 段;c. 水平剖面 DF

Ql. 临桂组;D_3w. 五指山组;D_3l. 榴江组;D_2d. 东岗岭组;D_1d. 大乐组;

D_1g. 官桥白云岩;D_1sh-e. 上伦白云岩、二塘组并层。

剖面 AB 段为河流冲积平原，以第四系为主，表层土壤为冲积物，Pb、Zn 含量高值区主要位于二塘镇附近。剖面 BC 段为丘陵地带，地势逐渐增高，表层土壤主要为残积物和坡积物。整体上，剖面 BC 段 Pb、Zn 含量显著高于剖面 AB 段。

结合岩石数据，泥盆系白云岩显著富集 Pb、Zn，因此成土母质为土壤 Pb、Zn 的主要物质来源。对比剖面中的 BC 段和 AB 段发现，区域地形地貌条件对 Pb、Zn 的分布存在显著控制作用，可以作为表层土壤中 Pb、Zn 元素迁移的主要控制影响因素。

同时，对高背景和矿山开采区剖面 BC 段进行了加密，结果如图 8-2-2b 所示。

剖面 BC 段表层土壤加密后，重金属 Pb、Zn、Cd 含量整体上呈现出一致性，元素间协同关系良好，表明重金属 Cd、Pb、Zn 在表层土壤的富集具有同源性。从重金属 Pb、Zn 元素数值含量来描述，剖面 BC 段可以划分为 3 段：第一段为 B 点至 Pm8，重金属 Pb、Zn 含量相对较低，元素含量波动不大；第二段为 Pm8 至 Pm11，本段属于高值区，元素含量显著富集，且元素含量波动较大，该区域为矿山活动区域，充分表明矿山活动对表层土壤 Pb、Zn 的富集主要成因；第三段为 Pm11 至 Pm13，元素含量相对富集，含量曲线也存在波动，残积物土壤比坡积物中 Pb、Zn 含量低，说明 Pb、Zn 存在从高到低迁移的现象。重金属 Cd、Pb、Zn 含量的高值区主要集中于 D_1d、D_1g、D_1sh-e 地层，表明地质背景是表层土壤富集重金属 Cd、Pb、Zn 的重要来源。从地形分布位置来看，高值区主要集中于铅锌矿点及其斜坡上，元素含量与采样点位高程呈显著负相关，局部地区受微地形控制显著，表明表层土壤中重金属元素 Cd、Pb、Zn 存在从高到低迁移的特征，人为矿山开采活动是导致土壤中 Pb、Zn 显著富集的主要原因。

结合剖面 BC 段研究表明，土壤中重金属元素 Pb、Zn 主要来源于下伏地层和成土母质的风化作用，后期受到人为矿业活动的叠加影响，元素迁移富集受地形制约，表层土壤重金属元素主要受地形控制，以冲积物形式从高处向低处迁移。

剖面 DF 呈近南北向展开，从黄茆镇至二塘镇，控制研究区的主要耕地范围，为人类耕作区和工业活动区。剖面区域地势整体近平坦，黄茆镇位于上游，二塘位于下游。从图 8-2-2c 可见，重金属元素 Cd、Pb、Zn 在南北向上无显著的迁移规律。黄茆镇重金属元素主要受氮肥厂等人类工厂活动影响，说明 Pb、Zn 在黄茆镇主要是由工业活动导致的重金属元素富集。研究区南部的高值区均位于人口村镇处，但是结合地形和地球化学图，该村镇整体位于三级阶地的冲沟口处，表层 Pb、Zn 元素的富集非原地风化累积，表明大面积 Pb、Zn 元素主要以土壤冲击的形式进行迁移，迁移主要受地形影响，同时表明研究区内重金属元素具有长距离迁移的现象，并伴随迁移距离，元素含量具逐渐降低的特征。

3. 重金属元素 Cd、Pb、Zn 垂向迁移特征及影响因素

1）Pb、Zn 元素土壤垂向含量特征

一般认为地表 0～20cm 表层土壤中重金属元素的富集是人类活动导致的，而 150～200cm 深层土壤中重金属元素则表征原始自然背景。因此，垂向剖面主要研究 Pb、Zn 元素在土壤中的污染来源、垂向上是否存在迁移、是否对地下水造成污染。

从 13 条垂向剖面中重金属元素 Pb、Zn 含量特征（表 8-2-10）分析可知，土壤中含量显著受地层和土壤理化性质控制。

如垂向剖面 Pm5、Pm6、Pm7 所示，当土壤呈强酸性—酸性时，土壤中 Pb、Zn 整体含量较低，Pb、Zn 从 A 层到 B 层的含量逐渐增加，说明在酸性环境下 Pb、Zn 有向下迁移的特征。

当 pH 呈中性时，Zn 含量在垂向分布上整体呈现土壤 A 层＜B 层＜C 层，说明土壤中的 Zn 具有高地质背景，成土母质为其主要物质来源。在表生地球化学作用下，表层土壤中的 Zn 易发生水平迁移，垂向上 Zn 含量较为稳定，无向下迁移现象。

当 pH 呈中性时，Pb 含量在垂向分布上呈现：A 层大于 B 层同时大于 C 层，Pb 总体表现为表层富集状态。

如前文所述，剖面 Pm8、Pm9、Pm10 三条剖面位于矿山影响范围，3 条剖面上表深层土壤 Pb、Zn 含量显著富集，表明矿山开采活动对表土 Pb、Zn 更进一步富集。

表 8-2-10 垂向剖面含量统计表

地层	剖面号	Pb/mg·kg^{-1}			Zn/mg·kg^{-1}			pH
		A层 0~20cm	B层 20~60cm	C层 150~200cm	A层 0~20cm	B层 20~60cm	C层 150~200cm	
Q	Pm1	108.00	102.40	98.03	389.00	451.50	465.67	7.37
Q	Pm2	59.70	50.50	53.80	169.00	171.00	179.67	7.46
Q	Pm3	544.00	351.00	236.33	535.00	647.00	721.33	7.03
Q	Pm4	246.00	383.00	187.00	418.00	740.50	927.67	6.31
Q	Pm5	38.20	47.95	58.73	53.70	72.40	106.67	4.49
$D_3 w$	Pm6	48.60	58.35	59.73	57.50	66.05	47.23	4.45
$D_3 l$	Pm7	40.20	46.80	31.90	88.80	113.00	94.90	5.7
$D_2 d$	Pm8	1 779.00	1 735.50	2 251.67	1 968.00	2 178.00	2 400.67	6.93
$D_1 d$	Pm9	1 008.00	904.50	1 068.00	2 620.00	4 149.50	3 896.00	7.30
$D_1 d$	Pm10	1 951.00	2 379.00	277.67	2 462.00	1 364.50	1 473.33	6.99
$D_1 g$	Pm11	942.00	898.00	1 070.00	1 510.00	1 529.50	1 733.33	4.50
$D_1 sh-e$	Pm12	752.00	601.50	540.67	1 504.00	1 234.00	1 477.67	7.64
$D_1 sh-e$	Pm13	933.00	679.00	582.33	2 111.00	1 913.00	2 112.00	6.81

2) Pb、Zn 元素土壤垂向迁移特征

依据垂向剖面中每个样点的 $\omega(Pb)/\omega(Zn)$ 作条状图,如图 8-2-3 所示。

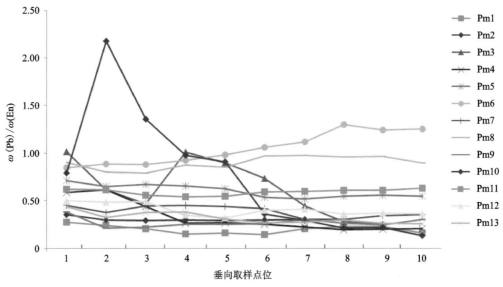

图 8-2-3 垂向剖面 $\omega(Pb)/\omega(Zn)$ 图

如图 8-2-3 所示,垂向剖面一般深度为 2m,即土壤 A 层(淋溶层)→B 层(淀积层)→C 层(母质层)。Pb、Zn 在自然界中具有相似的化学性质,因此根据 $\omega(Pb)/\omega(Zn)$ 来鉴别 Pb、Zn 表生地球化学行为。

A 层土壤 $\omega(Pb)/\omega(Zn)$ 对比 B 层主体呈下降趋势。C 层为成土母质层,$\omega(Pb)/\omega(Zn)$ 相对稳定,总体比值接近 0.5 左右,表明岩石风化成壤过程中,C 层继承了岩石中 Pb、Zn,$\omega(Pb)/\omega(Zn)$ 区间表明不同成土母质对土壤中 Pb、Zn 的含量存在差异。曲线形态明显呈 2 组:一组为近平缓型,表层、深层 $\omega(Pb)/\omega(Zn)$ 较为稳定;一组为左倾型,即表层 $\omega(Pb)/\omega(Zn)$ 大于深部。

平缓型 $\omega(Pb)/\omega(Zn)$ 曲线表明,Pb、Zn 在垂向上化学迁移性质较为一致,未发生显著的化学分异行为,但是在 A 层有轻微下降趋势,这表明 Pb、Zn 在表生环境下土壤 A 层(淋溶层)受风化作用影响,Pb、Zn 发生有轻微化学分异行为,表层土壤中 Zn 较 Pb 活泼,但是 Pb、Zn 整体的化学行为具有一致性。

左倾型 $\omega(Pb)/\omega(Zn)$ 曲线具有从表至深比值逐渐下降,在深部与平缓型一致的特征。左倾型 $\omega(Pb)/\omega(Zn)$ 曲线上部,在土壤 A 层至 B 层,曲线快速下降趋于稳定,表明 Pb、Zn 在表生环境下存在显著的化学分异,导致 Pb、Zn 呈现不同的迁移状态。左倾型曲线分别为剖面 Pm1、Pm3、Pm4、Pm10,依据前文水平剖面布设,剖面Pm1位于黄茆镇工业区受到了氮肥厂影响,剖面Pm10位于铅锌矿区处,剖面Pm3、Pm4受地形控制,分别位于三级阶地高背景的冲沟口位置,表明表层土壤具有外源性。对比该类型曲线说明,矿业开采以及人类工业活动导致土壤中累积的Pb、Zn发生化学分异现象,与自然背景下Pb、Zn元素具有不同的特征。

8.2.2.4 农作物中Pb、Zn元素迁移规律及影响因素

1. 主要迁移途径及影响因素

重金属元素从土壤稻植物不同部位的迁移是以物理化学作用的解吸过程和以生理学为驱动机制的吸收过程(McCarty and Mackay,1993)。研究认为植物吸收重金属主要通过根系从土壤中吸收以及叶片从大气中吸收(王成,2013)。因此,结合土壤中重金属元素形态和大气沉降特征,对重金属元素在自然介质中向植物迁移的规律和影响因素进行分析。

土壤中重金属总量虽然能在一定程度上反映土壤受污染的情况,但其生物有效性和危害性取决于它们在土壤中的化学形态。重金属元素在土壤中的赋存形态分为7类:腐殖酸结合态、离子交换态、水溶态、碳酸盐结合态、铁锰氧化物结合态、有机结合态及残渣态(Tessier et al.,1979)。

土壤中重金属各形态的活性大小依次为水溶态＞离子交换态＞碳酸盐结合态＞铁锰氧化物结合态＞腐殖酸结合态＞有机结合态＞残渣态。弱酸可溶解态、可还原态、可氧化态重金属均具有潜在生物可利用性,而残渣态重金属结合在硅铝酸盐矿物晶格中,形态稳定,不具有生物可利用性(杨洁等,2017)。

早、晚稻根系土中不同Pb形态含量大小为铁锰结合态＞残渣态＞腐殖酸结合态＞碳酸盐结合态＞强有机结合态＞离子交换态,以铁锰结合态、腐殖酸结合态、强有机态和残渣态为主,占比达84%,较为稳定。表明根系土中Pb形态迁移能力较弱,生物利用性差,赋存不稳定(表8-2-11)。

玉米中Pb形态含量大小为,铁锰结合态＞残渣态＞腐殖酸结合态＞碳酸盐结合态＞强有机结合态＞离子交换态,Pb含量为20.31～1609.1mg/kg,平均值为285.36 mg/kg,M_{Pb}为0.04,K_{Pb}为0.1,表明根系土中的Pb具有一定迁移能力,生物利用性较差,赋存状态不稳定,总体含量较低,影响有限。

玉米籽实中的Pb、Zn显著相关的因素主要有土壤中Pb离子交换态、碳酸盐岩结合态、腐殖酸结合态;表明玉米籽实中富集Pb主要与土壤中形态为显著正相关。玉米籽实中的Zn富集主要与相对稳定态Pb为高度正相关,说明Pb、Zn在农作物吸收中存在有协同作用。另外,Zn在玉米籽实中的富集与土壤缓效钾、有效钼正相关,说明施用肥料中会导致玉米富集Zn。综合表明,玉米中的Pb、Zn主要来源于土壤,以植物根系吸收富集为主,肥料的施用尤其是缓效钾、有效钼的加入会导致玉米籽实中富集Zn(表8-2-11)。

表8-2-11 研究区农作物籽实Pb、Zn相关性分析表

指标	玉米籽实		晚稻籽实		早稻籽实	
	Pb	Zn	Pb	Zn	Pb	Zn
缓效钾	0.18	0.56	—	—	—	—
有效钼	0.31	0.67	—	—	—	—
水溶态Pb	—	—	0.47	0.17	0.01	0.66
离子交换态Pb	0.94	0.20	0.66	0.10	−0.04	0.13
碳酸盐结合态Pb	0.64	0.72	0.35	0.05	0.16	0.41
腐殖酸结合态Pb	0.56	0.70	0.34	0.01	0.21	0.42
铁锰结合态Pb	0.41	0.76	0.23	0.02	0.10	0.43
强有机结合态Pb	0.62	0.75	0.35	0.06	0.09	0.46
残渣态Pb	0.39	0.74	0.18	−0.15	0.18	0.30
Pb-形态	0.46	0.78	0.32	−0.01	0.15	0.40

水稻籽实中早稻和晚稻体现出不同相关性。整体上,早、晚稻籽实中的Pb与土壤中Pb形态不相关,晚稻籽实中的Pb与土壤形态中水溶态Pb、离子交换态Pb高度相关,与碳酸盐岩交换态Pb、腐殖酸结合态Pb、强有机态Pb为弱相关。

这说明水稻中籽实中的 Pb、Zn 并非仅通过土壤进入，尤其是早稻。研究显示，蔬菜中 85% 的 Pb 来源于大气沉降，Pb 由于在土壤中的低溶解度和土壤吸附能力相对较弱，导致植物难以吸附富集（De Temmerman and Hoenig，2004）。有学者通过电镜扫描分析植物叶片中重金属元素的分布和形态，证明了植物可以通过叶片直接吸收大气中重金属矿物颗粒（Sobanska et al，2010）。研究区 2017 年上半年大气沉降通量中 Pb 含量为 38.37mg/(m^3·a)，下半年 Pb 通量为 26.91mg/(m^3·a)。对研究区根系土中上、下半年的 Pb 含量进行对比发现，根系土中 Pb 含量下半年增加，但是早稻籽实中 Pb 含量显著高于晚稻，表明土壤中 Pb 总量不是直接影响水稻籽实中 Pb 含量的主要因素，研究区内水稻籽实中 Pb 含量主要受大气沉降中 Pb 含量控制，且主要受气干沉降影响。

研究区上半年大气沉降通量 Zn 含量为 383.25mg/(m^3·a)，下半年 Zn 通量为 193.46mg/(m^3·a)，上、下半年的 Zn 含量差异巨大。但是早晚稻籽实中的 Zn 含量差异不明显，说明大气沉降对水稻中 Zn 含量无影响。Zn 主要通过土壤进入水稻中。

2. 不同农作物吸收能力影响因素

利用生物富集因子（bioconcentration factors，BCF）计算不同农作物对重金属元素的吸附累积能力，通过计算某种化学物质在生物体内累积平衡浓度与生物所处环境介质中该物质的浓度比值（陈怀满，2002），即

$$\text{BCF} = \frac{C_p}{C_s} \tag{8-2}$$

式中：C_p 表示某类植物中某元素的含量；C_s 表示对应根系土中该元素的含量。

对比 Pb、Zn 的生物富集系数，Pb、Zn 在农作物富集中存在显著差距。Zn 更易被农作物吸附，玉米中富集系数达到 12.24%，水稻中为 6.60%。Pb 在农作物中相对稳定，即玉米和早稻中达到 0.1%，晚稻为 0.07%。这说明 Zn 更易被农作物吸收富集（表 8-2-12）。

对比不同作物，玉米比水稻更容易富集 Zn，Pb 在不同作物间差异不显著，农作物对 Pb 的富集能力相对较为一致。结合早稻、玉米与晚稻的 Pb 富集差异，可能存在其他干扰因素。

表 8-2-12 研究区 Pb、Zn 生物富集系数表

类别	指标	最大值/%	最小值/%	平均值/%	标准差/%	变异系数
玉米	BCF_{Pb}	0.32	0.01	0.10	0.000 874	1.187 4
	BCF_{Zn}	40.38	1.06	12.24	0.092 682	1.320 3
早稻	BCF_{Pb}	0.40	0.01	0.10	0.000 727	1.312 7
	BCF_{Zn}	19.85	1.54	6.68	0.036 571	1.827 4
晚稻	BCF_{Pb}	0.17	0.01	0.07	0.000 438	1.551 4
	BCF_{Zn}	17.14	0.75	6.53	0.037 256	1.752 9

3. 土壤理化性质影响因素

在土壤理化性质中，水稻籽实和玉米籽实呈现出不同的相关性（图 8-2-4）。玉米籽实中显示当土壤理化性质为中性时，玉米籽实中的 Pb 含量最高，土壤从强酸性到中性过渡阶段，玉米籽实中的 Pb 含量逐步上升，当土壤从碱性到中性过渡时，籽实中的 Pb 含量也逐步上升。水稻中，当土壤从强酸性到碱性时，晚稻籽实中的 Pb 含量显著下降；早稻中土壤的理化性质变化，对早稻籽实中的 Pb 含量无显著变化，分布含量较为均匀。

土壤理化性质中，水稻和玉米呈现相反的表现，在土壤从强酸性到碱性过渡阶段，玉米中的 Zn 含量逐渐上升，水稻中的 Zn 含量逐步下降。

对比不同农作物籽实，玉米比水稻更易富集 Pb、Zn，尤其是 Zn。在富集过程中，土壤理化性质对农作物的富集有影响，随着土壤从强酸性到碱性过渡，玉米籽实中的 Pb、Zn 含量逐渐上升，水稻籽实中的 Pb、Zn 含量逐渐下降的总体趋势。

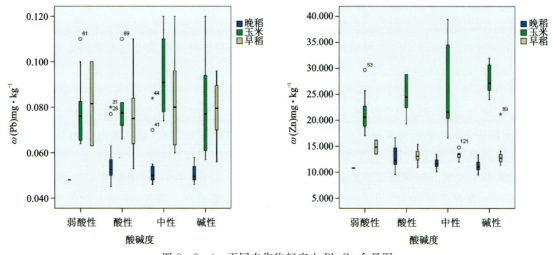

图 8-2-4　不同农作物籽实中 Pb、Zn 含量图

注：图中数字代表极值。

土壤的 pH 主要影响根系土中 Pb、Zn 的形态，在酸性环境下，根系土中偏稳定态（碳酸结合态）的 Pb、Zn 易转变为离子态活化，说明土壤理化性质主要影响土壤中 Pb、Zn 的形态变化，进而影响农作物对重金属元素的吸收和迁移。

玉米籽实中 Pb、Zn 含量与土壤理化性质的相关性不显著，主要原因是土地的耕作条件不同。一般认为水田处于相对封闭条件，土壤的 pH、Eh 环境相对稳定，在土壤酸化下，土壤中原稳定态的 Pb、Zn 形态活化，离子态 Pb、Zn 含量增加，导致水稻籽实中 Pb、Zn 含量的增加，因此水稻籽实中 Pb、Zn 含量受 pH 影响更为显著。玉米耕作处于旱地之中，土壤系统相对更为开放，当土壤 pH 降低时，同样发生 Pb、Zn 的活化，但是在如前文所述，活化状态的 Pb、Zn 更容易发生水平和垂直方向上的迁移。因此，旱地植物耕作层的土壤 Pb、Zn 的离子态和水溶态处于动态饱和状态，导致玉米籽实中的 Pb、Zn 含量变化与土壤物理化学性质变化不显著，玉米籽实中 Pb、Zn 的富集主要与土壤中 Pb、Zn 元素的可活动态以及土壤总量显著正相关。

8.3　合山黑色岩系硒富集机制研究

黑色岩系为黑色碳质页岩、黑色碳泥质硅质岩、黑色碳质硅质岩、黑色泥质细粉砂岩以及其中夹有煤层的总称。我国黑色岩系主要的分布地层有下震旦统大坡塘组、下寒武统牛蹄塘组、奥陶系、志留系、二叠系、三叠系（梁有彬和朱文凤，1994）。研究区黑色岩系的出露地层有三叠系板纳组（T_2b）、北泗组（T_1b）、马脚岭组（T_1m），二叠系大隆组（P_3d）、合山组（P_3h）、茅口组（P_2m）。具体地层及采样点位见图 8-3-1。

8.3.1　土壤 Se 元素的地球化学及空间分布特征

1. 表层土壤 Se 含量分布特征

对研究区内 800 个表层土壤硒含量进行统计，由于样品数据不服从正态分布，故循环剔除 3 倍离差后的算术平均值作为背景值，其结果见表 8-3-1。经统计，样品 Se 含量范围为 0.42～7.50mg/kg，平均 1.28mg/kg，背景值为 1.15mg/kg，均高于广西区土壤平均值和全国表层土壤平均值，变异系数为 0.58，属于中等变异，说明硒分布空间变异较大。全硒含量的频率分布直方图（图 8-3-2）呈右偏型正态分布，样品 Se 含量集中分布于 0.82～1.42mg/kg 之间。按照《富硒稻谷》（GB/T 22499—2008），土壤中 Se 元素含量在 0.4～3.0mg/kg 范围内为富硒土壤标准，共 773 个样品达到了富硒土壤标准，占样品总数的 96.63%。

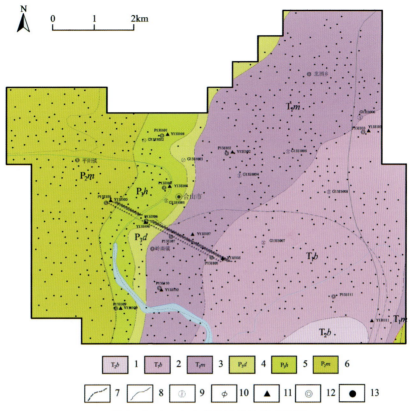

图 8-3-1 合山市地质及采样点位图

1.三叠系板纳组;2.三叠系北泗组;3.三叠系马脚岭组;4.二叠系大隆组;5.二叠系合山组;6.二叠系茅口组;7.实测平行不整合界线;8.实测整合岩层界线;9.灌溉水采样点;10.水平剖面采样点;11.岩石采样点;12.垂向剖面采样点;13.表层土壤采样点

表 8-3-1　研究区全硒含量特征($n=800$)

项目	最小值	最大值	平均值	背景值	标准离差	变异系数	广西表层土壤平均值
单位	mg/kg	mg/kg	mg/kg	mg/kg	mg/kg	mg/kg	mg/kg
数值	0.42	7.50	1.28	1.15	0.74	0.58	0.59

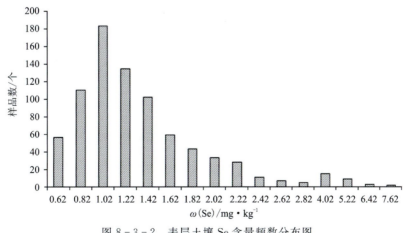

图 8-3-2　表层土壤 Se 含量频数分布图

从研究区内主要地层中 Se 含量的分布(表 8-3-2)可以看出,研究区内不同地层中 Se 含量的大小顺序为二叠系合山组＞三叠系马脚岭组＞三叠系北泗组＞二叠系茅口组＞三叠系板纳组,表现出黑色岩系中的 Se 含量明显高于其他地层的规律。

表 8-3-2　研究区主要地层表层土壤 Se 元素含量特征（$n=800$）

地层	样品数/个	Se 含量/mg·kg^{-1}
三叠系板纳组	9	0.78
三叠系北泗组	234	1.08
三叠系马脚岭组	285	1.35
二叠系合山组	88	2.01
二叠系茅口组	184	1.06

根据我国低硒环境与地方病划分的 Se 元素生态景观界限值（谭见安，1996），将土壤中 Se 含量划分为 5 个等级，参照该界限值对研究区内土壤硒等级进行划分（表 8-3-3）。结果显示，该区没有缺硒、潜在缺硒、足硒样品，富硒样品 773 个，占比 96.63%，硒中毒样品 27 个，占比 3.37%。

表 8-3-3　研究区土壤全硒含量及硒效应分级结果（$n=800$）

硒含量界限值	Se 含量分级	硒效应含义	样品数/个	比例/%
≤0.125mg/kg	缺乏	缺硒	—	0
0.125～0.175mg/kg	边缘	潜在缺硒	—	0
0.175～0.40mg/kg	适量	足硒	—	0
0.40～3.00mg/kg	高	富硒	773	96.63
>3.00mg/kg	过剩	硒中毒	27	3.37

2. 表层土壤 Se 元素空间分布特征

从合山市土壤 Se 元素地球化学图可知（图 8-3-3），表层土壤 Se 含量分级达到过剩的区域主要分布于研究区中部合山市区周边及岭南镇一带，呈北东向分布，主要分布于二叠系大隆组与合山组。Se 含量过剩区域与研究区内煤炭矿区分布吻合，且走向与煤层走向一致，均为北东向。除 Se 含量过剩外，研究区内其余区域均为土壤富硒区域，区域以合山市区和岭南镇为中心，向外 Se 含量逐步降低。

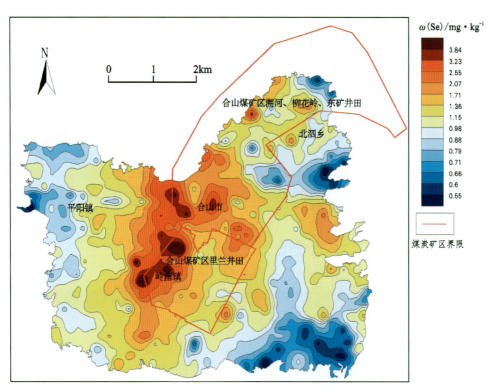

图 8-3-3　表层土壤 Se 元素地球化学图

8.3.2 土壤 Se 含量的影响因素

8.3.2.1 Se 元素的地球化学继承性

1. 基岩中的 Se 含量

在岩石风化成壤过程中，土壤中 Se 含量对原生地质环境有较强的继承性，但由于 Se 元素在原生地质环境中的分布具有差异，且在岩石-土壤-生物系统中，Se 元素的迁移、转换也发生在这些复杂的循环过程中，从而导致了环境中硒的含量和形态分布具有较大的差别。从不同岩性岩石中 Se 含量（表 8-3-4）中可以看出，Se 含量的变化范围为 0.008～13.5mg/kg，极差较大，其中 9 个灰岩样品中的 Se 含量为 0.18mg/kg；煤层夹矸中 Se 含量高达 13.5mg/kg，是灰岩中 Se 含量的 75 倍；粉砂质泥岩中 Se 含量为 0.033mg/kg。研究区内不同岩性岩石中的 Se 含量表现为煤层夹矸＞灰岩＞泥岩的特点。这说明研究区内分布的煤矿为富硒土壤提供了丰富的物质基础（全双梅等，2013）。

表 8-3-4 不同岩性岩石中 Se 含量　　　　　　　　　单位：mg/kg

地层	样品编号	岩性	Se 含量	备注
三叠系马脚岭组	Y02	凝灰岩	0.052	点位位于含煤地层
	Y07	煤层夹矸	13.5	
	Y10	凝灰岩	0.028	
三叠系北泗组	Y03	白云质灰岩	0.008	
	Y08	白云质灰岩	0.1	
	Y11	粉砂质泥岩	0.033	
二叠系合山组	Y01	生物屑微晶灰岩	0.09	点位周边见探井，位于含煤地层
	Y04	生物屑微晶灰岩	0.64	
	Y06	凝灰岩	0.62	
	Y09	生物屑微晶灰岩	0.059	
二叠系茅口组	Y05	泥晶灰岩	0.033	

2. 成土母质中的 Se 含量

研究区岩石样品与土壤垂向剖面样品为同点位配套采集。不同成土母质发育土壤垂向剖面中 Se 含量趋势图见图 8-3-4。灰岩母质 8 条垂向剖面中 Se 含量范围为 0.13～1.66mg/kg，平均值为 0.79mg/kg，在趋势上 8 条土壤剖面 Se 含量都呈现出随深度的增加而降低的规律；泥岩母质剖面中 Se 含量范围为 0.48～0.97mg/kg，平均值为 0.73mg/kg，在趋势上土壤剖面中 Se 含量呈现出随深度的增加而增加的规律；黑色岩系中成土母质剖面中 Se 含量范围为 0.52～3.51mg/kg，平均值为 1.03mg/kg，在趋势上 0～60cm 的 Se 含量急剧下降后含量趋于稳定。

根据表层土壤硒的富集系数（EC）＝（表层土壤 Se 含量/表层土壤 TiO_2 含量）/（深层土壤 Se 含量/深层土壤 TiO_2 含量），分别以 $1.0 \leqslant EC < 1.5$、$1.5 \leqslant EC < 2.0$ 和 $EC \geqslant 2.0$ 作为土壤硒弱富集、中富集和强富集的划分依据（李杰等，2012）。分别计算灰岩、泥岩、黑色岩系母质发育土壤 Se 元素的富集系数为 2.49、1.26、6.44。泥岩母质发育的土壤表层土壤 Se 元素的富集程度为弱富集。灰岩与黑色岩系中母质发育的土壤表层土壤 Se 元素的富集程度为强富集，其中黑色岩系中母质发育的表层土壤中 Se 元素的富集程度要明显高于灰岩。从土壤发生学层次来看，研究区内泥岩母质发育的土壤 Se 在沉淀层富集，灰岩、黑色岩系中母质发育的土壤 Se 元素在表层富集（邵亚，2019）。

上述说明导致究区内表层土壤中较高的 Se 含量，与灰岩、黑色岩系中母质发育的土壤 Se 元素在表层土壤中强富集有关。

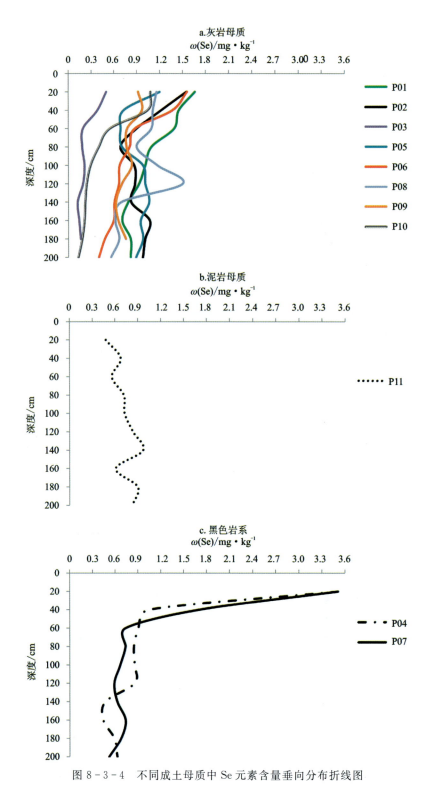

图 8-3-4 不同成土母质中 Se 元素含量垂向分布折线图

8.3.2.2 土壤理化性质对土壤 Se 含量的影响

1. 土壤酸碱性对 Se 含量的影响

表层土壤理化性质见表 8-3-5。研究区位于碳酸盐岩区，土壤类型为硅质土。由于碳酸盐岩区土壤脱钙和富钙作用反复进行，延缓了脱硅富铝化作用的进程，因此，研究区内土壤呈弱酸性（pH 为 6.04）。

有研究表明土壤 pH 是影响土壤 Se 含量的重要因素之一，通过控制土壤元素的活性（生物有效性）进而影响作物中 Se 含量（黄春雷等，2016）。

表 8-3-5　表层土壤理化性质

指标	单位	平均值	中位值	标准差	方差	极小值	极大值	变异系数	桂中平均值	全国平均值
pH		6.04	5.92	1.32	1.74	4.00	8.50	0.22	—	
有机质	%	1.56	1.24	0.91	0.83	0.41	7.54	0.58	1.40	0.35

如图 8-3-5 所示,土壤 pH 与 Se 元素为负相关关系。这表明在研究区内,随着土壤碱性的增强,土壤中的 Se 含量有减少的趋势。这主要是由于在酸性条件下,土壤中的 Se 主要以亚硒酸盐(SeO_3^{2-})形式存在,SeO_3^{2-} 与吸附质的亲和力较强,易受黏粒矿物和氧化物固定,导致土壤中的 Se 含量增加。而在碱性条件下,Se 主要以硒酸态(SeO_4^{2-})存在,SeO_4^{2-} 与吸附质的亲和力较弱,溶解度大,易于发生淋滤或者生物富集,从而导致土壤中 Se 含量降低(刘铮,1996)。这说明研究区内酸性土壤有利于 Se 在表层土壤中的富集。

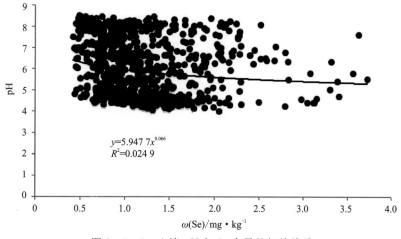

图 8-3-5　土壤 pH 与 Se 含量的相关关系

2. 土壤有机质对 Se 含量的影响

土壤有机质是土壤中各种含碳有机化合物的总称,包括处于不同分解阶段的各种动、植物和微生物残体等(李志洪等,2004)。研究区内土壤有机质含量较高(表 8-3-5),略高于桂中土壤平均值,是全国土壤平均值的 4.5 倍。

土壤有机质对 Se 的影响主要在于对 Se 的吸附与固定作用。有机质含量越丰富的土壤,对土壤中 Se 的吸附能力也越强,土壤中 Se 含量也相对越高。从图 8-3-6 可以看出,研究区内土壤中有机质与 Se 含量为显著正相关关系。这说明研究区内土壤中丰富的有机质含量通过吸附作用影响土壤中的 Se 含量。

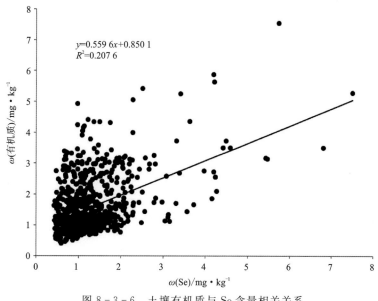

图 8-3-6　土壤有机质与 Se 含量相关关系

3. 土壤各元素对 Se 含量的影响

在土壤中 Fe、Al 等主量元素与微量元素 Se 之间存在密切的关系(杨志强等,2014),因此有必要分析研究区内各元素的地球化学特征。从表 8-3-6 可以看出,w 值为研究区内土壤中主量指标平均值与中国土壤元素含量平均值的比值,用来反映研究区内土壤元素的丰缺性,当 w 小于 0.5 时,表明该指标显著贫化;当 w 介于 0.5~1.5 之间时,表明该指标接近标准值;当 w 大于 1.5 时,表明该指标相对富集。从富集系数 K 来看,Fe_2O_3 与 P_2O_5 为相对富集,Na_2O、CaO、MgO 则表现为显著贫化。相比桂中平均值,Fe_2O_3、CaO、K_2O 表现为略微增加,其他与桂中平均值几乎持平。

表 8-3-6 表层土壤主量指标含量　　　　　　　　　　单位:%

指标	SiO_2	Al_2O_3	Fe_2O_3	K_2O	Na_2O	CaO	MgO	MnO	P_2O_5
最小值	22.63	2.31	1.79	0.14	0.018	0.06	0.094	0.005 6	0.06
最大值	91.50	21.26	15.90	5.82	0.40	30.18	1.52	1.17	0.87
平均值	72.75	10.10	5.62	1.47	0.083	1.15	0.52	0.082	0.25
w	1.12	0.80	1.65	0.59	0.05	0.36	0.29	1.03	2.08
CAS	65.00	12.60	3.40	2.50	1.60	3.20	1.80	0.08	0.12
桂中平均值	71.64	10.91	4.37	0.80	0.069	0.37	0.48	0.065	0.28

注:CAS 为中国土壤平均值(鄢明才和顾铁新,1997);w=主量元素平均值/CAS,$w≤0.5$ 为显著贫化类,$0.5<w≤1.5$ 为接近标准值类,$w>1.5$ 为相对富集类(李月芬等,2008)。

从表 8-3-7 研究区土壤硒与各元素之间相关性可以看出,研究区土壤 Se 与 Fe_2O_3 和 Al_2O_3 为显著正相关性($p<0.05$),说明富 Fe、Al 的环境中有利于 Se 的富集。研究区内酸性土壤中,Se 主要以亚硒酸盐形式存在,且倾向于与 Fe、Al 的半倍氧化物形成较难溶的配合物和化合物。有研究表明,当土壤 pH 在 4~6 之间时,铁铝氧化物对 Se 的吸附量达到最大(刘铮,1996)。研究区内酸性土壤与较高的 Fe_2O_3 为硒富集提供了有利条件。

表 8-3-7 表层土壤 Se 含量与各指标相关性分析

指标	SiO_2	Al_2O_3	Fe_2O_3	K_2O	Na_2O	CaO	MgO	MnO	P_2O_5	S
Se	−0.009	0.064*	0.055*	0.062*	0.072*	−0.091*	0.013	0.154	0.067*	0.543**
指标	N	Ni	Pb	Zn	Cd	Hg	As	Cd	Cu	Sb
Se	0.14**	0.046	−0.43	0.012	−0.011	0.43**	0.233**	−0.011	0.110**	0.237

注:*代表显著相关($p<0.05$);**代表极显著相关($p<0.01$)

Se 与 N、P 为显著相关关系($p<0.05$),说明土壤中 N、P 不利于土壤中的 Se 向植物迁移转换。有研究表明,植物对磷酸盐的选择性吸收要强于亚硒酸盐,且高浓度的磷能抑制硒由植物的地下部向地上部转运(赵文龙等,2013)。研究区内酸性土壤中 Se 元素主要以亚硒酸盐的形式存在,而研究区土壤中较高的 P 含量抑制了植物对 Se 的吸收,导致了 Se 在土壤中的富集。

Se 与 S、Hg、As、Cu 为极显著相关性($p<0.01$),这与它们具有相似的地球化学性质有关,均属于亲硫元素。其中,Se 与 S 的相关性最大达到了 0.543,除了具有相似地球化学性质外,推测与研究区内煤质为高硫煤有关。

8.3.2.3 人为作用对土壤 Se 含量的影响

1. 不同土地利用类型对 Se 含量的影响

不同的土地利用类型对土壤 Se 含量存在一定的影响(次仁旺堆等,2022),研究区内不同土地利用类型中土壤 Se 含量见表 8-3-8,根据不同的土地利用类型,把研究区的用地类型分为受人类活动影响与未受人类活动影响两大类。受人类活动影响土壤中 Se 含量均值(1.41mg/kg)明显大于未受人类活动影响土壤中 Se 平均值(1.06mg/kg)。这与肥料的施用有关,大量肥料施用会抑制作物对 Se 的吸收,从而导致 Se 在土壤中富集。

表 8-3-8　不同土地类型中土壤 Se 含量

项目	受人类活动影响				未受人类活动影响			
	水田	旱地	果园	水浇地	有林地	草地	其他	空闲地
Se 含量/mg·kg^{-1}	1.27	1.27	1.55	1.52	1.06	1.19	0.93	1.44
样品数/个	238	482	28	2	12	7	6	26

2. 煤矿开采及运输对 Se 含量的影响

研究区内有丰富的煤矿资源量,区内煤矿主要供给发电厂作为发电动力用煤,且矿区内交通较为便利,煤矿从地下开采出来后直接装车转运至电厂。其中,里兰煤矿区内土壤 Se 元素地球化学图及井口与发电厂位置如图 8-3-7 所示,从图中可以看出矿区内土壤 Se 元素的高值区(>3mg/kg)分布于发电厂周围,说明研究区内表层土壤达到硒中毒标准(>3mg/kg)与煤矿开采及煤矿人为搬运有关。

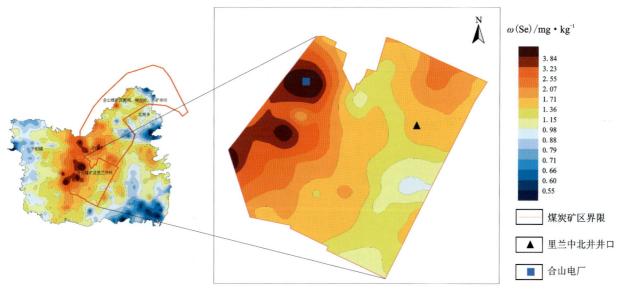

图 8-3-7　里兰煤矿区 Se 元素地球化学图

8.3.3　外源输入土壤 Se 含量的影响

以合山市表层土壤为研究对象,根据 Se 含量的概率累计曲线特征,从数字特征上对 Se 的来源进一步分离,以期指出外源输入对土壤 Se 含量的影响。

针对合山市土壤中 Se 的不同来源,可利用概率累计曲线的拐点进行初步判断,在自然背景下土壤中元素含量一般呈正态或对数正态分布,外源输入组分使其频数密度函数呈偏态分布,空间上每个样点元素含量可视为自然背景叠加人类活动影响的结果(刘道荣等,2019)。

合山市表层土壤 Se 含量概率累计曲线近呈折线形(图 8-3-8),根据最小二乘法线性拟合,分离出 A、B、C 三条拟合线,判定合山市表层土壤 Se 元素具有两组不同的来源组分,认为 A、B 两组分为自然背景输入,受碳质硅质岩及黑色岩系成土母质的影响,拐点处的累计百分比达到 95%;C 组直线较缓,样点较少,认为 C 组为外源输入组分影响,其累计百分比为 5%。自然背景输入累计百分比越接近 100% 说明受外源输入影响越小(黄春雷等,2016)。该区外源输入占总体比例偏小,表明合山市富硒土壤资源具有可持续开发利用潜力,但是局部点位土壤中 Se 含量明显偏高,为煤矿开采及搬运等外源输入导致。

8.3.4　富硒农作物与土壤的相关性

8.3.4.1　农作物富硒及安全性评价

研究区内共采集 121 个农作物及配套的根系土样品,包含 60 个水稻样品及 61 个玉米样品。依据《天然富硒食品硒含量分类标准》(HB 001/T—2013)中的玉米富硒标准(0.02~0.28mg/kg)与《富硒稻

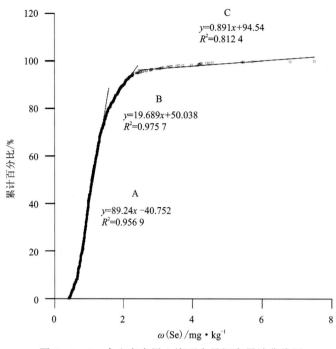

图 8-3-8 合山市表层土壤硒含量概率累计曲线图

谷》(GB/T 22499—2008)中的水稻富硒标准(0.04~0.3mg/kg)。将研究区内各农作物中硒含量与富硒标准下限的比值设定为富硒指数：当富硒指数<1时，划分为不富硒；当1≤富硒指数<2时，划分为轻度富硒；当2≤富硒指数<3时，划分为中度富硒；在玉米中当3≤富硒指数<14时，在水稻中当3≤富硒指数<7.5时，划分为高度富硒；在玉米中当富硒指数≥14时，在水稻中当富硒指数≥7.5时，划分为过度富硒。

从表8-3-9可以看出，研究区60个水稻样品中，有57个达到了富硒标准，富硒率达到95.00%，其中高度富硒样品25个，高度富硒率41.67%，另有10个过度富硒样品，占比16.67%；61个玉米样品中，有61个达到了富硒标准，富硒率达到100.00%，其中高度富硒样品26个，高度富硒率为42.62%，另有5个过度富硒样品，占比8.20%。研究区内玉米的富硒率及高度富硒率均略高于水稻。

表 8-3-9 农作物富硒等级统计表

农作物	参数	不富硒	轻度富硒	中度富硒	高度富硒	过度富硒
水稻	样品数/个	3	6	16	25	10
	占比/%	5	10.00	26.66	41.67	16.67
玉米	样品数/个	0	10	20	26	5
	占比/%	0	16.39	32.79	42.62	8.20

根据《食品中污染物限量》(GB 2762—2017)对研究区内的富硒农作物食用安全性进行评价，表8-3-10显示，研究区内57个富硒水稻中有6个重金属Cd超标，且其中5个样品达到高度富硒水平以上，说明在水稻籽实中Se与Cd具有较强的相关性。天然富硒水稻占比为85%，天然高度富硒水稻占比为38.3%；61个富硒玉米中无重金属超标样品，天然富硒玉米占比为100%，天然高度富硒玉米占比为42.6%。研究区内玉米的天然富硒与天然高度富硒率均超过水稻。

表 8-3-10 农作物食用安全性统计表

	项目	单位	As	Cd	Cr	Cu	Hg	Pb	Zn
	食品卫生标准限值	mg/kg	0.7	0.2	1.0	10	0.02	0.2	50
水稻	平均值	mg/kg	0.11	0.074	0.10	2.2	0.002 6	0.065	13.1
	最大值	mg/kg	0.16	0.43	0.12	4.34	0.007 4	0.094	15.9
	超标样品数	个	0	6	0	0	0	0	0
	超标率	%	0	10.53	0	0	0	0	0

续表 8-3-10

	项目	单位	As	Cd	Cr	Cu	Hg	Pb	Zn
玉米	平均值	mg/kg	0.018	0.01	0.10	2.03	0.000 52	0.065	22.05
	最大值	mg/kg	0.028	0.046	0.13	3.59	0.000 67	0.092	28
	超标样品数	个	0	0	0	0	0	0	0
	超标率	%	0	0	0	0	0	0	0

8.3.4.2 土壤-农作物 Se 含量相关性分析

从研究区农作物富硒点位图可以看出（图 8-3-9），富硒农作物与表层土壤中 Se 含量有较好的对应关系，特别是高度富硒以上，有 57 个高度富硒以上农作物生长在 Se 含量大于 1.15mg/kg 的土壤中，占高度富硒以上农作物的 86.4%。

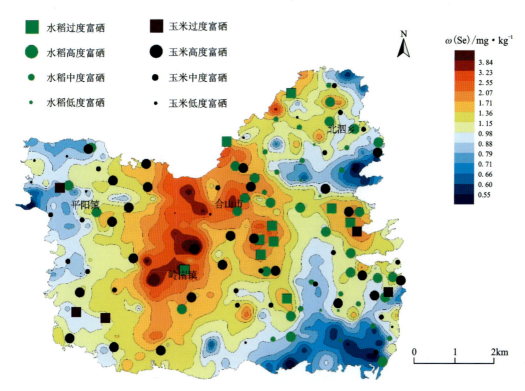

图 8-3-9 研究区农作物富硒点位图

分别对 60 组水稻籽实与根系土及 61 组玉米籽实与根系土的 Se 含量进行统计（表 8-3-11），发现水稻籽实中 Se 含量与根系土的 Se 含量有比较强的对应性，随着根系土中 Se 含量增加，水稻籽实中 Se 含量也呈现增加趋势。除了根系土 Se 含量在 1.0~1.3mg/kg 区间内，玉米籽实与根系土中 Se 含量也呈现较好的对应性。总体来看，研究区内农作物中 Se 含量随其根系土中 Se 含量的增加而增加，其中水稻籽实与根系土的相关性要好于玉米。

表 8-3-11 土壤与农作物中 Se 含量对应关系表

	项目	单位	<0.7mg/kg	0.7~1.0mg/kg	1.0~1.3mg/kg	1.3~1.6mg/kg	>1.6mg/kg
水稻	样品数	个	6	14	18	5	17
	平均值	mg/kg	0.095	0.113	0.165	0.192	0.298
	根系土平均值	mg/kg	0.6	0.844	1.124	1.448	2.658
玉米	样品数	个	8	20	15	11	7
	平均值	mg/kg	0.095	0.106	0.07	0.225	0.361
	根系土平均值	mg/kg	0.55	0.834	1.16	1.43	2.12

8.3.4.3 农作物硒效应分析

因为研究区内水稻-根系土的相关性要好于玉米,所以对 60 个水稻-根系土样品进行相关性分析(图 8-3-10),在 95% 置信水平下进行拟合,建立下限及上限方程,以期计算出可生产出富硒农作物的土壤 Se 含量的临界值。

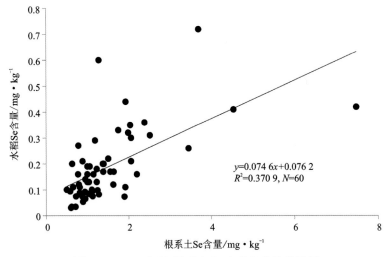

图 8-3-10　水稻-根系土 Se 含量相关性分析图

在 95% 置信水平下,即种植出的水稻 95% 以上可达富硒水平时,分别建立了置信区间下限方程 $y=0.0746x-0.0134$ 及上限方程 $y=0.0746x+0.1658$。计算出当水稻满足最低的富 Se 标准 0.04mg/kg 时,对应土壤 Se 含量为 0.716mg/kg;当水稻满足最高的富硒标准 0.3mg/kg 时,对应土壤 Se 含量为 1.8mg/kg。若只考虑土壤 Se 全量,在研究区范围内圈定富 Se 土壤的 Se 含量应控制在 0.716~1.8mg/kg 范围内,这一结论可作为富硒土壤资源规划的重要依据。

8.3.5　富硒土壤资源开发建议

8.3.5.1　富硒土壤分级方案

富硒土壤是开发出天然富硒农产品的先决条件,只有富硒土壤得到了有效的开发利用,才能为打造特色农业、效益农业奠定坚实的基础。

土壤 Se 含量、Se 的形态、土壤理化性质、土壤环境质量、农作物种植方式等均会影响农作物对硒的吸收和富集。在基于开发利用这一前提,依据研究区内富硒土壤的 Se 含量限值及《土壤环境质量　农用地土壤污染风险管控标准(试行)》(GB 15618—2018)中土壤中重金属含量限值,编制符合研究区现状富硒土壤分级方案,将研究区内土壤分为 4 个等级,各等级分级条件及分级说明等见表 8-3-12。

表 8-3-12　富硒土壤资源分级方案

级别	Ⅰ级	Ⅱ级	Ⅲ级	Ⅳ级
类型	农作物硒过剩风险区	富硒农作物建议种植区	农作物可安全种植区	土壤重金属风险管控区
分级条件	土壤中重金属元素含量符合 GB 15618—2018 标准,且 $w(Se)>1.8mg/kg$	土壤中重金属元素含量符合 GB 15618—2018 标准,且 $0.716mg/kg \leqslant w(Se) \leqslant 1.8mg/kg$	土壤中重金属元素含量符合 GB 15618—2018 标准,且 $w(Se)<0.716mg/kg$	土壤中重金属元素含量不符合 GB 15618—2018 标准
占比/%	13.4	69.12	15.11	2.37
说明	该区域种植农作物有较高的比例,硒过剩	该区域适合种植天然富硒农作物,且产出的农作物富硒比例较高	该区域土壤不存在重金属含量超标,适合种植普通农作物种植	该区域土壤中重金属含量超标,不适宜种植农作物

8.3.5.2 富硒土壤开发建议

从图8-3-11中可以看出,研究区内适合种植天然富硒农作物的Ⅱ级土壤面积最大且较为连片,主要分布在平阳镇与北泗镇,说明研究区内有较丰富的富硒土壤资源。但目前区内仅种植水稻、玉米等经济型作物,针对研究区内丰富的富硒土壤资源,可以借鉴浙江等地区一些比较成熟的开发方案,建立一个由调查、评价、试种和商业开发4个阶段构成的工作流程(图8-3-12)。

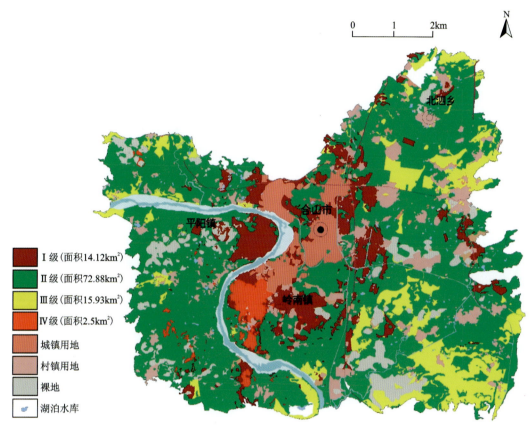

图8-3-11 富硒土壤开建议图

以调查为基础,以之前所做成果为依据,开展1∶1万或更大比例尺的调查工作,侧重在研究区内富硒土壤的地球化学特征,更准确划定富硒土壤的范围。针对调查成果对富硒农产品种植适宜性,富硒土壤区生态环境及资源开发可行性分别展开评价,从而筛选出具有价值的富硒土壤区,并以地块为单位建立富硒土壤档案。结合当地的种植条件及市场需求,选择合适的农作物开展试种,在选择试种农作物时建议考虑不同作物类型来调整研究区内单一的种植结构,通过试种能进一步确定最具富硒能力的品种及种植方式,为后期开展规划提供依据。商业开发为最终步骤,一般由涉农企业操作,实现富硒土壤资源优势向经济优势的转化(图8-3-12)。

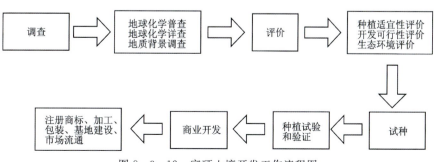

图8-3-12 富硒土壤开发工作流程图

参考文献

陈满,2002.土壤中化学物质的行为与环境质量[M].北京:科学出版社.

迟清华,2007.应用地球化学元素丰度数据手册[M].北京:地质出版社.

次仁旺堆,多吉卫色,索朗次仁,等,2022.西藏山南市乃东区土壤硒分布特征及影响因素[J].岩矿测试,41(3):10.

代杰瑞,庞绪贵,喻超,等,2011.山东省东部地区土壤地球化学基准值与背景值及元素富集特征研究[J].地球化学,40(6):577-587.

刁海忠,杨小三,李文全,等,2021.桓台县土壤地球化学背景值及分区特征[J].山东国土资源,37(4):41-47.

董岩翔,文郑,周建华,等,2007.浙江省土壤地球化学背景值[M].北京:地质出版社.

侯叶青,杨念芳,余涛,等,2020.中国土壤地球化学参数[M].北京:地质出版社.

黄春雷,龚日祥,宋明义,等,2016.浙江金华地区农业地学研究[M].北京:科学出版社.

黄昌勇,2000.土壤学[M].北京:中国农业出版社.

李航,朱长生,谭显龙,等,2007.云南金顶超大型铅锌矿床岩(矿)石中镉的分布及富集特征[J].矿物学报(Z1):2.

李杰,杨志强,刘枝刚,等,2012.南宁市土壤硒分布特征及其影响因素探讨[J].土壤学报,49(5):1012-1020.

李淑芬,俞元春,何晟,2003.南方森林土壤溶解有机碳与土壤因子的关系[J].浙江农林大学学报,20(2):119-123.

李勖之,孙丽,杜俊洋,等,2022.农用地土壤重金属锌的生态安全阈值研究[J].环境科学学报,42(7):1-13.

李月芬,王冬艳,刘爽,等,2008.珲春中部土壤常量元素地球化学特征[J].世界地质,27(2):6.

李志洪,李翠兰,王淑华,等,2004.有机、无机复合肥及调节剂对玉米根系生长和根际效应的影响[J].吉林农业大学学报,26(2):165-169.

梁有彬,朱文凤,1994.我国黑色岩系中硒矿资源及其前景分析[J].矿产与地质,8(4):7.

刘道荣,徐虹,周漪,等,2019.浙西常山地区富硒土壤特征及成因分析[J].物探与化探,43(3):9.

刘铮,1996.中国土壤微量元素[J].地球科学进展,13(6):589.

邵亚,2019.桂林富硒长寿区小流域地理环境中硒分布特征、控制因素及其生态效应[D]:武汉:华中农业大学.

谭见安,1996.环境生命元素与克山病:生态化学地理学研究区[M].北京:中国医药科技出版社.

仝双梅,连国奇,秦趣,2013.贵州富硒资源开发利用对策研究[J].湖北农业科学,52(24):3.

涂光炽,高振敏,胡瑞忠,等,2004.分散元素地球化学及成矿机制[M].北京:地质出版社.

万能,2021.湖北省典型富硒土壤成因及硒资源利用的地球化学研究[D].武汉:中国地质大学(武汉).

王成,2013.长三角地区土壤-小麦系统微量元素迁移的地球化学特征[D].南京:南京大学.

王艳芬,陈佐忠,1998.人类活动对锡林郭勒地区主要草原土壤有机碳分布的影响[J].植物生态学报,22(6):7.

魏复盛,陈静生,吴燕玉,1990.中国土壤元素背景值[M].北京:中国环境科学出版社.

奚小环,李敏,2017.现代勘查地球化学科学体系概论:"十二五"期间勘查成果评述[J].物探与化探(5):779-793.

徐阳春,沈其荣,冉炜,2002.长期免耕与施用有机肥对土壤微生物生物量碳、氮、磷的影响[J].土壤学报,39(1):8.

鄢明才,顾铁新,1997.中国土壤化学元素丰度与表生地球化学特征[J].物探与化探,21(3):161-167.

杨洁,瞿攀,王金生,等,2017.土壤中重金属的生物有效性分析方法及其影响因素综述[J].环境污染与防治,39(2):217-223.

杨志强,李杰,郑国东,等,2014.广西北部湾沿海经济区富硒土壤地球化学特征[J].物探与化探,38(6):1260-1264.

余涛,杨忠芳,王锐,等,2018.恩施典型富硒区土壤硒与其他元素组合特征及来源分析[J].土壤,50(6):1119-1125.

张宏飞,高山,2012.地球化学[M].北京:地质出版社.

张秀芝,鲍征宇,唐俊红,2006.富集因子在环境地球化学重金属污染评价中的应用[J].地质科技情报,25(1):65-72.

张志锋,韩庚辰,王菊英,2013.中国近岸海洋环境质量评价与污染机制研究[M].北京:海洋出版社.

赵文龙,胡斌,王嘉薇,等,2013.磷与四价硒的共存对小白菜磷,硒吸收及转运的影响[J].环境科学学报,33(7):7.

中华人民共和国国家卫生和计划生育委员会,国家食品药品监督管理总局,2017.食品安全国家标准 食品中污染物限量:GB 2762—2017[S].北京:中国标准出版社.

朱立新,马生明,2005.我国平原区土壤地球化学异常成因研究[J].物探化探计算技术,27(3):237-240.

DE TEMMERMAN L, HOENIG M, 2004. Vegetable crops for biomonitoring lead and cadmium deposition[J]. Journal of Atmospheric Chemistry, 1(49):121-135.

MA W C, VOET H, 1993. A risk-assessment model for toxic exposure of small mammalian carnivores to cadmium in contaminated natural environments[J]. Science of the Total Environment, 134(S2):1701-1704.

MCCARTY L S, MACKAY D, 1993. Enhancing ecotoxicological modeling and assessment body residues and modes of toxic action[J]. Environmental Science and Technology, 27(9):1718-1728.

SOBANSKA S, UZU G, MOREAU M, et al., 2010. Foliar lead uptake by lettuce exposed to atmospheric fallouts[J]. Environmental Science and Technology, 44(3):1036-1042.

SUTHERLAND R A, 2000. Bed sediment-associated trace metals in an urban stream, Oahu, Hawaii[J]. Environmental Geology, 39(6):611-627.

TESSIER A, CAMPBELL P G C, BISSON M, 1979. Sequential extraction procedure for the speciation of particulate trace metals[J]. Analytical Chemistry, 51(7):844-851.

ZOLLER W H, GLADNEY E S, DUCE R A, 1974. Atmospheric concentrations and sources of trace metals at the South Pole[J]. Science, 183(4121):198-200.